Auto-Reparaturanleitung Band 1350

Ford Transit Transporter

2,2 l DTCi
2,4 l DTCi

5-Gang-Schaltgetriebe
6-Gang-Schaltgetriebe
Frontantrieb, Heckantrieb und Allradfahrzeuge

Modelljahre 2006 - 2013

IMPRESSUM

978-3-7168-2323-1

Auto-Reparaturanleitung
Band 1350

Text und redaktionelle Bearbeitung:
Christoph Pandikow

Bilder/Zeichnungen:
Christoph Pandikow, Silke Pandikow, PCI Diagnosetechnik GmbH & Co. KG, Hella KGaA Hueck & Co., Bosch Presseabteilung

Satz und Layout:
T. Wirth, D-71665 Vaihingen/Enz

Druck und Bindung: CPI Druckdienstleistungen GmbH, Ferdinand-Jühlke-Straße 7, 99095 Erfurt

Gewerbestrasse 10
CH-6330 Cham
Postadresse:
Postfach 4161
CH-6304 Zug
Telefon: ++41 (0)41 741 77 55
Telefax: ++41 (0)41 741 71 15
www.bucheli-verlag.ch
1. Auflage 2022

Inhalt

Inhalt

Folgende Symbole verdienen im Laufe der Arbeit besondere Beachtung:

Sichtprüfung
Teil genau ansehen; besonders beachten.

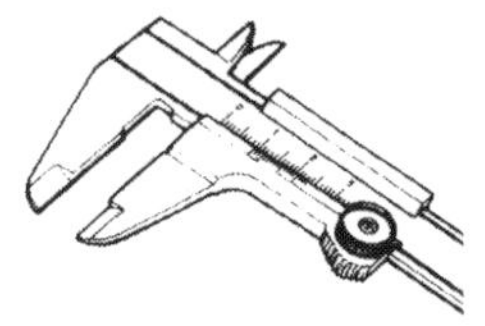

Messen
Schieblehre oder anderes Messwerkzeug nötig.

Achtung
Besondere Vorsicht geboten; Sicherheitshinweise beachten!

Tipp
Wertvoller Hinweis für einfacheres Schrauben; Erläuterung von Bauteilen und Begriffen.

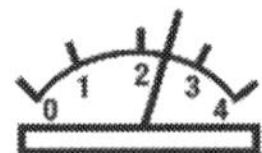

Messen mit elektr. Messgeräten
Multimeter- oder Diagnosegeräte-Einsatz erforderlich.

1 Einleitung

Arbeiten mit diesem Buch

Ein Reparaturhandbuch ist dann ein Reparaturhandbuch, wenn es bei Reparaturen zur Hand gehen kann. Es soll also helfen, Ihren Ford Transit wieder »in die Gänge« zu bringen. Ganz klar, als blutiger Laie werden Sie nur mit einiger Hilfe gezielt arbeiten können. Bedenken Sie, dass Ihr Fahrzeug in jedem (oder zumindest in fast jedem) Teil etwas mit Sicherheit im Straßenverkehr zu tun hat. Jede einzelne Sekunde, in der Ihr Fahrzeug in Betrieb ist. Nehmen Sie die Fehler deshalb immer ernst. Gerade Anfänger übersehen oft Kleinigkeiten, die nachher durchaus größere oder zumindest schwer aufzufindende Fehler ergeben. Bei einer Fehlersuche am eigenen Fahrzeug unterhielten sich zwei angehende Kfz-Mechatroniker: »...was hast du denn zuletzt repariert?«, letztendlich fand sich dort dann auch der Fehler. Diese Anekdote zeigt sehr deutlich, dass zum einen die eigene Arbeit, zum anderen der Ablauf der Arbeiten, die Kenntnisse über den Funktionszusammenhang der Systeme und natürlich auch über die Informationsquellen, die zur Verfügung stehen, immer hinterfragt werden müssen. Dieses Buch eignet sich aber auch, um die Details Ihres Ford Transit einmal genauer unter die Lupe zu nehmen.

Wir haben den Aufbau so gestaltet, dass die Informationen praxisgerecht auf- und umgearbeitet wurden.

In den einzelnen Kapiteln wird der Umgang mit den Test- und Messgeräten genauer vorgestellt. Es handelt sich um getestete Übungen, die Sie problemlos nachvollziehen können. »An modernen Autos kann man gar nichts mehr selber machen!«, das ist ein typischer Satz, der weder richtig ist noch die motivierten Schrauber unter den Lesern von der Reparatur abhalten sollte. Betrachtet man sich die Probleme genauer, die mit der Fehlerdiagnose entstehen, stellt sich ein einfaches Prinzip heraus. Grundsätzlich sind Bauteile, deren Funktionsabläufe nachvollzogen und im wahrsten Sinne des Wortes »begriffen« werden können, leicht zu prüfen.

Elektrisches Messen
Leuchtet eine Glühlampe nicht, wird sie in der Regel demontiert und der Zustand des Glühfadens gegen das Licht kontrolliert. Über die Glühlampe, beziehungsweise ihren Aufbau, ist jedem bekannt, dass sie ohne den Glühfaden nicht funktionieren kann. Könnte man in alle Bauteile hineinsehen und den Funktionsablauf und den Aufbau auf diese Art kontrollieren, würde kaum ein Mechaniker über die immer komplizierter werdende Technik schimpfen. Hier kommt die Messtechnik zum Zuge. Es ist nämlich möglich, die Funktionsabläufe und die Funktion optisch zu überprüfen. Es ist auch möglich, das Bauteil selbst zu prüfen. Auch dafür werden keine teuren Spezialgeräte gebraucht. Sie oder Ihr Mechaniker müssen sich lediglich bereit erklären, die Technik und dazugehörige Prüfmethoden anzunehmen und gelegentlich auch etwas dazuzulernen.

Ganz klar gibt es Einschränkungen für Arbeiten, die aus Sicherheitsgründen nicht durchgeführt werden sollten. Dazu zählen Arbeiten z. B. an der Klimaanlage und am Airbagsystem.

Bild 1

Bild 1
Bosch KTS 650/670 mit FSA 750-Modul und Abgastester.

»Die Tester kann sich keiner leisten!«, ist auch eine These, die wir widerlegen werden. Anhand der Beschreibungen der Spezialwerkzeuge und deren ungefähren Preise lassen sich hier die Kosten leicht überschauen. Die notwendige Ausrüstung ist bei den meisten Schraubern oftmals schon vorhanden. Andere Teile sind gar nicht so teuer und lassen sich sinnvoll als Geburtstagsgeschenkidee an die Lieben weitergeben. Die Aufgabe dieses Reparaturhandbuches ist es, eine Hilfestellung für Wartungsarbeiten und Reparaturen am Ford Transit zu geben. Das Buch wendet sich an die ambitionierten Schrauber, die mit ihrer Erfahrung Reparaturen, Wartungsarbeiten und Einstellungen an ihrem Fahrzeug vornehmen wollen. Da zu allen diesen Arbeiten ein OBD-Diagnosetester dazugehört und dieser für deutlich unter 100 Euro im günstigsten Fall erhältlich ist, wird die Arbeit anhand eines »Beispiel«-Testers dargestellt. Sie halten ein Buch in der Hand, das Lernstoff, Informationsquelle und Nachschlagewerk ist. Es soll die praktische Arbeit am Fahrzeug erleichtern und Sie ermutigen sich »Know-how« anzueignen, auch als Ungeübter den ersten Schritt zu machen oder als Erfahrener sich recht tiefgehend mit der Diagnose auseinanderzusetzen.

Um einen möglichst schnellen Zugriff auf die Informationen in diesem Buch zu ermöglichen, sind die technischen Daten, die zur Einstellung, Reparatur und Wartung benötigt werden, in einem separaten Kapitel zusammengefasst. Alle technischen Angaben, die speziell bei den Arbeiten benötigt werden, finden Sie natürlich auch an den entsprechenden Stellen. Die Montagearbeiten werden auf gängige Reparaturen beschränkt. Sie sollten aber immer sicherstellen, dass Sie in der Lage sind, die Reparaturen selbst durchzuführen. Ungeeignete Messgeräte oder auch fehlerhafte Handhabung eines Messgerätes können nicht nur finanzielle Folgen haben. Für die Arbeiten an Airbagsystemen ist eine spezielle Ausbildung erforderlich, die mit einem Sachkundenachweis abgeschlossen wird.

⚠ Unterlassen Sie es zu Ihrer eigenen Sicherheit, an Sitzen oder anderen Bauteilen Hand anzulegen, ohne diese spezielle Ausbildung abgeschlossen zu haben. Arbeiten an diesem System ohne Sachkunde sind GROB fahrlässig und gefährden Ihr Leben. Sollten Probleme an diesem System auftauchen, suchen Sie immer eine Werkstatt auf und erkundigen Sie sich auch darüber, inwieweit die »Airbag-Sachkunde« besteht.

⚠ In den einzelnen Airbageinheiten befinden sich zwar »kleine«, aber nicht ungefährliche Mengen an Sprengstoff. Nicht umsonst sind der Transport, der Umgang und die Lagerung gesetzlich im Sprengstoffgesetz geregelt. Die Arbeiten am Airbagsystem werden aus diesem Grunde nicht beschrieben. Es gibt aber auch so noch genügend Arbeiten, die Sie durchaus in Eigenregie angehen können.

Natürlich beschäftigt sich dieses Buch nicht nur mit Elektronik oder der reinen Montagearbeit. Auch einige Arbeiten mit den Diagnosegeräten wurden mit Praxisbezug ausgewählt und im Detail dargestellt.

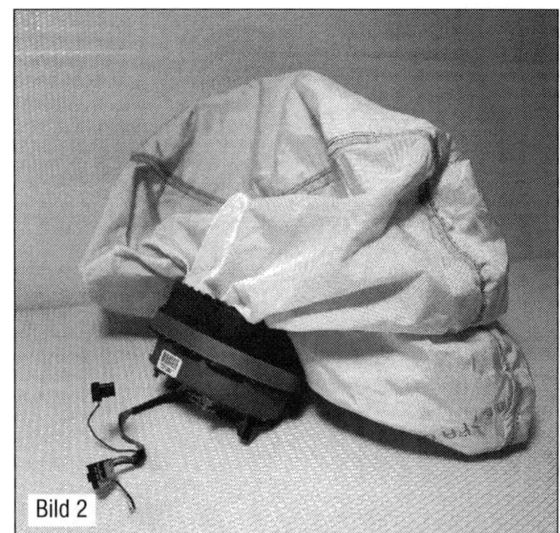
Bild 2

Bild 2
EXPLOSIV: gezündeter Airbag.

Bild 3

Bild 3
»Self-made«-Beulendoktor.

Sicherheit geht immer vor

Sicherheit hat beim Heimwerken absolute Priorität. Nur Arbeiten anpacken, die man wirklich beherrscht. Handwerkliche Tätigkeiten, mit denen man in der Praxis bislang wenig oder gar keine Erfahrung hatte, sollte man niemals auf die leichte Schulter nehmen. Unsachgemäß ausgeführte Arbeiten können früher oder später fatale Folgen haben (Bilder 4-12).

Umgang mit Pyrotechnik-Bauteilen

⚠ Der Sicherheitsaspekt gilt insbesondere für pyrotechnische Bauteile. Diese enthalten einen Treibstoff, bei dessen Abbrand ein Gas erzeugt wird. In manchen Fällen steht für die Gaserzeugung noch zusätzlich in einem Druckbehälter gespeichertes Druckgas zur Verfügung. Die Zündung erfolgt über elektrische/mechanische Anzünder. Bei unsachgemäßer Handhabung von Komponenten dieser Systeme kann es zu schweren Unfällen kommen. Deshalb keine Schraub- oder gar Reparaturversuche an der Sicherheitsausstattung vornehmen, sondern bei notwendigen Instandsetzungen an eine Fachwerkstatt mit Fehler-Auslesegeräten, Diagnose-Einrichtungen und geschultem Personal wenden!

⚠ Mechaniker, die an Rückhaltesystemen arbeiten, müssen spezielle Schulungen nachweisen und bei den zuständigen Behörden gemeldet sein. Pyrotechnische Bauteile dürfen auch nur im eingebauten Zustand und mit vom Hersteller freigegebenen Diagnosesystemen geprüft werden, keinesfalls mit Prüflampe, Voltmeter oder Ohmmeter. Nach dem Berühren von gezündeten pyrotechnischen Bauteilen: Hände waschen! Bauteile, die auf eine harte Unterlage herabgefallen sind oder Beschädigungen zeigen, dürfen nicht mehr verbaut werden.

⚠ Lagerung, Transport und Entsorgung von Airbag-, Gurtstraffer- und Batterieabtrennungseinheiten (pyrotechnische Bauteile) unterliegen der jeweiligen nationalen Gesetzgebung.

Bild 4

Bild 5

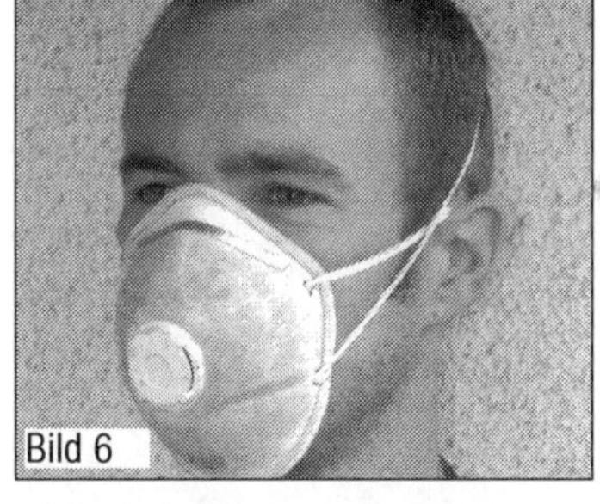
Bild 6

Bild 7

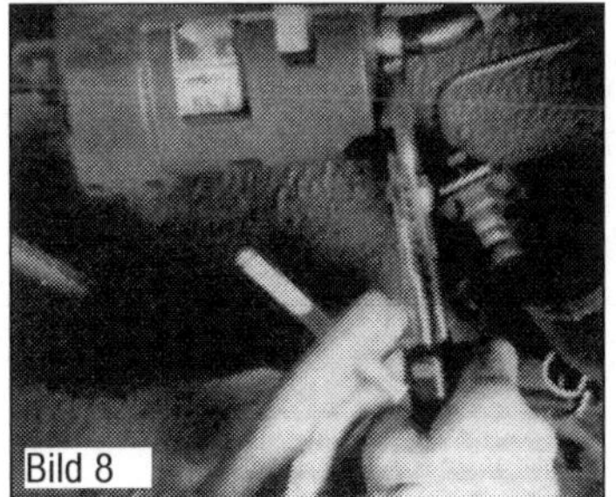
Bild 8

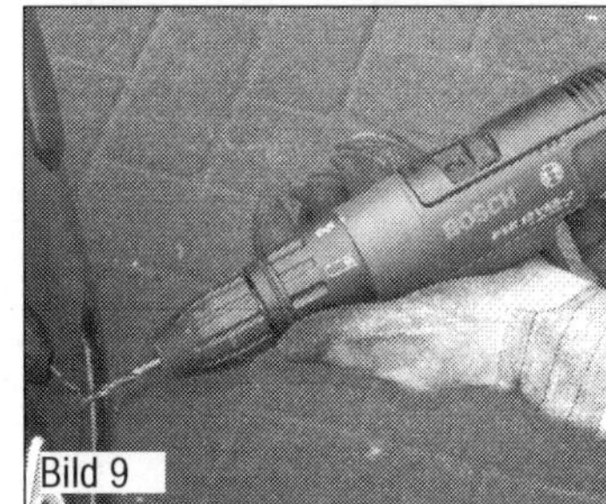
Bild 9

Bild 10

Bild 11

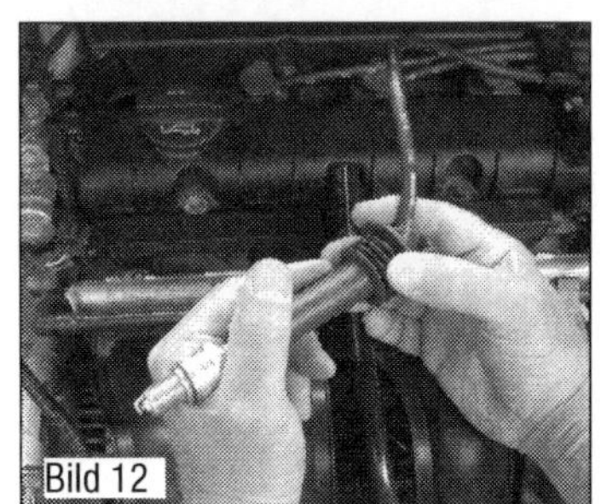
Bild 12

Bild 4
Gehörschutz: bei Blecharbeiten mit Winkelschleifer u. Ä. notwendig.

Bild 5
Schutzbrille: Besonders beim Bohren, Schleifen und Meißeln tragen.

Bild 6
Atemschutzmaske mit auswechselbaren Filterelementen: Bei Arbeiten mit atemgängigen Stäuben unerlässlich.

Bild 7
Bei Arbeiten in der Grube: Unbedingt für Frischluft sorgen.

Bild 8 Nicht rauchen:
Sollte eigentlich bei Reparaturarbeiten gerade an der Kraftstoffanlage die Regel sein.

Bild 9
Arbeitshandschuhe: Bei vielen Arbeiten angebracht, beim Umgang mit Bohrmaschinen jedoch sehr gefährlich.

Bild 10
Leere Sprühdosen, Altöl Bremsflüssigkeit u. a. als Sondermüll entsorgen.

Bild 11
Durchgebrannte Sicherungen: Niemals mit Alufolie, Büroklammern o. Ä. flicken.

Bild 12
Hochspannung: Vorsicht bei laufendem Motor oder eingeschalteter Zündung.

Sichtprüfung

Messen

Umgang mit Bauteilen der Klimaanlage
Für das Kfz-Gewerbe sind z. B. auf europäischer Ebene zahlreiche relevante Gesetze erlassen worden. National ist z. B. in der BRD zusätzlich zur Präzisierung der europäischen Gesetzgebung ab dem 1. August 2008 die Chemikalien-Klimaschutzverordnung in Kraft getreten.

-Verordnung (EG) Nr. 1005/2009
-Verordnung (EG) Nr. 842/2006
-Verordnung (EG) Nr. 706/2007
-Verordnung (EG) Nr. 307/2008
-Richtlinie 2006/40/EG
-Chemikalien-Klimaschutzverordnung, Kreislaufwirtschafts- und Abfallgesetz (für die BRD)

Alle Personen, die an Kraftfahrzeug-Klimaanlagen Wartungs- und Reparaturarbeiten durchführen, müssen eine Schulung oder ein Trainingsprogramm besucht haben und die Sachkunde nachweisen (Sachkundenachweis).

⚠ Beim unkontrollierten Druckablassen besteht Gefahr durch Vereisung. Hieraus können schwerwiegende Verletzungen entstehen (Gefrierbrand ist nicht nur bei Grillfleisch unschön!). Bei nicht entleertem Kältemittelkreislauf tritt Kältemittel aus. Das Kältemittel ist vor dem Öffnen des Kältemittelkreislaufs abzusaugen. Wird der Kältemittelkreislauf nach dem Absaugen innerhalb 10 Minuten nicht geöffnet, kann durch Nachverdampfung Druck im Kältemittelkreislauf entstehen. Das Kältemittel muss dann nochmals abgesaugt werden. Alle geöffneten Bauteile des Kältemittelkreislaufs sind gegen Eintritt von Luftfeuchtigkeit mit geeigneten Verschlussstopfen zu verschließen. Es ist verboten, beim Betrieb, bei Instandsetzungsarbeiten und bei Außerbetriebnahme von Kältemittel enthaltenden Erzeugnissen entgegen dem Stand der Technik die in ihnen enthaltenen Stoffe in die Atmosphäre entweichen zu lassen.

Bild 13

Bild 13
Achtung Stromschlag! Restladungen und Induktionsspannungen können gesundheitsgefährdend sein.

Verletzungsgefahr durch automatischen Motorstart bei Fahrzeugen mit Start-Stopp-System
Bei Fahrzeugen mit aktiviertem Start-Stopp-System (erkennbar an einer Meldung im Schalttafeleinsatz) kann der Motor bei Bedarf automatisch starten.

☞ Deshalb sicherstellen, dass bei Arbeiten am Fahrzeug das Start-Stopp-System deaktiviert ist (Zündung ausschalten, bei Bedarf Zündung wieder einschalten).

Verletzungsgefahr bei Arbeiten an der elektrischen Anlage
Nicht nur die schon angesprochene Zündanlage birgt einige Überraschungen, die Sie in ungünstigen Situationen oder bei körperlichen Vorschäden leicht in Lebensgefahr bringen können. Im Gegensatz zur Hauselektrik sind keine »Personenschutzschalter« vorgesehen. Ziehen Sie grundsätzlich nicht leitende Handschuhe an, wenn Sie an Bauteilen arbeiten, deren Ladungszustand Sie nicht kennen.

Für Arbeiten an Hybridfahrzeugen oder Elektrofahrzeugen ist ein besonderer Lehrgang erforderlich. Für die zum Redaktionsschluss in diesem Buch behandelten Modelle ist ein solches Fahrzeug noch nicht lieferbar. Die derzeitige Entwicklung kann ein solches Modell aber schon in wenigen Jahren auf die Räder, die Straße und dann sicherlich auch in Ihre Werkstatt bringen.

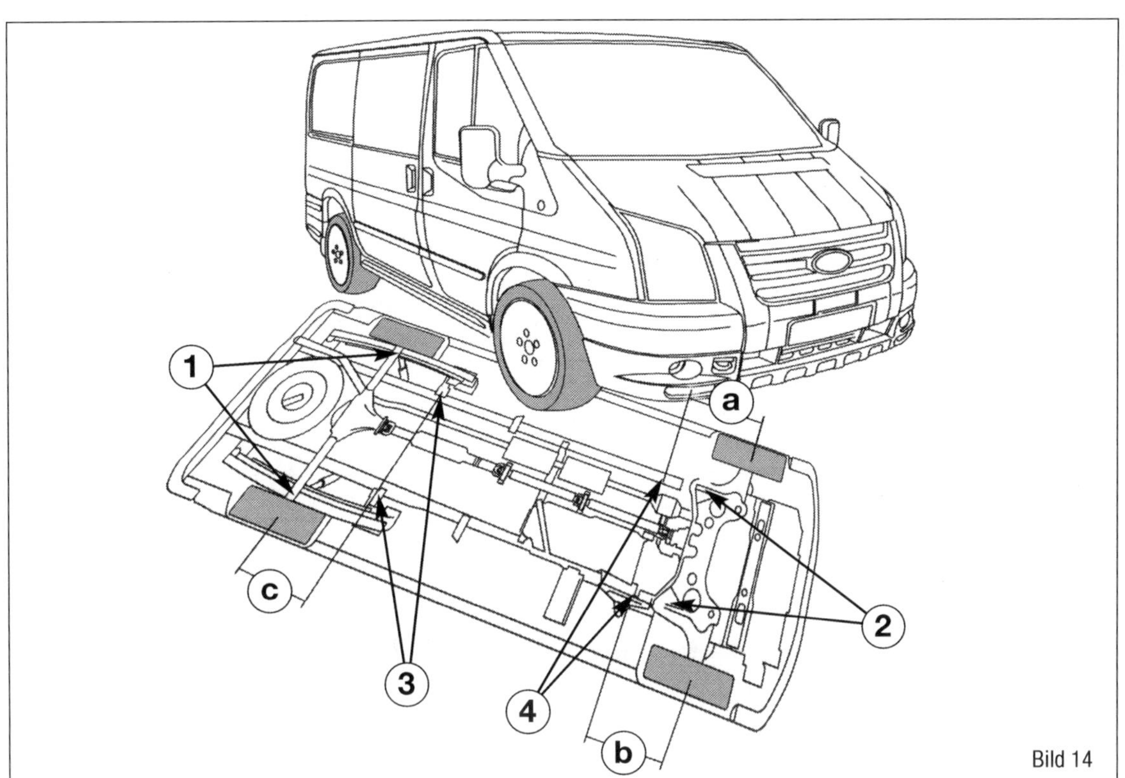

Bild 14
Aufnahmepunkte beim Ford Transit.
1 Ansatzpunkte für den Wagenheber hinten
2 Ansatzpunkte für den Wagenheber vorne
3 Ansatzpunkte für die Unterstellböcke hinten
4 Ansatzpunkte für die Unterstellböcke vorne
a Abstand vom Radmittelpunkt vorne links
b Abstand vom Radmittelpunkt vorne rechts
c Abstand vom Radmittelpunkt hinten links und rechts

Richtiges Aufbocken

Im Bordwerkzeug des Ford Transit ist, wie schon beim Vorgängermodell, ein hydraulischer Wagenheber vorhanden. Spindelwagenheber sind für das Fahrzeuggewicht weniger geeignet. Ob Sie nun den originalen Wagenheber oder einen Werkstattwagenheber einsetzen, es sollte grundsätzlich eine geeignete Gummi- oder Holzzwischenlage verwendet werden, um Schäden an der Karosserie oder auch am Korrosionsschutz zu vermeiden. Das Fahrzeug darf keinesfalls an der Motorölwanne, am Getriebe, dem Hinterachsgetriebe, der Vorderachse oder an den Unterholmen angehoben werden, da sonst schwerwiegende Schäden eintreten können. Es darf nur an den auf den Abbildungen gezeigten Aufnahmepunkten angehoben werden. Der Schwellerbereich ist nicht in der Lage, das Fahrzeuggewicht auf der Hebebühne sicher aufzunehmen.

Abmessungen für die Aufnahmen (Bild 14):

a (Kombi)	70 cm
a (Pritsche)	70 cm
b (Kombi)	50 cm
b (Pritsche)	50 cm
c (Kombi)	70 cm
c (Pritsche)	110 cm

Wichtige Grundregeln:

Aufgrund der Unfallgefahr niemals bei angehobenem Fahrzeug den Motor anlassen.

Wenn unter dem Fahrzeug gearbeitet werden soll, muss es mit geeigneten Unterstellböcken sicher abgestützt werden.

Fahrzeuge mit schwerem Aufbau und Kasten-, Kombifahrzeuge mit langem Radstand müssen zusätzlich abgestützt werden. Stellen Sie hierzu eine handelsübliche Stütze (Pfeil B) senkrecht unter den Abschlussquerträger (Pfeil A).

Bei Arbeiten auf der Hebebühne müssen Sie das Fahrzeug zusätzlich mit Spanngurten gegen Abrutschen sichern. Führen Sie dazu den Spanngurt durch die Öffnung in der Karosserie (Pfeil) und um den Tragarm der Hebebühne und spannen dann den Spanngurt.

Bei Fahrzeugen mit Standheizung muss auf die Einbaulage des Standheizungs-Frischluftschlauchs und des Abgasrohrs geachtet werden. Der Standheizungs-Frischluftschlauch verhindert ein korrektes Positionieren des Aufnahmetellers. Beachten Sie beim Anheben des Fahrzeugs, dass der Standheizungs-Frischluftschlauch nicht beschädigt wird.

An- und Abschleppen

Bei manchen Pannen muss das Fahrzeug abgeschleppt werden. Anschleppen sollte man nur, wenn keine Möglichkeit besteht, den Motor mit Starthilfekabeln zu starten. Fahrzeuge ohne Schmiermittel im Schaltgetriebe oder Achsantrieb dürfen nur mit angehobenen Antriebsrädern abgeschleppt werden. Zum An- und Abschleppen sollten Kunstfaserseile oder Seile aus ähnlich elastischem Material verwendet werden. Sicherer ist eine Abschleppstange. Beim Abschleppen dürfen keine unzulässigen Zugkräfte und keine stoßartigen Belastungen auftreten. Seil oder Stange dürfen nur an den vorgesehenen Abschleppösen vorn oder hinten angebracht werden. Bei Schleppmanövern abseits regulärer Straßen besteht die Gefahr, dass die Befestigungsteile überlastet werden. Wird ein Abschleppseil verwendet, muss der Fahrer des ziehenden Wagens beim Anfahren und Schalten besonders weich einkuppeln. Der Fahrer des gezogenen Wagens hat darauf zu achten, dass das Seil straff gehalten wird. An beiden Fahrzeugen die Warnblinkanlage einschalten. Da der Bremskraftverstärker nur bei laufendem Motor arbeitet, muss ggf. das Bremspedal kräftiger getreten werden. Beim Anschleppen von Fahrzeugen mit Schaltgetriebe ist Folgendes zu beachten:

- Vor dem Anschleppen 2. oder 3. Gang einlegen, Kupplung halten.
- Zündung einschalten, damit Lenkrad nicht blockiert und Blinkleuchten, Hupe sowie Wisch-Waschanlage benutzt werden können.
- Kupplungspedal loslassen, wenn beide Fahrzeuge in Bewegung sind.
- Sobald der Motor angesprungen ist, Kupplung treten und Gang herausnehmen, um Auffahren auf das Zugfahrzeug zu vermeiden.

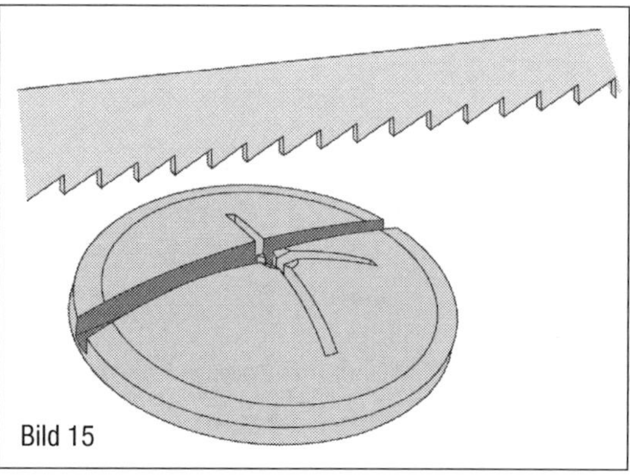
Bild 15

Bild 15
Ansägen einer Kreuzschlitzschraube zum Lösen auf dem »zweiten Weg«.

Einige Kniffe für Schrauber

Eine unlösbare Verschraubung oder eine abgerissene Schraube haben schon manchen Heimwerker von seinem Reparaturvorhaben wieder abgebracht. Unsere Hinweise sollen helfen, ungewohnte Arbeiten durchzuführen.

Verrostete Verschraubungen lösen

- Die freiliegenden Gewindegänge des Gewindebolzens von Rost und Schmutz befreien.
- Gewinde mit einer Drahtbürste säubern und anschließend mit Rostlöser besprühen.
- Bei Schnell-Rostlösern die Mutter sofort losdrehen.
- Bei anderen Rostlösern etwas warten.
- Wenn die Kanten einer Mutter bereits rund gedreht sind oder wenn Rost die Anlageflächen deformiert hat, hilft nur noch Gewalt.
- Gripzange verwenden. Damit lässt sich die Mutter fest greifen und oft losdrehen.
- Hilft das nicht weiter, wird ein scharfer Meißel angesetzt und die Mutter aufgemeißelt.
- Eine gut zugängliche Mutter kann auch entlang des Gewindes mit einer Metallsäge aufgesägt werden (Bild 15). Werkstätten benutzen einen Mutternsprenger.

Innensechskant- und Innenvielzahnschrauben lösen

- Das Schraubenloch muss von jeglichem Schmutz gesäubert sein, ehe das Werkzeug angesetzt wird.
- Am besten eignen sich Steckeinsätze mit langem Sechskant oder Vielzahn (Torx).
- Im Gegensatz zu Winkelschlüsseln, bei denen die Kraft schräg ansetzt, vertragen die Steckeinsätze einen Hammerschlag auf der Adapterseite mit dem Vierkant. Der Schlag lockert den Sitz der Schraube und erleichtert merklich das Lösen.

Schlitz- und Kreuzschlitzschrauben lösen

Schrauben können so festsitzen, dass sie sich nicht mehr mit dem Schraubendreher herausdrehen lassen. Bei Kreuzschlitzschrauben dreht sich der Schraubendreher auch bei starkem Druck auf den Griff aus dem Kreuzschlitz heraus. Nach einigen erfolglosen Versuchen ist der Schlitz vermurkst, die Schraube ist praktisch unlösbar.

- Stabilen Schraubendreher ansetzen und mit kräftigem Hammerschlag auf das Griffende versuchen die Schraubverbindung zu lösen. Meistens bricht die mit dem Kopf fest korrodierte Schraube los. Sie lässt sich dann normal herausdrehen.
- Hilft der kräftige Hammerschlag nichts, muss ein Schlagschrauber her. Bei jedem Schlag auf dessen Griffoberseite wird der Schraubendrehereinsatz unter Druck ein wenig weitergedreht.

Blechschrauben ausbohren

Lässt sich in einem Schraubenkopf kein Werkzeug mehr ansetzen, hilft nur noch Ausbohren.

- Erst entfernt man mit einem passenden Bohrer den Schraubenkopf. Eventuell mit einem kleineren Bohrer vorbohren.
- Das Gewindeteil lässt sich jetzt entweder durchstoßen oder mit einer Zange von der Rückseite abnehmen.
- Andernfalls mit einem dünnen Bohrer das Gewindeteil ausbohren. Den Bohrerdurchmesser nicht zu groß wählen, sonst hält später nur eine dickere Blechschraube.

Stehbolzen lösen und festdrehen

- Anlagefläche für Schraubenschlüssel schaffen.
- Auf dem freien Gewindeteil zwei Muttern fest gegeneinander drehen (kontern).
- An den blockierten Muttern den Schraubenschlüssel ansetzen und den Bolzen lösen.

Abgerissene Schrauben ausbohren

Das Gegengewinde, in dem die abgerissene Schraube steckt, sollte möglichst wenig Schaden nehmen.

- Körnerschlag auf Schraubenrestmitte.
- Bis Schraubengröße M8 mit einem Kernlochbohrer arbeiten. Das ist der Durchmesser reiner Schraube ohne Gewindeflanken. Faustregel: Gewindedurchmesser multipliziert mit 0,8.
- Schrauben größer als M8 mit einem dünneren Bohrer vorbohren.
- Wenn sich die Metallreste nicht mit einer Reißnadel aus den Gewindegängen entfernen lassen, Gewinde nachschneiden.

Gewinde schneiden

Hat das Metall noch genug Substanz, kann ein größeres Gewinde eingeschnitten werden.

Andernfalls muss eine Gewindebuchse eingesetzt werden. Das Nach- oder Neuschneiden von Gewinden geht in drei Stufen vor sich. Die entsprechenden Gewindeschneider heißen Vorschneider (mit einem Ring am Schaft gekennzeichnet), Mittelschneider (zwei Ringe am Schaft) und Fertigschneider (drei Ringe oder ohne Kennzeichnung).

- Gewindeschneider nacheinander unter ständigem Ölen in das vorgebohrte Kernloch hinein- und wieder herausdrehen.
- Beim Hineindrehen ab und zu absetzen und ein Stück zurückdrehen. Sonst werden die Metallspäne zu lang und klemmen.

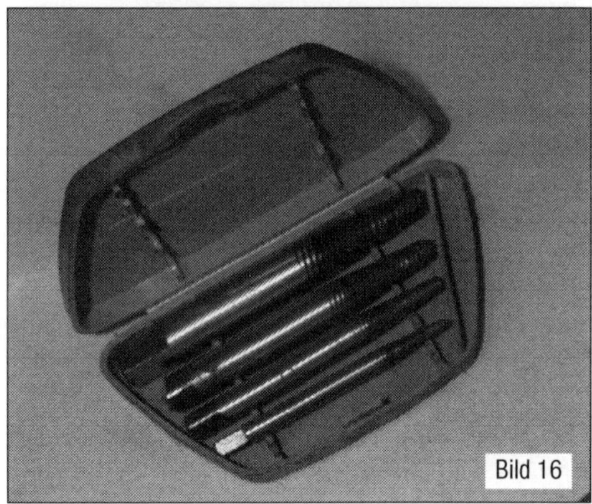

Bild 16
Gewindeschneider.

Bild 17
Gewindeschneiden mit Vorsicht und Bedacht.

Sichtprüfung

Messen

Bild 1
Der Vorgänger MK6 Transit.

Bild 2
Das Modell in diesem Buch: der MK7.

2 Modell

Modellvorstellung

Die Modellserie des Ford Transit ist zumindest in Sachen Kastenwagen eher in kleinen Schritten vorsichtig weiterentwickelt worden. Der Schwerpunkt lag schon immer im Nutzen und in möglichst robuster Bauweise. Die Bezeichnung des in diesem Buch behandelten Bautyps ist Ford Transit MK7, der genau genommen eine vorsichtige Weiterentwicklung des Vorgängertyps MK6 ist. Das Kürzel MK6 (Mark six) steht für die Modellreihe und weist die nächste Generation in einem Kürzel aus.

Vorsichtige Veränderungen
Optisch fällt die veränderte deutlich markantere Fahrzeugfront ins Auge. Zeitgemäß modern hebt sich die Modellreihe MK7, die zwischen 2006 und 2013 gebaut wurde, von seinem Vorgänger ab. Die Seitenlinie und das Fahrzeugheck wurden hingegen kaum verändert. Aber auch im Antrieb und in der Motorentechnik hat sich einiges verändert. Der Transit ist eines der wenigen Fahrzeuge, die werksmäßig mit Frontantrieb, Heckantrieb oder auch mit Allradantrieb geliefert werden können. Einige Assistenten vom ASR bis zur Sprachsteuerung sind für den Transit verfügbar und auch die Anbindung über USB oder Bluetooth gehört mit zum Ausstattungsprofil des Kastenwagens oder Vans. Unterschiedliche Karosserielängen und Dachhöhen ergeben Lösungen für die unterschiedlichsten Anwendungen in Freizeit und Berufsalltag.

Bild 1

Bild 2

Fahrzeugabmessungen
Die Abmessungen der Fahrzeugvarianten möchten wir Ihnen im Folgenden tabellarisch vorstellen. Die Abmessungen finden Sie in den entsprechenden Bildern zu der jeweiligen Bauform des Fahrzeugs wieder. Die Abmessungen können gerade bei der Planung eines Umbaus des Fahrzeuges oder der Auswahl beim Kauf hilfreich sein. Trotz unseres Bemühens sollten Sie grundsätzlich die angegebenen Maße nicht als allgemeingültig ansehen. Im Zweifel ist Nachmessen sinnvoll.

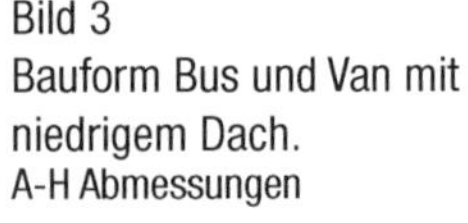
Bild 3
Bauform Bus und Van mit niedrigem Dach.
A-H Abmessungen

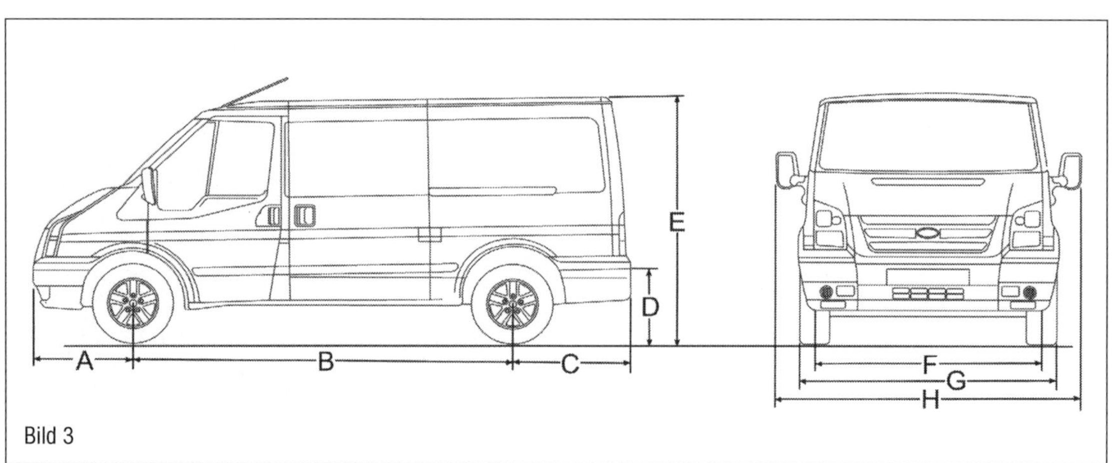

Bild 3

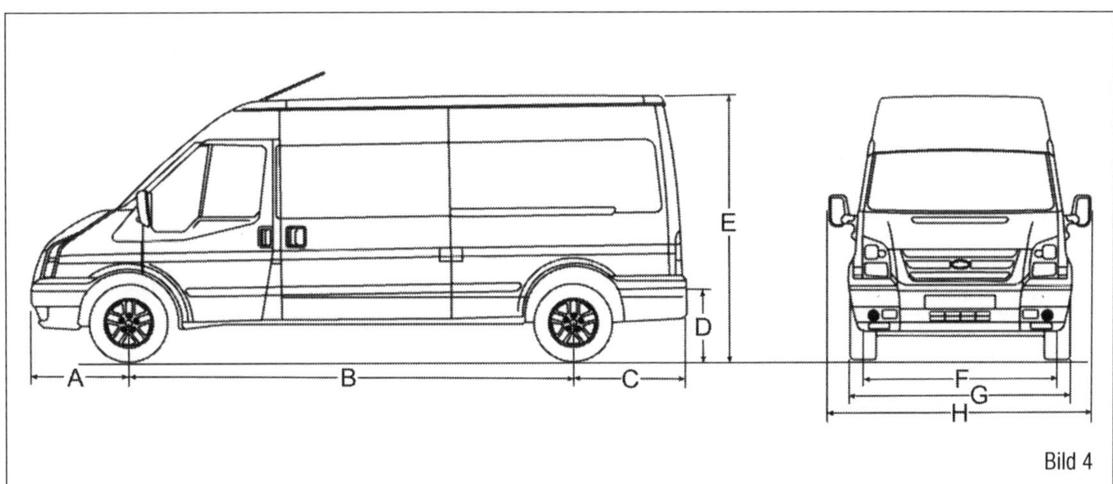

Bild 4
Bauform Bus und Van mit hohem Dach.
A-H Abmessungen

Kasten und Kombi mit flachem Dach und kurzem Radstand (Bilder 3 und 5):

	Abmessung	Maß in mm
A	Überhang vorne	933
B	Radstand	2933
C	Überhang hinten	997
D	Beladehöhe (Frontantrieb)	538-609
	Beladehöhe (Heckantrieb)	725-732
E	Fahrzeughöhe (Frontantrieb)	1997-2067
	Fahrzeughöhe (Heckantrieb)	2082-2089
F	Spurweite vorne	1737-1745
G	Fahrzeugbreite (ohne Spiegel)	1974
H	Fahrzeugbreite (mit Spiegel)	2374
L	Laderaumlänge	2582
M	Laderaumbreite	1762
O	Laderaumhöhe (Frontantrieb)	1430
	Laderaumhöhe (Heckantrieb)	1330
P	Spurweite hinten	1710-1718
Q	Fahrzeugbreite (ohne Spiegel)	1974
R	Fahrzeugbreite (mit Spiegel)	2374
Laderaumvolumen (Frontantrieb)		6,55 m³
Laderaumvolumen (Frontantrieb)		6,05 m³

Kasten und Kombi mit mittelhohem Dach und kurzem Radstand (Bilder 4 und 5):

	Abmessung	Maß in mm
A	Überhang vorne	933
B	Radstand	2933
C	Überhang hinten	997
D	Beladehöhe (Frontantrieb)	538-609
	Beladehöhe (Heckantrieb)	725-732
E	Fahrzeughöhe (Frontantrieb)	1997-2067
	Fahrzeughöhe (Heckantrieb)	2082-2089
F	Spurweite vorne	1737-1745
G	Fahrzeugbreite (ohne Spiegel)	1974
H	Fahrzeugbreite (mit Spiegel)	2374
L	Laderaumlänge	2582
M	Laderaumbreite	1762
O	Laderaumhöhe (Frontantrieb)	1745
	Laderaumhöhe (Heckantrieb)	1645
P	Spurweite hinten	1710-1718
Q	Fahrzeugbreite (ohne Spiegel)	1974
R	Fahrzeugbreite (mit Spiegel)	2374
Laderaumvolumen (Frontantrieb)		7,94 m³
Laderaumvolumen (Frontantrieb)		7,48 m³

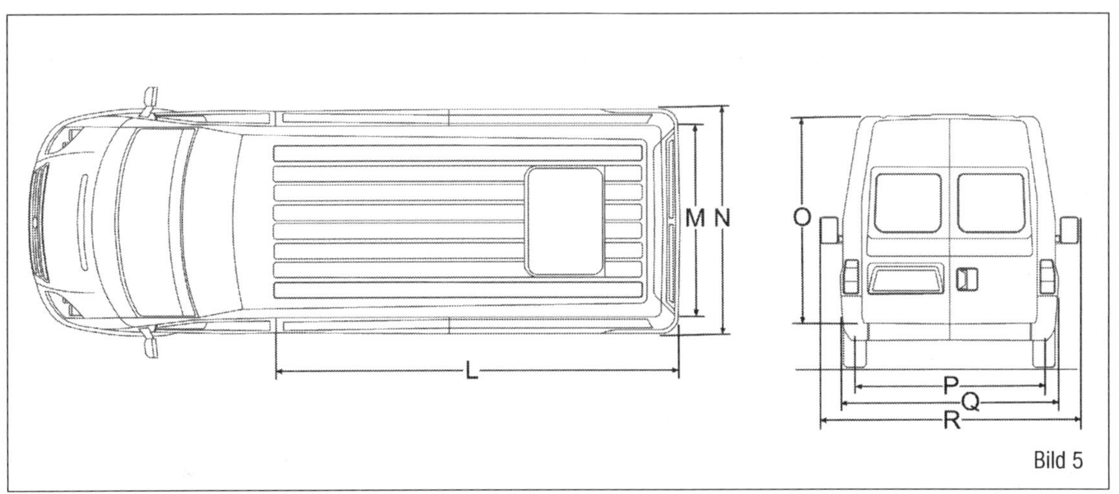

Bild 5
Transit von oben und von hinten.
L-R Abmessungen

Kasten und Kombi mit hohem Dach und mittlerem Radstand (Bilder 4 und 5):

	Abmessung	Maß in mm
A	Überhang vorne	933
B	Radstand	3300
C	Überhang hinten	997
D	Beladehöhe (Frontantrieb)	541-596
	Beladehöhe (Heckantrieb)	699-712
E	Fahrzeughöhe (Frontantrieb)	2374-2387
	Fahrzeughöhe (Heckantrieb)	2546-2601
F	Spurweite vorne	1737-1745
G	Fahrzeugbreite (ohne Spiegel)	1974
H	Fahrzeugbreite (mit Spiegel)	2374
L	Laderaumlänge	2949
M	Laderaumbreite	1762
O	Laderaumhöhe (Frontantrieb)	1985
	Laderaumhöhe (Heckantrieb)	1885
P	Spurweite hinten	1710-1718
Q	Fahrzeugbreite (ohne Spiegel)	1974
R	Fahrzeugbreite (mit Spiegel)	2374
Laderaumvolumen (Frontantrieb)		10,31 m³
Laderaumvolumen (Frontantrieb)		9,79 m³

Kasten und Kombi mit hohem Dach und langem Radstand (Bilder 4 und 5):

	Abmessung	Maß in mm
A	Überhang vorne	933
B	Radstand	3750
C	Überhang hinten	997
D	Beladehöhe (Frontantrieb)	538-593
	Beladehöhe (Heckantrieb)	697-710
E	Fahrzeughöhe (Frontantrieb)	2543-2599
	Fahrzeughöhe (Heckantrieb)	2602-2615
F	Spurweite vorne	1737-1745
G	Fahrzeugbreite (ohne Spiegel)	1974
H	Fahrzeugbreite (mit Spiegel)	2374
L	Laderaumlänge	3399
M	Laderaumbreite	1762
O	Laderaumhöhe (Frontantrieb)	1985
	Laderaumhöhe (Heckantrieb)	1885
P	Spurweite hinten	1710-1718
Q	Fahrzeugbreite (ohne Spiegel)	1974
R	Fahrzeugbreite (mit Spiegel)	2374
Laderaumvolumen (Frontantrieb)		11,89 m³
Laderaumvolumen (Frontantrieb)		11,29 m³

Pritsche mit kurzem Radstand (Bild 6):

	Abmessung	Maß in mm
A	Überhang vorne	904
B	Radstand	3137
C	Überhang hinten	1184
J	Beladehöhe	890-975
K	Fahrzeughöhe	1989-2016
F	Spurweite vorne	1737-1745
G	Fahrzeugbreite (ohne Spiegel)	1974
H	Fahrzeugbreite (mit Spiegel)	2374
Ladeflächenlänge		2890
Ladeflächenbreite		1974
Spurweite hinten		1710-1718
Fahrzeugbreite (ohne Spiegel)		1974
Fahrzeugbreite (mit Spiegel)		2374
Ladefläche		5,7 m²

Pritsche mit mittlerem Radstand (Bild 6):

	Abmessung	Maß in mm
A	Überhang vorne	904
B	Radstand	3504
C	Überhang hinten	1267
J	Beladehöhe	978-952
K	Fahrzeughöhe	2022-2024
F	Spurweite vorne	1737-1745
G	Fahrzeugbreite (ohne Spiegel)	1974
H	Fahrzeugbreite (mit Spiegel)	2374
Ladeflächenlänge		3340
Ladeflächenbreite		1974
Spurweite hinten		1710-1718
Fahrzeugbreite (ohne Spiegel)		1974
Fahrzeugbreite (mit Spiegel)		2374
Ladefläche		6,50 m²

Bild 6
Bauform Einzelkabine mit Pritsche.
A-H Abmessungen

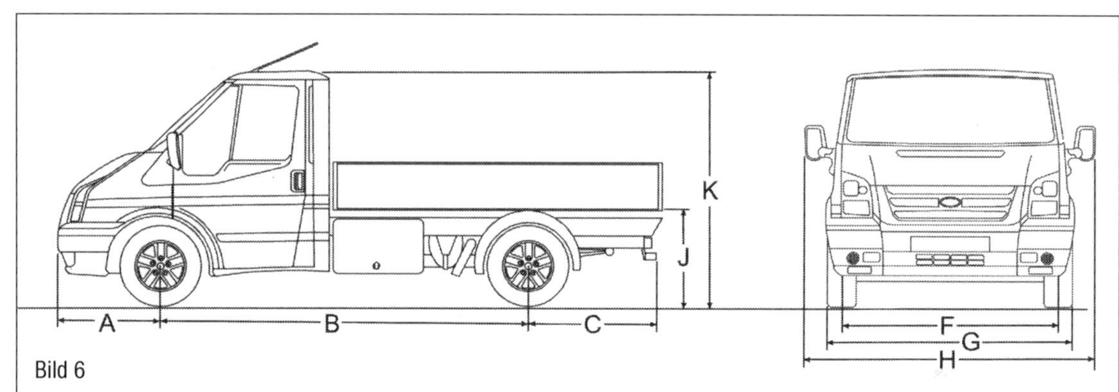

Bild 6

Pritsche mit langem Radstand 1 (Bild 6):

	Abmessung	Maß in mm
A	Überhang vorne	904
B	Radstand	3954
C	Überhang hinten	1217
J	Beladehöhe	975-949
K	Fahrzeughöhe	2022-2024
F	Spurweite vorne	1737-1745
G	Fahrzeugbreite (ohne Spiegel)	1974
H	Fahrzeugbreite (mit Spiegel)	2374
Ladeflächenlänge		3740
Ladeflächenbreite		1974
Spurweite hinten		1710-1718
Fahrzeugbreite (ohne Spiegel)		1974
Fahrzeugbreite (mit Spiegel)		2374
Ladefläche		7,38 m²

Pritsche mit langem Radstand 2 (Bild 6):

	Abmessung	Maß in mm
A	Überhang vorne	904
B	Radstand	3954
C	Überhang hinten	1717
J	Beladehöhe	975-949
K	Fahrzeughöhe	1990-2015
F	Spurweite vorne	1737-1745
G	Fahrzeugbreite (ohne Spiegel)	1974
H	Fahrzeugbreite (mit Spiegel)	2374
Ladeflächenlänge		4240
Ladeflächenbreite		1974
Spurweite hinten		1710-1718
Fahrzeugbreite (ohne Spiegel)		1974
Fahrzeugbreite (mit Spiegel)		2374
Ladefläche		8,3 m²

Doka-Pritsche mit kurzem Radstand (Bild 7):
Für Fahrzeuge mit Kipppritschen können die Abmessungen stark abweichen.

	Abmessung	Maß in mm
A	Überhang vorne	904
B	Radstand	3504
C	Überhang hinten	1184
J	Beladehöhe	890-975
K	Fahrzeughöhe	1989-2016
F	Spurweite vorne	1737-1745
G	Fahrzeugbreite (ohne Spiegel)	1974
H	Fahrzeugbreite (mit Spiegel)	2374
Ladeflächenlänge		2490
Ladeflächenbreite		1974
Spurweite hinten		1710-1718
Fahrzeugbreite (ohne Spiegel)		1974
Fahrzeugbreite (mit Spiegel)		2374
Ladefläche		4,9 m²

Doka-Pritsche mit langem Radstand (Bild 7):
Für Fahrzeuge mit Kipppritschen können die Abmessungen stark abweichen.

	Abmessung	Maß in mm
A	Überhang vorne	904
B	Radstand	3945
C	Überhang hinten	1184
J	Beladehöhe	890-975
K	Fahrzeughöhe	1989-2016
F	Spurweite vorne	1737-1745
G	Fahrzeugbreite (ohne Spiegel)	1974
H	Fahrzeugbreite (mit Spiegel)	2374
Ladeflächenlänge		2890
Ladeflächenbreite		1974
Spurweite hinten		1710-1718
Fahrzeugbreite (ohne Spiegel)		1974
Fahrzeugbreite (mit Spiegel)		2374
Ladefläche		5,7 m²

Motor und Antrieb

Neue Diesel-Motoren mit Common-Rail-Einspritzsystem sowie 5-Gang- und 6-Gang-Getriebe ergänzen das Antriebskonzept. Zum Einsatz kommen Dieselmotoren in zwei Hubraumklassen. Die 2,2-l- und 2,4-l-Motoren decken die unterschiedlichen Leistungsklassen ab.

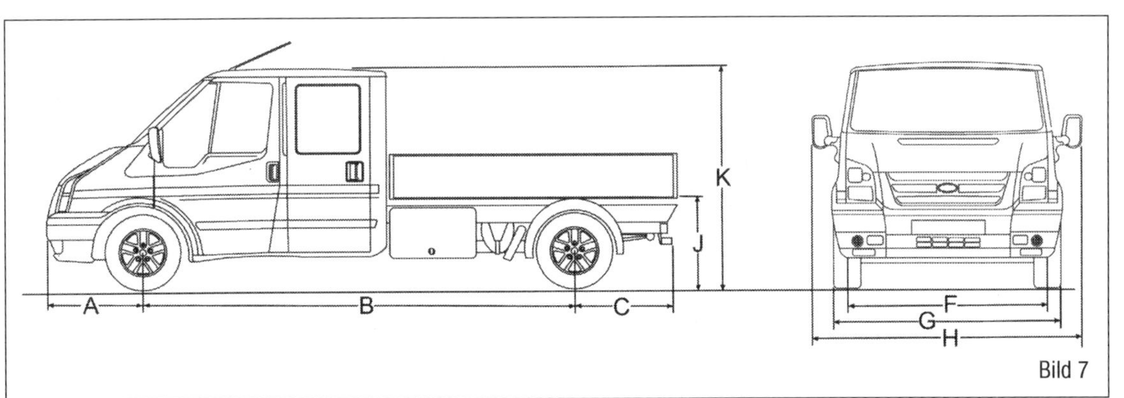

Bild 7
Bauform Doppelkabine mit Pritsche.
A-H Abmessungen

Sichtprüfung Messen

Der 3,2-l-Diesel mit 147 kW im Heckantrieb spielte nur eine untergeordnete Rolle. Er wird in diesem Band nicht berücksichtigt. Auch der 2,3-l-Ottomotor wurde nur in geringen Stückzahlen vermarktet.

Dieselmotoren
Der 2,2-l-Dieselmotor wurden auch von der PSA-Gruppe übernommen. Die Varianten haben sich im Laufe der Zeit nicht nur in der Zusammenstellung verändert. Auch die Leistungen passten sich Markt und Abgasanforderungen an. In der nachfolgenden Tabelle haben wir die eingesetzten Motoren zusammengestellt.

Hubraum	Kennbuchstaben	Leistung
2,2 l	P8FA, P8FB	63 kW (85 PS)
2,2 l	DRFA, DRFB, DRFB, DRRA, DRRB, DRRC	74 kW (100 PS)
2,2 l	QVFA	81 kW (110 PS)
2,2 l	SRFC, SRFD, SRFE, SRFA, SRFB	85 kW (115 PS)
2,2 l	CYFB, CYFA, CYFD, CYRA, CYRB, CYRC, CYFC	95 kW (125 PS)
2,2 l	QWFA, QWFB	96 kW (130 PS)
2,2 l	USRA, USRB	99 kW (135 PS)
2,2 l	PGFA, PGFB, PGFC, UHFA, UHFB, UHFC	103 kW (140 PS)
2,2 l	CVRB, CVRC, CVRA	114 kW (155 PS)

Hubraum	Kennbuchstaben	Leistung
2,4 l	P8FA, P8FB	63 kW (85 PS)
2,4 l	PHFA, PHFB, PHFC	74 kW (100 PS)
2,4 l	QVFA	81 kW (110 PS)
2,4 l	JXFA, JXFC	85 kW (115 PS)
2,4 l	CYFB, CYFA, CYFD, CYRA, CYRB, CYRC, CYFC	92 kW (125 PS)
2,4 l	QWFA, QWFB,	96 kW (130 PS)
2,4 l	H9FB, H9FC, H9FD	103 kW (140 PS)

Der 3,2-l-Diesel mit 147 kW im Heckantrieb spielte nur eine untergeordnete Rolle. Er wird in diesem Band nicht berücksichtigt.

Hubraum	Kennbuchstaben	Leistung
3,2 l	SAFA, SAFB	147 KW (200 PS)

Ottomotoren

Hubraum	Kennbuchstaben	Leistung
2,3 l		107 kW (146 PS)

Nebenabtriebe
Im Ford Transit gibt es die Möglichkeit, über einer zusätzlichen Riemenscheibe auf der Kurbelwelle Nebenaggregate zu betreiben. Die Nachrüstung ist nur mit erheblichem Aufwand nachrüstbar. Sollten Sie also einen Nebenantrieb benötigen, sollten Sie ein entsprechendes Fahrzeug suchen. In den meisten Fällen werden Sie wahrscheinlich bei Fahrzeugen fündig werden, die im kommunalen Einsatz bei Gemeinden und Verbänden waren oder mit einem Kühlaggregat ausgerüstet waren oder noch sind.

Allradantrieb
Im Gegensatz zu den meisten Herstellern handelt es sich bei Ford um ein Allradkonzept aus dem eigenen Sortiment. Ausgeliefert wurde er lediglich mit dem 2,4-l-Dieselmotor. Gerade für den Einsatz als Camper ist das Fahrzeug reizvoll, wenn auch abseits der befestigten Wege ein Stellplatz gefunden werden muss. Wie bei den meisten Transportern ergibt sich hier kein Hardcore-Offroader, aber doch schon eine deutlich verbesserte Traktion für losen Untergrund oder im leichten Gelände. Wir werden auch auf die Montagearbeiten rund um den Allradantrieb eingehen.

Komfort und Bedienung
Die Unterscheidungen dieser Modellreihe und des Facelifts sind also mitnichten mit einer Veränderung des äußeren Designs abzutun. Informationen über die Systeme, die in Ihrem Fahrzeug verbaut worden sind, werden spätestens dann wichtig, wenn Sie aufgrund eines Ausfalls im Rahmen der Fehlersuche an den Systemen arbeiten wollen.

Sound und Navigation:
Je nach Ausstattungsvariante oder auch dem Kundenwunsch bei der Fahrzeugneubestellung werden im Ford Transit unterschiedliche Soundsysteme angeboten. Alle Radios verfügen über Bluetooth-Anschlussmöglichkeiten für Mobiltelefone und sind MP3-fähig. Natürlich gibt es auch für den Transit Sound- und Mediasysteme von unterschiedlichen Herstellern auch im Zubehörbereich. Die Topversion wird über einen Touchscreen bedient, auf den beim Rückwärtsfahren das Bild einer Rückfahrkamera übertragen wird. Bei der Vorwärtsfahrt kann hier die Grafik des Navigationssystems anzeigt werden.

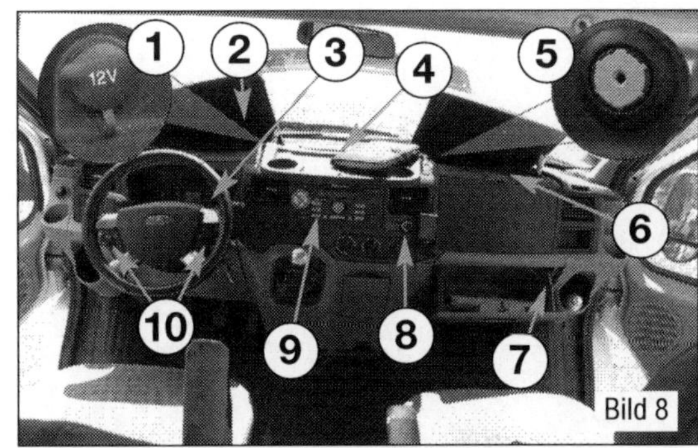
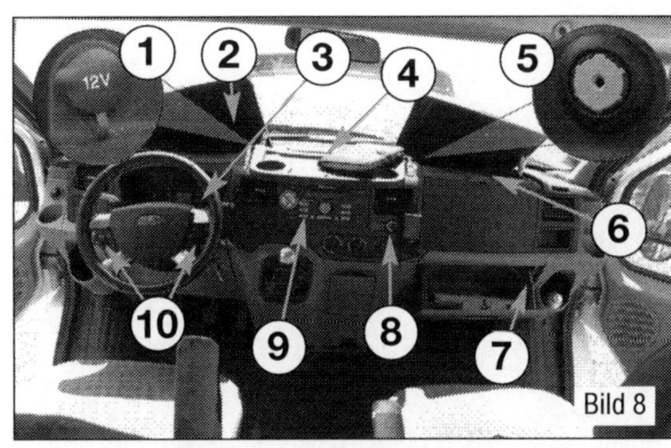

Bild 8
Multimedia und Multifunktion.
1 12V-Buchse
2 Ablagefach oben links
3 Multifunktionsanzeige
4 Halter für Tablet, Handy oder I-Phone
5 AUX Buchse
6 Ablagefach oben rechts
7 Handschuhfachkasten
8 12V-Buchse
9 Entertainmentsystem
10 Lenkradbedientasten

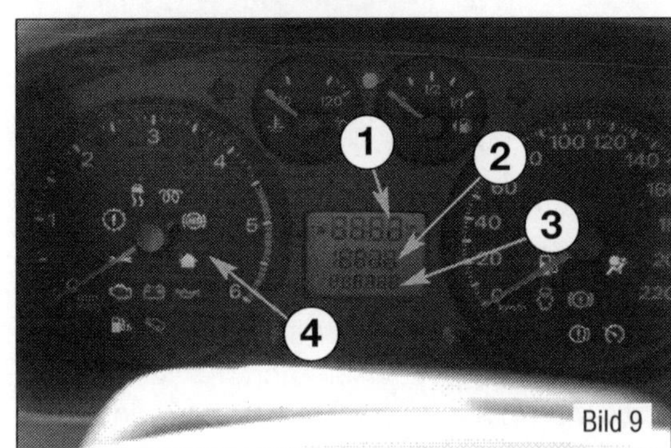

Bild 9
Anzeige im Multifunktionsdisplay.
1 Display
2 Uhrzeit
3 Laufleistung in km
4 Warn- und Anzeigeleuchten zur Information

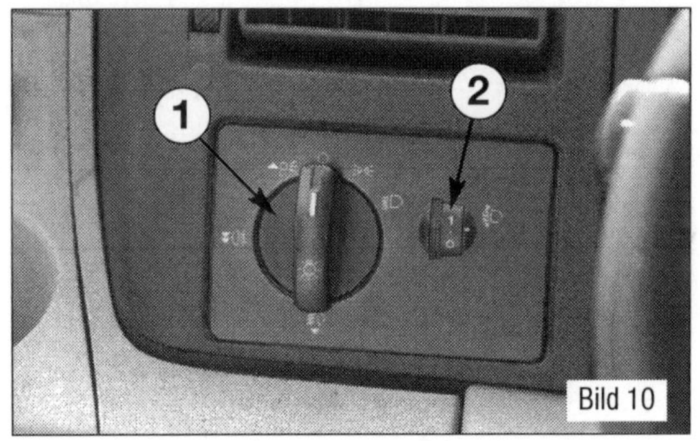
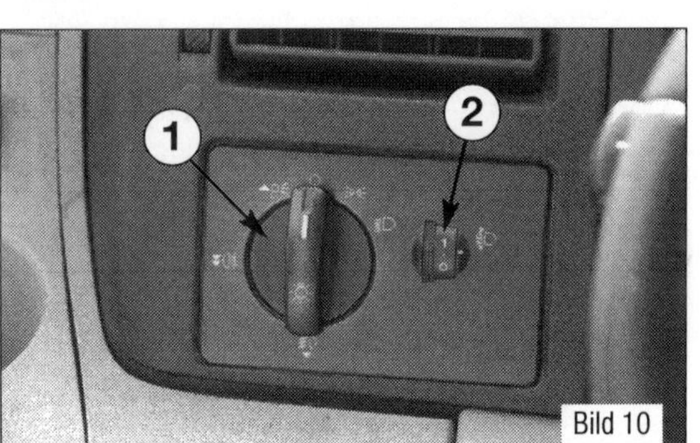

Bild 10
1 Einstellung der Scheinwerferhöhenregulierung
2 Lichtschalter mit Dreh- und Zugfunktionen

Multifunktionsdisplay:
Über das Multifunktionsdisplay (3 im Bild 8) können unterschiedliche Funktionen aufgerufen und Einstellungen vorgenommen werden. Um es vorwegzunehmen: die Servicemeldung für Ölwechsel oder Wartung lassen sich nicht zurücksetzen. Das ist leider nur über einen Servicetester möglich. Die weiteren Menüpunkte sind mit den Pfeiltasten im linken Lenkerschalter möglich und mit der Taste (Set/Reset) anwählbar. Die Vorgehensweise hierzu wird detailliert in der Fahrzeugbedienungsanleitung beschrieben. Im Grunde genommen wird mit den Pfeiltasten angewählt und mit der Modetaste die jeweilige Anwahl bestätigt.

Achsen und Federung:
Wenn der Einsatzzweck sich verändert oder die Federabstimmung für eine neue Nutzung angeglichen werden soll, bieten Hersteller aus dem Zubehörbereich Nachrüstsätze an, die meist von Wohnmobil-Händlern oder Wohnmobil-Umbauern angeboten werden. Stabilisatoren verteilen ungleichmäßig auf eine Radseite einwirkende Kräfte auf die andere Seite weiter. Je stärker der Stabilisator ausfällt, umso mehr erfolgt dieser Kräfteausgleich und umso geringer fällt auch die Seitenneigung des Fahrzeugs aus. Etwas straffer wird die Federung hinten mit der »Zweiblattfeder«. Dies ergibt eine etwas erhöhte Bodenfreiheit, kann dann auch zur Auflastung verbaut werden. Mit Verbundwerkstoffen lassen sich etwa 15 kg einsparen. Der Ford Transit kann auch mit Luftfederung nachgerüstet werden. In einem Nachrüstset aus dem Zubehörmarkt sind dann alle Komponenten und Materialien vorhanden, die für die Nachrüstung gebraucht werden.

Diverse Assistenten
Neben den technischen Weiterentwicklungen in Sachen Mechanik zum sehr erfolgreichen Ford Transit ergeben sich viele neue Möglichkeiten durch das Bordnetzsystem. Wie auch beim Pkw kommen bei dem kleinen Nutzfahrzeug neue Fahrerassistenzsysteme, ein neues Infotainment-Programm und letztlich auch neue Klimabedienteile hinzu.

ABS, ESP und Stabilitätssysteme:
Typisch für die software-gestützte Umsetzung sind die umfangreichen Assistenzsysteme der Bremsanlage. Basierend auf einem ABS-System können auch einzelne Bremsgeräte eines Rades angesteuert werden. So wird es mit ESC möglich, das Fahrzeug zu stabilisieren oder, wie im Traction+, ein schnell drehendes Rad abzubremsen. Die Systeme arbeiten hier derartig schnell, dass die Reaktion auch von routinierten Fahrern kaum übertroffen werden kann. Über den Bremseingriff werden das ROM (Überschlagsvermeidung), der Hillholder, Traction+ und der Bergabfahrassistent realisiert.

Das Start-Stopp-System
Ab dem Modelljahr 2011 kam eine weitere Besonderheit der technischen Ausrüstung hinzu. Ein Start-Stopp-System. Die Start-Stoppfunktion ist recht leicht vorstellbar. Über das Bordnetzsystem lässt sich natürlich auch die Nutzung des Fahrzeuges er-

Sichtprüfung

Messen

Bild 11
Identifizierungsmerkmale.
1 Aufkleber zur Lebensdauer der Airbags im Handschuhfach
2 Fahrgestellnummer als gravierte Prägung am Radkasten (Trittstufe)
3 Motorcode auf dem Motorblock
4 Typenschildplakette auf der Quertraverse
5 Aufkleber Klimaanlage mit Füllmittel und Ölmenge
6 Fahrgestellnummer als Gravur im Scheibenrahmen (Sichtfenster in der Windschutzscheibe)
7 Fülldruckaufkleber zu der Fahrzeugbereifung auf der B-Säule

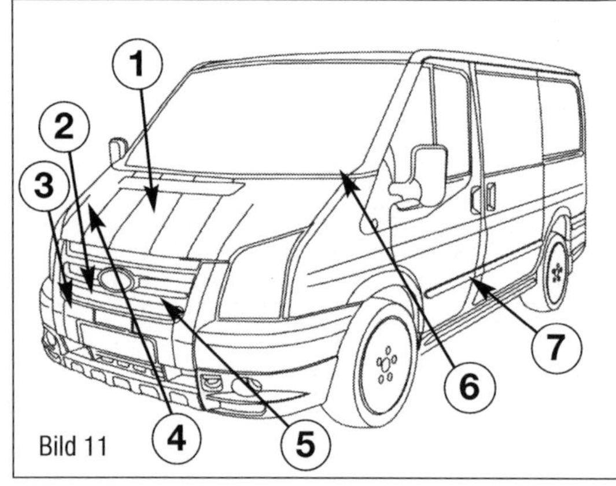

Bild 11

kennen. Entsprechend wird bei aktiviertem System und einer Haltephase der Motor abgestellt. So wird zum einen Kraftstoff und zum anderen eine CO2-Senkung realisiert.

Ausstattungsergänzungen
Über einen Regensensor kann die automatische Regelung der Wischgeschwindigkeit und der Auslösung umgesetzt werden. Die Reifendrucksensoren sind nur dann Vorschrift, wenn das Fahrzeug als Pkw homologiert wurde. Für die Lkw und Transporter gilt die Vorschrift nicht. Ford geht den kostenintensiveren Weg über die Reifendrucksensoren. Diese müssen dann bei Sommer- und Winterreifen verbaut sein und beim Wechsel entsprechend neu angelernt werden.

Identifizierung

Position der Identifizierungsmerkmale
Die Fahrzeugmerkmale sind durch Kennnummern oder Prägungen an unterschiedlichen Stellen des Fahrzeugs ausgeführt. Im Bild 11 stellen wir Ihnen die wichtigsten Positionen vor, an denen Sie die Kennzeichnung finden sollten. Wenn Sie Eigenschaften wie beispielsweise durch eine Umlackierung den Lackcode des Fahrzeuges ändern, macht es Sinn, diese Information an dieser Stelle und sicherheitshalber auch im Serviceheft zu vermerken.

Haltbarkeit der Airbagsysteme (1 im Bild 11):
Die Funktion der Airbagsysteme liegt zuerst einmal in der Selbstüberwachung des Steuergerätes. Eingriffe sind grundsätzlich nicht erlaubt und greifen in die Zulassung des Fahrzeugs ein (die Betriebserlaubnis kann erlöschen). Die Haltbarkeit, die (soweit überhaupt vorhanden) auf dem Aufkleber im Handschuhfach ausgewiesen wird, kann als Herstellerangabe angesehen werden. Eine gesetzliche Verpflichtung zum Ersatz gibt es nicht. Wie Zustand und Alter im Rahmen der Hauptuntersuchung überprüft werden sollen ist nicht klar geregelt.

Fahrgestellnummer (2 und 6 im Bild 11):
Die Fahrzeug-Identifizierungsnummer befindet sich im Radkasten auf der Beifahrerseite und im unteren Teil der Windschutzscheibe.

*Aufschlüsselung der Fahrzeug-Identifizierungsnummer (FIN) (Beispiel *WFO S XX B D F S 6 G 12345*):*

WFO	Herstellerzeichen WFO = Ford Deutschland NMO = Ford Otosan Türkei
S	Baureihe B = Bus (M1) D = Bus (M2) F = Pritsche Einzelkabine N = Fahrgestell (Doppelkabine) S = Kombi (M1) X = Van Z = Van/Kombi (M1) 1 = Kombi (N1) (nur für die Türkei) 3 = Van/Kombi (N1) (nur für die Türkei) 5 = Doppelkabine Van 7 = Van ohne Sitze
XX	Füllzeichen
B	Fertigstellungsland B = Ford England C = Vertragspartner von Ford England D = Montage durch den Händler E = Vertragspartner Ford Deutschland F = Montage durch den Händler von Ford Deutschland G = Ford Deutschland H = Umbaufahrzeug T = Ford Türkei
D	Herstellungswerk B = Genk D = Southampton G = Poland J = Istanbul P = Portugal T = Izmit
F	Modellbezeichnung F = Transit
S	Karosserietyp Siehe »Baureihe« (Position 4)

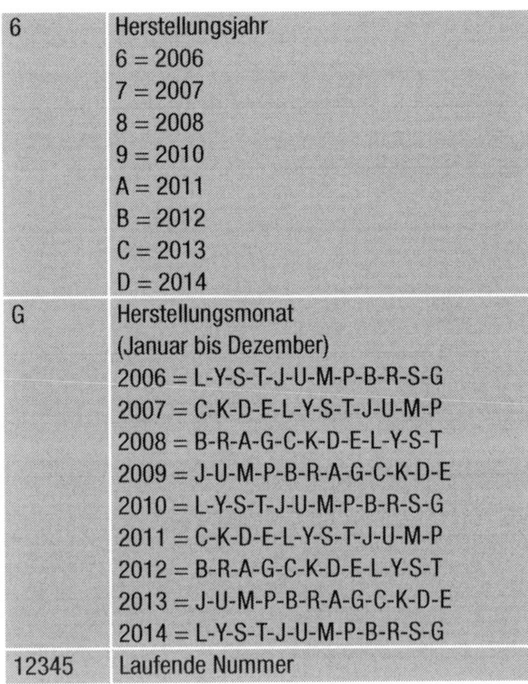

6	Herstellungsjahr 6 = 2006 7 = 2007 8 = 2008 9 = 2010 A = 2011 B = 2012 C = 2013 D = 2014
G	Herstellungsmonat (Januar bis Dezember) 2006 = L-Y-S-T-J-U-M-P-B-R-S-G 2007 = C-K-D-E-L-Y-S-T-J-U-M-P 2008 = B-R-A-G-C-K-D-E-L-Y-S-T 2009 = J-U-M-P-B-R-A-G-C-K-D-E 2010 = L-Y-S-T-J-U-M-P-B-R-S-G 2011 = C-K-D-E-L-Y-S-T-J-U-M-P 2012 = B-R-A-G-C-K-D-E-L-Y-S-T 2013 = J-U-M-P-B-R-A-G-C-K-D-E 2014 = L-Y-S-T-J-U-M-P-B-R-S-G
12345	Laufende Nummer

Die Motornummer (3 im Bild 11):
Die Kennzeichnung für den Motor ist gut versteckt auf einer Plakette eingestanzt. Sie umfasst den Typ und die laufende Herstellungsnummer.

Die Getriebekennnummer (Bild 14):
Die Getriebekennzeichnung befindet sich auf dem Aufkleber (2) auf dem Getriebeblock. Der Aufkleber ist auf allen Getriebetypen aufgeklebt. Die meisten Getriebe sind zusätzlich am Getriebeflansch (1) zum Motor mit einer Einfräsung gekennzeichnet.

Der Farbcode:
Der Farbcode ist auf einem Aufkleber auf der Frontquertraverse (Schlossträger) oder auf dem Typenschild (16 im Bild 13) verzeichnet.

Das Typenschild (4 im Bild 11):
Das Typenschild (Bild 15) finden Sie auf dem vorderen Querträger (Schlossträger) im Motorraum. Die wichtigsten Angaben zu Achslasten, Zuladung und zulässigem Gesamtgewicht (im Serienzustand) finden Sie hier. Veränderungen durch Eintragungen oder Umrüstungen sollten Sie hier mit einem wasserfesten Aufkleber und im Serviceheft ergänzen.

- Fahrgestellnummer (2 im Bild 15)
- Zulässiges Gesamtgewicht (3)
- Zulässiges Gesamtgewicht mit Anhänger (4)

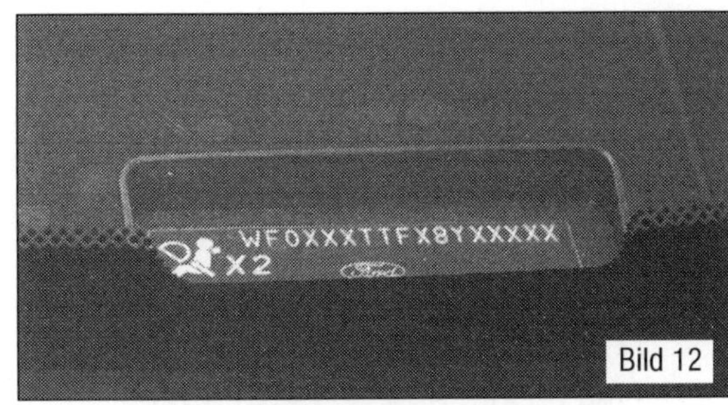

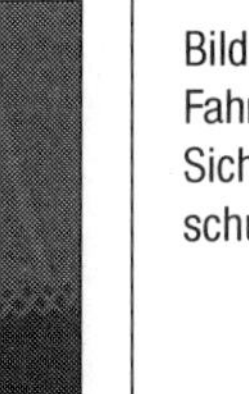

Bild 12
Fahrgestellnummer im Sichtfenster der Windschutzscheibe links.

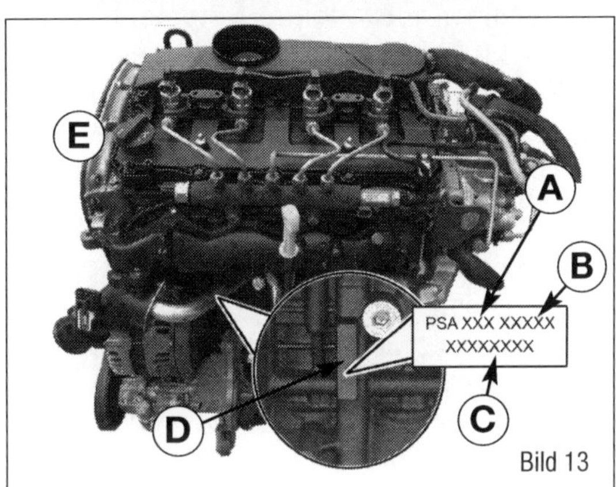

Bild 13
Beim 2,2-l-Motor nicht leicht zu entdecken.
A Motorkennzeichnung
B Aggregatekennung
C Produktionsnummer
D Motorkennnummer am Motorblock
E Plakette am Steuerkastendeckel

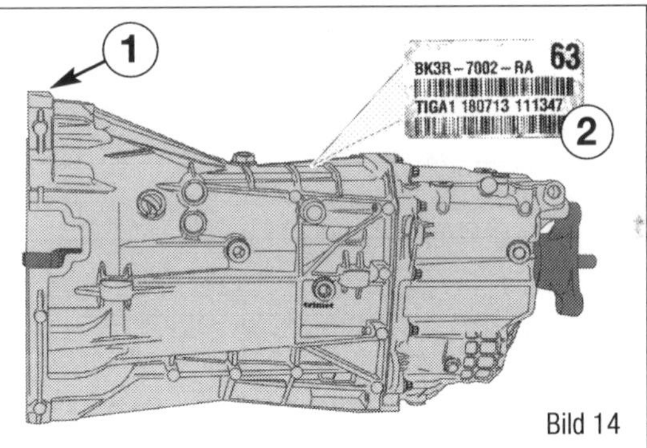

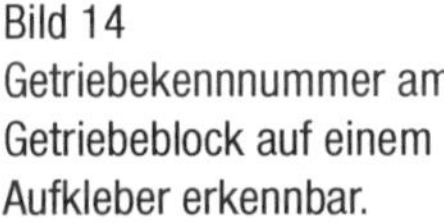

Bild 14
Getriebekennnummer am Getriebeblock auf einem Aufkleber erkennbar.
1 Eingeschlagene Kennnummer
2 Kennzeichnungsaufkleber

- Zulässige Achslast vorne (5)
- Zulässige Achslast hinten (6)

Service-Info zur Klimaanlage (5 im Bild 11):
Auf dem Serviceaufkleber zur Klimaanlage können das Kältemittel und die Füllmengen identifiziert werden. Wenn in der Anlage Umbauten durchgeführt werden, sollten Sie darauf achten, dass auch der Serviceaufkleber ergänzt und zusätzlich eine Bemerkung im Serviceheft eingetragen wird.

Info zur Bereifung und Luftdruck (7 im Bild 11):
Auf der B-Säule im Bereich des Einstiegs auf der Fahrerseite (bei Linkslenkern links) ist ein Aufkleber aufgebracht, der den Luftdruck für das Serienfahrzeug nach Beladungszustand und Reifengröße auf-

schlüsselt. Bei Fahrzeugumbauten sollten Sie diese Informationen auch an dieser Stelle platzieren um das Auffinden bei Wartungsarbeiten zu erleichtern.

Servicevorgaben

Die meisten Hersteller setzen auf mehr oder weniger aufwendige Systeme, um den Fahrzeugführer auf die Fälligkeit der nächsten Wartung hinzuweisen. Bei Ihrem Transit ist die Anzeige der Serviceintervalle mit einem gelb leuchtenden Schraubenschlüssel im Tachometerdisplay gekennzeichnet. Es erfolgt eine Vorwarnung auch über das Display, welche die Fälligkeit der Wartung in Tagen ankündigt. Einige Warnungen werden zusätzlich im Display angezeigt und je nach Dringlichkeit mit einem rot oder einem gelb leuchtendem »I«-Icon über dem Display markiert. In Sachen Warnung können über das Display folgende Meldungen erfolgen:

- Ölfüllstand niedrig
- Wasser im Kraftstoff
- Kraftstofffilter Service
- Jetzt Öl wechseln
- Öl in XX Tagen wechseln

Die Warnungen können über den »Set/Reset«-Knopf des linken Lenkerschalters bestätigt oder weggedrückt werden. Liegt die Störung aktuell vor, leuchtet das »I«-Icon weiterhin.

Das Rücksetzen der Wartung selber kann nur mit einem geeigneten Tester erfolgen. Die Bindung zwischen Auto und Servicetester ist somit werkseitig festgeschrieben. Die Anbindung aber an die Vertragswerkstätten wird nicht erreicht. Die Rücksetzung kann mit den freien Werkstatttestern sowie den entsprechenden Handauslesegeräten für Ford-Fahrzeuge unter 100 EUR erfolgen.

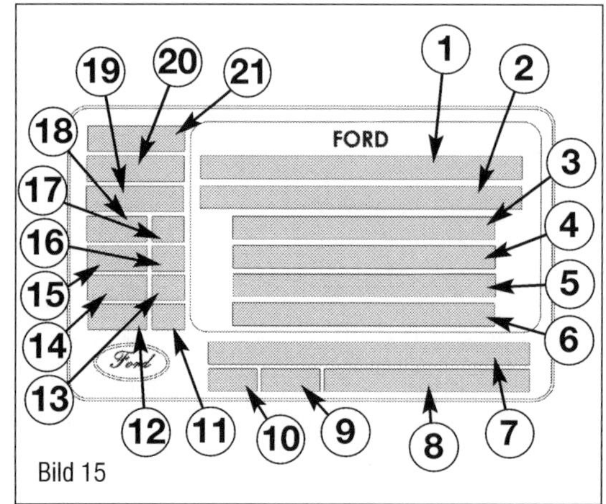

Bild 15

Bild 15
Einbaulage des Typenschildes auf dem Frontquerträger.
1 Typprüfnummer
2 Fahrgestellnummer
3 zulässiges Gesamtgewicht
4 Zuladung
5 Achslast vorne
6 Achslast hinten
7 Fahrzeugabmessungen
8 Modelltyp
9 Radstand
10 Achsübersetzung
11 nur bei Sonderausführungen
12 Getriebekennzahl
13 Türausführungen
14 Federsystem
15 Ausführung Lenkseite
16 Farbcode
17 Bremssystem
18 Ausstattungscode
19 Abgasklasse (Trübung)
20 Motortypcode
21 Version

Servicemeldung abfragen

Die Abfrage der Servicedaten mit einem Diagnosetester macht es nicht zwingend erforderlich, die Wartungsintervalle auch zurückzusetzen. Das sollten Sie grundsätzlich nur dann tun, wenn Sie auch eine Wartung durchgeführt haben. Notieren Sie sich die durchgeführten Wartungsarbeiten im Servicebuch. Auch wenn Sie die Wartungsarbeiten in Eigenregie durchführen, können Sie die durchgeführten Arbeiten dokumentieren.

Service-Intervall-Anzeige

Rücksetzen ohne Tester

- Schalten Sie die Zündung aus.
- Treten Sie das Bremspedal und das Gaspedal und halten Sie sie gedrückt.

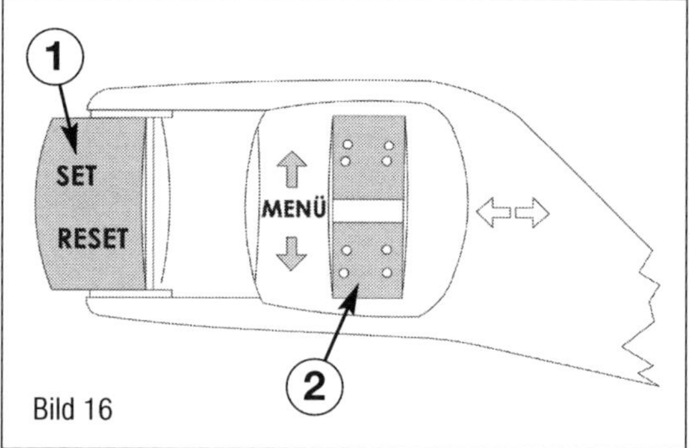

Bild 16

Bild 16
Tasten auch zur Displayanwahl.
1 Taste »Set/Reset«
2 Taste »Menüanwahl«

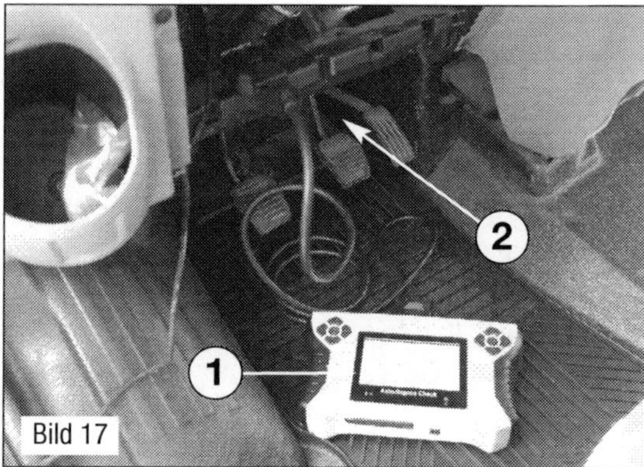

Bild 17

Bild 17
1 Fahrzeugdiagnosetester
2 OBD-Stecker

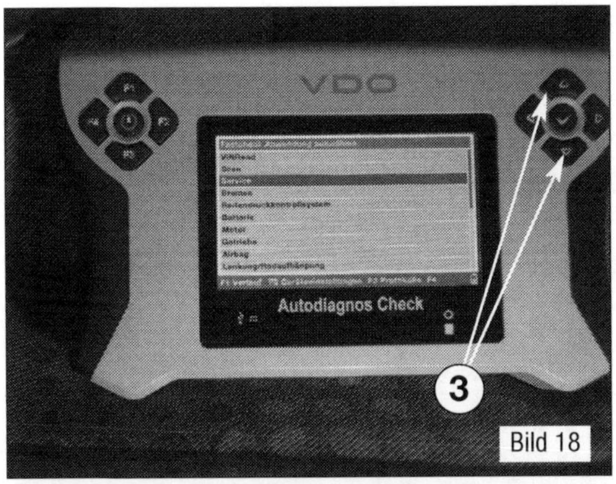

Bild 18

Bild 18
Anwahl der Servicefunktion.
3 Tasten »hoch« und »herunter«

■ Schalten Sie die Zündung ein, ohne den Motor zu starten.
■ Warten Sie, bis der gelbe Schraubenschlüssel im Tachometer zu blinken beginnt.
■ Schalten Sie die Zündung aus und lassen Sie die Pedale wieder los. Die Zündung sollte nun zurückgesetzt sein.
■ Kontrollieren Sie die Rückstellung, indem Sie die Zündung erneut einschalten. Der gelbe Schraubenschlüssel muss nun erlöschen.

Rücksetzen mit dem Tester
Exemplarisch stellen wir Ihnen den Ablauf mit dem VDO-Tester vor. Der Ablauf für andere Tester-Hersteller ist meist sehr ähnlich.
■ Tester (1) im Fahrzeug (2) anschließen, Zündung einschalten, »Service« anwählen.
■ Wählen Sie den Fahrzeughersteller »Ford« mit den Pfeiltasten (3) an.
■ Bestätigen Sie Ihre Wahl mit dem Haken (4). Der VDO-Tester verbindet sich nun mit dem Steuergerät und führt die Erkennung und Feinauswahl selbstständig durch.
■ Wählen Sie nun über die Pfeiltasten (6) die geführten Funktionen (5) an.
■ Bestätigen Sie Ihre Wahl mit dem Haken (4).
■ Wählen Sie dann über die Pfeiltasten (3) die gewünschte Servicearbeit aus.
■ Bestätigen Sie Ihre Wahl wiederum mit dem Haken (4).
■ Je nach Anwahl erfolgt nun die Rücksetzung. Beachten Sie hier die Anweisungen im Bildschirm und die Bestätigung nach Abschluss der Arbeiten.
■ Gehen Sie über die Taste F4 (7) zurück.
■ Schalten Sie die Zündung aus und ziehen Sie den OBD-Stecker heraus.

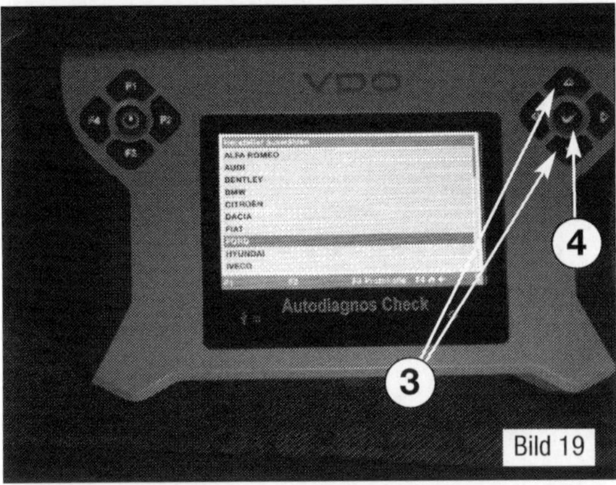

Bild 19

Bild 19
Anwahl des Herstellers.
3 Tasten »hoch« und »herunter«
4 Bestätigung der Anwahl

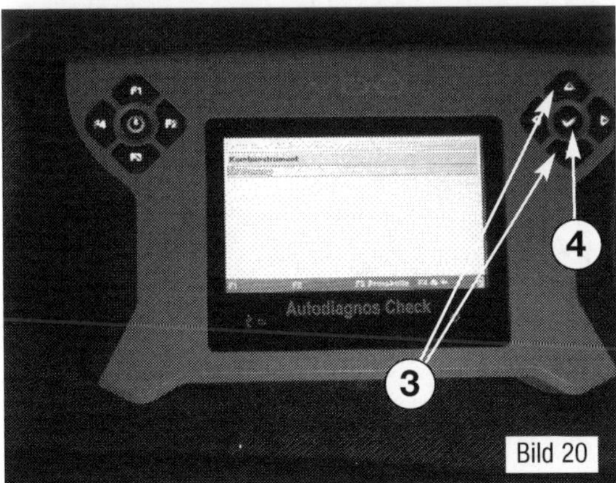

Bild 20

Bild 20
Anwahl der geführten Funktionen.
3 Tasten »hoch« und »herunter«
4 Bestätigung der Anwahl »Ölalterung« nach dem Ölwechsel

Wartungsplan

Der Übersicht halber haben wir die originalen Wartungspläne und die gängigen Wartungspläne der freien Testerhersteller unter die Lupe genommen und zusammengefasst. Im Folgenden werden wir Ihnen einen Plan vorstellen, der die Prüfpunkte für die unterschiedlichen Fahrzeugtypen in drei Sparten aufteilt. Im Ölservice steht der Wechsel des Motoröls im Vordergrund. Kleinere regelmäßige Kontrollen haben wir hier auch untergebracht. Der Wechsel des Öls ist wie bei allen Fahrzeugen mit Partikelfilter ohne Ad-

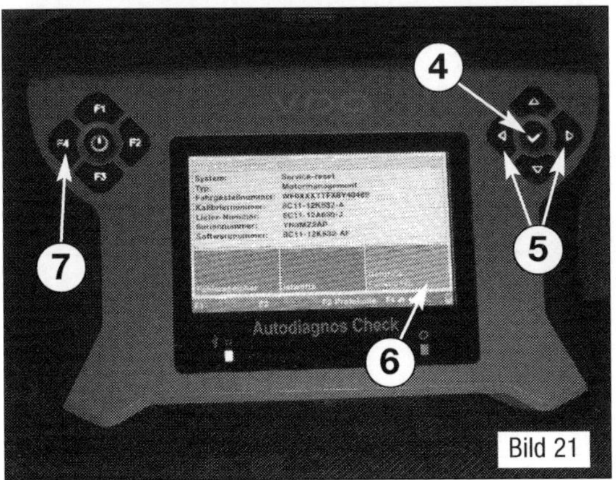

Bild 21

Bild 21
Anwahl der Servicerückstellung über die geführten Funktionen.
4 Bestätigung der Anwahl
5 Anwahl im Display
6 »Geführte Funktion« mit klaren Anweisungen im Display
7 Taste zurück bis zur Startmaske

Blue-System sehr wichtig. Die Partikelfilterreinigung wird durch die Nacheinspritzung von Kraftstoff in den Auslasstakt erreicht. Entsprechend kann es zu erhöhtem Kraftstoffeintrag im Motoröl kommen. Das ist im Grundsatz normal und bis zu etwa 7% auch unproblematisch. Bei Motoren, die im Kurzstreckenbetrieb unterwegs sind, kann der Kraftstoffeintrag schnell darüber liegen. Bei Motoren, die regelmäßig und zügig auf der Autobahn unterwegs sind, verdampft der größte Teil wieder und der Öleintrag fällt geringer aus. Wenn Sie unsicher sind, wie das sich bei Ihrem Fahrzeug verhält, lassen Sie eine Ölprobe analysieren. Adressen hierzu finden Sie im Internet, die Kosten liegen bei etwa 70 Euro. Die Aussage »kein Ölverbrauch« lässt dann lediglich den Schluss zu, dass das verbrauchte Öl durch Kraftstoffrückstände aufgefüllt wurde. Der Ölwechsel ist entsprechend wichtig für die Lebensdauer des Motors.

Regelmäßige Kontrollen

Die Kontrollen sollten regelmäßig nach eigenem Ermessen durchgeführt werden.
Als Daumenwert können etwa 1000-3000 km angenommen werden.

Motorölkontrolle	Nicht nur per Displayanzeige! Die Markierungen am Peilstab bei stehendem Motor und gerader und ebener Abstellfläche sind relevant.
Kühlmittel	Kontrolle des Kühlmittelstandes. Niemals einfach Wasser oder nur Konzentrat nachfüllen. Kontrollieren Sie den Frostschutzgehalt mit einem Refraktometer oder einer geeigneten Frostschutzspindel. Wird dieser zu hoch, geht Kühlleistung verloren. Bei häufigem Nachfüllen muss dringend die Ursache festgestellt werden.
Servolenkungsöl	Kontrolle des Ölstandes nach Peilstab. Verwenden Sie ein Servolenkungsöl nach ATF DEXRON III.
Scheibenreiniger/Waschdüsen	Kontrollieren Sie den Füllstand des Waschbehälters und speziell den Frostschutzgehalt in der kalten Jahreszeit. Verwenden Sie Scheibenreiniger und nicht allzu kalkhaltiges Wasser.
Scheibenwischergummis	Achten Sie auf festen Sitz, intakte Wischergummis sowie die korrekte Wischerarmeinstellung und leichtgängige Wischerarmgelenke für den Andruck an die Scheiben.
Reifenluftdruck/Zustand	Kontrollieren Sie den Reifenluftdruck sowie die Profiltiefe und auch die Lauffläche auf gleichmäßige Abnutzung. Bei einseitigem Reifenverschleiß prüfen Sie die Achsbauteile und lassen Sie eine Achsvermessung durchführen.

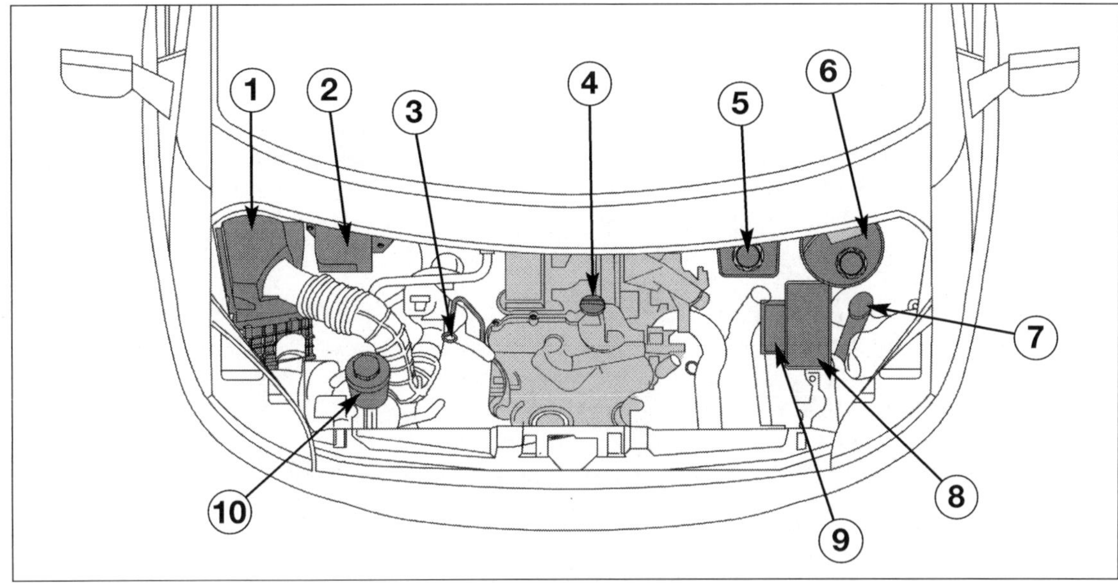

Bild 22
Motorraum in der Übersicht 2,2-l-Motor Heck- und Allradantrieb (RWD, AWD).
1 Luftfilter
2 Kraftstofffilter mit Wasserabscheider
3 Ölpeilstab für den Motorölstand
4 Öleinfülldeckel
5 Bremsflüssigkeitsvorratsbehälter
6 Kühlmittelausgleichsbehälter
7 Vorratsbehälter Scheibenwaschmittel
8 Sicherungskasten Motorraum
9 Plusanschluss Starthilfekabel
10 Vorratsbehälter Servolenkung

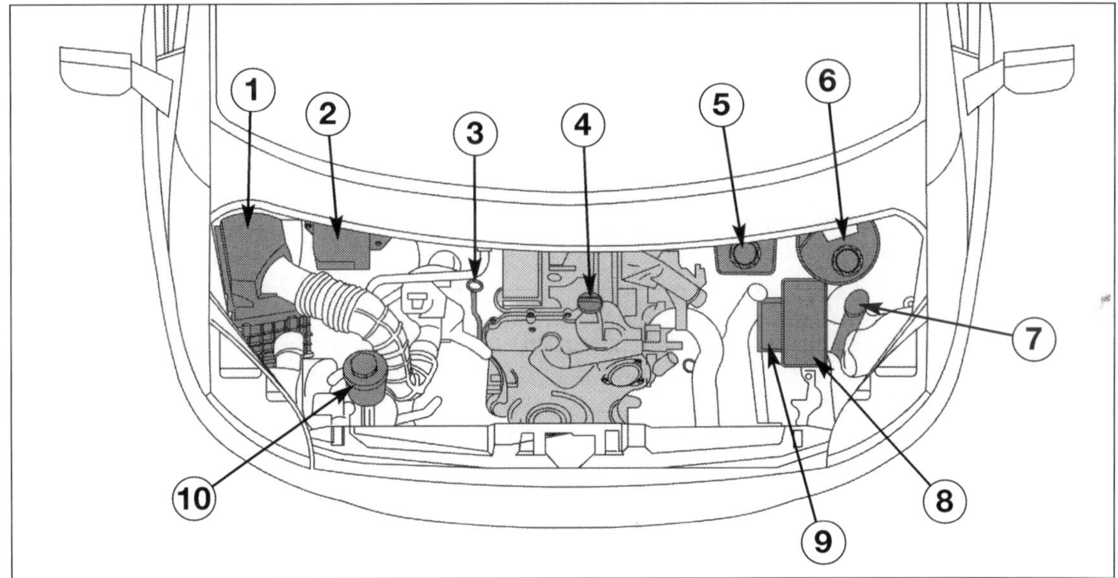

Bild 23
Motorraum in der Übersicht 2,4-l-Motor Heck- und Allradantrieb (RWD, AWD).
1 Luftfilter
2 Kraftstofffilter mit Wasserabscheider
3 Ölpeilstab für den Motorölstand
4 Öleinfülldeckel
5 Bremsflüssigkeitsvorratsbehälter
6 Kühlmittelausgleichsbehälter
7 Vorratsbehälter Scheibenwaschmittel
8 Sicherungskasten Motorraum
9 Plusanschluss Starthilfekabel
10 Vorratsbehälter Servolenkung

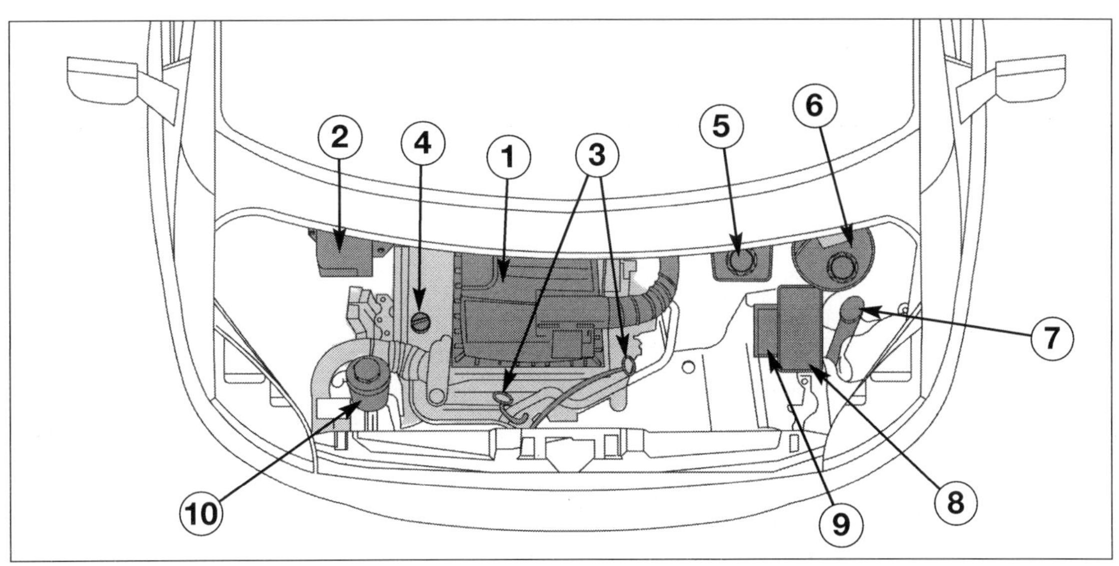

Bild 24
Motorraum in der Übersicht 2,2-l -und 2,4-l-Motor Frontantrieb (FWD).
1 Luftfilter
2 Kraftstofffilter mit Wasserabscheider
3 Ölpeilstab für den Motorölstand
4 Öleinfülldeckel
5 Bremsflüssigkeitsvorratsbehälter
6 Kühlmittelausgleichsbehälter
7 Vorratsbehälter Scheibenwaschmittel
8 Sicherungskasten Motorraum
9 Plusanschluss Starthilfekabel
10 Vorratsbehälter Servolenkung

Ölwechsel/Ölservice

Der Wechsel des Öls ist nach Ford folgendermaßen durchzuführen:

Normale Beanspruchung (es gilt: was zuerst eintrifft)	Flexibel Zeitrahmen	nach Displayanzeige Spätestens nach 12 Monaten
Stadtverkehr (es gilt: was zuerst eintrifft)	Flexibel Zeitrahmen	nach Displayanzeige Spätestens nach 12 Monaten
Erschwerte Beanspruchung (es gilt: was zuerst eintrifft)	Flexibel Zeitrahmen	nach Displayanzeige Spätestens nach 6 Monaten

Betrieb unter erschwerten Bedingungen

Wenn das Fahrzeug vorwiegend zum Ziehen von Anhängern oder Wohnwagen, auf staubigen Straßen, auf Kurzstrecken (unter 7–8 km), oft im Leerlauf betrieben wird, lange Fahrten bei niedriger Geschwindigkeit absolviert wurden, werden besondere Kontrollen notwendig.

Scheibenbremsbeläge vorne	Kontrolle Zustand/Verschleiß
Zustand der Schlösser an Motorhaube und Kofferraum	Hebelwerk reinigen und schmieren
Sichtkontrolle Antrieb	Motor, Getriebe, Kraftübertragung, Rohrleitungen (Auspuff – Kraftstoffversorgung – Bremsen), Gummielemente (Kappen – Muffen – Buchsen usw.);
Batteriecheck	Kontrolle des Ladezustands der Batterie und des Säurestands
Antriebsriemen für die Nebenaggregate	Sichtkontrolle auf Schäden, Verschleiß und Riemenspannung
Ölservice/Ölkontrolle	Die Anweisungen zum Ölwechsel beachten!
Pollenfilter	Ausbau, Kontrolle und soweit erforderlich auswechseln
Luftfilter	Ausbau, Kontrolle und soweit erforderlich auswechseln

Inspektionsservice

Der normale Wartungsintervall liegt bei 25.000 km. Außerhalb der Wartungsarbeiten fallen trotzdem je nach Bedarf (immer zwischendrin!) die regelmäßigen Kontrollen an. Die Abstände hierzu müssen Sie selbst als Fahrer festlegen. Die Kontrollpunkte haben wir bereits beschrieben.

Normale Beanspruchung (es gilt: was zuerst eintrifft)	Flexibel Zeitrahmen	nach Displayanzeige Spätestens nach 12 Monaten
Betrieb unter erschwerten Bedingungen (es gilt: was zuerst eintrifft)	Flexibel Zeitrahmen	nach Displayanzeige Spätestens nach 6 Monaten

Wartungsumfang

Nachdem nun die Fälligkeit geklärt sein dürfte, betrachten wir den Umfang der einzelnen Wartungsstufen im Detail. Wir haben eine Aufteilung gewählt, die einen flüssigen Ablauf der Wartung erlaubt. Die Überschriften kennzeichnen die einzelnen Schwerpunkte für die in der jeweiligen Tabelle darunter aufgeführten Arbeiten.

Elektrische Anlage

Öl-Service	Inspektions-Service	Zusatz-Arbeiten	Arbeitsschritte und Prüfungen
X	X		Frontbeleuchtung - Standlicht, Abblendlicht, Fernlicht, Nebelscheinwerfer, Blinkanlage, Warnblinkanlage auf Funktion prüfen.
X	X		Schlussleuchten - Bremslicht (auch 3 Bremslichter), Schlusslicht, Rückfahrleuchte, Nebelschlussleuchte, Kennzeichenleuchte, Blinkanlage, Warnblinkanlage auf Funktion prüfen.
X	X		Verbaute Zusatzleuchten und deren Anschlüsse auf Funktion und Schäden überprüfen.
	X		Innenraum-, Kofferraum- und Handschuhfachleuchte, Zigarettenanzünder, Steckdosen, Signalhorn und Kontrollleuchten auf Funktion prüfen.
X	X		Schalter und Regler, Funktion Gebläse, Leuchtweitenregulierung oder Einstellung prüfen.
	X		Kontrollleuchten in der Armaturentafel und im Display auf Funktion prüfen.
	X		Batterie (auch Zweitbatterie): Sichtprüfung durchführen und magisches Auge prüfen.
	X	X	Zusatzbatterie (soweit verbaut) Flüssigkeitsstand prüfen.
	X		Ladespannung der Batterie prüfen.
	X		Zentralverriegelung Funktion prüfen.
	X		Funktionen der Schlüsselfernbedienung kontrollieren.

Fahrzeug von innen

Öl-Service	Inspektions-Service	Zusatz-Arbeiten	Arbeitsschritte und Prüfungen
	X		Funktion des Bremskraftverstärkers prüfen, Befestigung der Gummiauflage auf den Pedalen überprüfen.
X	X		Handbremshebel auf Rastenfunktion und Zustand prüfen, Handbremsweg wenn erforderlich einstellen.
	X		Gurtsysteme auf Funktion, Schäden und leichtes Aufrollen prüfen. SBC Warnung (Gurtwarner) auf Funktion prüfen.
	X		Sonnenblenden auf Funktion prüfen.
	X		Sitze auf Schäden an Polster und Gestell überprüfen.
	X		ISRI-Fahrersitz auf Funktion und Beschädigung sowie auf Spiel in den Lagerungen prüfen.
	X		Verkleidungen der Türen und Türgriffe auf Festigkeit und Unversehrtheit prüfen.
	X		Anzeigen im Tachometer auf Funktion und Ablesbarkeit prüfen.
X	X		Kontrolle der Funktion der Scheibenwasch- und Wischanlage und der Einstellung der Waschdüsen.
X	X		Ausrichtung/Abnutzung der Wischerblätter prüfen.
	X		Funktion der Rückspiegelverstellung prüfen.
	X		Funktion der Standheizung prüfen.

Fahrzeug von außen

Öl-Service	Inspektions-Service	Zusatz-Arbeiten	Arbeitsschritte und Prüfungen
	X		Schlösser an Motorhaube und Kofferraum kontrollieren, reinigen und Hebelwerk schmieren
	X		Kontrolle und Reinigung der unteren Führungen der Schiebetüren (spätesten alle 6 Monate).
	X		Karosserieaußenseite auf Schäden und Korrosion prüfen.
	X		Rammschutz- und Zierleisten auf richtige Befestigung prüfen.
	X		Lampengläser auf Beschädigung und richtigen Sitz überprüfen.
	X		Tür- und Scheibendichtungen auf Zustand und Beschädigung prüfen.
X	X		Zustand der Rückspiegel prüfen.

Motorraum (Motor und Antrieb)

Öl-Service	Inspektions-Service	Zusatz-Arbeiten	Arbeitsschritte und Prüfungen
X	X		Motorölstand prüfen.
	X		Motor und Bauteile im Motorraum (von oben): Sichtprüfung auf Undichtigkeiten und Beschädigungen durchführen.
X	X		Motoröl wechseln und Ölfilter ersetzen sowie nach dem Auffüllen ggf. bis Max.-Markierung ergänzen.
	X		Bremsflüssigkeitsstand (abhängig vom Belagverschleiß) prüfen (Spezifikationen beachten).
X	X		Servolenkung: Ölstand prüfen.
	X	X	Luftfilter mit Sättigungsanzeige prüfen.
		X	Frostschutz und Kühlmittelstand prüfen und ggf. auffüllen.
	X		Antriebsriemen für die Nebenaggregate auf Verschleiß prüfen.
		X	Antriebsriemen für die Nebenaggregate wechseln.
X			Antriebsriemen für die Nebenaggregate Spannung (nur beim ersten Ölservice kontrollieren).
		X	Kraftstofffiltereinsatz wechseln.

Abschließende Arbeiten

Öl-Service	Inspektions-Service	Zusatz-Arbeiten	Arbeitsschritte und Prüfungen
		X	Scheinwerfereinstellung prüfen, gegebenenfalls einstellen.
		X	Fahrzeugsystemtest durchführen.
X	X	X	Service-Intervall-Anzeige zurücksetzen.
X	X	X	Service-Aufkleber »Ihre nächsten Service-Termine«: Nächste Fälligkeit eintragen und Service-Aufkleber am Türholm Fahrerseite (B-Säule) ankleben.
		X	Pannenset (falls vorhanden): Prüfen (Reifenfüllflasche mit Dichtmittel ersetzen, wenn das Mindesthaltbarkeitsdatum erreicht ist).
		X	Probefahrt durchführen.

Fahrzeug von unten

Öl-Service	Inspektions-Service	Zusatz-Arbeiten	Arbeitsschritte und Prüfungen
	X		Motor und Bauteile im Motorraum (von unten), Getriebe, Achsantrieb, Hinterachse und Gelenkschutzhüllen: Sichtprüfung auf Undichtigkeiten und Beschädigungen durchführen. Bei nicht verbrauchsbedingtem Flüssigkeitsverlust Ursache feststellen und beseitigen.
	X		Sichtprüfung auf Beschädigungen des Unterbodenschutzes und der Unterbodenverkleidungen.
	X		Sichtprüfung auf Undichtigkeiten, Befestigung und Beschädigungen der Abgasanlage durchführen.
	X		Spurstangenköpfe auf Spiel prüfen, Zustand der Befestigung und Dichtungsbälge überprüfen.
	X		Faltenbälge der Lenkung auf Undichtigkeiten und Beschädigungen prüfen.
	X		Sichtprüfung der Achsgelenke, Axiallager, Koppelstangenlager und Stabilisatorgummilager auf Beschädigung durchführen.
	X		Sichtprüfung der Bremsanlage auf Undichtigkeiten und Beschädigungen durchführen.
	X		Feststellbremse nachstellen.
	X		Rahmen und tragende Teile auf Beschädigung und Korrosion prüfen.
	X		Dicke der Bremsbeläge sowie den Zustand der Bremsscheiben vorn und hinten prüfen.
	X	X	NUR BEI ALLRAD (AWD) und HECKANTRIEB (RWD): Ölstand am Hinterachsdifferenzialgetriebe prüfen, gegebenenfalls auffüllen.
	X	X	NUR BEI ALLRADANTRIEB:
			Ölstand am Verteilergetriebe prüfen, gegebenenfalls auffüllen.
	X	X	NUR BEI ALLRADANTRIEB:
			Ölstand am Vorderachsdifferenzialgetriebe prüfen, gegebenenfalls auffüllen.
	X	X	NUR BEI ALLRADANTRIEB:
			Achsgelenke, Axiallager, Koppelstangenlager und Stabilisatorgummilager: Sichtprüfung auf Undichtigkeiten und Beschädigungen durchführen.
	X	X	NUR BEI ALLRADANTRIEB:
			Sichtprüfung der Stoßdämpfer auf Undichtigkeiten und Beschädigungen durchführen.
	X	X	NUR BEI ALLRADANTRIEB:
			Sichtprüfung der Faltenbälge der Lenkung auf Undichtigkeiten und Beschädigungen durchführen.
		X	Verschraubung der Blattfedern nachziehen.
	X		Wasserablaufbohrung im Bodenbereich der Schiebetür prüfen.
	X		Wasserablaufbohrung im Bodenbereich der Seitentüren prüfen.
	X		Abgasführung der Standheizung prüfen.

Bereifung

Öl-Service	Inspektions-Service	Zusatz-Arbeiten	Arbeitsschritte und Prüfungen
X	X		Korrigieren des Reifendrucks.
X	X		Kontrolle Zustandes und des Verschleißes.
	X	X	Felgen auf Korrosion oder Beschädigung untersuchen.
		X	Felgen und Radschrauben beim Radwechsel auf Verschleiß prüfen.
	X		Saison-typische Reifen verbaut (Winter/Sommer).

3 Werkzeug und Ausrüstung

Ob nun reines Hobby oder beruflich: Das Schrauben birgt gewisse Risiken. Vom kleinen Kratzer bis hin zum tödlichen Unfall ist schon alles vorgekommen. Ärgerlich ist es aber auch schon, wenn durch einen unpassenden Schraubenschlüssel eine Schraube so beschädigt wird, dass sie sich nur mit einem erheblichen Aufwand lösen lässt.
Einige Arbeiten werden durch Spezialwerkzeug deutlich erleichtert. Sollten Sie bestimmte Tätigkeiten öfter durchführen, scheuen Sie sich nicht, die Preise für das Spezialwerkzeug anzufragen. Gelegentlich sind die Preise so günstig, dass es sich nicht mal lohnt, die Werkzeuge nachzubauen.

Standardausrüstung für mechanische Arbeiten

Sicherlich ist es immer besser, auf die Werkzeugsätze der Top-Markenhersteller zurückzugreifen. Als Basis allerdings sind auch schon günstigere Ausführungen recht bekannter Marken erhältlich. Gerade für die Arbeiten an modernen Fahrzeugen müssen neben den üblichen Sechskantnüssen auch Vielzahn- und Torxeinsätze zur Verfügung stehen (Bild 4). Eine günstige Alternative für unsere Zwecke bieten »Snap On«- oder »KS-Tool«-Werkzeugkoffer, die ein sehr komplettes Angebot liefern. Sind die Sätze im Angebot, kann man sein Werkzeugsortiment mit einem solchen Set leicht auch um 100 Euro erweitern.
An Werkzeug lässt sich leider kein Geld einsparen. Zum einen ist die Lebenserwartung dieses Werkzeuges stark an den Anschaffungspreis gekoppelt und zum anderen ist es extrem wichtig, dass die Maßhaltigkeit genau stimmt.
Wenn es um die Demontage von einzelnen Bauteilen geht oder auch nur zur Ablage von ausgebauten Fahrzeugteilen, ist eine Werkbank sehr hilfreich (Bild 2). Ist sie stabil genug, kann sie bei der Demontage der Motorteile gute Dienste leisten. Bei der Demontage fallen regelmäßig einige Schrauben an. Um diese besser wieder zuordnen zu können und sie sicher und sauber zu lagern, empfiehlt es sich, für die einzelnen Baugruppen jeweils eine, am besten verschließbare Kiste zu verwenden (Bild 3).

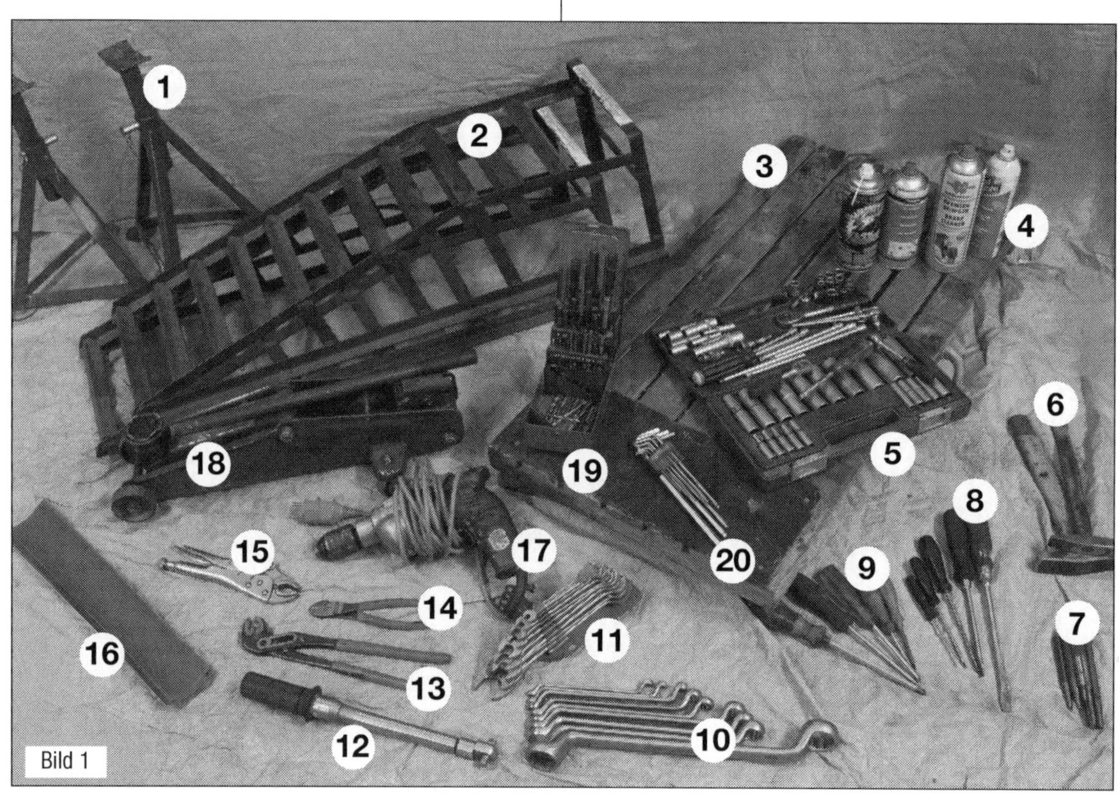

Bild 1
Standardwerkzeug in der Übersicht.
1 Unterstellböcke
2 Auffahrrampen
3 Rollbrett
4 Sprühfett, Rostlöser und Bremsenreiniger
5 Ratschenkasten-Werkzeugset
6 Schlosserhammer 500 g und Schlosserhammer 200 g
7 Durchschlagset und Körner
8 Schlitz-Schraubendreherset
9 Kreuz-Schraubendreherset
10 Ringschlüsselset
11 Gabelschlüsselset
12 Drehmomentschlüssel
13 Wasserpumpenzange
14 Seitenschneider
15 Grip- oder Schnappzange
16 Schleifpapier Korn 120
17 Handbohrmaschine
18 hydraulischer Wagenheber
19 Bohrerset
20 Innensechskant/Torx/-Vielzahnset

Spezialwerkzeuge
Ein hilfreicher Spezialist für enge Stellen ist ein so genannter Greifer oder auch ein »Magnet am Stiel« (Bild 5). Der Motorraum ist gerade bei heutigen Fahrzeugen recht zugebaut. Fällt eine Schraube oder Klammer hinunter, muss diese natürlich wieder herausgesammelt werden. Oft genug wird es für die Finger zu eng. Der Versuch, mit einem Schraubendreher das Entfallene in erreichbare Nähe zu bekommen, endet meist mit einer noch verzwickteren Lage. Der Greifer oder auch ein Magnet kann helfen, die entflohenen Teile ohne fingerbrecherische Aktionen wieder einzufangen.

Zahnriemenvorspannungsprüfer (Bild 6)
Bei allen Motorvarianten ohne automatischen Zahnriemenspanner muss dieser entsprechend den Angaben des Herstellers gespannt werden. Ist er zu lose, können genau wie bei zu fester Spannung Schäden an Riemen oder den Umlenkungen entstehen.

Standardausrüstung für Arbeiten an der elektrischen Anlage

Diagnose-Tools und Auslesegeräte
Unabdingbar ist heutzutage, die in jedem Steuergerät eingebauten Fehlerspeicher auszulesen. Es geht schon lange nicht mehr darum, die großen Fehler abzulegen, sondern eben auch kleine Funktionsstörungen, die vom Steuergerät erkannt werden, für eine Fehlerabfrage bei der Inspektion oder bei der Reparatur zu sichern. Es gibt heute schon Auslesegeräte für die OBD (On-Board-Diagnose) unter 100 Euro, die zumindest das Auslesen nach Codenummer ermöglichen. Wir verwenden in diesem Buch den »F-COM« (Secons-Diagnosesystem), um die Auslese, einige Bauteilprüfungen und Einstellungen im Bordnetz durchzuführen. Dieses PC-basierte Diagnosesystem liegt mit seinen 450 Euro ungefähr beim Preis eines Profiratschenkastens. Zusätzlich wird lediglich ein Notebook mit Windows-Betriebssystem oder ein ausgedienter Desktop-PC benötigt. Regelmäßige, kostenlose Softwareupdates halten Sie stets auf dem neuesten Stand (Bilder 7 und 8). Die Auslesegeräte werden

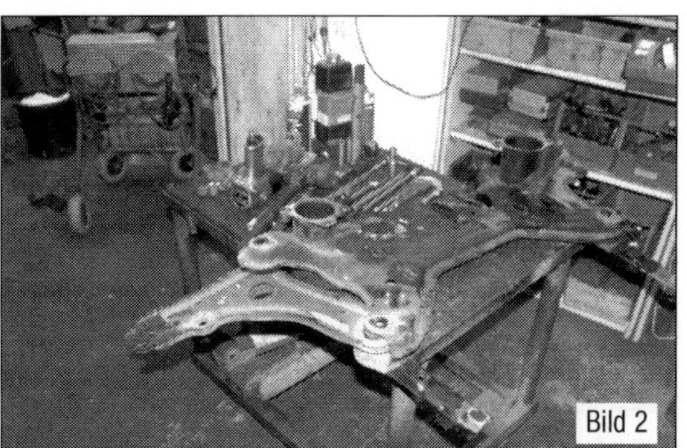
Bild 2
Werkbank und Ablage.

Bild 3
Kistchen und Kästchen – das spart Zeit.

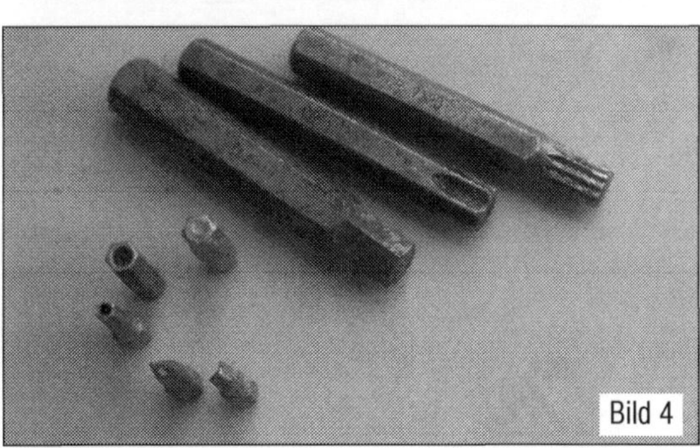
Bild 4
Innensechskant, Torx und Vielzahn ... öfter mal was Neues.

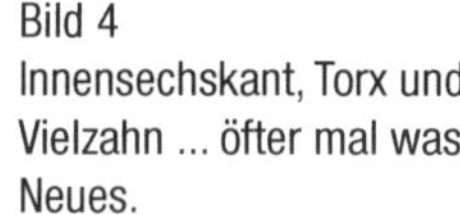

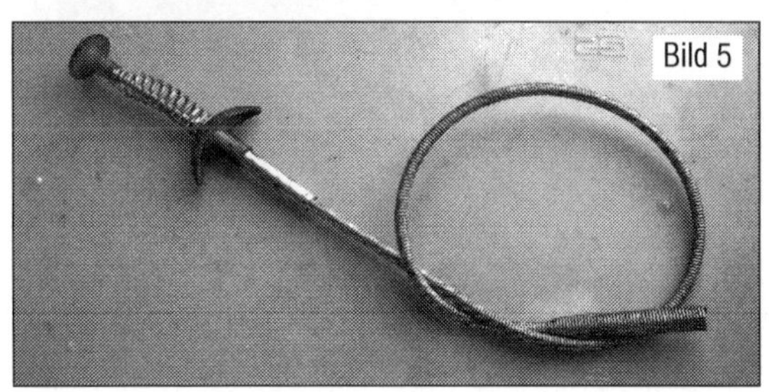
Bild 5
Greifer.

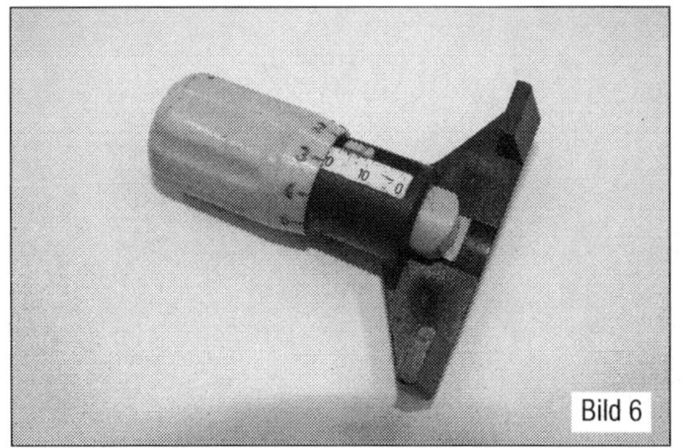
Bild 6
Zahnriemenvorspannungs-Prüfer.

zunehmend vielfältiger, und es ergeben sich neue Möglichkeiten. Der »C-Recorder« ermöglicht eine Langzeitüberwachung der Bordelektronik bis zu 24 Stunden Fahrzeit (Nr. 3 in Bild 7). Das ist eine sehr hilfreiche Variante für die Fehlersuche, gerade bei kaum zu ortenden sporadisch auftretenden Fehlern.

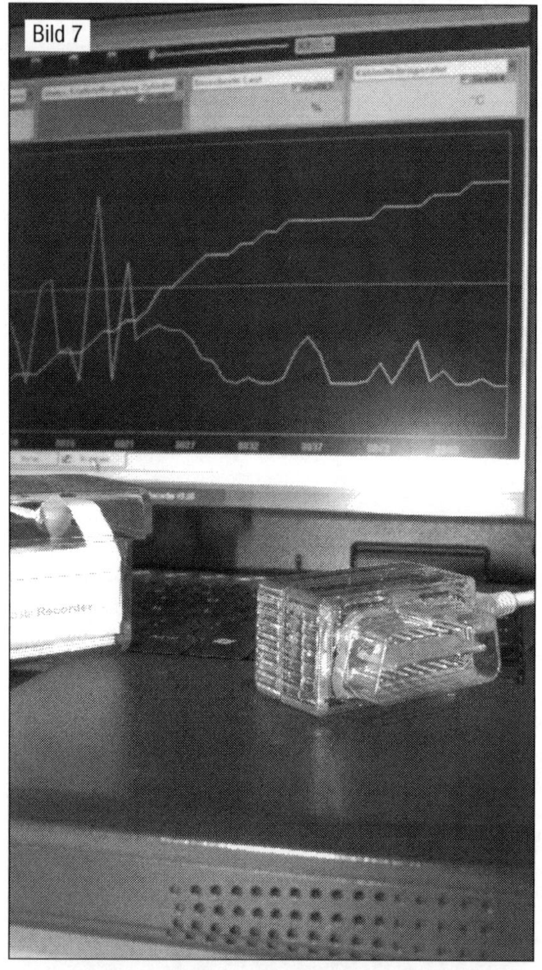

Bild 7
Aufzeichnen während der Fahrt: alle OBD-Daten bis zu 24 Stunden erfassen.
1 Laptop
2 Kennlinien
3 Datenlogger

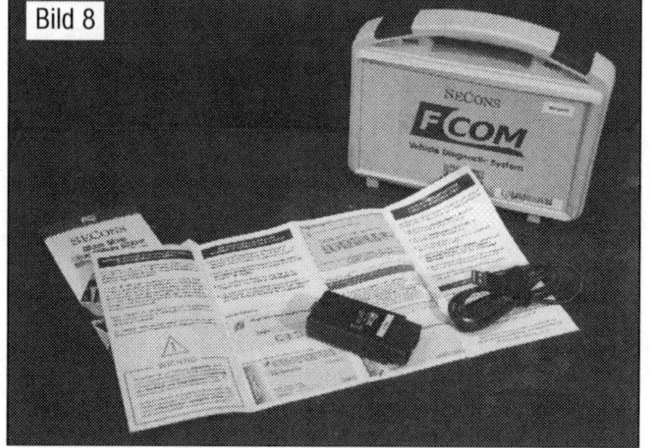

Bild 8
F-COM: Volldiagnose zum günstigen Kurs.

Sinnvolle Anschaffungen für die Messtechnik

Messspitzen
Riesige Probleme bereitet es, eine Messung an einem angeschlossenen Kabel am Bauteil in Funktion zu realisieren. Zumal ja weder die Isolierung noch das Kabel selbst oder der Stecker beschädigt werden sollen. Die Firma Rose Messtechnik in Limburg-Offheim stellt einen Nadelkontaktierer (Bild 10) her, der genau diese Anforderungen erfüllt (www.rose-netztechnik.de). Das Anstichloch im Kabel ist so klein, dass es keine relevanten Löcher in der Isolierung hinterlässt.

Messbechererersatz »kraftstofffest«
Für die Messungen an der Benzinpumpe oder auch nur mal zum Auffangen von Kraftstoff werden Behältnisse mit Volumenangaben benötigt. Mit etwas Geduld finden sich in der Haushaltsabteilung des Supermarktes recht günstig verwendbare Messbecher oder Schüsseln.

Zum Selbermachen
Natürlich sind Messwerkzeuge in der Regel teuer. Es sei denn, man zeigt etwas Kreativität und Bastlerspürsinn. Die Profigeräte sind sicherlich deutlich professioneller, der Eigenbau aber ist genauso einsatzfähig und kostet oft nur wenige Euro. Messkabelsätze lassen sich aus passenden Anschlüssen vom Schrottplatz leicht und funktionell selbst herstellen (Bilder 11 bis 13). Die Standardausrüstung für Arbeiten an der Karosserie ist im Bild 14 zusammengestellt.

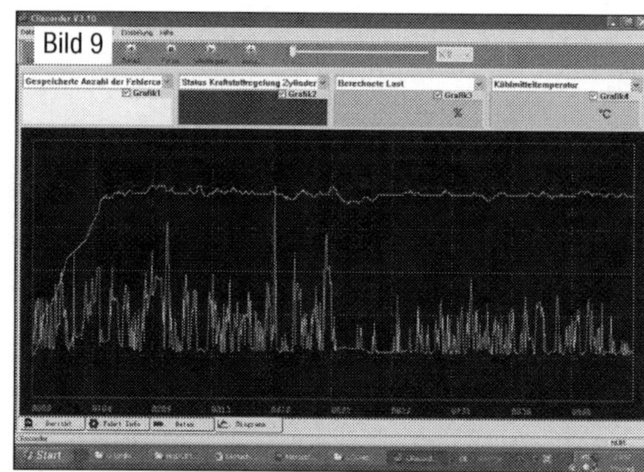

Bild 9
Aufzeichnung der angewählten Messwerte des Datenloggers.

Bild 10
Nadelkontaktierer im Einsatz.

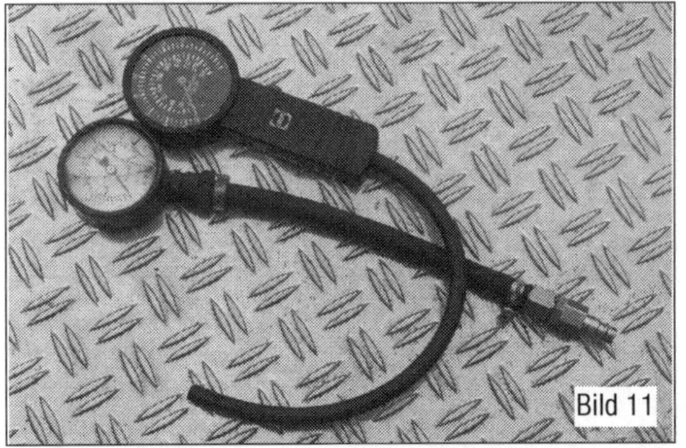

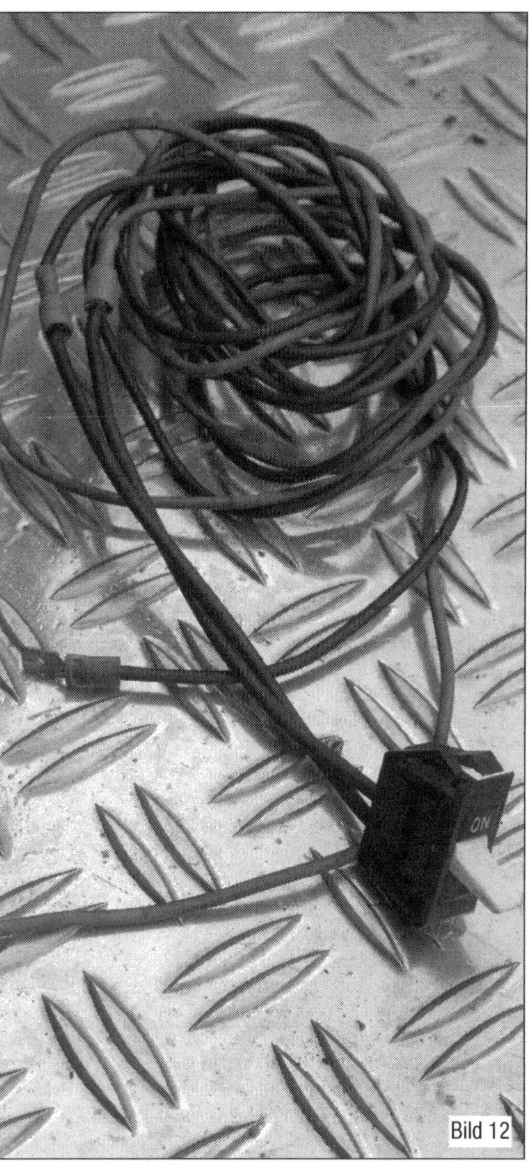

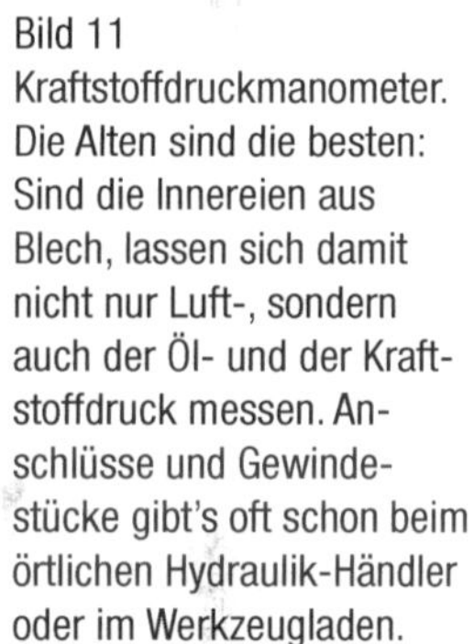

Bild 11
Kraftstoffdruckmanometer. Die Alten sind die besten: Sind die Innereien aus Blech, lassen sich damit nicht nur Luft-, sondern auch der Öl- und der Kraftstoffdruck messen. Anschlüsse und Gewindestücke gibt's oft schon beim örtlichen Hydraulik-Händler oder im Werkzeugladen.

Bild 12
Fernschalter für die Kraftstoffpumpe. Einfach aber genial: ein Taster, 2-m-Kabel und zwei Stecker.

Bild 13
Adapter für den Anschluss von Bauteilen an Batterie-Plus und Masse. Die Kabel und Stecker ermöglichen den Test auch außerhalb des Fahrzeuges.

Bild 14
Standard-Ausrüstung für Arbeiten an der Karosserie.
1 Schwingschleifer
2 Schleifklotz
3 Spachtelmasse
4 Japanspachtelset
5 Hohlraumpistole
6 Ausbeuleisen
7 Heißluftföhn
8 Schleifpapier
9 Kartuschen-Pistole
10 Heißklebepistole
11 Hammerset
12 Gripzange flach
13 Hohlraumversiegelungssonden
14 Gripzange abgesetzt und breit
15 Scherenset für gerade und kurvige Schnitte
16 Karosseriefeile
17 Absetzzange
18 Unterbodenschutzpistole
19 Nahtabdichtungsspritzpistole
20 Luftschleifer gerade
21 Bristlelock-Kunststoffschleifpads
22 Luftschleifer winklig

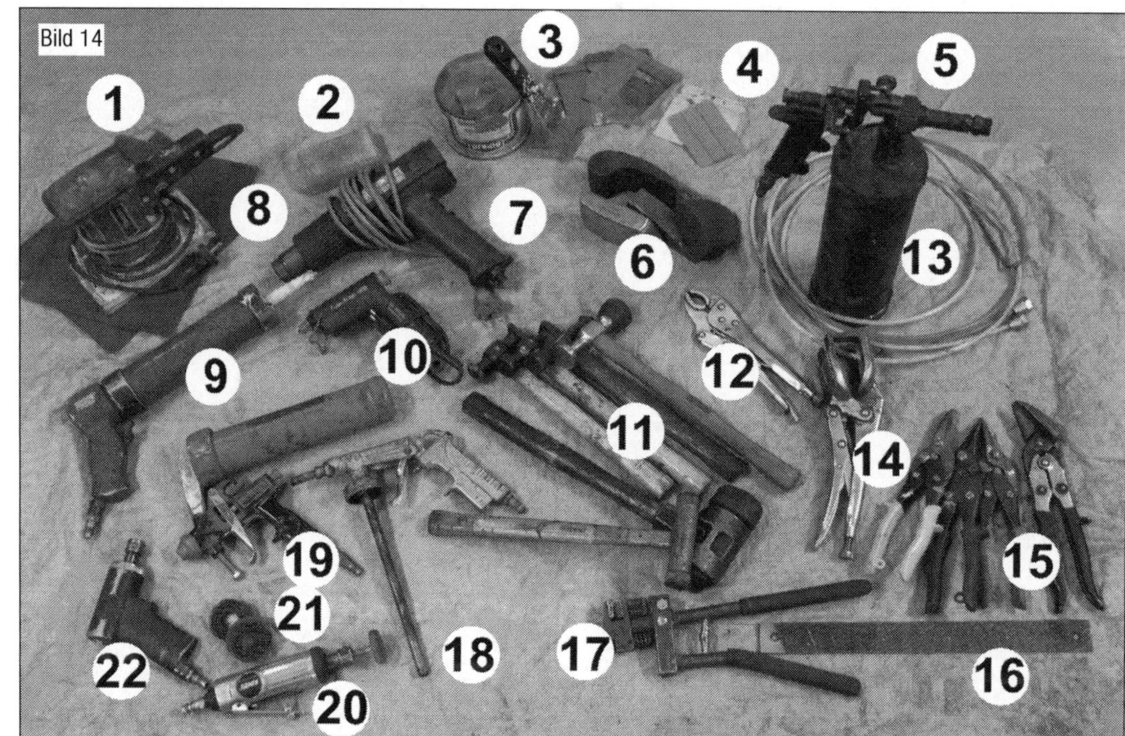

Bild 15
1 Messspitzen, um die Abdichtungen der Steuergerätestecker zu umgehen
2 Flachstecker auf Rundstecker für Laborkabel
3 Krokodilklemme mit Rundstecker
4 Y-Stecker, um Sensoren parallel messen zu können
5 Nadelkontaktierer
6 Anschlusskabel mit Sicherung
7 Laboranschlusskabel (2 m)
8 Anschlusskabel mit Schalter

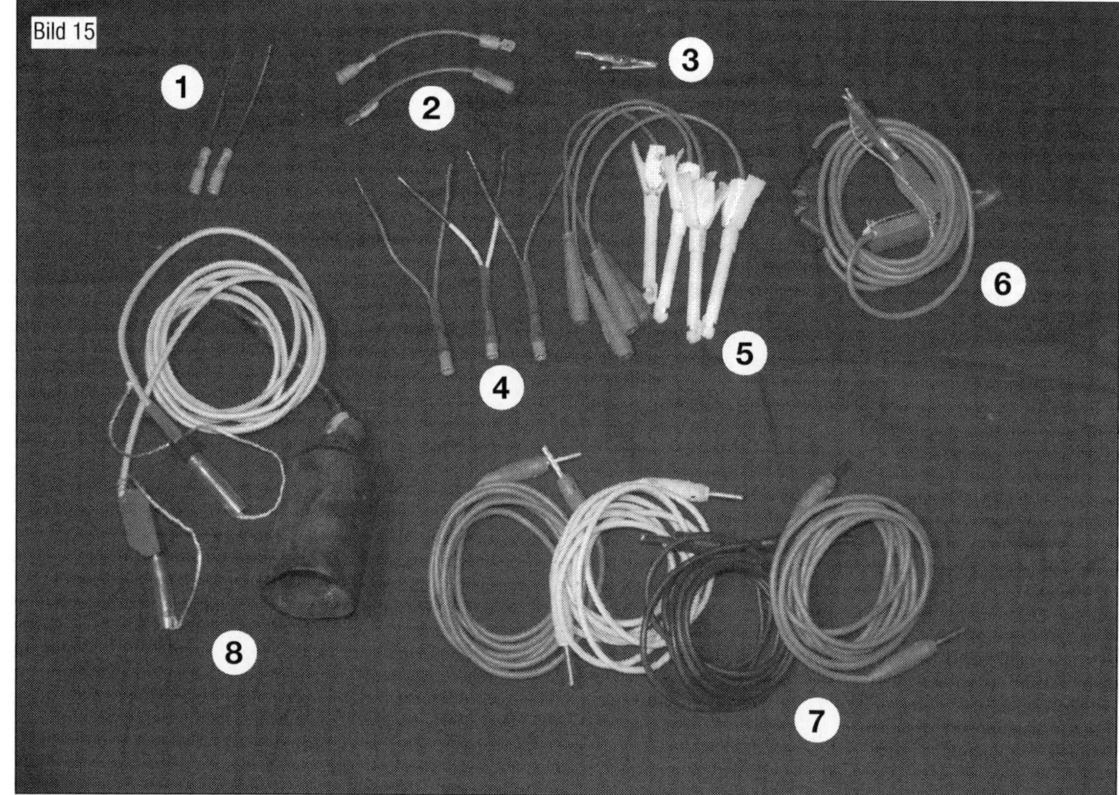

4 Motoren

Den Ford Transit gibt es mit vierzehn unterschiedlichen Motoren, die ausschließlich mit Commonrail-Einspritzsystem ausgeliefert worden sind. Die Variantenvielfalt der Motoren und die mit dem Facelift verbunden Änderungen ergeben eine sehr bunt gemischte Motorenpalette. Wir haben Ihnen eine Tabelle zusammengetragen, die die Motorvarianten vorstellt. Den großen 3,2-l-Diesel- sowie den 2,3-l-Benzinmotor haben wir aufgrund der geringen Verkaufszahlen und dem Umfang dieses Bandes nicht beschrieben.
Der 2,2-l-Dieselmotor, der auch bei PSA und Fiat zum Einsatz kam, ist der Meistverbaute im Ford Van. Der 2,4-l-Dieselmotor basiert auf dem gleichen Motorenkonzept. Entsprechend finden Sie auch hier ähnliche Arbeitsabläufe für die Montagearbeiten.

Die Motormerkmale – Technische Daten

Um Ihnen die Suche nach einem Motor zu erleichtern, stellen wir die Daten der 2,2-l- und der 2,4-l-Motoren dar. Die Reihenfolge der Motoraufzählung wurde nach der Motorleistung aufsteigend gewählt.

Dieselmotoren 2,2 l

Kraftstoff (Einspritzsystem)			Diesel Direkteinspritzung		
Modellbezeichnung	2,2-l-TDCI 85 PS	2,2-l-TDCI 100 PS	2,2-l-TDCI 110 PS	2,2-l-TDCI 115 PS	2,2-l-TDCI 125 PS
Hubraum			2198 cm³		
Motorkennbuchstaben	P8FA, P8FB	DRFA, DRFB, DRFD, DRRA, DRRB, DRRC	QVFA	SRFC, SRFD, SRFE, SRFA, SRFB	CYFB, CYFA, CYFD, CYRA, CYRB, CYRC, CYFC
Zylinderzahl			4		
Ventile pro Zylinder			4		
Leistung kW	63	74	81	85	92
Bohrung Ø mm			86,0		
Hub mm			94,6		
Aufladesystem			Turbocharger		
Verdichtung		17,5 : 1			15,5
Leerlaufdrehzahl 1/min			750 ± 50		
Abregeldrehzahl 1/min			4800-5000		
Material Zylinderkopf/Motorblock			Aluminium-Legierung/Grauguss		
Anzahl der Nockenwellen			2		
Lage der Nockenwellen			Oben		
Antrieb der Nockenwellen			Steuerkette		
Anzahl der Kurbelwellenlager			5		
Gemischaufbereitung			Common Rail Denso		
Abgasreinigung			Dieselpartikelfilter, Zweiwege-Oxikat		
Schadstoffklasse			Euro 4 (Euro 5) Umrüstungen sind teilweise möglich		

Dieselmotoren 2,2 l

Kraftstoff (Einspritzsystem)	Diesel Direkteinspritzung			
Modellbezeichnung	2,2-l-TDCI 130 PS	2,2-l-TDCI 135 PS	2,2-l-TDCI 140 PS	2,2-l-TDCI 155 PS
Hubraum	2198 cm³			
Motorkennbuchstaben	QWFA, QWFB	USRA, USRB	PGFA, PGFB, PGFC, UHFA, UHFB, UHFC	CVRB, CVRC, CVRA
Zylinderzahl	4			
Ventile pro Zylinder	4			
Leistung kW	96	99	103	114
Bohrung Ø mm	86,0			
Hub mm	94,6			
Aufladesystem	Turbocharger			
Verdichtung	17,5 : 1	15,5	17,5	15,5
Leerlaufdrehzahl 1/min	750 ± 50			
Abregeldrehzahl 1/min	4800-5000			
Material Zylinderkopf/Motorblock	Aluminium-Legierung/Grauguss			
Anzahl der Nockenwellen	2			
Lage der Nockenwellen	Oben			
Antrieb der Nockenwellen	Steuerkette			
Anzahl der Kurbelwellenlager	5			
Gemischaufbereitung	Common Rail Denso			
Abgasreinigung	Dieselpartikelfilter, Zweiwege-Oxikat			
Schadstoffklasse	Euro 4 (Euro 5) Umrüstungen sind teilweise möglich			

Dieselmotoren 2,4 l

Kraftstoff (Einspritzsystem)	Diesel Direkteinspritzung		
Modellbezeichnung	2,4-l-TDCI 100 PS	2,4-l-TDCI 115 PS	2,4-l-TDCI 110 PS
Hubraum	2402 cm³		
Motorkennbuchstaben	PHFA. PHFB, PHFC	JXFA, JXFC	H9FB, H9FC, H9FD
Zylinderzahl	4		
Ventile pro Zylinder	4		
Leistung kW	74	85	103
Bohrung Ø mm	89,9		
Hub mm	94,6		
Aufladesystem	Turbocharger		
Verdichtung	17,5 : 1		
Leerlaufdrehzahl 1/min	750 ± 50		
Abregeldrehzahl 1/min	4800-5000	4750-4950	4800-5000
Material Zylinderkopf/Motorblock	Aluminium-Legierung/Grauguss		
Anzahl der Nockenwellen	2		
Lage der Nockenwellen	Oben		
Antrieb der Nockenwellen	Steuerkette		
Anzahl der Kurbelwellenlager	5		
Gemischaufbereitung	Common Rail Continental Siemens SID 208		
Abgasreinigung	Dieselpartikelfilter, Zweiwege-Oxikat		
Schadstoffklasse	Euro 4 (Euro 5) Umrüstungen sind teilweise möglich		

Dieselmotoren 3,2 l

Kraftstoff (Einspritzsystem)	Diesel Direkteinspritzung
Modellbezeichnung	3,2-l-TDCI 200 PS
Hubraum	3199 cm³
Motorkennbuchstaben	SAFA, SAFB
Zylinderzahl	5
Ventile pro Zylinder	4
Leistung kW	147
Bohrung Ø mm	89,9
Hub mm	100,8
Aufladesystem	Turbocharger
Verdichtung	17,5 : 1
Leerlaufdrehzahl 1/min	800 ± 50
Abregeldrehzahl 1/min	4550 - 4750
Material Zylinderkopf/Motorblock	Aluminium-Legierung/Grauguss
Anzahl der Nockenwellen	2
Lage der Nockenwellen	Oben
Antrieb der Nockenwellen	Steuerkette
Anzahl der Kurbelwellenlager	6
Gemischaufbereitung	Common Rail Denso
Abgasreinigung	Dieselpartikelfilter, Zweiwege-Oxikat
Schadstoffklasse	Euro 4 (Euro 5) Umrüstungen sind teilweise möglich

Arbeiten am Motor

Maßnahmen für Sicherheit, einwandfreie Funktion und Sauberkeit

Bei Arbeiten am Motor, an der Kraftstoffversorgung (Kapitel 7) und an der Einspritzanlage sind bestimmte Maßnahmen zu treffen und Hinweise zu befolgen, die zur Sicherheit bei der Arbeit dienen, eine einwandfreie Funktion aller Systeme gewährleisten sollen und Fehlfunktion oder Schäden durch Verunreinigung vermeiden helfen. Wir stellen sie hier als grundlegend für alle folgenden Arbeiten voran.

Sicherheit

■ Bei allen Montagearbeiten am Kraftstoffsystem Schutzbrille und Schutzhandschuhe tragen. Hautkontakt mit Kraftstoff vermeiden.
■ Der Kraftstoff bzw. die Kraftstoffleitungen im Kraftstoffsystem können sehr heiß werden (Verbrühungsgefahr). Außerdem steht das Kraftstoffsystem unter Druck. Vor dem Öffnen des Systems deshalb Putzlappen um die Verbindungsstelle legen und durch vorsichtiges Lösen der Verbindung Druck abbauen.
■ Aus Sicherheitsgründen muss vor dem Öffnen des Kraftstoffsystems die Sicherung für die Kraftstoffpumpe aus dem Sicherungshalter entfernt werden, um zu verhindern, dass die Pumpe unkontrolliert eingeschaltet werden kann.
■ Kraftstoffleitungen sind mit Schnellverschlüssen gesichert. Kraftstoffschläuche dürfen nur mit Federbandschellen gesichert werden. Die Verwendung von Klemm- oder Schraubschellen ist nicht zulässig.
■ Beim Aus- und Einbau des Gebers für Kraftstoffvorratsanzeige oder der Kraftstoffpumpe (Kraftstofffördereinheit) aus gefüllten oder teilweise gefüllten Kraftstoffbehältern muss bereits vor Beginn der Arbeiten in die Nähe der Montageöffnung des Kraftstoffbehälters der Schlauch einer eingeschalteten Abgas-Absauganlage zum Absaugen der frei werdenden Kraftstoffgase gelegt werden.
■ Die Einspritzanlage ist in einen Hochdruckbereich (Railrohr bis zu den Einspritzventilen) und in einen Niederdruckbereich (ca. 6 bar) aufgeteilt. Vor dem Öffnen des Hochdruckbereichs, z. B. beim Ausbau der Hochdruckpumpe, des Kraftstoffverteilers, der Einspritzventile, der Kraftstoffrohre oder des Kraftstoffdruckgebers, muss der Kraftstoffdruck im Hochdruckbereich definiert auf einen Restdruck von ca. 6 bar abgebaut werden. Dazu ist ein Werkstatt-Diagnosesystem nötig. Dazu wird über die »Geführte Funktion: Kraftstoffhochdruck abbauen«

ausgeführt: Zündung ausschalten, sauberen Putzlappen um die Verbindungsstelle legen, vorsichtig öffnen, Druck ablassen, ausfließenden Kraftstoff auffangen. Fehlerspeicher abfragen, alle Einträge löschen, Readinesscode erzeugen.

Funktionssicherheit

- Bei allen Montagearbeiten, insbesondere aufgrund der engen Bauverhältnisse im Motorraum, Leitungen aller Art z. B. für Kraftstoff, Kühl- und Kältemittel, Unterdruck und elektrische Leitungen so verlegen, dass die ursprüngliche Leitungsführung wiederhergestellt wird.
- Alle Kabelbinder, die beim Ausbau gelöst oder aufgeschnitten werden, sind beim Einbau an der gleichen Stelle wieder zu befestigen.
- Um Beschädigungen an den Leitungen zu vermeiden, auf ausreichenden Freigang zu allen beweglichen oder heißen Bauteilen achten.

Sauberkeit (»5 Regeln«)

- Verbindungsstellen und deren Umgebung vor dem Lösen gründlich reinigen.
- Ausgebaute Teile auf einer sauberen Unterlage ablegen und abdecken. Keine fasernden Lappen benutzen.
- Geöffnete Bauteile sorgfältig abdecken bzw. verschließen, wenn die Reparatur nicht umgehend ausgeführt wird.
- Nur saubere Teile einbauen: Ersatzteile erst unmittelbar vor dem Einbau aus der Verpackung nehmen. Keine Teile verwenden, die unverpackt (z. B. im Regal oder in Werkzeugkästen) aufgehoben wurden.
- Bei geöffneter Kraftstoff- und Einspritzanlage möglichst nicht mit Druckluft arbeiten und das Fahrzeug nach Möglichkeit nicht bewegen.

Diagnosetester einsetzen

An diesem Kapitel lässt es sich leicht erkennen, dass viele Funktionen über die Elektronik virtuell realisiert worden sind. Die Anschaffung eines Testers für die Diagnose ist zwingend erforderlich. Nicht einmal der Anbau der Anhängerkupplung oder das Einstellen des Lichtes ist mehr möglich, wenn man eine fachgerechte Arbeit abliefern möchte. Es geht nicht mehr darum, einen Fehlerspeicher zu löschen, um dann mal »rumzuraten«, was es denn gewesen sein könnte. Es wäre das Gleiche, wenn Sie die Seiten dieses Buches ungelesen ausreißen und dann raten, was denn dringestanden haben könnte. Die Diagnose über die Fehlerspeicher vereinfacht die Arbeit am Fahrzeug um einiges. Man muss lediglich lernen mit diesem »Werkzeug« zu arbeiten. Ohne Tester bleibt nur der Weg zum Händler, um den Fehlerstatus zu erfassen oder Einstellungen zu machen.

Werks-Werkstatt-Tester

Ein großer Teil der Reparaturarbeiten schließt die Diagnose von Fehlern ein. Diese wird durch die elektronischen Werkstatthandbücher im Zusammenspiel mit den Diagnosegeräten unterstützt. In der Fachwerkstatt hat der Mechatroniker direkten Zugriff auf aktuelle Werkstattliteratur sowie die Unterstützung vom Hersteller über Telediagnose. Bei der Diagnose werden alle Kunden- und Fahrzeugdaten an die angeschlossenen Geräte weitergeleitet und sind automatisch an jedem Arbeitsplatz abrufbar. Während einer Reparatur können technische Problemlösungen nachgeschlagen oder beim Hersteller tagesaktuelle Zusatzinformationen abgerufen werden. Diese Anbindung an das Netzwerk ermöglicht Software-Updates von Steuergeräten, Geheimnis- und Komponentenschutz, Softwareversionsmanagement, Übertragung von Diagnoseprotokollen, die besagte Telediagnose, die Software-gestützte Durchführung von Aktionen und viele weitere Funktionen.

Möglich werden durch diese Systemkomponenten:

- Datenaustausch zwischen kaufmännischem Bereich und Werkstatt;
- Datenaustausch über Werkstattauslastung und Terminvereinbarung;
- Austausch von Kunden-, Fahrzeug- und Termindaten;
- Rückfluss von Daten über bereits ausgeführte Reparaturen von der Werkstatt auf den Fortschrittsmonitor, sodass der Serviceberater gegebenenfalls in den laufenden Prozess eingreifen kann;
- Datenrückfluss von der Werkstatt für Qualitätskontrolle und Rechnungserstellung;
- Bereitstellung von Daten über benötigte

Arbeitszeiten, Arbeitspositionen und Ersatzteile;

- Einbeziehung des Teiledienstes ab Terminvorbereitung in den Service-Prozess.

Handgeräte zum Lesen und Löschen

OBD2 ist das Zauberwort, welches den Zugang zumindest zu den Motorsteuergeräten ermöglicht. Die Normung der Diagnose ermöglicht zumindest in diesem Bereich den Zugang zu allen aktuellen Fahrzeugen. Um den Fehlerspeicher auszulesen oder auch Prüffunktionen der Eigendiagnose ausführen zu können, reicht meist schon ein Diagnosetool, welche durchaus schon um 100 Euro in diversen Onlineversteigerungen angeboten werden. Oft noch günstiger sind die kleinen Handgeräte schon im Baumarkt um die Ecke erhältlich. Wichtig hierbei ist immer, dass die entsprechende Software und zumindest eine Beschreibung auf Deutsch mitgeliefert wird.

Testgerät für Mehrmarkenwerkstätten

Gerade für Mehrmarkenwerkstätten und auch freie Werkstätten ergibt sich durch die Vielzahl der unterschiedlichen Fahrzeugmarken das Problem den Zugang zu den einzelnen Fahrzeugen mit möglichst wenigen Testern zu realisieren. Schließlich müssen die Tester nicht nur angeschafft, sondern auch auf dem neuesten Stand gehalten werden. Neben den Großen der Branche wie Bosch und Gutmann sind auch günstigere Tester wie der VDO Autodiagnos Check auf dem Markt. Gerade bei Herstellern wie Ford ist es schwierig, die Diagnosetiefe eines VW zu erreichen. Die Vertriebskonzepte und natürlich auch die Marktdurchdringung machen es deutlich leichter, ein Testgerät für einen Massenhersteller auszuarbeiten. Bemerkbar wird das dann, wenn einzelne Komponenten des Systems um-, hinzu- oder ausprogrammiert werden sollen. Der Schwerpunkt für diese Testerkategorie liegt in typischen Servicearbeiten und der Diagnose rund um den Antrieb. Gerade hier ist der handliche VDO nicht schlagbar.

F-COM

Natürlich wählen wir, wie auch beim Werkzeug, nicht die billigste Variante aus, sondern empfehlen Ihnen die Anschaffung eines Systems, das im Laufe der nächsten Jahre

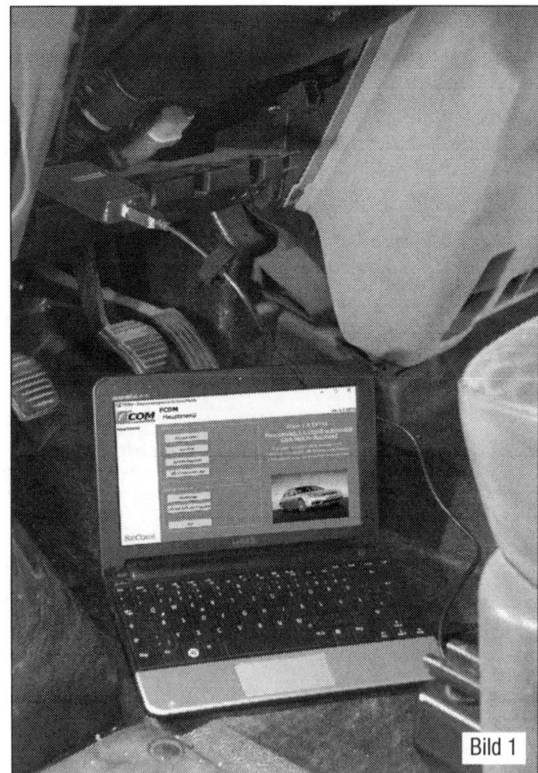

Bild 1

Bild 1
Tester im Einsatz: Netbook mit F-Com am Diagnoseanschluss des Transits.

noch einiges an Potenzial in deutscher Sprache liefern wird. Der »F-COM« kommt aus den USA und wird hier in einer deutschen Ausgabe von wenigen Händlern angeboten.

- Auf der Internetseite www.diagwiki.com können Sie sich genauer informieren. Die Sprache der Seite ist allerdings englisch. Gerade diejenigen unter den Lesern, die dem Thema »Diagnose« kritisch gegenüberstehen, werden zumeist nach wenigen Versuchen erkennen, wie einfach der Umgang mit Laptop und Fahrzeug wird.

Eine typische Situation im Umgang mit den Fahrzeugen dieser Generation liegt in der schon recht umfangreichen Steuerung und Regelungstechnik.

- Abgestimmt und eingestellt wird oft auf der virtuellen Ebene.
- Messwerte und Ansteuerzustände können aus Sicht des Steuergerätes dargestellt werden.

Fehlerspeicher abfragen

Schwierig? Kann ich nicht? Ach was! Wer es schafft E-Mails abzurufen, ohne den Computer zu zerstören, kann auch diese Arbeiten leicht erlernen. Wir zeigen Ihnen an einigen Beispielen, wie Aufgaben dieser Art

Sichtprüfung

Messen

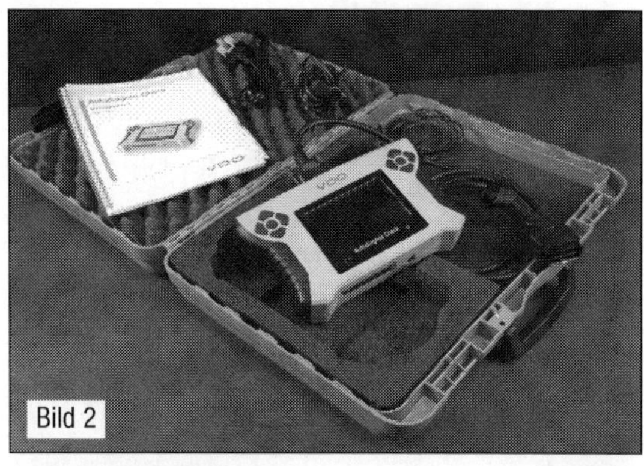

Bild 2
VDO-Handtester mit Anschlusskabel und Zubehör im Koffer.

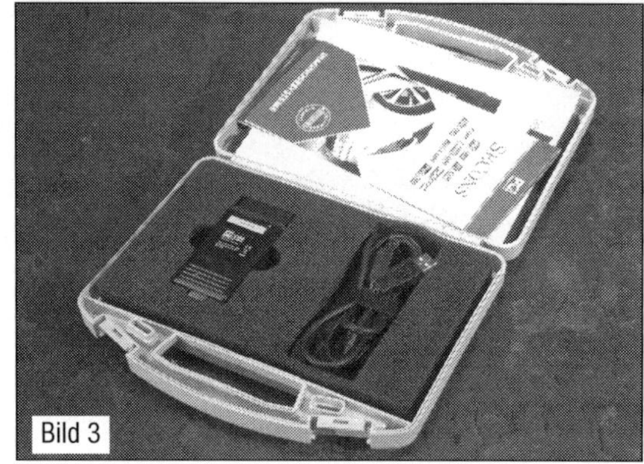

Bild 3
Für die Fahrzeuge von Ford: F-Com-Tester mit Treibersoftware, OBD-Anschlussdongel und USB-Verbindungskabel.

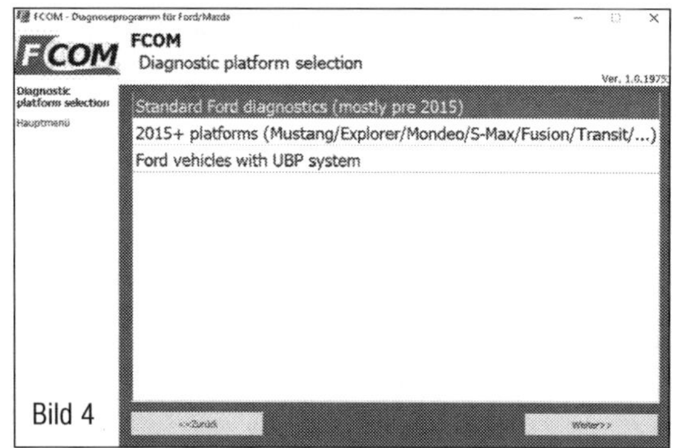

Bild 4
Anwahl von Fahrzeughersteller und Fahrzeugtyp.

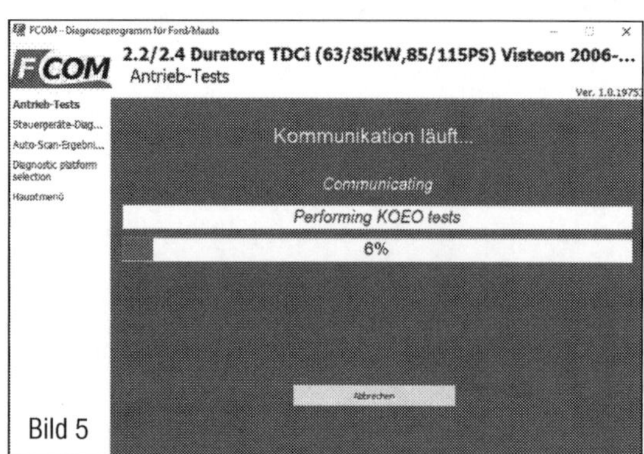

Bild 5
Tester und Fahrzeug stellen eine Verbindung her.

angegangen werden können und möchten Sie animieren, sich zusammen mit Fachforen auch mit der Thematik Tester und Diagnose genauer auseinanderzusetzen.

■ Wir gehen davon aus, dass Sie den F-COM ordnungsgemäß nach Handbuch installiert haben.
■ Schließen Sie den F-COM auf Ihrem Laptop an die OBD-Dose im Fahrerfußraum an. Die Diagnosedose finden Sie im Fahrerfußraum von unten frei zugänglich (Bild 1). Der Anschluss ist sofort erkennbar. Stecken Sie den OBD-Stecker in die Diagnosedose und den USB-Anschluss in Ihren Laptop.
■ Starten Sie den F-COM auf Ihrem Laptop.
■ Schalten Sie die Zündung ein.
■ Klicken Sie auf die Taste »Auto-Scan« auf der Startmaske. Über die Taste »ECU auswählen« haben Sie auch die Möglichkeit das gewünschte Steuergerät direkt anzusprechen. Wir wollen aber im Rahmen der Wartung die verbauten Steuergeräte des Fahrzeugs in der Übersicht betrachten.
■ Wählen Sie das Fahrzeug an, an welchem Sie nun den Fehlerspeichen abfragen wollen. Der Tester fragt nun die vorhandenen Steuergeräte ab und zeigt in der Übersicht (Bild 6) vorliegende Fehler in einer Liste an.
■ Markieren Sie mit der Maus die Zeile »Einspritzsteuergerät« (Bild 6).
■ Klicken Sie auf die Taste »Schließen«. Nun wird die Startmaske (Bild 7) des Motorsteuergerätes (Einspritzsteuergerätes) aufgerufen.

Fehlerspeicher lesen und löschen:
■ Klicken Sie auf die Taste »Fehlerspeicher lesen« im Bild 7 an. Nun werden Ihnen die Fehler, soweit vorhanden, als Text und mit der genormten Abkürzung angezeigt.
■ Sie können die Fehleranzeige speichern, drucken oder kopieren. Sie sollten in jedem Fall den Fehler vermerken, um diesem vielleicht einmal nachgehen zu können. Die Erfahrung zeigt, dass man sich den Fehler auf Dauer nicht im Kopf merken kann. Anschließend können Sie den einzelnen oder alle Fehler mit einem Klick löschen.
■ Klicken Sie auf die Taste »Fehlercodes löschen« an.
■ Klicken Sie auf die Taste »Zurück«, um die Bildmaske wieder zu verlassen.
■ Schalten Sie die Zündung aus.
■ Ziehen Sie den Tester aus der Diagnosedose.

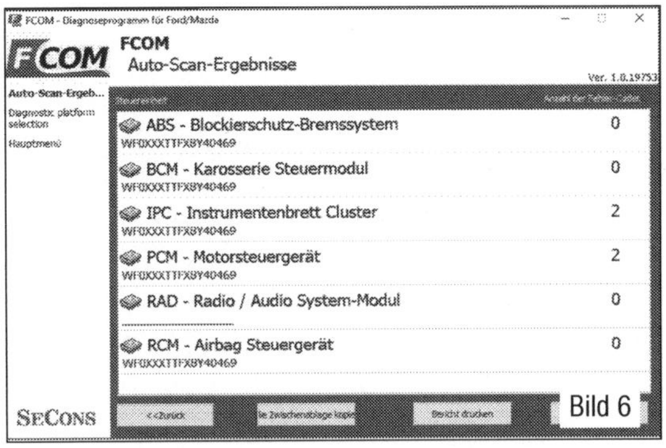

Bild 6
Aufzählung der Steuerkiste mit der Anzahl der hinterlegten Fehler.

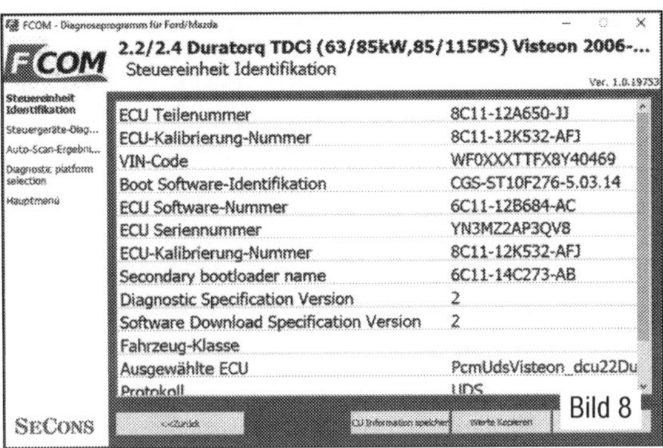

Bild 8
Taste »ECU-Identifikation«: Datensatz des Motorsteuergerätes in der Übersicht.

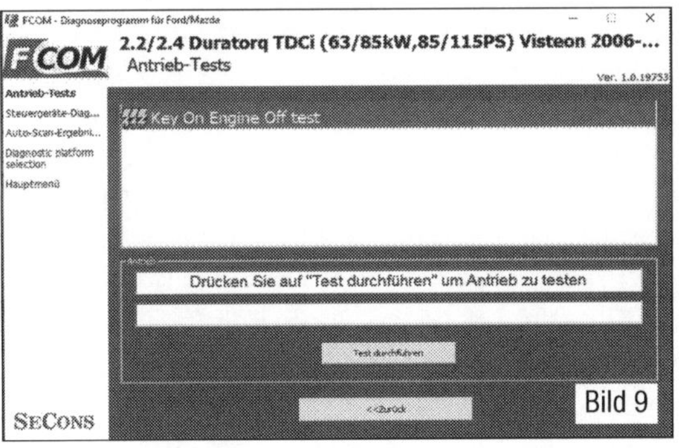

Bild 9
Taste »Antrieb-Aktivierung«: Hier können die verfügbaren Stellglieder am Steuergerät angesteuert werden. Das kann als Funktionstest oder aber auch bei der Fehlersuche am Bauteil sehr hilfreich sein. Bei unserem Transit laufen die Prüfungen automatisch nacheinander ab.

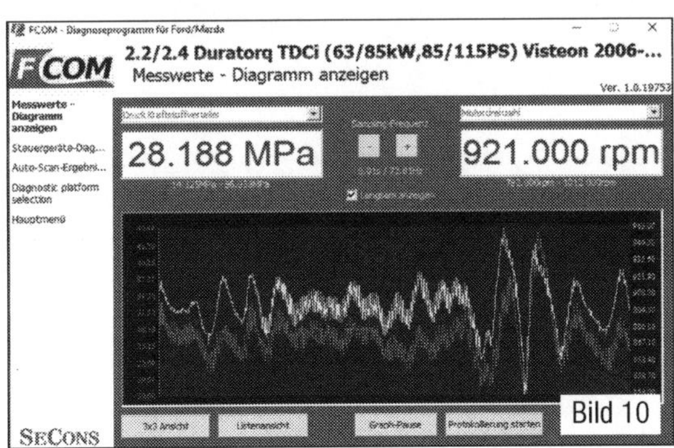

Bild 10
Taste »Messwerte«: Messdaten können frei gewählt und gleichzeitig auch grafisch dargestellt werden.

Softwarestand und Informationen:

■ Klicken Sie auf die Taste »ECU Identifikation« im Bild 7.

■ Der Tester wechselt zur Identifikationsmaske (Bild 8). Sie können nun alle Informationen bis zur Teilenummer und den Softwarestand des Motorsteuergerätes einsehen.

■ Klicken Sie auf die Taste »Zurück«.

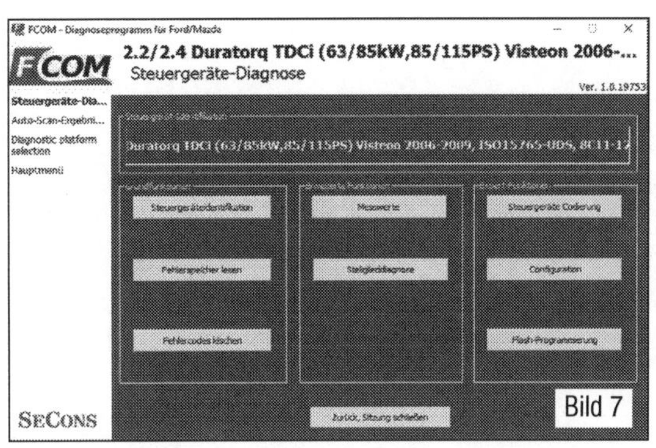

Bild 7
Auswahl der Funktionen, die für das Steuergerät zur Verfügung stehen.

Stellgliedtest:
Ab der Startmaske des Motorsteuergerätes (Bild 7) gibt es die Möglichkeit über die Taste »Antriebe Aktivierung« angeschlossene Bauteile und Stellglieder bei abgeschaltetem Motor anzusteuern und Ihre Funktion zu beobachten, abzuhören oder messtechnisch zu überwachen.

Motorabdeckungen oben und unten aus- und einbauen

Die Motorabdeckung (Geräuschdämmung) ist nicht bei allen Modellen verbaut, auch nicht immer in allen Teilen. Sollte in Ihrem Modell nur ein Teil oder keine Abdeckung über dem Motor verbaut sein, muss das nicht an der Vergesslichkeit eines Mechanikers liegen. Es kann sein, dass die Ausrüstung bereits ab Werk so vorgesehen war. Die obere Geräuschdämmung ist an der Motorhaube verbaut. Über dem Motor gibt es nur eine kleine Kunststoffabdeckung. Für die Allradler kann eine Triebwerkschutzplatte verbaut sein. Im Zubehör sind Triebwerkschutzplatten und Stahlbleche lieferbar, die auch für den Bereich Offroad geeignet sind. Hier werden bei einigen Zubehörherstellern auch Schutzplatten für die Komponenten des Allradantriebes hergestellt und vertrieben.

Geräuschdämmung demontieren

Haubendämmung aus und einbauen:
Gelegentlich sind die Verkleidungen neben den Halteclips zusätzlich geschraubt.

■ Öffnen Sie die Motorhaube.

■ Die Halteclips (1 im Bild 11) mit einem geeigneten Werkzeug herausziehen.

■ Eventuell vorhandene Clips für Halter, Klammern und Kabel abziehen.

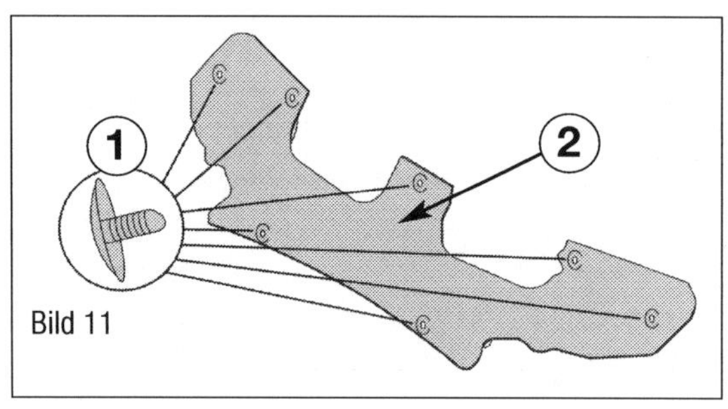

Bild 11
Haubendämmung.
1 Halteclips
2 Geräuschdämmung

■ Die Geräuschdämpfung der Motorhaube (2) abnehmen.
Die Montage erfolgt sinngemäß in umgekehrter Reihenfolge.
■ Prüfen Sie, dass die Schalldämmung und die Stopfen nicht beschädigt sind.
■ Schalldämmung anhalten und mit den Halteklammern in der Haube befestigen.

Geräuschdämmung Mitte:
Die Montage für die unterschiedlichen Antriebskonzepte ist ähnlich. Wir stellen Ihnen eine allgemeingültige Beschreibung zur Verfügung.
■ Die Schrauben (5) vorne herausdrehen.
■ Die Schrauben (4) links und rechts lösen, aber die mittleren Schrauben noch im Gewinde eingedreht lassen.
■ Die mittleren Schrauben (4) herausdrehen. Dabei muss die Verkleidung unten (3) angehalten werden, um sie vor dem Herunterfallen zu schützen.
Die Montage erfolgt sinngemäß in umgekehrter Reihenfolge.

■ Drehen Sie die Schrauben und Muttern zuerst nur handfest an und richten Sie die Geräuschdämpfung spannungsfrei aus.
■ Drehen Sie die Schrauben mit jeweils 5 Nm Anzugsdrehmoment fest. Die Muttern werden lediglich mit 3 Nm angezogen.

Geräuschdämmung seitlich:
Die Kunststoffverkleidungssysteme bestehen aus einem Stück. Die deutlich stabileren Stahlblechversionen sind oft wie im Bild 12 gezeigt aufgebaut.
■ Demontieren Sie die Verkleidung unten (3) wie bereits beschrieben.
■ Drehen Sie die Befestigungsschrauben (oder Muttern) (1 im Bild 12) heraus.
Nehmen Sie die Geräuschdämmung seitlich (2) ab.
Die Montage erfolgt sinngemäß in umgekehrter Reihenfolge.
■ Prüfen Sie, dass die Schalldämmung (2) nicht beschädigt ist.
■ Schalldämmung seitlich anhalten und mit den Halteklammern (1) zunächst gerade so weit anziehen, dass sie sich eben noch verschieben lassen.
■ Die Schalldämmung unten (3) anhalten und nach den Bohrungen ausrichten.
■ Die Verschraubungen (1) der Schalldämmung (2) seitlich anziehen.
■ Abschließend die Verkleidung unten (3) wieder wie beschrieben montieren.

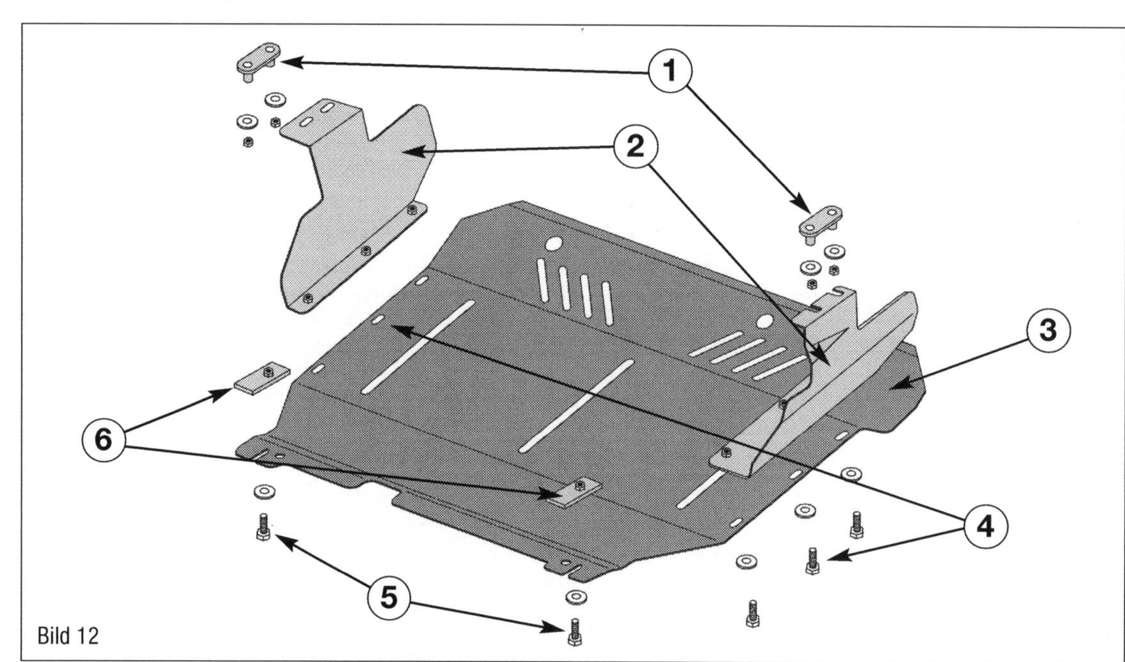

Bild 12
Geräuschdämpfung und Unterfahrschutz.
1 Befestigungsschrauben
2 Verkleidungen seitlich
3 Verkleidung unten
4 Verschraubungen unten seitlich
5 Verschraubungen unten vorne
6 Gegenplatten im Frontblech

Prüfung auf Undichtigkeiten und Beschädigungen

Die Sichtprüfung ist von oben und von unten vorzunehmen, weshalb die Geräuschdämpfung (unten) abzubauen ist.

Sichtprüfung wie folgt durchführen:
■ Motor und Bauteile im Motorraum auf Undichtigkeiten und Beschädigungen prüfen.
■ Leitungen, Schläuche und Anschlüsse des Kraftstoffsystems, des Kühl- und Heizsystems, des Ölkreislaufs, der Klimaanlage, der Ansauganlage und der Bremsanlage auf Undichtigkeiten, Scheuerstellen, Porosität und Brüchigkeit prüfen.
■ Alle festgestellten Mängel durch Reparatur beseitigen.
■ Bei nicht verbrauchsbedingtem Flüssigkeitsverlust muss die Ursachen ermittelt und beseitigt werden.

Prüfen des Keilrippenriemen-Zustands
Fahrzeug anheben, Geräuschdämpfung (Spritzschutz, untere Motorverkleidung) ausbauen, Motor am Schwingungsdämpfer/Riemenscheibe mit einem Steckschlüssel durchdrehen.
Keilrippenriemen auf Unterbaurisse (Anrisse, Kernbrüche, Querschnittbrüche), Lagentrennung (Deckschicht, Zugstränge), Ausbruch am Unterbau, Ausfransen der Zugstränge, Flankenverschleiß (Materialabtrag, ausgefranste Flanken, Flankenverhärtung, glasige Flanken, Oberflächenrisse), Öl- und Fettspuren prüfen.
Werden Mängel festgestellt, muss der Keilrippenriemen unbedingt ersetzt werden.
■ Zum Verlauf des Keilrippenriemens siehe Reparaturanweisung »Keilrippenriemen aus- und einbauen«.

Keilrippenriemen Aus- und Einbau

Der Keilrippenriemen treibt als wichtiger Teil des Kurbeltriebs die Nebenaggregate Drehstromgenerator und Klimakompressor. Der Aufbau sieht für die unterschiedlichen Dieselmotoren ähnlich aus, unterscheidet sich aber im Detail und in der Ausführung der Riemen.

De- und Montage bei frontangetriebenen Fahrzeugen (Bild 13)
Es sind in der Regel zwei Flachriemen verbaut. Der hintere übernimmt den Antrieb von Klimakompressor (9) und des Generators (2). Der vordere treibt die Servopumpe (4) an. Die Wasserpumpe ist auf die Servopumpe (4) aufgeflanscht.

Antriebsriemen für Klimakompressor und Generator abnehmen:
Sollen einzelne Komponenten wie eine Umlenkrolle der Klimakompressor oder der Generator demontiert werden, ist es ausreichend den Flachriemen abzunehmen. Der Ausbau ist erst durch den Ersatz des vorderen Flachriemens möglich.
■ Das vordere rechte Rad ausbauen.
■ Falls vorhanden die Geräuschdämpfung unten Mitte und rechts ausbauen.
■ Wenn der Flachriemen wiederverwendet werden soll, zuerst die Laufrichtung des Keilrippenriemens kennzeichnen.
■ Stecken Sie den Vierkant einer Ratsche oder eines Knebels in den Vierkant der Spannrolle (8) ein und entspannen Sie den Flachriemen.
■ Nehmen Sie den Flachriemen am Klimakompressor (9) ab.
■ Nehmen Sie den Flachriemen am Generator (2) ab.
Die Montage erfolgt sinngemäß in umgekehrter Reihenfolge.
■ Vor dem Einbau des Keilrippenriemens ist die Spannvorrichtung auf Beschädigungen zu prüfen und ggf. zu erneuern.
■ Prüfen Sie den Zustand der Riemenscheiben auf der Kurbelwelle.
■ Vor dem Einbau des Keilrippenriemens darauf achten, dass alle Aggregate (Generator, Klimakompressor) fest angebaut sind.
■ Achten Sie auf den korrekten Sitz des Flachriemens auf den Riemenscheiben.
■ Starten Sie den Motor und kontrollieren Sie den Riemenlauf.

Antriebsriemen für die Servopumpe ausbauen (Kurbelwelle/Servopumpe):

Der Antriebsriemen für die Servopumpe benötigt keine Spannvor-

Bild 13
Riementrieb beim Fronttrieb(Quereinbau)-Motor.
1 Umlenkrollen
2 Generatorantrieb
3 hinterer Flachriemen
4 Servopumpe (auch Niveauregulierung) und Wasserpumpe
5 vorderer Flachriemen
6 Doppelriemenscheibe auf der Kurbelwelle
7 Spannrolle
8 Vierkantloch zum Einsetzen einer Ratsche
9 Klimakompressor

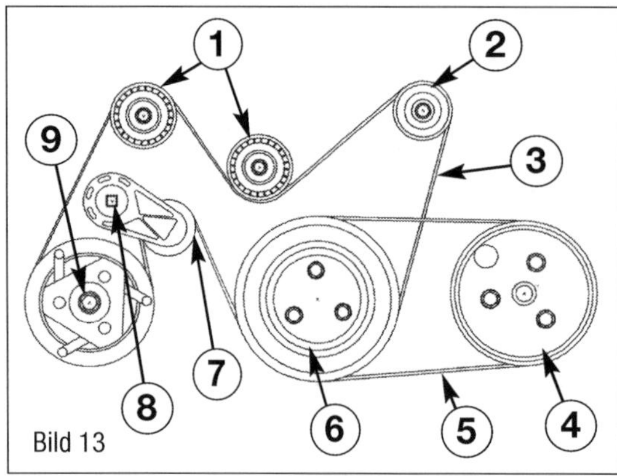

Bild 13

Bild 14
Aufziehen des Stretchriemens beim 2,2-l-Motor.
1 Riemenscheibe Servopumpe
2 Drehrichtung zur Montage
3 Montagehilfe
4 Flachriemen

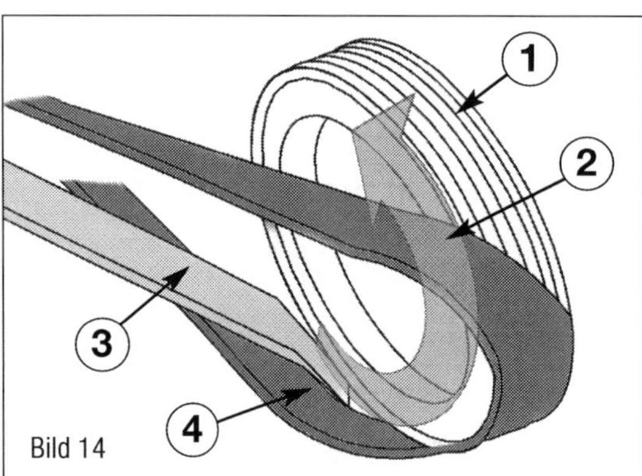

Bild 14

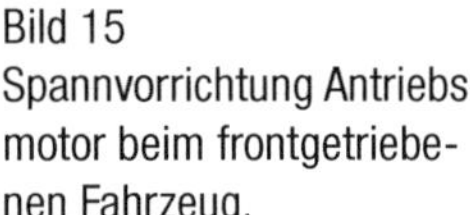

Bild 15
Spannvorrichtung Antriebsmotor beim frontgetriebenen Fahrzeug.
1 Bohrungen zum Festsetzen mit einem Stift oder Bohrer
2 Spannvorrichtung
3 Halteschrauben am Motorblock

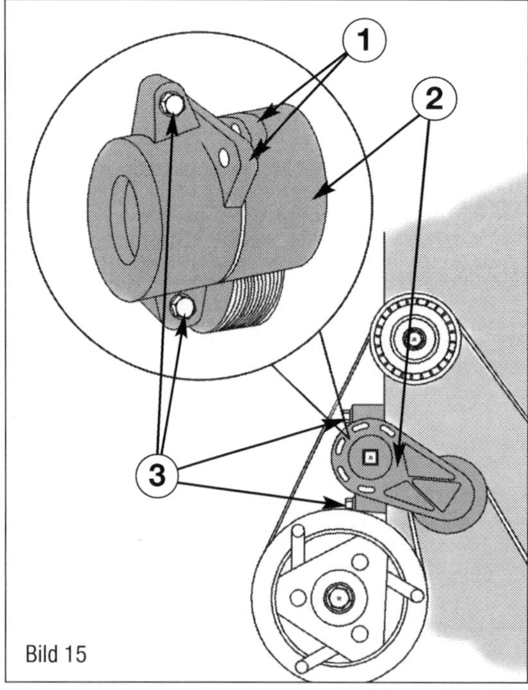

Bild 15

richtung. Es handelt sich um einen Stretchriemen. Er wird nach der Demontage grundsätzlich erneuert. Für die Montage sind Montagehilfen erforderlich, die den Riemen auf die Riemenscheibe auflegen helfen. Diese gibt es als Spezialwerkzeug und werden meist vom Riemenhersteller empfohlen. Wenn Sie den Riemen mit einem flachen Montagehebel auflegen, achten Sie darauf den Riemen nicht zu überdehnen oder zu beschädigen.

- Das vordere rechte Rad ausbauen.
- Falls vorhanden die Geräuschdämpfung unten Mitte und rechts ausbauen.
- Schneiden Sie den vorderen Antriebsriemen durch und nehmen Sie ihn ab.
- Vor dem Einbau des Keilrippenriemens darauf achten, dass alle Aggregate (Generator, Klimakompressor) fest angebaut sind.
- Legen Sie den neuen Antriebsriemen auf die Riemenscheibe der Kurbelwelle auf.
- Legen Sie den Antriebsriemen (4) wie im Bild 14 gezeigt auf die Riemenscheibe der Servopumpe (1) auf.
- Drehen Sie die Kurbelwelle in Pfeilrichtung (2) und fädeln Sie den Riemen mit Hilfe einer Montagehilfe (3) auf die Riemenscheibe der Servopumpe (1) auf.

Schraubertipp

- Achten Sie vor dem Einbau des Keilrippenriemens darauf, dass alle Aggregate (Generator, Klimakompressor) festmontiert sind.
- Beim Einbauen des Keilrippenriemens achten Sie bitte auf die Laufrichtung und auf einen korrekten Sitz des Riemens in den Riemenscheiben.
- Nach fertiggestellter Arbeit grundsätzlich Motor starten und Riemenlauf kontrollieren.

- Achten Sie auf den korrekten Sitz des Flachriemens auf den Riemenscheiben.
- Starten Sie den Motor und kontrollieren Sie den Riemenlauf.

Antriebsriemen für den Generator bei Fahrzeugen ohne Klimaanlage abnehmen:

⚠ Der Antriebsriemen für den Generator in dieser Ausführung benötigt keine Spannvorrichtung. Es handelt sich um einen Stretchriemen. Er wird nach der Demontage grundsätzlich erneuert. Für die Montage sind Montagehilfen erforderlich, die den Riemen auf die Riemenscheibe auflegen helfen. Diese gibt es als Spezialwerkzeug und werden meist vom Riemenhersteller empfohlen. Wenn Sie den Riemen mit einem flachen Montagehebel auflegen, achten Sie darauf den Riemen nicht zu überdehnen oder zu beschädigen.

■ Das vordere rechte Rad ausbauen.

■ Falls vorhanden, die Geräuschdämpfung unten Mitte und rechts ausbauen.

■ Schneiden Sie den vorderen Antriebsriemen durch und nehmen Sie ihn ab.

■ Vor dem Einbau des Keilrippenriemens darauf achten, dass der Generator fest angebaut ist.

■ Legen Sie den neuen Antriebsriemen auf die Riemenscheibe des Generators auf.

■ Legen Sie den Antriebsriemen (4) wie im Bild 14 gezeigt auf die Riemenscheibe der Kurbelwelle (1) auf.

■ Drehen Sie die Kurbelwelle in Pfeilrichtung (2) und fädeln Sie den Riemen mit Hilfe einer Montagehilfe (3) auf die Riemenscheibe der Servopumpe (1) auf.

■ Achten Sie auf den korrekten Sitz des Flachriemens auf den Riemenscheiben.

■ Starten Sie den Motor und kontrollieren Sie den Riemenlauf.

Spannvorrichtung des Antriebsriemens bei Fahrzeugen mit Klimaanlage demontieren:

■ Das vordere rechte Rad ausbauen.

■ Falls vorhanden die Geräuschdämpfung unten Mitte und rechts ausbauen.

■ Bauen Sie den Keilrippenriemen wie bereits beschrieben von der Spannvorrichtung ab. Er muss nicht ausgebaut werden. Der vordere Antriebsriemen zur Servopumpe muss nicht demontiert werden.

■ Schrauben Sie die Befestigungsschrauben (3 im Bild 15) heraus.

■ Nehmen Sie die Spannvorrichtung ab.

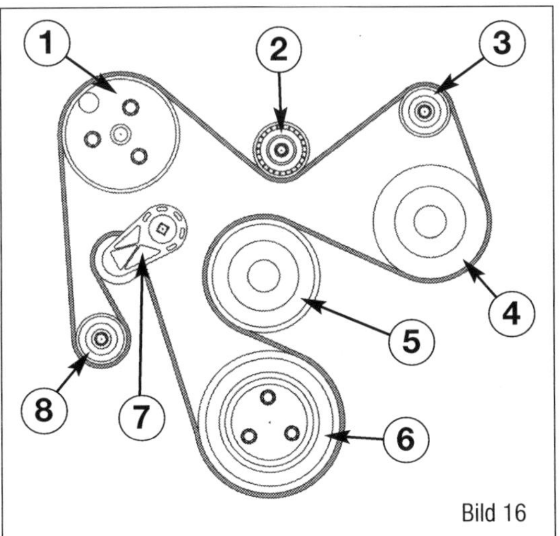

Bild 16

■ Prüfen Sie die Umlenkrollen (1 im Bild 13) und ersetzen Sie diese, wenn erforderlich.

Die Montage erfolgt sinngemäß in umgekehrter Reihenfolge.

■ Keilrippenriemen einbauen und den Riemenverlauf beachten.

■ Starten Sie den Motor und kontrollieren Sie den Riemenlauf.

De- und Montage bei Heck- und Allradantrieb (Bilder 16 und 17)

Der Verlauf des Antriebsriemens fällt bei den längs eingebauten Motoren anders aus. Auch die Unterdruckpumpe (3) wird über eine gesonderte Riemenscheibe angetrieben. Die Arbeitsschritte unterscheiden sich nicht wesentlich. Die Einbaulage des Antriebsriemens können Sie an den Bildern 16 und 17 erkennen.

■ Klemmen Sie die Batterie ab.

■ Das vordere rechte Rad ausbauen.

■ Falls vorhanden, die Geräuschdämpfung unten Mitte und rechts ausbauen.

■ Wenn der Flachriemen wiederverwendet werden soll, zuerst die Laufrichtung des Keilrippenriemens kennzeichnen.

■ Stecken Sie einen passenden Vierkantschlüssel oder eine Ratsche in den Vierkant des Riemenspanners ein.

■ Verdrehen Sie den Riemenspanner (7 im Bild 16 oder 8 im Bild 17) im Uhrzeigersinn und sichern Sie ihn in der Position mit einem 6-mm-Bohrer.

■ Nehmen Sie den Antriebsriemen von den Riemenscheiben und dem Riemenspanner ab.

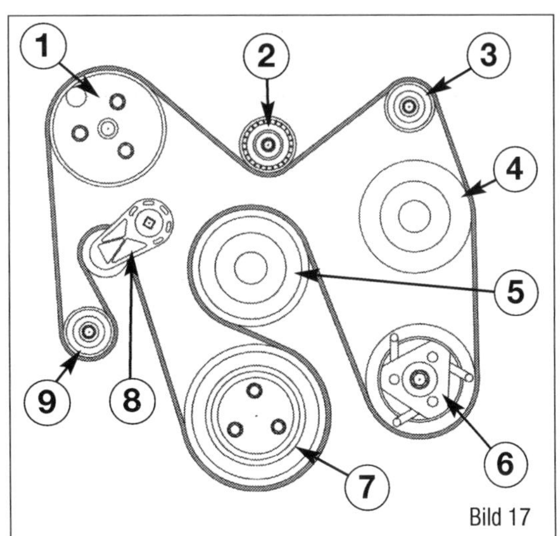

Bild 17

Bild 16
Riementrieb beim Heck- und Allradantrieb ohne Klimaanlage.
1 Servopumpe (auch Niveauregulierung)
2 Umlenkrolle
3 Unterdruckpumpe
4 Wasserpumpe
5 Lüftergebläserad
6 Riemenscheibe auf der Kurbelwelle
7 Spannrolle
8 Generatorantrieb

Bild 17
Riementrieb beim Heck- und Allradantrieb mit Klimaanlage.
1 Servopumpe (auch Niveauregulierung)
2 Umlenkrolle
3 Unterdruckpumpe
4 Wasserpumpe
5 Lüftergebläserad
6 Klimakompressor
7 Riemenscheibe auf der Kurbelwelle
8 Spannrolle
9 Generatorantrieb

Die Montage erfolgt sinngemäß in umgekehrter Reihenfolge.

■ Prüfen Sie die Umlenkrollen und ersetzen Sie diese, wenn erforderlich.

■ Keilrippenriemen einbauen und den Riemenverlauf beachten.

■ Verdrehen Sie den Riemenspanner (7 im Bild 16 oder 8 im Bild 17) etwas im Uhrzeigersinn und nehmen Sie den Bohrer heraus.

■ Starten Sie den Motor und kontrollieren Sie den Riemenlauf.

Steuerkette Motorsteuerung

Im Laufe der Produktionsjahre sind im Ford Transit eine Vielzahl unterschiedlicher Motoren verbaut worden. Für Transit der hier beschriebenen Baureihe wurden ausschließlich die Steuerkettenmotoren verbaut. Die Wechselintervalle konnten nicht ermittelt werden. Sie können durch unterschiedliche Faktoren beeinflusst werden, die dann auch zu technischen Änderungen führen können. Hierzu befragen Sie immer Ihren Marken-Händler. Erfahrungsgemäß sollten die Steuerkette, die Zahnräder und die Kettenführungen alle 350.000 km genauer betrachtet oder einfach ersetzt werden. Vorausgesetzt es liegen keine Materialfehler vor und keine ungünstigen Betriebszustände haben Führungsschienen oder Spanner in Mitleidenschaft gezogen. Rasselnde oder schlagende Geräusche aus dem Bereich des Kettenkastens sind ein Grund, den Steuerkettenspanner zu überprüfen und eventuell einen Steuerkettensatz mit Spanner und Spannschienen zu verbauen. Reparatursätze mit Führungen und Kettenrädern sind im Zubehör schon ab etwa 220 Euro lieferbar.

Steuerkettenwechsel beim 2,2-l-Dieselmotor

Wie schon eingangs erwähnt, liegen keine Informationen zu den Wechselintervallen vor. Im Laufe der Zeit können aber Lauf- und Spannschienen verschleißen oder der Kettenspanner schwächeln, zudem werden diese Arbeiten zur Demontage des Zylinderkopfes erforderlich.

Vorbereitungsarbeiten

Für die Montagearbeiten rund um die Steuerkette sollte der Motor ausgebaut werden. Für die anstehenden Arbeiten ist zu wenig Platz vorhanden. Zudem besteht die Gefahr der Verschmutzung durch die anliegenden Karosserieteile und Verkleidungen.

■ Bauen Sie den Motor aus. Die Arbeitsbeschreibung hierzu finden Sie am Ende dieses Kapitels.

■ Bauen Sie die Konsole für den rechten Motorhalter am Steuergehäusedeckel ab.

■ Drehen Sie die Schrauben (2 im Bild 18) heraus und demontieren Sie vorsichtig den Steuerkastendeckel (1).

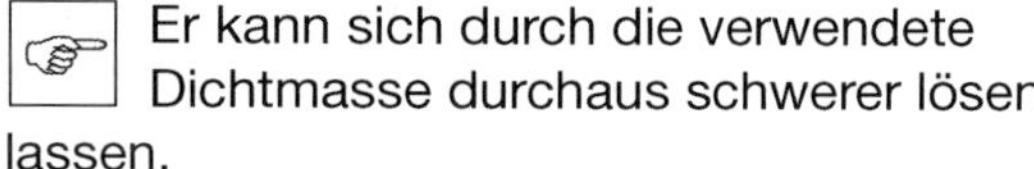
Er kann sich durch die verwendete Dichtmasse durchaus schwerer lösen lassen.

■ Entfernen Sie die Dichtmasse von Deckel und Motorblock. Achten Sie darauf, dass keine Rückstände in den Motor fallen und die Dichtflächen nicht beschädigt werden.

Steuerkette ausbauen

Das Absteckwerkzeugset ist im Zubehörmarkt oder auf Online-Marktplätzen für etwa 30 Euro erhältlich. So können Sie den Motor sicher in der Montageposition festsetzen.

■ Lösen Sie die Nockenwellenschrauben (1 und 7 im Bild 19). Die Schrauben sollten gerade noch handfest sein.

■ Drehen Sie die Kurbelwelle am Kurbelwellenrad im Uhrzeigersinn so weit, bis Sie die Nockenwellen mit passenden Stiften in den Positionen (9) und (21) abstecken können.

■ Montieren Sie das Kurbelwellenblockierwerkzeug (Ford 303-1310) in die Gewinde (12).

Hier gibt es in diversen Internetportalen Abstecksätze um 30 Euro, ein Eigenbau lohnt sich deshalb nicht.

■ Drücken Sie den hydraulischen Kettenspanner zusammen und sichern Sie ihn mit einer Drahtklammer (2 im Bild 20) (Büroklammer).

■ Drehen Sie die Schrauben (2) heraus und nehmen Sie den Steuerkettenspanner heraus.

■ Drehen Sie die Schraube (20 im Bild 19) heraus.

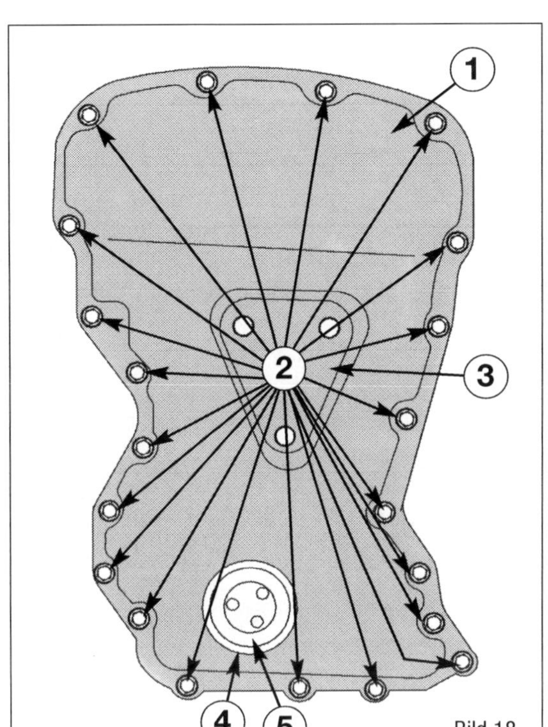

Bild 18

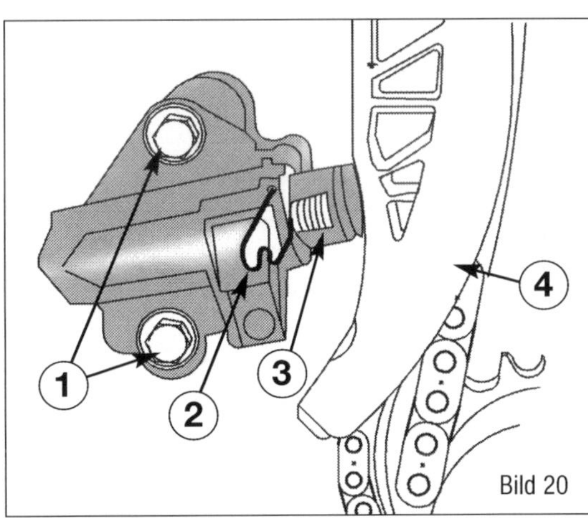

Bild 20

■ Nehmen Sie die Spannschiene (19) heraus.

■ Drehen Sie die Schrauben (11) heraus und nehmen Sie die Führungsschiene (10) heraus.

■ Drehen Sie die Schraube (4 im Bild 19) heraus.

■ Nehmen Sie die Führungsschiene (5) heraus.

■ Nehmen Sie die Stifte in den Positionen (9) und (21) heraus.

■ Drehen Sie die Nockenwellenschrauben (1 und 7 im Bild 19) heraus und nehmen Sie die Nockenwellenräder (8 und 22) ab.

■ Nehmen Sie die Steuerkette (3) ab.

■ Reinigen Sie alle Bauteile gründlich.

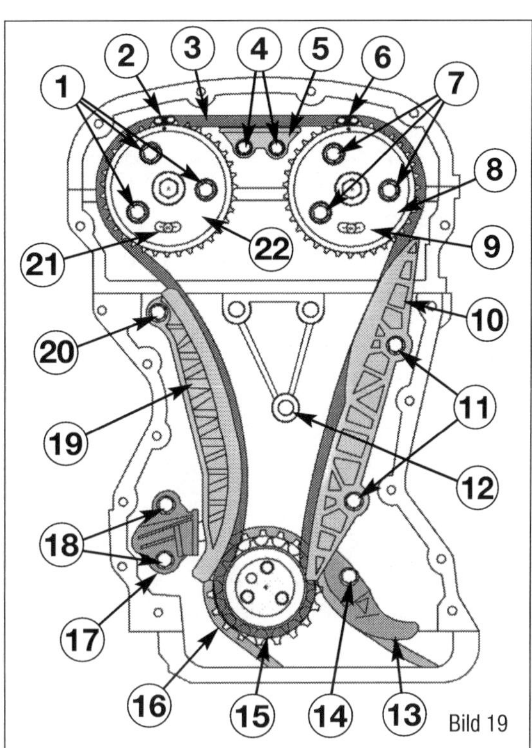

Bild 19

Steuerkette einbauen

Prüfen Sie vor der Montage sehr genau den Zustand der Spannschiene (19 im Bild 19), der Führungsschienen (5 und 10) und des Kettenspanners, im Zweifel erneuern Sie die Teile. Die Steuerkette ist als Reparatursatz erhältlich.

■ Kontrollieren Sie, ob das Kurbelwellen-blockierwerkzeug richtig einsitzt.

■ Legen Sie die Steuerkette auf die Nockenwellenräder auf.

Das farbige Kettenglied (1 im Bild 21) muss jeweils auf die Punktmarkierung (2) der Nockenwellenräder treffen.

■ Stecken Sie die Nockenwellenräder auf die Nockenwellen auf.

■ Drehen Sie die Schrauben (1 und 7 im Bild 19) leicht an. Die Nockenwellenräder müssen sich gerade noch verdrehen lassen.

■ Stecken Sie die Fixierstifte für die Nockenwellen in den Positionen (9) und (21) hinein.

■ Der Fixierstift sollte etwa mittig im Verstellbereich der Nockenwellenräder (4) passen.

■ Bauen Sie den Steuerkettenspanner ein.

■ Drehen Sie die Schrauben (18 im Bild 19) mit 15 Nm an.

■ Montieren Sie die Spannschiene. Ziehen Sie die Schraube (20) mit 36 Nm an.

■ Montieren Sie die Führungsschiene seitlich. Ziehen Sie die Schraube (11) mit 15 Nm an.

Bild 18
Steuerkettendeckel beim 2,2-l-Dieselmotor.
1 Steuerkastendeckel
2 Schrauben
3 Montageposition des Motorträgers rechts
4 Kurbelwellendichtring
5 Kurbelwelle

Bild 19
Steuerkette beim 2,2-l-Dieselmotor.
1 Schrauben Auslassnockenwellenrad
2 markiertes Kettenglied
3 Steuerkette
4 Schrauben
5 Kettenführung oben
6 markiertes Kettenglied
7 Schrauben Einlassnockenwellenrad
8 Einlasskettenrad
9 Absteckbohrung in Nockenwelle und Kopf für die Einlassnockenwelle
10 Führungsschiene
11 Schrauben Führungsschiene
12 Befestigungsgewinde für die Kurbelwellenarretierung
13 Kettenspanner Ölpumpe
14 Schraube
15 Kurbelwellenrad
16 Ölpumpenkette
17 Steuerkettenspanner
18 Schrauben
19 Spannschiene
20 Stufenschraube
21 Absteckbohrung in Nockenwelle und Kopf für die Auslassnockenwelle
22 Auslassnockenwelle

Bild 20
Hydraulischer Steuerkettenspanner beim 2,2-l-Dieselmotor.
1 Befestigungsschrauben
2 Sicherungsklammer
3 Arbeitskolben
4 Spannschiene

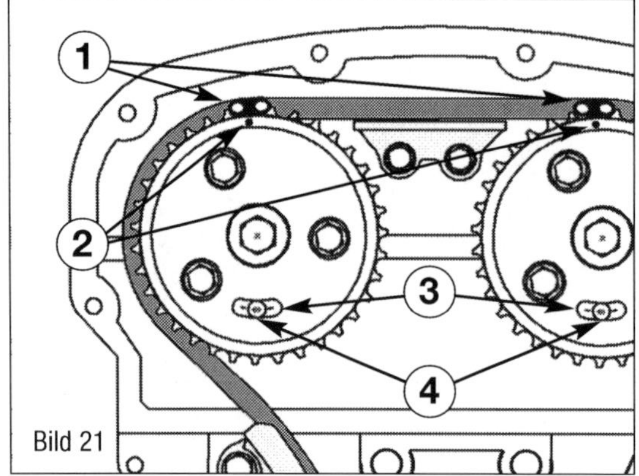

Bild 21
Markierungen an den Nockenwellenrädern beim 2,2-l-Dieselmotor.
1 Farbiges Kettenglied
2 Markierungspunkt auf dem Nockenwellenrad
3 Verstellbereich im Nockenwellenrad
4 Bohrung in Nockenwelle und Kopf zum Fixieren

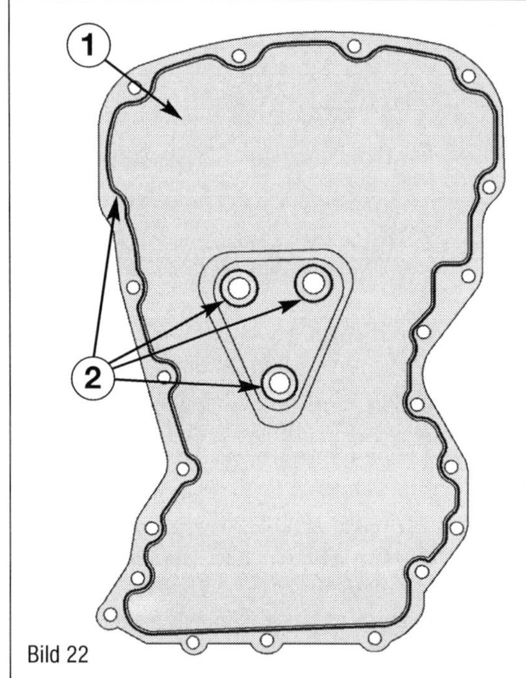

Bild 22
Dichtung Steuerkettendeckel beim 2,2-l-Dieselmotor.
1 Steuerkastendeckel von innen
2 Dichtmassennaht (2 bis 3 mm Breite)

■ Montieren Sie die Führungsschiene oben. Ziehen Sie die Schraube (4) mit 15 Nm an.
■ Drücken Sie die Spannschiene etwas an und ziehen Sie die Sicherungsklammer (2 im Bild 20) heraus.
■ Kontrollieren Sie die Position der Fixierstifte im Langloch der Nockenwellenräder (3 im Bild 21). Sie dürfen nicht an den Enden anliegen.
■ Nehmen Sie die Fixierstifte in den Positionen (9 und 21 im Bild 19) heraus.
■ Ziehen Sie die Schrauben (1 und 7) der Nockenwellenräder auf 33 Nm an.
■ Wenn Sie den Kurbelwellensensor nicht ausrichten möchten, können Sie nun die Riemenscheibe wieder montieren. Ziehen Sie die Schrauben mit 45 Nm in der ersten Stufe an und drehen Sie sie um 120° in der zweiten Stufe weiter.

Zwar hat die Position des Kurbelwellensensors nicht unbedingt etwas mit den Steuerzeiten zu tun, aber wahrscheinlich möchte der Hersteller bei dieser Gelegenheit gleich mal die richtige Einbauposition überprüfen. Das sollten Sie dann grundsätzlich machen, wenn die Schwungscheibe demontiert wurde oder sogar eine andere verbaut worden ist.

Kurbelwinkelsensor ausrichten

Der Kurbelwellensensor ist am Motorblock getriebeseitig verbaut.
■ Drehen Sie die Schraube (3 im Bild 23) des OT-Gebers aus dem Haltebock heraus.
■ Ziehen Sie den OT-Geber (4) nach oben heraus.
■ Setzen Sie das Kurbelwinkeleinstellwerkzeug anstatt des Sensors ein.

Kontrollieren Sie, ob sich das Einstellwerkzeug einschieben lässt. Ist das nicht der Fall, müssen die Schrauben (5) am Halter (2) gelöst werden und der Halter des Kurbelwinkelsensors neu eingerichtet und wieder festgeschraubt werden (22 Nm).

■ Reinigen Sie den Sensor (4) von Ablagerungen und Verschmutzungen. Kontrollieren Sie seinen Zustand und den Zustand des Anschlusskabels.
■ Bauen Sie den Sensor (4) wieder ein. Ziehen Sie die Schraube (3) mit 10 Nm an.
■ Montieren Sie die Riemenscheibe wieder. Ziehen Sie die Schrauben mit 45 Nm in der ersten Stufe an und drehen Sie sie um 120° in der zweiten Stufe weiter.
Die weitere Montage erfolgt sinngemäß in umgekehrter Reihenfolge.
■ Vor dem Einbau des Keilrippenriemens ist die Spannvorrichtung auf Be-

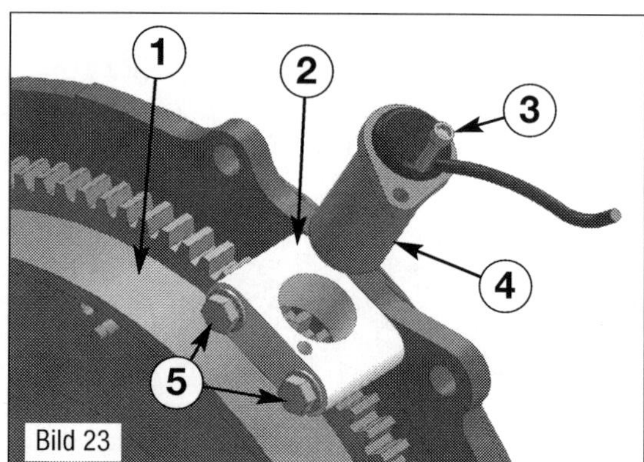

Bild 23
Kurbelwinkelsensor beim 2,2-l-Dieselmotor.
1 Schwungscheibe
2 Halter Sensor (verschiebbar)
3 Schraube Sensor
4 Sensor
5 Schrauben Halter Sensor

schädigungen zu prüfen und ggf. zu erneuern.

■ Prüfen Sie den Zustand der Riemenscheiben auf der Kurbelwelle.

■ Füllen Sie das Kühlmittel auf und entlüften Sie das Kühlsystem.

■ Entlüften Sie das Kraftstoffsystem, um einen Trockenlauf der Hochdruckpumpe zu vermeiden.

Steuerkettenwechsel beim 2,4-l-Dieselmotor

Der 2,4-l-Diesel unterscheidet sich vom 2,2-l-Diesel recht deutlich. Auch die Werkzeuge zum Festsetzen des Motors sind andere. Der Motor wird 50° vor OT abgesteckt. Die Absteckpunkte sind entsprechend ausgeführt. Die Befestigungsschrauben für das Kurbelwellenrad dürfen nach Herstellerangaben nur dreimal verwendet werden. Bitte die Schrauben nach jeder Montage mit einem Körnerschlag markieren.

Vorbereitungsarbeiten

Für die Montagearbeiten rund um die Steuerkette sollte der Motor ausgebaut werden. Für die anstehenden Arbeiten ist zu wenig Platz vorhanden. Zudem besteht die Gefahr der Verschmutzung durch die anliegenden Karosserieteile und Verkleidungen. Es ist aber generell möglich diese Arbeiten bei eingebautem Motor durchzuführen. Der längs eingebaute Motor erlaubt auch den Ausbau des Kühlers und der Fahrzeugfront, um ausreichend Platz zu schaffen.

Demontage des Steuerkastendeckels

■ Klemmen Sie die Batterie ab.

■ Ziehen Sie das Anschlusskabel vom Temperatursensor Zylinderkopf ab.

■ Demontieren Sie die Verschraubung an der Halterung (2 im Bild 24) für den Öleinfüllstutzen und bauen Sie sie ab.

■ Demontieren Sie den Öleinfüllstutzen (3) vorsichtig. Er ist wie der Ölverschlussdeckel mit einer leichten Drehung zu lösen und dann nach oben gerade abzuziehen.

■ Lassen Sie das Kühlmittel ab.

■ Demontieren Sie den Kühlerlüfter. Die Arbeitsschritte dazu stellen wir im Kapitel 6 »Kühlsystem« im Detail vor.

■ Bauen Sie den Antriebsriemen wie beschrieben ab.

■ Drehen Sie die Schrauben (1 im Bild 25) heraus und legen Sie die Wasserpumpe (2) zusammen mit der Vakuumpumpe zur Seite.

■ Nehmen Sie die Dichtung der Wasserpumpe ab.

■ Drehen Sie die Halterungsschrauben heraus und legen Sie das Thermostatgehäuse frei.

■ Demontieren Sie den unteren Schlauch am Thermostatgehäuse, der am Anschlussstutzen auf der Steuerkettenabdeckung verbaut ist.

■ Drehen Sie die drei Schrauben des Anschlussstutzens auf der Steuerkettenabdeckung heraus und nehmen Sie den Anschlussstutzen ab.

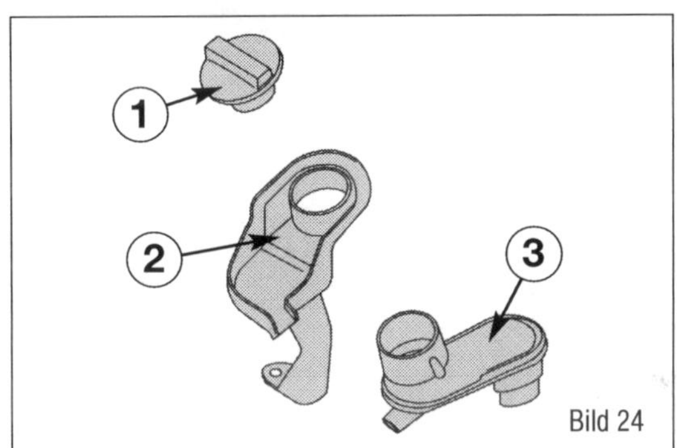

Bild 24
Öleinfüllstutzen beim 2,4-l-Dieselmotor.
1 Ölverschlussdeckel
2 Halterung
3 Öleinfüllstutzen

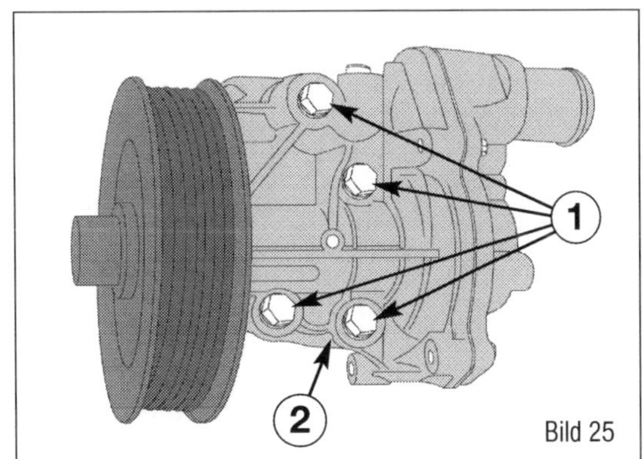

Bild 25
Wasserpumpe beim 2,4-l-Dieselmotor.
1 Schrauben
2 Wasserpumpengehäuse

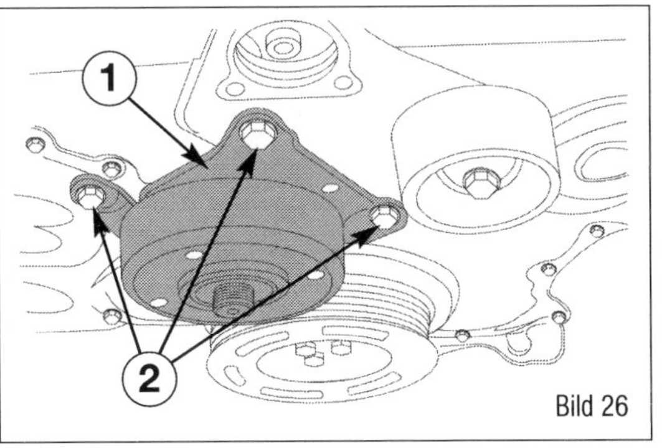

Bild 26
Riemenscheibe Lüfterrad beim 2,4-l-Dieselmotor.
1 Halter Lüfterrad
2 Schrauben

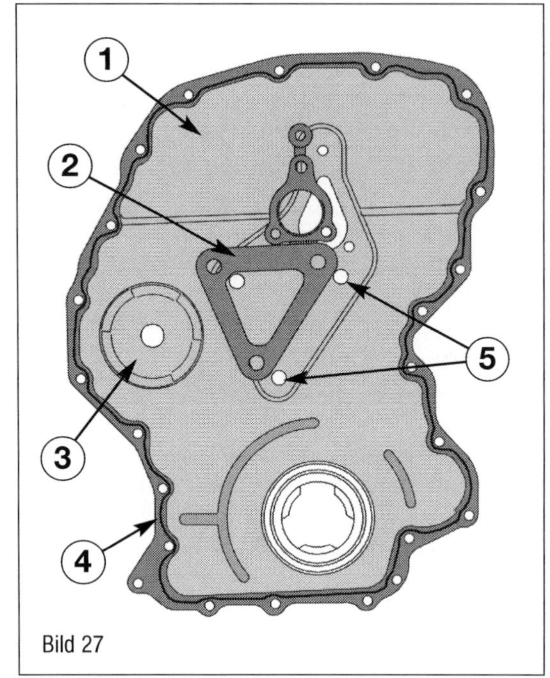

Bild 27

Bild 27
Dichtung Steuerkettendeckel beim 2,4-l-Dieselmotor.
1 Steuerkastendeckel von innen
2 Dichtung Mitte
3 Deckel Hochdruckpumpe
4 Dichtmassennaht (2 bis 3 mm Breite)
5 Einbauposition für die Montagebolzen

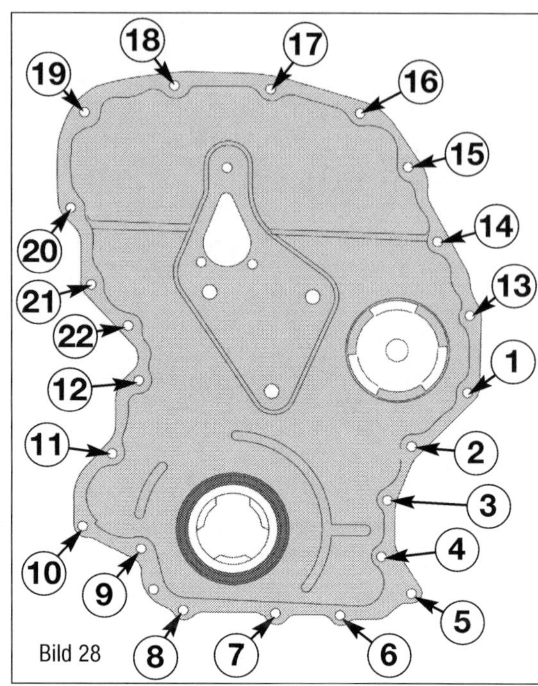

Bild 28

Bild 28
Verschraubung Steuerkettendeckel beim 2,4-l-Dieselmotor:
1-22 Löse- und Anzugsreihenfolge der Verschraubungen des Nockenwellenkastens.

■ Drehen Sie die drei Schrauben (2 im Bild 26) heraus.
■ Bauen Sie den Halter der Riemenscheibe für das Lüfterrad ab.
■ Drehen Sie die drei Schrauben der Riemenscheibe heraus und nehmen Sie sie ab.
■ Setzen Sie das Ausziehwerkzeug (Ford 303-679) auf den Kurbelwellendichtring auf und demontieren Sie ihn, indem Sie Ihn gegen den Uhrzeigersinn (2 im Bild 30) drehen. Erneuern Sie den Kurbelwellendichtring.
■ Drehen Sie die Befestigungsschrauben unten (10 Stück) und Muttern (2 Stück) (1-12 im Bild 28) ab.
■ Drehen Sie die Befestigungsschrauben oben (10 Stück) (13-22 im Bild 28) ab.
■ Hebeln Sie vorsichtig den Steuerkastendeckel (1) mit einem geeigneten Werkzeug (Messer oder Spachtel) im Uhrzeigersinn ab.

☞ Er kann sich durch die verwendete Dichtmasse durchaus schwerer lösen lassen.

⚠ Verzieht sich der Deckel oder wird er beschädigt, muss er erneuert werden.

■ Entfernen Sie die Dichtmasse von Deckel und Motorblock. Achten Sie darauf, dass keine Rückstände in den Motor fallen und die Dichtflächen nicht beschädigt werden.
■ Entfetten Sie die Dichtfläche gründlich.

⚠ Achten Sie darauf, dass keine Rückstände in den Motor hineinfallen.

Die Montage erfolgt sinngemäß in umgekehrter Reihenfolge.
■ Verwenden Sie grundsätzlich eine neue Dichtung (2 im Bild 27).
■ Montieren Sie zwei Bolzen in die Gewinde (5 im Bild 27) um die Dichtung (2) positionieren und den Steuerkastendeckel leichter montieren zu können.
■ Ziehen Sie die Schrauben und Muttern (M6) des Deckels (1-12) mit 10 Nm an.
■ Ziehen Sie die Schrauben (M6) des Deckels (13-22) mit 10 Nm an.
■ Ziehen Sie die Schrauben und Muttern (M6) des Deckels (1-12) mit 14 Nm an.
■ Ziehen Sie die Schrauben (M6) des Deckels (13-22) mit 14 Nm an.
■ Drehen Sie den neuen Wellendichtring mit dem Spezialwerkzeug (1 im Bild 30) im Uhrzeigersinn (3) wieder ein.

Steuerkette ausbauen

⚠ Verdrehen Sie den Motor nur bei aufgelegter Steuerkette und ausschließlich an der Kurbelwelle.

■ Demontieren Sie, wie bereits beschrieben, den Steuerkastendeckel.

☞ Das Absteckwerkzeugset ist im Zubehörmarkt oder auf Online-Marktplätzen für etwa 30 Euro erhältlich. So können Sie den Motor sicher in der Montageposition festsetzen.

■ Lösen Sie die Nockenwellenschrauben und die Verschraubung des Hochdruck-

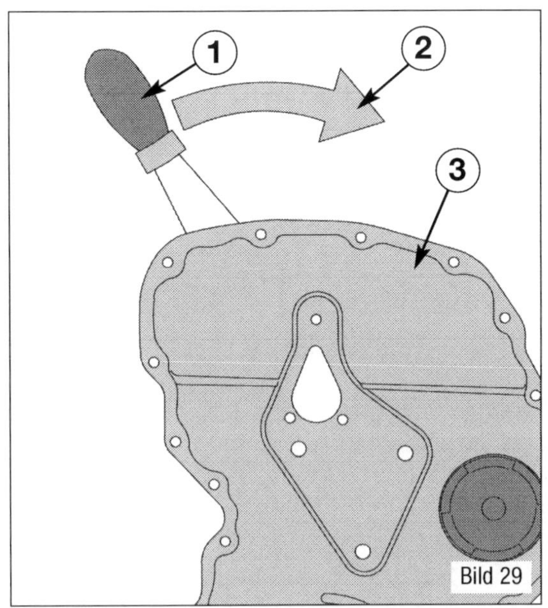

Bild 29
Lösen des Steuerkastendeckels beim 2,4-l-Dieselmotor.
1 Spachtel oder Messer
2 Bewegungsrichtung zum Lösen
3 Steuerkastendeckel

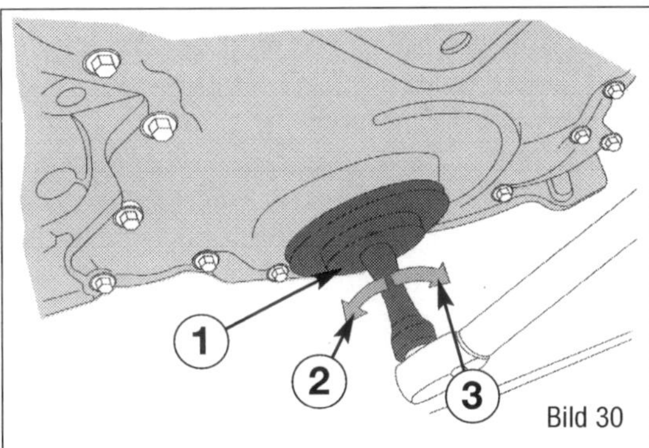

Bild 30
Spezialwerkzeug zur Wellendichtringmontage.
1 Ford 303-679
2 Drehrichtung zum Ausbau
3 Drehrichtung zum Einbau

pumpenrades. Die Schrauben sollten gerade noch handfest sein. Die Räder lassen sich auf den Wellennaben gerade so verdrehen.

■ Drehen Sie die Kurbelwelle am Kurbelwellenrad im Uhrzeigersinn so weit, bis Sie die Nockenwellen und die Hochdruckpumpe mit den passenden Stiften in der Position (6 im Bild 31) abstecken können.

■ Montieren Sie das Kurbelwellenblockierwerkzeug (2 im Bild 33) (Ford 303-675) in den Halter des OT-Gebers.

Die Markierungspunkte der Nockenwellenräder müssen auf »12 Uhr-Position«, also wie im Bild 31 gezeigt, oben stehen.

■ Drücken Sie mit einem geeigneten Werkzeug die Rastensperre (6 im Bild 32) ein und schieben Sie den Arbeitsstößel mit der Spannschiene (15) zurück.

■ Fixieren Sie den Kettenspanner mit einer Klammer in der Bohrung (5).

■ Drehen Sie die Schrauben (1) heraus und nehmen Sie den Steuerkettenspanner ab.

Der Kettenspanner muss anschließend erneuert werden.

■ Bauen Sie die Spannschiene (15) sowie die Führungsschienen (2, 5 und 8) aus.

■ Nehmen Sie die Steuerkette ab.

Steuerkette einbauen

Prüfen Sie vor der Montage sehr genau den Zustand der Spannschiene (15 im Bild 31), der Führungsschienen (2, 5 und 8). Im Zweifel erneuern Sie die Teile. Der Kettenspanner muss nach dem Ausbau erneuert werden.

Die Steuerkette ist als Reparatursatz erhältlich.

Kontrollieren Sie den Sitz des Kurbelwellenabsteckwerkzeugs (2 im Bild 33).

Kontrollieren Sie den Sitz des Nockenwellenabsteckwerkzeugs und des Absteckwerkzeuges im Rad der Hochdruckpumpe (5 im Bild 31). Die Bohrungen in der Radnabe sollten jeweils etwa mittig im Langloch des jeweiligen Rades stehen.

■ Bauen Sie die unteren Führungsschienen (8 und 5 im Bild 31) ein. Ziehen Sie die Schrauben mit 15 Nm an.

■ Schieben Sie die obere Spannschiene (2) ein und ziehen Sie die Schrauben mit 15 Nm an.

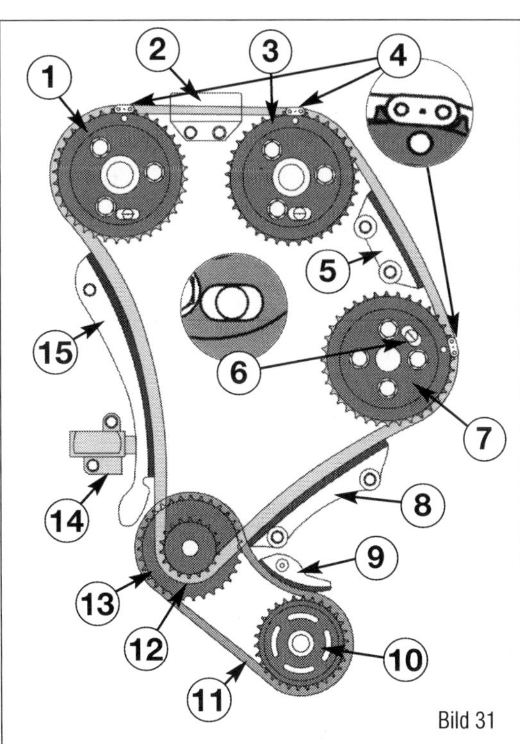

Bild 31
Markierungen an der Steuerkette beim 2,4-l-Dieselmotor.
1 Auslassnockenwelle
2 Führungsschiene oben
3 Einlassnockenwelle
4 farbige Kettenglieder und Punkt auf dem Kettenrad
5 Führungsschiene seitlich
6 Absteckbohrung (Wellennabe) im Langloch (Wellenrad)
7 Hochdruckpumpe
8 Führungsschiene unten
9 Spanner Antriebskette Ölpumpe
10 Ölpumpenrad
11 Antriebskette Ölpumpe
12 Steuerkette
13 Doppelrad Kurbelwelle
14 Steuerkettenspanner
15 Steuerketten Spannschiene

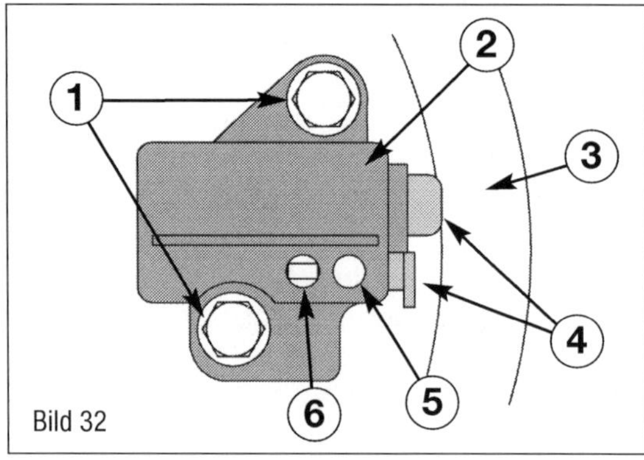

Bild 32

Bild 32
Steuerkettenspanner beim 2,4-l-Dieselmotor.
1 Schrauben
2 Steuerkettenspanner
3 Steuerketten-Spannschiene
4 Arbeitsstößel
5 Bohrung zum Festsetzen des Arbeitsstößels
6 Bohrung zur Rastensperre

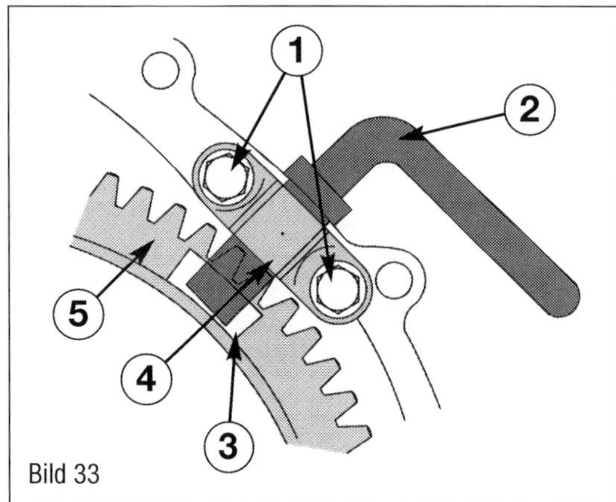

Bild 33

Bild 33
Abstecken der Kurbelwelle beim 2,4-l-Dieselmotor.
1 Schrauben
2 Absteckwerkzeug
3 Aufnahme in der Schwungscheibe
4 Halter OT-Geber
5 Schwungrad mit Anlasser (Starter) Zahnkranz

■ Legen Sie die Steuerkette auf. Achten Sie darauf, dass die farbigen Kettenglieder auf den Markierungspunkten (4) aufliegen.
■ Bauen Sie die Spannschiene und den neuen Steuerkettenspanner ein.
■ Ziehen die Schrauben mit 15 Nm an.
■ Entsichern Sie den Steuerkettenspanner und kontrollieren Sie die Steuerzeiten erneut.
■ Ziehen Sie die Schrauben der Nockenwellenräder mit 33 Nm fest.
■ Ziehen Sie die Schrauben des Hochdruckpumpenrades mit 32 Nm fest.

⚠ Halten Sie beim Anziehen der Verschraubungen der Kettenräder mit einem geeigneten Werkzeug gegen.

■ Entfernen Sie die Absteckwerkzeuge.
■ Montieren Sie den Steuerkettendeckel wie bereits beschrieben wieder. Der Wellendichtring sollte in diesem Arbeitsschritt mit ersetzt werden.
■ Montieren Sie die Riemenscheibe wieder und ziehen Sie die Schrauben mit 45 Nm vor und mit einem Drehwinkel von 120° fest.

⚠ Halten Sie beim Anziehen der Verschraubungen der Riemenscheibe mit einem geeigneten Werkzeug gegen.

■ Montieren Sie den Kurbelwellensensor auf dem gleichen Befestigungspunkt, auf dem er vorher verschraubt war.
■ Führen Sie einen Ölwechsel durch.
■ Lassen Sie den Motor warmlaufen und fragen Sie den Fehlerspeicher ab.

Arbeiten am Zylinderkopf beim 2,2-l-Dieselmotor

Der Zylinderkopf des 2,2-l-Motors besteht aus dem Ventildeckel, dem Kipphebelbock (Rahmen), dem oberen Deck des Zylinderkopfes und dem eigentlichen Zylinderkopf. Zwischen den beiden Teilen des Zylinderkopfes sind die Nockenwellen gelagert.

Vorbereitungen

■ Die Tankklappe öffnen und den Tankdeckel abschrauben, um im Innern des Tanks für Druckausgleich zu sorgen.
■ Die beiden Befestigungsschrauben des Kühlmittelrohres für den Kühlmittelzulauf zum Kühler herausdrehen.
■ Den Kühlmittelzulauf zum Kühler abnehmen und zur Seite schieben.
■ Den Luftführungskanal zur Klimaanlage ausbauen.
■ Demontieren Sie die Kraftstoffrücklaufleitungen von den Einspritzdüsen.
■ Demontieren Sie alle Kraftstoffleitungen vom Kraftstoffverteilerrohr (Rail) zu den Einspritzdüsen.
■ Demontieren Sie die Hochdruckleitung von der Hochdruckpumpe zum Kraftstoffverteilerrohr (Rail).
■ Bauen Sie das Kraftstoffverteilerrohr (Rail) aus.

⚠ Fangen Sie den austretenden Kraftstoff mit einem Lappen ab. Verschließen Sie die Öffnungen zu den Kraftstoffleitungen und den Bauteilen der Gemischaufbereitung mit den entsprechenden Stopfen um das Eindringen von Verschmutzungen zu verhindern.

■ Bauen Sie die Einspritzdüsen aus und verschließen Sie die Einbaulöcher mit entsprechenden Stopfen.
■ Öffnen Sie die Schelle am Schlauch der Motorentlüftung am Ventildeckel und ziehen Sie den Schlauch ab.

■ Demontieren Sie die Halteschelle der Leitungen zum Klimakompressor am Zylinderkopf.
■ Ziehen Sie den Steckkontakt des Ölsensors in der Ölwanne ab.
■ Ziehen Sie den elektrischen Anschluss des Klimakompressors ab.
■ Ziehen Sie den elektrischen Anschluss des Saugrohrdruckfühlers ab.
■ Ziehen Sie den Sammelstecker der Anschlüsse zu den Glühkerzen ab.
■ Legen Sie die Verkabelung zu den Steckern frei und befestigen Sie den Kabelbaum außerhalb des Arbeitsbereiches für die weiteren Arbeiten am Ventildeckel.

Ventildeckel demontieren
■ Demontieren Sie den Öleinfüllstutzen (3 im Bild 24).
■ Drehen Sie die Schrauben (1-12 im Bild 34) heraus und nehmen Sie den Ventildeckel vorsichtig ab.
■ Reinigen Sie den Ventildeckel und die Dichtfläche gründlich.
Die Montage erfolgt sinngemäß in umgekehrter Reihenfolge.
■ Prüfen Sie den Zustand der Ventildeckeldichtung. Im Zweifel oder bei Beschädigungen erneuern Sie diese.
■ Ziehen Sie die Schrauben in der angegebenen Reihenfolge im ersten Durchgang leicht an.
■ Ziehen die Schrauben anschließend im zweiten Durchgang mit 12 Nm fest.

Kipphebelbock (Rahmen) demontieren
■ Demontieren Sie den Ventildeckel wie beschrieben.
■ Drehen Sie die Schrauben (1-10 im Bild 35) in umgekehrter Reihenfolge heraus und nehmen Sie den Kipphebelbock vorsichtig ab.

Die Montage erfolgt sinngemäß in umgekehrter Reihenfolge.

Kipphebelbock und Hydrostößel demontieren
■ Demontieren Sie den Kipphebelbock (Rahmen) wie beschrieben.
■ Clipsen Sie die Kipphebel vom Kipphebelbock ab.
■ Ziehen Sie die Hydrostößel heraus.
Die Montage erfolgt sinngemäß in umgekehrter Reihenfolge.

■ Tragen Sie vor der Montage etwas Öl auf die Anlagestellen auf.
■ Achten Sie darauf, dass die Bohrung für den Hydrostößel frei von Verschmutzungen und Ablagerungen ist.

Zylinderdeck (Lagerrahmen) und Nockenwellen demontieren
Bis hierhin sind die Arbeiten durchaus ohne den Ausbau des Motors möglich. Sobald es nun an die Bauteile der Motorsteuerung

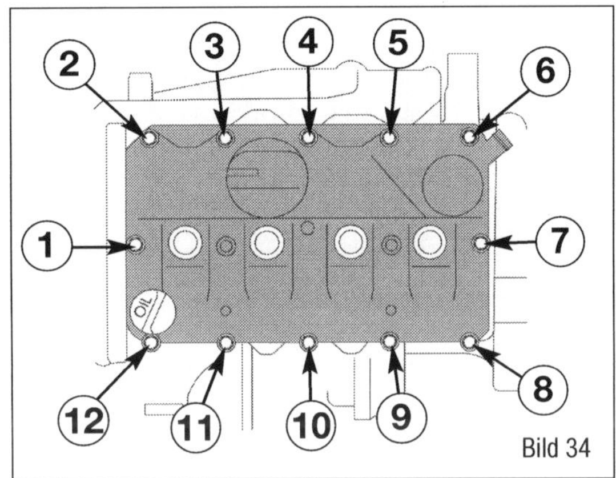

Bild 34
Verschraubungen des Ventildeckels beim 2,2-l-Dieselmotor.
1-12 Anzugsfolge der Verschraubungen am Ventildeckel

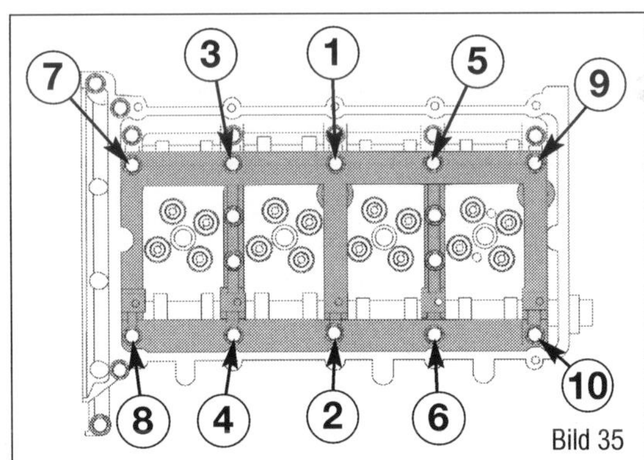

Bild 35
Verschraubungen des Kipphebelbocks (Rahmen) beim 2,2-l-Dieselmotor.
1-10 Anzugsfolge der Verschraubungen am Kipphebelbock (Rahmen)

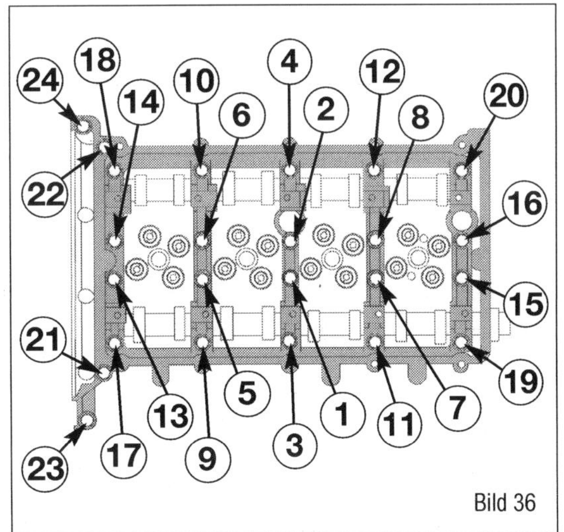

Bild 36
Verschraubungen des Kipphebelbocks (Rahmen) beim 2,2-l-Dieselmotor.
1-24 Anzugsfolge der Verschraubungen am Nockenwellenbock

Sichtprüfung

Messen

geht, ist es aus Platz- und Sauberkeitsgründen sinnvoller den Motor mit Getriebe auszubauen. Auch diesen Arbeitsschritt werden wir am Ende dieses Kapitels näher betrachten.

- Demontieren Sie den Ventildeckel wie beschrieben.
- Bauen Sie den Kipphebelbock wie beschrieben ab.
- Bauen Sie den Motor aus.
- Demontieren Sie die Steuerkette und die Steuerkettenräder.
- Demontieren Sie die Hochdruckpumpe und den Halterahmen am Zylinderkopf.
- Drehen Sie die Schrauben (1-24 im Bild 36) in umgekehrter Reihenfolge heraus.
- Nehmen Sie das Zylinderdeck nach oben heraus.

Zylinderkopf demontieren

- Bauen Sie den Motor aus.
- Führen Sie die beschriebenen Vorarbeiten aus.
- Demontieren Sie den Ventildeckel, den Kipphebelbock und das Zylinderdeck (Rahmen).
- Nehmen Sie die Nockenwellen heraus.
- Demontieren Sie auf der linken Zylinderkopfseite (zum Getriebe) den Schlauch zum Kühlmittelausgang am Zylinderkopf.
- Bauen Sie den Schlauchanschlussstutzen ab.
- Demontieren Sie die Unterdruckpumpe und nehmen Sie die Dichtung ab.
- Drehen Sie die Befestigungsschrauben des AGR-Kühlers heraus und nehmen Sie die Dichtung zwischen AGR-Ventil und AGR-Kühler heraus.
- Demontieren Sie das Hitzeschild für den Abgasturbolader.
- Soweit noch nicht geschehen, bauen Sie den Katalysator und den Partikelfilter ab.
- Drehen Sie die Schraube(n) (6 im Bild 37) an der Ölwanne für den Ölrücklauf des Turboladers ab.
- Lösen Sie die Leitung (7) von der Ölwanne.
- Drehen Sie die Schrauben (2) und die Muttern (3) und bauen Sie den Abgaskrümmer (4) mit dem Turbolader ab.
- Nehmen Sie die Krümmerdichtung ab.
- Demontieren das AGR-System vom Ansaugkrümmer ab und nehmen Sie es komplett ab.
- Drehen Sie die Befestigungsschrauben des Ansaugkrümmers ab und nehmen Sie ihn ab.
- Drehen Sie die Zylinderkopfschrauben (1-18 im Bild 38) in umgekehrter Reihenfolge heraus.
- Nehmen Sie den Zylinderkopf nach oben ab und legen Sie ihn nicht auf den Dichtflächen ab.

⚠ Achten Sie darauf, dass die Glühkerzen, soweit noch verbaut, nicht beschädigt werden.

Zylinderkopf montieren

- Reinigen Sie die Dichtflächen von Motorblock und Zylinderkopf gründlich.
- Achten Sie darauf, dass keine Rückstände in den Motor hineinfallen.
- Kontrollieren Sie den Zustand und das Vorhandensein der Passhülsen zwischen Motorblock und Zylinderkopf.
- Reinigen Sie die Gewinde für die Zylinderkopfschrauben im Motorblock. Es dürfen auch keine Flüssigkeitsrückstände verbleiben.

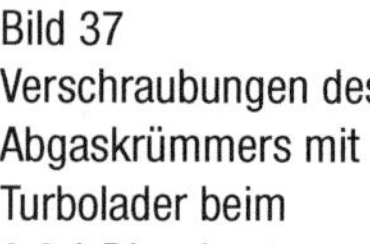

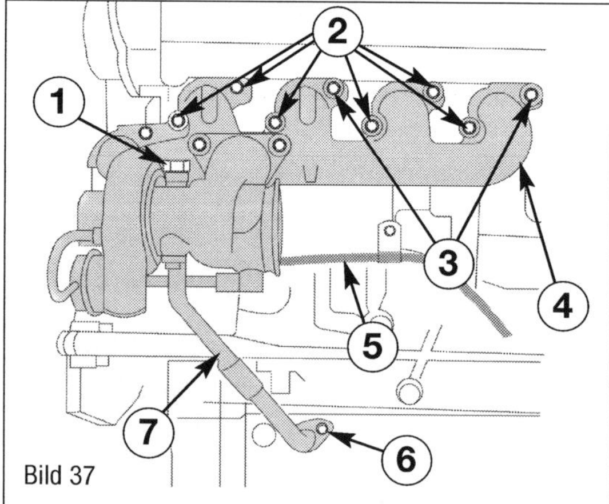

Bild 37

Bild 37
Verschraubungen des Abgaskrümmers mit Turbolader beim 2,2-l-Dieselmotor.
1 Hohlschraube Ölzufuhr
2 Schrauben Abgaskrümmer
3 Muttern Abgaskrümmer
4 Abgaskrümmer
5 Druckleitung Ölzufuhr Turbolader
6 Verschraubungen Flansch an der Ölwanne (Ölrücklauf vom Turbolader)
7 Ölrücklaufleitung vom Turbolader

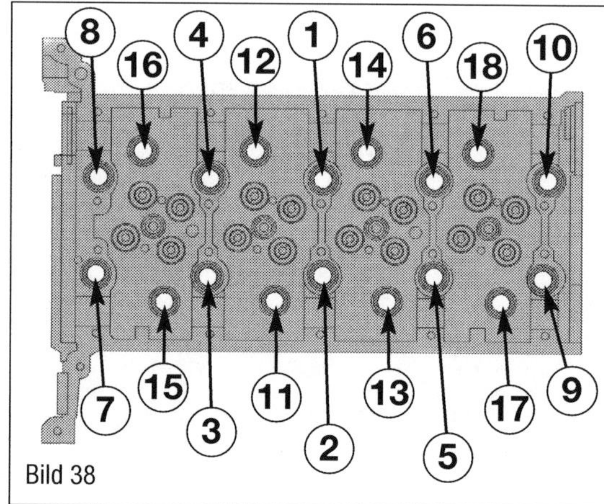

Bild 38

Bild 38
Verschraubungen des Zylinderkopfes beim 2,2-l-Dieselmotor.
1-18 Anzugsfolge der Verschraubungen am Zylinderkopf (Lösen in umgekehrter Reihenfolge)
1-10 Schrauben M10
11-18 Schrauben M8

■ Kontrollieren Sie den Widerstand der Glühkerzen. Ersetzen Sie die Glühkerzen, wenn erforderlich.
■ Legen Sie die Kopfdichtung auf den Zylinderblock auf.
■ Setzen Sie den Zylinderkopf auf den Zylinderblock auf.
■ Stecken Sie die Kopfschrauben ein und drehen Sie sie leicht von Hand an.
■ Ziehen Sie die Zylinderkopfschrauben (1-10 im Bild 38) mit 20 Nm an.
■ Ziehen Sie die Zylinderkopfschrauben (11-18) mit 10 Nm an.
■ Ziehen Sie die Zylinderkopfschrauben (1-10) mit 40 Nm nach.
■ Ziehen Sie die Zylinderkopfschrauben (11-18) mit 20 Nm nach.
■ Ziehen Sie die Zylinderkopfschrauben (1-10) mit 160° nach.
■ Ziehen Sie die Zylinderkopfschrauben (11-18) mit 180° nach.
■ Tragen Sie etwas Öl auf die Lagerstelle der Nockenwellenlager auf.
■ Legen Sie die Nockenwellen in den Zylinderkopf ein.
■ Tragen Sie etwas Öl auf die Nockenwelle an den Lagerstellen auf.
■ Tragen Sie jeweils außen eine Dichtmassenraupe (2 im Bild 39) am Rand des Zylinderkopfes (1) auf.
■ Setzen Sie das Zylinderdeck (Lagerrahmen der Nockenwellen) auf.
■ Drehen Sie alle Schrauben von Hand ein.
■ Ziehen Sie alle Schrauben nach der Reihenfolge im Bild 36 in der ersten Stufe auf 3,5 Nm an.
■ Für die zweite Stufe gelten folgende Drehmomente: M8x45 und M6x161 15 Nm. Die M6x40- und M6x85-Schrauben werden mit 7,5 Nm angezogen.
■ In der dritten Stufe sollen folgende Drehmomente erreicht werden: M8x45 und M6x161 22 Nm. Die M6x40- und M6x85-Schrauben werden mit 10 Nm angezogen.
■ Wischen Sie an den Dichtflächen, an denen weitere Bauteile montiert werden müssen, die Dichtmasse ab.
■ Montieren Sie den Ventildeckel wieder. Ziehen Sie die Schrauben in der gezeigten Reihenfolge mit 12 Nm an.
■ Bauen Sie den Abgaskrümmer mit Turbolader mit seiner Ölversorgung wieder an.
■ Montieren Sie den Ansaugkrümmer und die Anbauteile des AGR wieder.

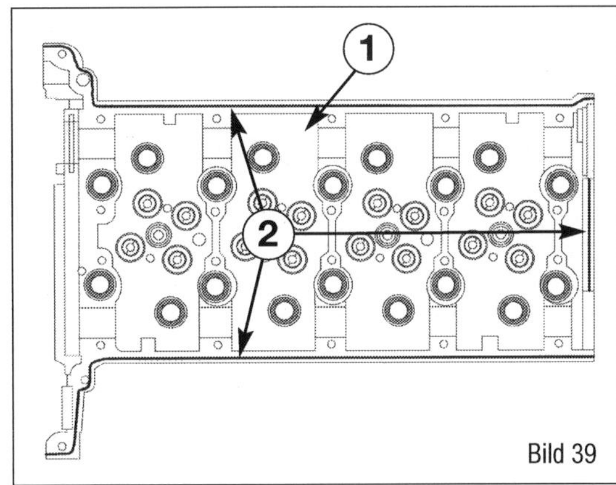

Bild 39
Verschraubungen des Zylinderkopfes beim 2,2-l-Dieselmotor.
1 Zylinderkopf
2 Dichtmasseraupe in etwa 3 mm Breite

■ Montieren Sie die Unterdruckpumpe und den Kühlmittelanschluss mit neuen Dichtringen.

Die weitere Montage erfolgt sinngemäß in umgekehrter Reihenfolge.
■ Ersetzen Sie die Dichtringe für die Einspritzdüsen.
■ Montieren Sie die Einspritzdüsen wieder und ziehen Sie sie mit dem vorgeschriebenen Anzugsdrehmoment fest.
■ Stellen Sie die Steuerzeiten ein und stecken den Motor wie beschrieben ab.
■ Montieren Sie die Steuergehäusedeckel.

Arbeiten am Zylinderkopf beim 2,4-l-Dieselmotor

Der Zylinderkopf des 2,4-l-Motors besteht aus dem Ventildeckel, dem Kipphebelbock (Rahmen), dem oberen Deck des Zylinderkopfes und dem eigentlichen Zylinderkopf. Zwischen den beiden Teilen des Zylinderkopfes sind die Nockenwellen gelagert. Die Arbeiten unterscheiden sich nicht wesentlich.

Vorbereitungen
■ Die Tankklappe öffnen und den Tankdeckel abschrauben, um im Innern des Tanks für Druckausgleich zu sorgen.
■ Die beiden Befestigungsschrauben des Kühlmittelrohres für den Kühlmittelzulauf zum Kühler herausdrehen.
■ Den Kühlmittelzulauf zum Kühler abnehmen und zur Seite schieben.
■ Den Luftführungskanal zur Klimaanlage ausbauen.

Sichtprüfung

Messen

Bild 40
Öleinfüllstutzen beim 2,4-l-Dieselmotor.
1 Ölverschlussdeckel
2 Halterung
3 Öleinfüllstutzen

Bild 41
Verschraubungen des Ventildeckels beim 2,4-l-Dieselmotor.
1-12 Anzugsfolge der Verschraubungen am Ventildeckel

Bild 42
Verschraubungen des Kipphebelbocks (Rahmen) beim 2,4-l-Dieselmotor.
1-10 Anzugsfolge der Verschraubungen am Kipphebelbock (Rahmen)

■ Demontieren Sie die Kraftstoffrücklaufleitungen von den Einspritzdüsen.
■ Demontieren Sie alle Kraftstoffleitungen vom Kraftstoffverteilerrohr (Rail) zu den Einspritzdüsen.
■ Demontieren Sie die Hochdruckleitung von der Hochdruckpumpe zum Kraftstoffverteilerrohr (Rail).
■ Bauen Sie das Kraftstoffverteilerrohr (Rail) aus.

⚠ Fangen Sie den austretenden Kraftstoff mit einem Lappen ab. Verschließen Sie die Öffnungen zu den Kraftstoffleitungen und den Bauteilen der Gemischaufbereitung mit den entsprechenden Stopfen, um das Eindringen von Verschmutzungen zu verhindern.

■ Bauen Sie die Einspritzdüsen aus und verschließen Sie die Einbaulöcher mit entsprechenden Stopfen.
■ Öffnen Sie die Schelle am Schlauch der Motorentlüftung am Ventildeckel und ziehen Sie den Schlauch ab.
■ Demontieren Sie die Halteschelle der Leitungen zum Klimakompressor am Zylinderkopf.
■ Ziehen Sie den Steckkontakt des Ölsensors in der Ölwanne ab.
■ Ziehen Sie den elektrischen Anschluss des Klimakompressors ab.
■ Ziehen Sie den elektrischen Anschluss des Saugrohrdruckfühlers ab.
■ Ziehen Sie den Sammelstecker der Anschlüsse zu den Glühkerzen ab.
■ Legen Sie die Verkabelung zu den Steckern frei und befestigen Sie den Kabelbaum außerhalb des Arbeitsbereiches für die weiteren Arbeiten am Ventildeckel.

Ventildeckel demontieren

■ Demontieren Sie den Öleinfüllstutzen (3 im Bild 40).
■ Drehen Sie die Schrauben (1-12 im Bild 41) heraus und nehmen Sie den Ventildeckel vorsichtig ab.
■ Reinigen Sie den Ventildeckel und die Dichtfläche gründlich.

Die Montage erfolgt sinngemäß in umgekehrter Reihenfolge.

■ Prüfen Sie den Zustand der Ventildeckeldichtung. Im Zweifel oder bei Beschädigungen erneuern Sie diese.
■ Ziehen Sie die Schrauben in der angegebenen Reihenfolge im ersten Durchgang leicht an.
■ Ziehen die Schrauben anschließend im zweiten Durchgang mit 12 Nm fest.

Kipphebelbock (Rahmen) demontieren

■ Demontieren Sie den Ventildeckel wie beschrieben.
■ Drehen Sie die Schrauben (1-10 im Bild 35) in umgekehrter Reihenfolge heraus und nehmen Sie den Kipphebelbock vorsichtig ab.

Die Montage erfolgt sinngemäß in umgekehrter Reihenfolge.

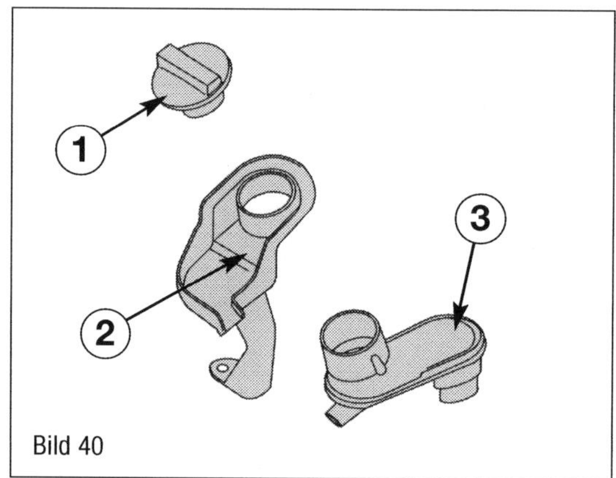

Bild 40

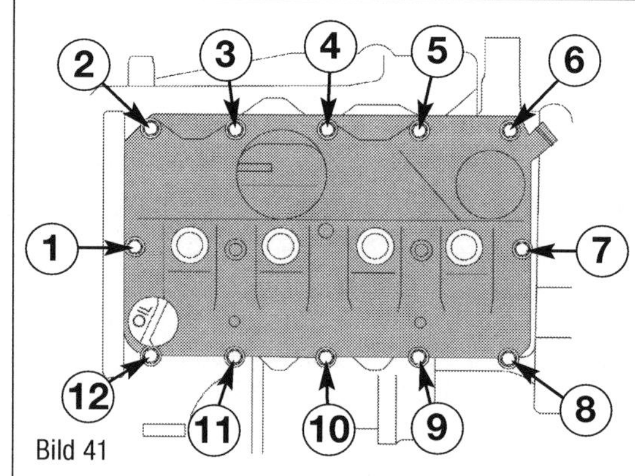

Bild 41

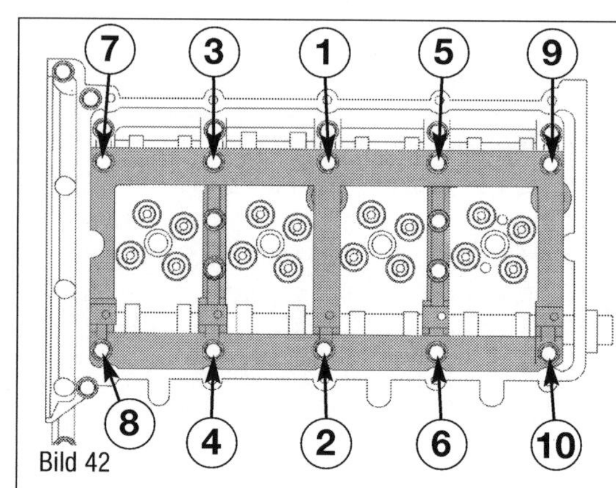

Bild 42

Kipphebelbock und Hydrostößel demontieren

■ Demontieren Sie den Kipphebelbock (Rahmen) wie beschrieben.
■ Clipsen Sie die Kipphebel vom Kipphebelbock ab.
■ Ziehen Sie die Hydrostößel heraus.

Die Montage erfolgt sinngemäß in umgekehrter Reihenfolge.
■ Tragen Sie vor der Montage etwas Öl auf die Anlagestellen auf.
■ Achten Sie darauf, dass die Bohrung für den Hydrostößel frei von Verschmutzungen und Ablagerungen ist.

Zylinderdeck (Lagerrahmen) und Nockenwellen demontieren

Bis hierhin sind die Arbeiten durchaus ohne den Ausbau des Motors möglich. Sobald es nun an die Bauteile der Motorsteuerung geht, ist es aus Platz- und Sauberkeitsgründen sinnvoller, den Motor mit Getriebe auszubauen. Auch diesen Arbeitsschritt werden wir am Ende dieses Kapitels näher betrachten.
■ Demontieren Sie den Ventildeckel wie beschrieben.
■ Bauen Sie den Kipphebelbock wie beschrieben ab.
■ Bauen Sie den Motor aus.
■ Demontieren Sie die Steuerkette und die Steuerkettenräder.
■ Demontieren Sie die Hochdruckpumpe und den Halterahmen am Zylinderkopf.
■ Drehen Sie die Schrauben (1-24 im Bild 43) in umgekehrter Reihenfolge heraus.
■ Nehmen Sie das Zylinderdeck nach oben heraus.

Zylinderkopf demontieren

Der Ausbau des Motors ist nicht zwingend erforderlich. Für die Arbeiten am Zylinderkopf sollten Sie aber die Fahrzeugfront ausbauen, um bestmöglichen Zugang zum Steuerkastendeckel und den Anbauteilen zu erreichen.
■ Lassen Sie das Kühlmittel ab.
■ Führen Sie die beschriebenen Vorarbeiten aus.
■ Demontieren Sie den Ventildeckel, den Kipphebelbock und das Zylinderdeck (Rahmen).
■ Nehmen Sie die Nockenwellen heraus.
■ Demontieren Sie auf der rückseitigen Zylinderkopfseite (zum Getriebe) den Schlauch zum Kühlmittelausgang am Zylinderkopf.

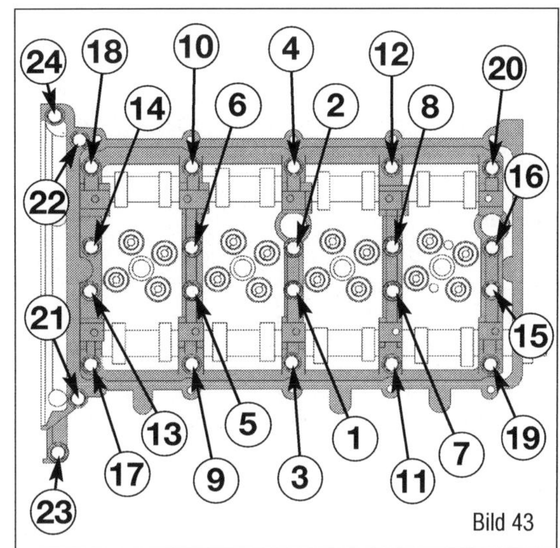

Bild 43

Bild 43
Verschraubungen des Kipphebelbocks (Rahmen) beim 2,4-l-Dieselmotor.
1-24 Anzugsfolge der Verschraubungen am Nockenwellenbock

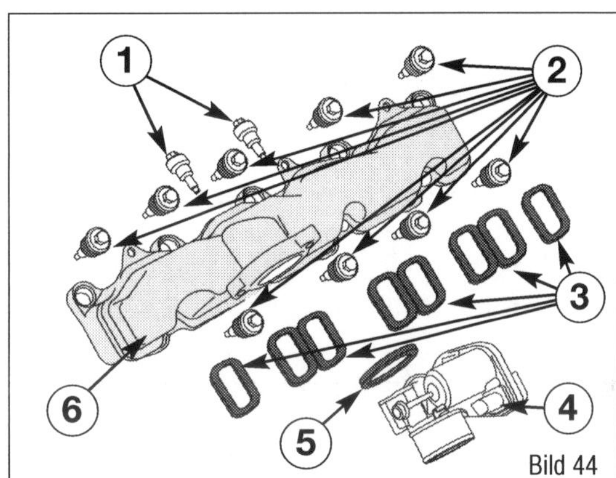

Bild 44

Bild 44
Ansaugkrümmer und Drosselklappenstück.
1 Schrauben
2 Schrauben
3 Dichtungen
4 Drosselklappenstück
5 Dichtring
6 Ansaugkrümmer

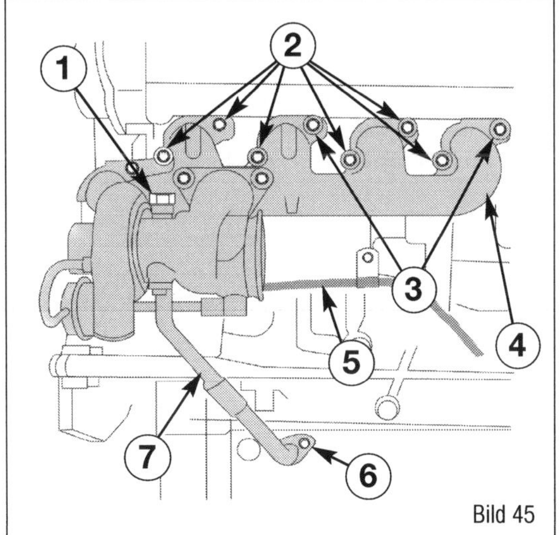

Bild 45

Bild 45
Verschraubungen des Abgaskrümmers mit Turbolader beim 2,2-l-Dieselmotor.
1 Hohlschraube Ölzufuhr
2 Schrauben Abgaskrümmer
3 Muttern Abgaskrümmer
4 Abgaskrümmer
5 Druckleitung Ölzufuhr Turbolader
6 Verschraubungen Flansch an der Ölwanne (Ölrücklauf vom Turbolader)
7 Ölrücklaufleitung vom Turbolader

■ Bauen Sie den Schlauchanschlussstutzen ab.
■ Drehen Sie die Befestigungsschrauben des AGR-Kühlers heraus und nehmen Sie die Dichtung zwischen AGR-Ventil und AGR-Kühler heraus.

Bild 46
Verschraubungen des Zylinderkopfes beim 2,2-l-Dieselmotor.
1-18 Anzugsfolge der V erschraubungen am Zylinderkopf (Lösen in umgekehrter Reihenfolge)
1-10 Schrauben M10
11-18 Schrauben M8

Bild 47
Messung des Kolbenüberstands über der Zylinderblockfläche.
1 Messuhr mit Magnetfußträger
2 Messstift
3 Überstandsmaß des Kolbens
4 Zylinderblockdichtfläche

■ Demontieren Sie das Hitzeschild für den Abgasturbolader.
■ Soweit noch nicht geschehen, bauen Sie den Katalysator und den Partikelfilter ab.
■ Drehen Sie die Schraube(n) (6 im Bild 45) an der Ölwanne für den Ölrücklauf des Turboladers ab.
■ Lösen Sie die Leitung (7) von der Ölwanne.
■ Drehen Sie die Schrauben (2) und die Muttern (3) und bauen Sie den Abgaskrümmer (4) mit dem Turbolader ab.
■ Nehmen Sie die Krümmerdichtung ab.
■ Demontieren das AGR-System vom Ansaugkrümmer und nehmen Sie es komplett ab.
■ Drehen Sie die Befestigungsschrauben des Ansaugkrümmers ab und nehmen Sie ihn ab.
■ Drehen Sie die Zylinderkopfschrauben (1-18 im Bild 46) in umgekehrter Reihenfolge heraus.
■ Nehmen Sie den Zylinderkopf nach oben ab und legen Sie ihn nicht auf den Dichtflächen ab.

⚠ Achten Sie darauf, dass die Glühkerzen, soweit noch verbaut, nicht beschädigt werden

Auswahl der Stärke der Zylinderkopfdichtung

Die Zylinderkopfdichtung ist seitens des Herstellers in unterschiedlichen Stärken lieferbar. Markiert werden die Zylinderkopfdichtungen im Bereich der Hochdruckpumpe durch Löcher im Bereich des Einbauflansches der Hochdruckpumpe und Zähne neben der Hochdruckpumpe. Verlassen Sie sich nicht auf die Markierung der verbauten Kopfdichtung.

Vorbereitungen am Motor
■ Demontieren Sie den Zylinderkopf.
■ Reinigen Sie die Zylinderkopfdichtfläche.
■ Drehen Sie die Kurbelwelle so weit, dass der Kolben des Zylinders auf dem OT-Punkt steht.

Vorbereitungen zum Messen
■ Bauen Sie die Messuhr mit einem Magnetfuß auf der Zylinderdichtfläche (4 in Bild 47) auf und richten Sie sie auf »0« aus.

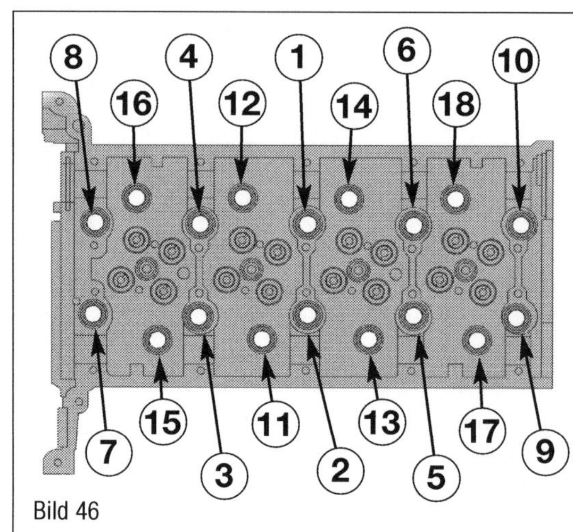

Bild 46

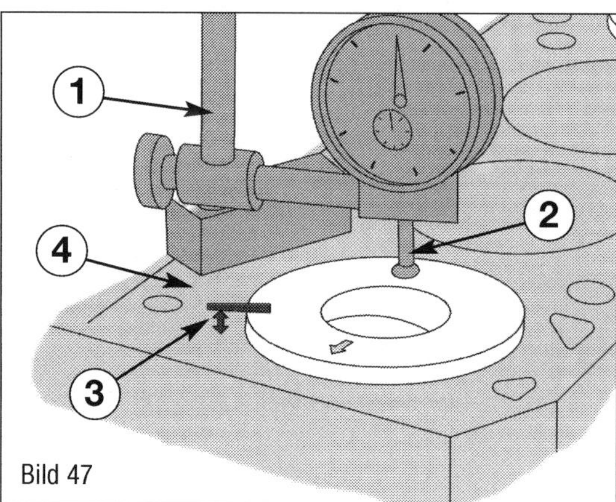

Bild 47

■ Verschieben Sie die Messuhr so, dass der Messstift (2) auf dem Kolbenboden aufliegt.
■ Lesen Sie die Messuhr ab.
■ Notieren Sie den Messwert für alle Kolben. Relevant ist der Kolben mit dem größten Überstand. Die Messwerte sollten annähernd gleich ausfallen.

Auswahl der Zylinderkopfdichtung
■ Prüfen Sie die Planfläche des Zylinderblocks.
■ Wählen Sie die Kopfdichtung nach der folgenden Tabelle auf.

Überstandsmaß	Stärke der Kopfdichtung	Loch oder Zahnanzahl
0,310 mm bis 0,400 mm	1,10 mm	1
0,401 mm bis 0,450 mm	1,15 mm	2
0,451 mm bis 0,500 mm	1,20 mm	3

Kompressionsdruck prüfen

Die Prüfwerte des Kompressionsdrucks in den einzelnen Zylindern zeigen an, ob der Motor sich noch in einem guten mechanischen Zustand befindet oder ob er für einen Austausch reif ist, zumindest aber komplett überholt werden muss. Der Ablauf ist für alle Motoren sehr ähnlich. Wir stellen Ihnen hier eine allgemeingültige Arbeitsbeschreibung vor.

Voraussetzungen
Grundsätzlich sollten Sie den Motor warmlaufen lassen und vor der Prüfung einige Male bei ausgebauten Glühkerzen und abgeklemmten Einspritzdüsen starten um ihn »trocken« zu legen. Wenn der Motor nicht mehr anspringt, ist die Messung auch bei kaltem Motor möglich, aber nicht endgültig aussagekräftig.

- Die Motoröltemperatur muss mindestens 30 °C und
- die Batteriespannung mindestens 11,5 V betragen.

Vorbereitung und Druckprüfung

- Steckverbindungen der Einspritzeinheiten abziehen.
- Glühstiftkerze des entsprechenden Zylinders mit einem passenden Schlüssel ausbauen.
- Einen passenden Gewindeadapter anstelle der Glühstiftkerze einschrauben.
- Kompressionsdruck mit Kompressionsdruck-Prüfgerät für Dieselmotoren prüfen.
- Motor so lange starten, bis kein Druckanstieg mehr vom Prüfgerät angezeigt wird.
- Die geforderten und zu messenden Werte sind also bei allen Diesel-Motoren ähnlich. Der Messwert sollte etwa 25 bis 31 bar bei einem neuen Motor betragen. Ab einem Messwert von 19 bar oder einem Druckunterschied von mehr als 5 bar muss der Motor auf Verschleiß oder Leckagen untersucht werden (Druckverlusttest).

Rückbau und in Betrieb setzen

- Glühstiftkerzen mit dem Gelenkschlüssel einschrauben und mit 8 Nm festziehen. Die Stecker von Hand wieder auf die Glühstiftkerzen aufstecken, auf festen Sitz achten.
- Übrige Einbauarbeiten sinngemäß umgekehrt zum Ausbau.

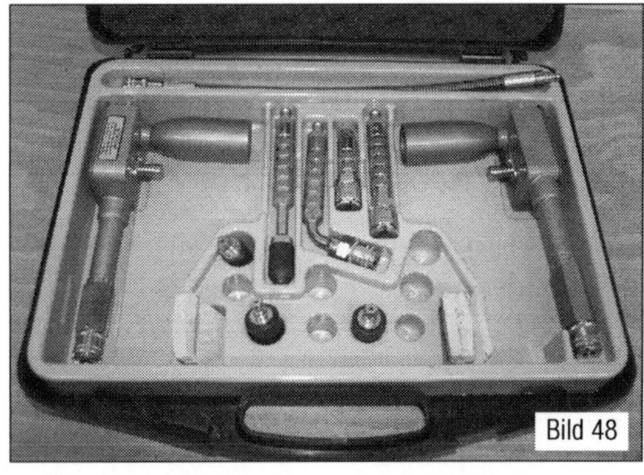

Bild 48
Kompressionsdruckschreiber von Motometer mit Anschlüssen und Adaptern für Diesel- und Ottomotoren.

- Soweit vorhanden die Motorabdeckung wieder aufsetzen.
- Durch das Trennen der Steckverbindungen für Einspritzeinheiten werden Fehler abgespeichert. Daher Fehlerspeicher abfragen und vorhandene Fehler beheben, danach Fehlerspeicher löschen und Readinesscode erzeugen.

Druckverlusttest alle Motoren

Oft schon vergessen, war er schon vor einigen Jahrzehnten bekannt. Da der Tester in den meisten Werkstätten nicht mehr oder kaum noch zum Einsatz kommt, lässt sich ab und an ein solches Gerät auch von Bosch schon mal günstig erstehen. 25 bis 50 Euro werden es dann meist. Auch mit diesem Gerät wird die Dichtheit des Zylinders bewertet. Nur, dass nicht der Motor den Druck aufbringt, sondern der Motor mit Luftdruck aus dem Tester beaufschlagt wird. Undichtheiten können nun zum einen zahlenmäßig erfasst und zum anderen »erhört« werden. Die Diagnose fällt deshalb deutlich präziser aus, als das Ergebnis des Kompressionstests.

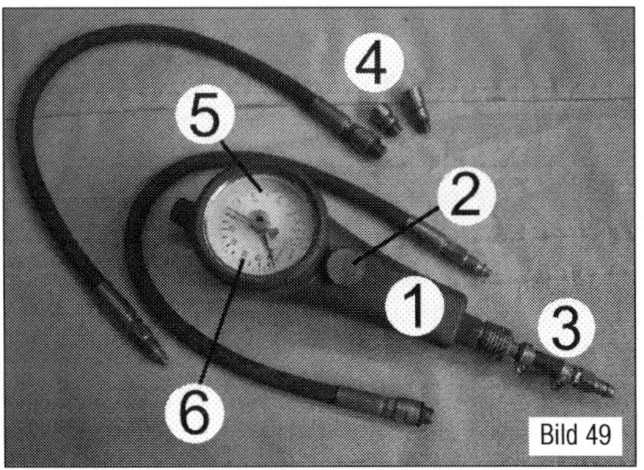

Bild 49
Meist recht günstig zu ersteigern: der Druckverlustprüfer.
1 Gehäuse
2 Einstellrad für Druckangleich
3 Anschlussschlauch Druckluftnetz
4 Prüfanschluss
5 Messuhr Kompressionsdruck
6 Messuhr Kompressionsdruck

Sichtprüfung

Messen

Bild 50
Nicht verwechseln: Mit Ventil (1) ist er für den Kompressionstest gerüstet, ohne Ventil (2) für den Druckverlusttest.

Bild 51
Der OT-Finder: Auf dem Weg nach OT verdrängt der Kolben Luft und schiebt den Anzeigekolben im Gerät nach oben. Fällt er schlagartig ab, wurde der OT-Punkt überschritten.

Bild 52
Druckverlust in Ordnung.

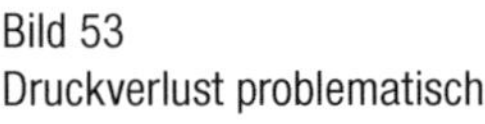

Bild 53
Druckverlust problematisch.

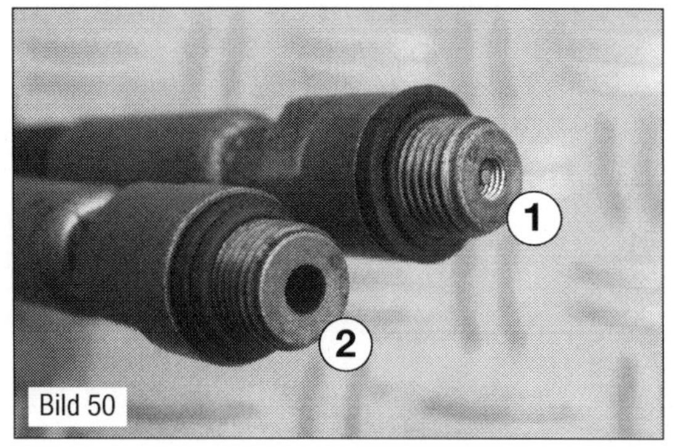

Bild 50

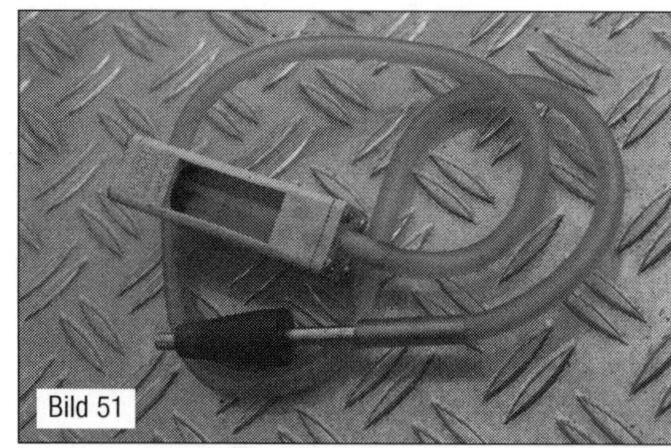
Bild 51

Vorarbeiten

■ Stimmen Sie den Drucktester auf den Kompressordruck Ihrer Werkstatt ab.
■ Wählen Sie den passenden Gewindeadapter und den Anschlussschlauch für den Druckverlusttest aus.
■ Stellen Sie Radio und andere Lärmquellen ab.
■ Verdrehen Sie den Motor so weit, bis er am Ende des Verdichtungstaktes oder am Anfang des Arbeitstaktes steht.
■ Ertasten Sie vorsichtig den Kolbenboden mit einem Schraubendreher und verdrehen Sie den Motor bis zu Zünd-OT.
■ Blockieren Sie den Motor (Gang einlegen, Handbremse anziehen).

⚠ Sollten Sie den Motor mit einem passenden Schlüssel auf der Kurbelwelle festhalten wollen, achten Sie darauf, dass sich der Motor verdrehen kann, sobald der Prüfdruck des Testers auf dem Kolben lastet. Er erzeugt ein nicht unbedeutendes Drehmoment, das Sie eventuell nicht von Hand halten können. Es besteht Verletzungsgefahr durch Abrutschen oder Klemmen!

Messung/Prüfung

■ Führen Sie den Anschlussschlauch des Druckverlusttesters zuerst in das Glühkerzenloch ein.
■ Kuppeln Sie den Messschlauch an das Messgerät an.
■ Werten Sie jeden Zylinder einzeln wie unten beschrieben aus.
■ Wiederholen Sie diesen Vorgang nun für alle Zylinder des Motors. Auswertung Bilder 52 und 53.
■ Notieren Sie den angezeigten Druckverlust für jeden Zylinder einzeln.
■ Ein Druckverlust bei 4-Takt-Hubkolbenmotor ist bis zu 15% zulässig.
■ Drehen Sie den Öldeckel ab und achten Sie auf Zischgeräusche aus dem Motorblock.

Bild 52

Bild 53

■ Legen Sie den Kopf auf den Luftfilter oder besser noch, entfernen Sie den Luftfilter und hören Sie, ob Zischgeräusche aus dem Ansaugtrakt wahrnehmbar sind.

■ Kontrollieren Sie auch am Auspuff, ob hier ein Luftstrom oder ein Zischgeräusch hörbar ist.

Beschreibung	Toleranz	Ursache
Druckverlust zu groß: Zischgeräusch am Ansaugtrakt feststellbar, keine Zischgeräusche am Auspuff feststellbar.	Bis 15% sind zulässig.	Einlassventil nicht sauber geschlossen, Einlassventil undicht, Einlassventil beschädigt; Steuerzeiten stimmen nicht, Motor steht nicht im Zünd-OT (Arbeitstakt).
Druckverlust zu groß: Zischgeräusche am Auspuff feststellbar, keine Zischgeräusche am Ansaugtrakt feststellbar.	Bis 15% sind zulässig.	Auslassventil nicht sauber geschlossen, Auslassventil undicht, Auslassventil beschädigt, Steuerzeiten stimmen nicht, Motor steht nicht im Zünd-OT (Arbeitstakt).
Druckverlust zu groß: Zischgeräusche am Auspuff feststellbar, Zischgeräusche am Ansaugtrakt feststellbar.	Bis 15% sind zulässig.	Beide Ventile nicht sauber geschlossen, beide Ventile undicht, beide Ventile beschädigt; Steuerzeiten stimmen nicht, Motor steht nicht im Zünd-OT (Arbeitstakt).
Druckverlust zu groß: keine Zischgeräusche am Auspuff feststellbar, keine Zischgeräusche am Ansaugtrakt feststellbar.	Bis 15% sind zulässig.	Druckverlust über Kolben und Zylinder, Kolben und/oder Kolbenringe verschlissen oder defekt, Zylinderkopfdichtung defekt (während der Prüfung »blubbert« der Ausgleichsbehälter).

Verschleißmessung am Motor

Zugegeben, in der heutigen Zeit werden diese Arbeiten nur noch selten durchgeführt. Es ist aber nicht so, dass man die Verschleißmessung am Motor nicht mehr benötigen würde. Vielmehr wird sie oft aus Zeitgründen nicht mehr durchgeführt. Im privaten Bereich legen wir nun aber eher Wert auf eine kostengünstige Reparatur und möchten gerne den Zustand unseres Gefährtes sicher dokumentieren. Sollten Sie den Motor einmal so weit zerlegt haben oder sind auf der Suche nach erhöhtem Ölverbrauch des Motors, können Sie, nachdem Zylinderkopf und Kolben demontiert wurden, den Motorblock ausmessen. Oftmals ist der Kolbenausbau auch am eingebauten Motor realisierbar. Schließlich müssen wir lediglich die Ölwanne abnehmen können um die Pleuellager abschrauben zu können. Ob und wie weit die Laufleistung oder auch ungünstige Betriebszustände dem Motor zugesetzt haben, muss mit einigen einzelnen Messungen kontrolliert werden. Für die Messungen werden ein Innenmessgerät, eine Messuhr, ein Messschieber, eine Fühlerlehre sowie eine Bügelmessschraube benötigt. Die Messung beschreibt den Zustand von Zylinder und Kolben. Das Zusammenspiel dieser Bauteile wird durch die Auswertung der Messergebnisse bewertet.

Messungen am Zylinder

Vorbereitung der Messungen

■ Demontieren Sie den Zylinderkopf.

■ Reinigen Sie Zylinderlaufbahn und Kolben gründlich.

■ Messen Sie mit Hilfe des Messschiebers den Zylinderdurchmesser. Legen Sie anhand dieses Maßes fest, welche Adaptionsstücke in das Innenmessgerät eingebaut werden müssen.

■ Montieren Sie das ausgewählte Adaptionsstück am Innenmessgerät.

■ Führen Sie die Messuhr in die Aufnahme ein. Festgezogen wird sie aber erst, nachdem die Voreinstellung durchgeführt wurde.
■ Richten Sie die Messuhr gerade in der Zylinderlaufbahn aus und stellen Sie mit einer Vorspannung von 2 mm fest.
■ Richten Sie das Grundmaß (entweder das mit dem Messschieber ermittelte und gerundete oder ein vom Hersteller angegebenes) mit der Bügelmessschraube aus.
■ Führen Sie die Feinjustierung des Innenmessgerätes durch.

Messungen (Bild 54)
■ Als Nächstes wird nun das Innenmessgerät in den zu messenden Zylinder eingeführt. Die Messung der Zylinderbuchse soll den Verschleiß genau darstellen. Da der Verschleiß im Zylinder in der Regel durch die unterschiedlichen Belastungszustände ungleichmäßig ausfällt, werden die Zylinder in zwei Richtungen und drei Ebenen beurteilt. Die Messrichtung wird in die Richtung »A« und »B« aufgeteilt, wobei »B« dann die Messung in Achsenrichtung der Kurbelwelle und »A« die Messung in Drehrichtung der Kurbelwelle darstellt. Die Messhöhe nennt sich recht einfach »1«, »2« oder »3«. So wird ein sehr genaues Bild des Zylinderverschleißes dargestellt.
■ Zuerst einmal sollten alle Messungen in der Richtung »A« gemacht und in das Auswertungsblatt eingetragen werden. Erst dann werden die Messungen in der Richtung »B« durchgeführt und eingetragen. Das erspart das mehrmalige Einsetzen des Innenmessgerätes in den Zylinder.
■ Führen Sie die Messung in Richtung »A« durch und tragen Sie diese ins Auswerteblatt ein.
■ Führen Sie die Messungen in der Richtung »B« durch und tragen Sie diese in das Auswerteblatt ein.

Werte, die über das Grundmaß gehen, werden als »+«-Werte eingetragen. Werte die das Grundmaß unterschreiten, werden in der Tabelle als »-«-Wert geführt. Diese Praxis spart viel Rechnerei und somit auch mögliche Fehlerquellen ein.

Messungen am Kolben

Kolbendurchmesser (Bild 55):
Nachdem die Messungen festgehalten wurden, werden nun die Kolben gemessen.

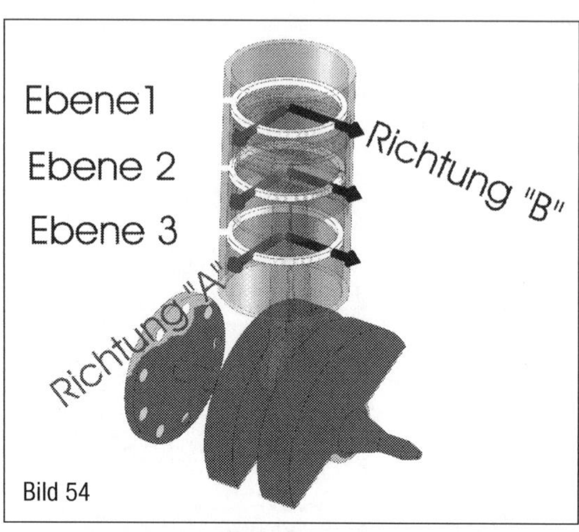

Bild 54

Bild 54
Messebenen und Messrichtungen am Zylinder.

Bild 55

Bild 55
Messung des Kolbendurchmessers.

Die Bügelmessschraube ist nun noch auf das Grundmaß des Zylinders eingestellt.
■ Sie muss nun etwas geöffnet werden. Die Messungen werden grundsätzlich 90° versetzt zur Kolbenbolzenachse durchgeführt.
■ Die Messung erfolgt nach Herstellerangaben am Kolbenhemd. Bei den meisten Herstellern liegt diese Messhöhe bei ca. 1,5 cm vom Hemdende, also vom unteren Ende des Kolbens.
■ Auch hier werden die Messergebnisse im Messprotokoll unter dem Begriff Kolbendurchmesser notiert.

Kolben und Ölabstreifringe

Neben dem Verschleiß am Kolbenhemd können auch die Kolbenringe beziehungsweise die Ölabstreifringe sowie die Ringnuten im Kolben verschleißen. Durch die Bewertung der Kolbenringe mit Stoß- und Höhenspiel kann hier eine ausreichend genaue Aussage über den Zustand der Bauteile getroffen werden.

Stoßspiel prüfen (Bild 56)
Mit dieser Prüfung wird der Verschleiß des Kolbenringes selbst geprüft.

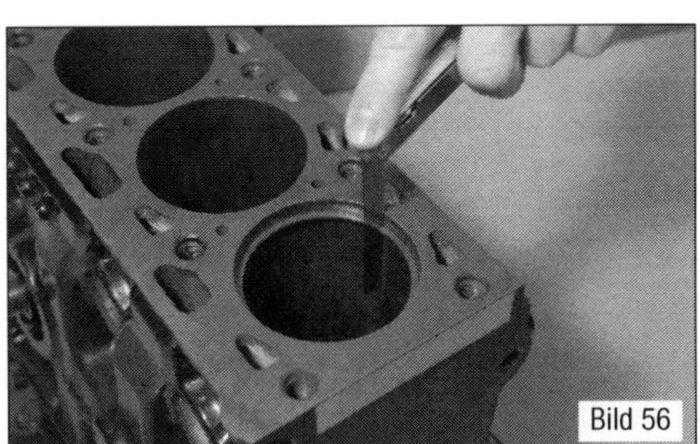
Bild 56

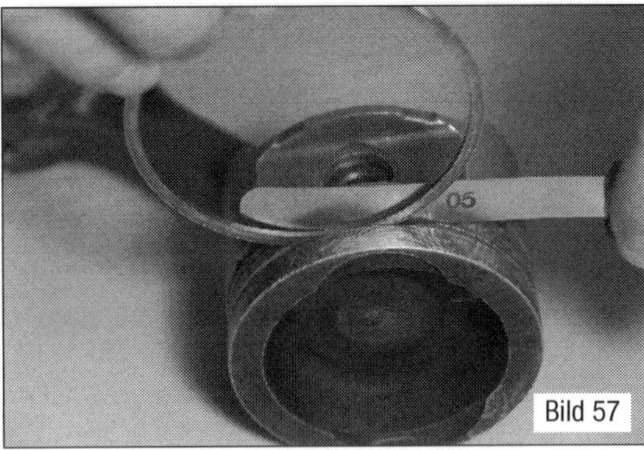
Bild 57

■ Zuerst einmal muss der Kolbenring genau gerade in den Zylinder eingesetzt werden.
■ Liegt der Kolbenring wie gezeigt im Zylinder, wird nun wiederum mit der Fühlerlehre das Spaltmaß zwischen den beiden Kolbenringenden gemessen.
■ Auch hier muss ein Maß aus den Herstellerunterlagen herausgesucht werden. Über den Daumen darf dieses Maß nicht größer als 1 mm ausfallen.

Höhenspiel prüfen (Bild 57):
Der Kolbenring dichtet den Kolben zum Zylinder ab. Er schleift bei jeder Kolbenbewegung an der Zylinderwand entlang. Zwar wird er durch das Motoröl geschmiert, Verschleiß entsteht aber dennoch. Der Verschleiß der Kolbenringe muss also auch beachtet und vermessen werden.
■ Nun wird der Kolbenring in die Ringnut eingelegt.
■ Mit Hilfe der Fühlerlehre wird nun geprüft, wie groß das Spiel des Kolbenrings nach oben und unten ist.
■ Die Messwerte werden natürlich auch im Auswertebogen festgehalten.

Auswertung Zylinder und Kolben
Die Messung ist der eine Teil, die Auswertung der Ergebnisse ist aber mindestens genauso wichtig. Nachdem nun die Ergebnisse aus den Messungen des Zylinders und der Kolben vorliegen, können wir schon eine Aussage über die Verwendbarkeit von Zylinder und Kolben treffen.

Die Ovalität
Ovalität ist die Verformung des Zylinders. Sie kann zum einen durch die Einwirkung von Temperatur und zum anderen durch den Verschleiß entstehen. Sie wird als die größte Ovalität angegeben und vergleicht die Ovalität der einzelnen Messebene eines Zylinders.

Das Laufspiel
Es beschreibt, wie viel Platz zwischen Kolben und Zylinder ist. Auch hier müssen wieder die Herstellerangaben zu Rate gezogen werden. Als Daumenwert kann von einem Laufspiel von 0,04 mm bis zu 0,09 mm ausgegangen werden.
■ Das Laufspiel errechnet sich, wenn man den Kolbendurchmesser vom größten und dem kleinsten Zylinderdurchmesser abzieht.

Lagerspiel an Kurbelwelle und Pleuel mit Plastigage messen (Bild 58)
Im Gegensatz zu den Messungen mit dem Innenmessgerät ist die Messung mit Plastigage ungenauer, aber dafür sehr schnell durchzuführen. Liegen keine besonderen Verschleißspuren oder eigenartig anmutende Lagertragbilder vor, ist diese Messmethode durchaus legitim. Für die Messung werden die Lager komplett montiert (oder bleiben es). Um gut an die Lagerdeckel heranzukommen, empfiehlt es sich, die Kolben in eine Stellung zu bringen, an der die Lagerdeckel bequem de- und montiert werden können.

Bild 58

Bild 56
Stoßspielmessung am im Zylinder gerade eingelegten Kolbenring.

Bild 57
Höhenspielmessung am in die Ringnut eingelegten Kolbenring.

Bild 58
Lagerspielprüfung mit Plastigage.

■ Demontieren Sie die Lagerdeckel und reinigen Sie die Lagerstelle mit einem fusselfreien Lappen.
■ Legen Sie einen Messfaden ein und montieren Sie das Lager wieder.
■ Ziehen Sie das Lager auf das Solldrehmoment an. Der Messfaden wird nun »platt gedrückt«.
■ Nach dem Entfernen des Lagerdeckels lässt sich anhand der Breite des Messfadens mit der mitgelieferten Tabelle das Lagerspiel ermitteln.

Beurteilen von Planflächen (Bild 60)
Für diese Prüfung ist ein Präzisionslineal erforderlich. Das Haarlineal wird auf dem Zylinderkopf aufgelegt und gegen das Licht gehalten. Diese Prüfung über Kreuz und an mehreren Stellen am Zylinderkopf durchgeführt, lässt so die gesamte Fläche des Zylinderkopfes auf Ebenheit prüfen.

Prüfungen an der Nockenwelle
Auch die Nockenwelle unterliegt dem Verschleiß, oftmals finden sich bereits durch genaues Betrachten Mängel, die natürlich auch entsprechend bewertet werden müssen.

Laufspuren an der Nockenwelle (Bild 59)
Kleine Laufspuren dürfen gerade in Anbetracht des Alters des Motors als normal bezeichnet werden. Tiefe Rillen und Ausbuchtungen müssen eine Ursache haben. Gratartige scharfkantige Ausformungen an den Lagerstellen sind ein deutliches Zeichen für Verschleiß. In diesen Fällen muss das Lagerspiel geprüft werden.

Bild 59
Eingelaufene Nockenwelle.

Bild 60
Prüfen der Planfläche des Zylinderkopfes mit dem Haarlineal.

Verschleiß an der Nockenwelle
Wenn sich die Nocken abnutzen, bedeutet das immer eine geringere Ventilöffnung und somit Leistungsverlust des Motors. Da auch die Oberflächenqualität in diesen Fällen stark leidet, werden die Ventilbetätigungen, also die Kipp- oder Schlepphebel, mit beeinträchtigt. Die Lagerstellen für diese Bauteile sollten dann sehr gründlich untersucht werden. Lässt man durch Laufspuren beschädigte Teile weiterhin in Betrieb, kann es sein, dass der Schaden sich auf der beispielsweise erneuerten Nockenwelle wieder einstellt. Auch die Ursache für den Schaden muss festgestellt werden. Ist die Ölpumpe noch in Ordnung? Betrachten wir einmal einige einfache Messungen, die an der Nockenwelle durchgeführt werden sollen:

Schlagprüfung an der Nockenwelle
■ Entweder die Nockenwelle wird zwischen die Spitzen der Drehbank eingespannt oder auf Auflager gelegt.
■ Man richtet nun eine Messuhr mit Halter auf die einzelnen Lager aus und dreht die Nockenwelle.
■ Der Höhenunterschied wird auf der Messuhr schnell deutlich. Die maximalen Toleranzen müssen den Herstellerunterlagen entnommen werden. Als Daumenrichtwert kann ein Schlag bis zu 0,01 mm angenommen werden. Nockenwellen mit einer größeren Abweichung sollten ersetzt werden.

Nockenhubmessung
Mit dem gleichen Messaufbau wie bei der Schlagprüfung kann auch der Hub der Nocke festgestellt werden. Gemessen wird der Unterschied zwischen der tiefsten Stelle und der höchsten Stelle eines Nockens. Auch diese Maße werden von jedem Motorenhersteller angegeben und sind nicht ohne Weiteres übertragbar. Sollte ein relevanter Verschleiß vorliegen, ist er in der Regel auch schon am Verschleißbild gut zu erkennen. Sinnvoll ist es allerdings, die No-

cken der einzelnen Zylinder untereinander auszumessen und zu vergleichen. Die Ursache für einen deutlichen Unterschied kann schon mangelhafte Schmierung für den Ventiltrieb dieses Zylinders sein.

Lagerspielmessung der Nockenwelle
Will man das Lagerspiel lediglich kontrollieren und hat keinen besonderen Befund reicht es aus, die Lager mit Plastigage auszumessen. Die Vorgehensweise wurde bereits an den Kurbelwellen- und Pleuellagern vorgestellt. Soll das Lagerspiel genau in Augenschein genommen werden, müssen das gute alte Innenmessgerät und eine entsprechende Bügelmessschraube zum Einsatz kommen. Auch diese Vorgehensweise wurde bereits vorgestellt und muss lediglich auf den kleineren Durchmesser der Nockenwelle abgestimmt werden.

Axialspielmessung an der Nockenwelle
Das Axialspiel ist das seitliche Spiel der Nockenwelle. Auch diese Richtung ist Beschränkungen unterlegen. Selbstverständlich müssen auch hier die Werte der Motorenhersteller herangezogen werden. Im Grundsatz kann aber davon ausgegangen werden, dass ein Axialspiel von 0,15 mm noch in Ordnung ist. Am einfachsten lässt sich das Axialspiel ausmessen, wenn Ventile und/oder Ventiltrieb nicht eingebaut sind. So entfällt die Reibung zwischen den betätigten Ventilhebeln und der Nockenwelle. Als Messmittel kommt auch hier wieder die Messuhr mit Messuhrträger zum Einsatz. Sie sollte dann entweder mit dem Magnetfuß befestigt oder an einer geeigneten Stelle verschraubt werden. Eine gebrochene Nockenwelle ist immer ein Zeichen großer mechanischer Kräfte. Oftmals bedeutet das, dass Ventile und eventuell auch die Stößelstangen beschädigt wurden. Diese Teile müssen dann in jedem Fall genauer unter die Lupe genommen werden.

Ventil und Führung beurteilen
Ventil ausmessen
Natürlich gibt es auch Abmessungen am Ventil. Die Tellerbreite und die Ventilsitzbreite gehören auch zu den Abmessungen, die bei der Beurteilung eines Ventils sehr wichtig sind. Daran entscheidet sich, inwieweit ein Ventil wieder eingesetzt, über-

Bild 61
Messaufbau zur Axialspielmessung an der Nockenwelle.

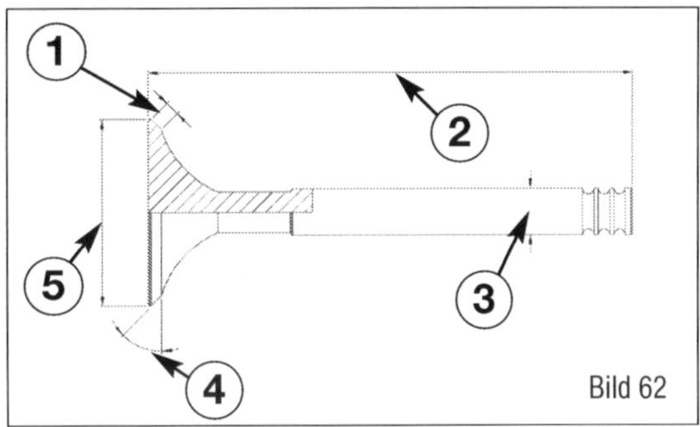

Bild 62
Abmessungen am Ventil.
1 Sitzbreite
2 Ventillänge
3 Schaftdurchmesser
4 Sitzwinkel
5 Tellerdurchmesser

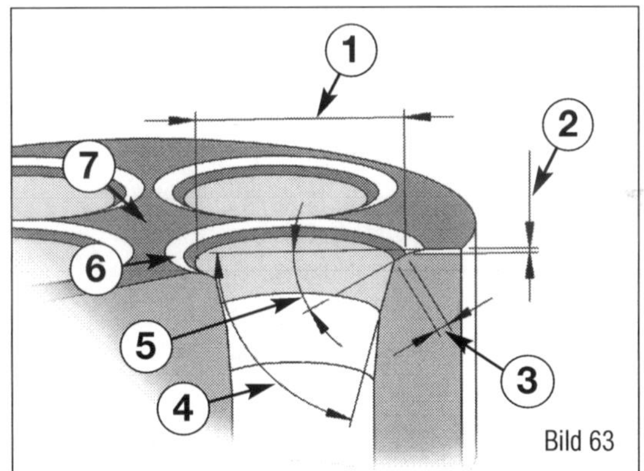
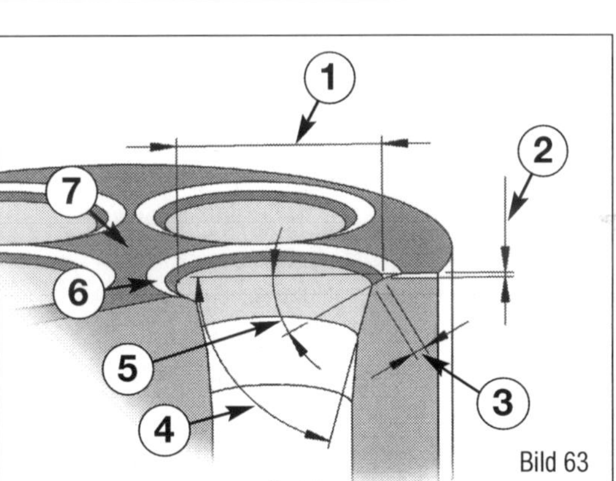

Bild 63
Abmessungen am Ventilsitz.
1 Ventiltellerdurchmesser
2 maximales Nachbearbeitungsmaß
3 Sitzbreite
4 Korrekturwinkel innen
5 Sitzwinkel
6 Korrekturwinkel außen
7 Zylinderkopfkante

arbeitet oder erneuert werden muss. In den meisten Fällen ist aber die Überarbeitung nicht zulässig und auf das Einläppen oder Einschleifen beschränkt.

Ventilschlag ausmessen
Um den Ventilschlag beurteilen zu können, muss das Ventil spielfrei gelagert werden. Das geht schon recht gut auf einem Messprisma. Besser jedoch ist die Aufnahme in einer Ventilprüfvorrichtung. Beurteilt werden der Ventilschlag am Ventilteller und in der Mitte des Schaftes.

Ventilführung ausmessen
Auch diese Messung ist mit Hilfe einer Messuhr recht einfach zu bewerkstelligen. Das Ventil wird ohne Ventilfedern, Klemmstücken und Ventilschaftdichtung einge-

Sichtprüfung Messen

führt. Nun wird das Kippen des Ventils mit einer Messuhr erfasst. Auch hier gelten durchaus unterschiedliche Werte, die von den jeweiligen Motorenherstellern vorgegeben werden. Auch muss darauf geachtet werden, dass die Messlänge (also das Maß, um das das Ventil aus dem Kopf herausragt) eingehalten wird.

Motoren aus- und einbauen

Vor dem Ausbau die Ereignisspeicher aller Steuergeräte mit dem Fahrzeugdiagnosetester abfragen. Sichern Sie eventuelle Einträge über einen Ausdruck, einen Screenshot oder die Speicherung im Protokoll des Testers.

Der Motor wird bei allen Varianten zusammen mit dem Getriebe nach vorne ausgebaut.

Im weiteren Arbeitsablauf muss die Batterie ausgebaut werden. Prüfen Sie deshalb bitte, ob ein codiertes Radio eingebaut ist. Gegebenenfalls ist vorher die Anti-Diebstahl-Codierung zu erfragen.

Alle Kabelbinder, die beim Motorausbau gelöst oder aufgeschnitten werden, sind beim Motoreinbau an der gleichen Stelle wieder zu befestigen.

Offene Leitungen und Leitungsanschlüsse mit sauberen passenden Stopfen zu verschließen.

Fangen Sie abgelassenes Kühlmittel zur Entsorgung oder Wiederverwendung in einem sauberen Behälter auf.

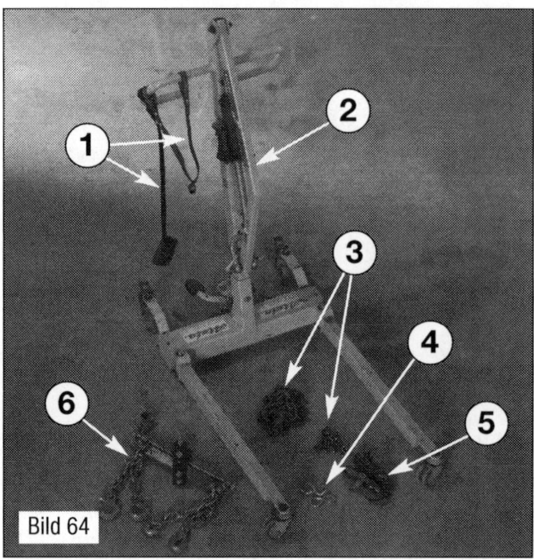

Bild 64
Motorkran mit Zubehör.
1 Halteseile
2 Hydraulischer Motorkran
3 Halteketten
4 Haken
5 Spanngurte
6 Verstellbarer Aufnahmebalken

Wir werden Ihnen im Folgenden eine allgemeingültige Arbeitsbeschreibung für alle Motorentypen vorstellen. Die Besonderheiten für die einzelnen Motoren werden wir hervorheben. Die Arbeitsschritte sind auf die Modellvarianten mit manuellem Schaltgetriebe angepasst.

Vorbereitung (mit Frontantrieb)
Fahrzeuge mit Klimaanlage:
- Lassen Sie die Klimaanlage in einem Fachbetrieb mit entsprechender Ausrüstung und der erforderlichen Sachkunde evakuieren.

Weiter für alle Fahrzeuge:
- Stellen Sie das Fahrzeug auf eine Zweisäulenhebebühne.

Sichern Sie das Fahrzeug gegen Abrutschen mit Spanngurten auf der Hebebühne. Motor und Getriebe sind ein erheblicher Gewichtsanteil des Fahrzeuges, was beim Ausbau durchaus für ein Ungleichgewicht sorgen kann.
- Bauen Sie die Motorabdeckung unten und Verkleidungen über dem Motor wie bereits am Anfang dieses Kapitels beschrieben aus.
- Schieben Sie den Fahrersitz ganz nach vorne und klemmen Sie den Minuspol der Batterie ab.
- Bauen Sie den Luftfilterkasten und die Anschlussschläuche aus.
- Demontieren Sie den Öleinfüllstutzen und verschließen Sie die Öffnung im Ventildeckel mit einem passenden Stopfen oder einem Lappen.
- Ziehen Sie die Dichtung vor der Windschutzscheibe ab und demontieren Sie die Lufteinlasshutze zum Gebläsekasten.
- Legen Sie die Anschlusskabel zum Motor frei und klemmen Sie sie ab.

Fahrzeuge mit Frontantrieb
Der Motor wird zusammen mit dem Getriebe nach unten ausgebaut. Die beiden Komponenten werden erst nach dem Ausbau getrennt.
- Lösen Sie den Kühlmittelausgleichsbehälter vom Pluskabel der Batterie.
- Klemmen Sie den Plusanschluss zum Starter am Sicherungsträger im Motorraum ab.
- Bauen Sie das Masseanschlusskabel vorne links am Getriebe aus.

■ Ziehen Sie die elektrischen Steckverbindungen auf der linken Seite des Motors ab und legen Sie sie aus dem Arbeitsbereich heraus.
■ Drehen Sie die Schrauben (1, 2 und 6 im Bild 65 heraus).
■ Drehen Sie die Schrauben (8 und 9) heraus.
■ Demontieren Sie die Clips (4).
■ Drehen Sie die Schrauben (3) heraus.
■ Bauen Sie den vorderen Stoßfänger zusammen mit dem Kühlergrill ab.
■ Demontieren Sie die Ablassschraube unten links am Kühler und lassen Sie das Kühlmittel ab.
■ Demontieren Sie den Kühlmittelausgleichsbehälter.
■ Demontieren Sie den Schlossträger.
■ Demontieren Sie die Wasseranschlüsse am Wasserkühler.
■ Bauen Sie den Wasserkühler aus.

Fahrzeuge mit Klimaanlage:
■ Bauen Sie den Klimakondensator (Klimakühler) aus.

Weiter für alle Fahrzeuge:
■ Bauen Sie den Ladeluftkühler aus.
■ Verschließen Sie die Anschlüsse und Schläuche mit passenden Stopfen, um das Eindringen von Verschmutzungen zu verhindern.
■ Demontieren Sie den vorderen Teil der Abgasanlage mit Katalysator und, soweit verbaut, mit dem Partikelfilter.
■ Achten Sie darauf, dass das flexible Auspuffstück nicht belastet oder überstreckt wird. Im Zweifel bauen Sie die komplette Auspuffanlage ab.
■ Demontieren Sie beide Vorderräder.
■ Lassen Sie das Getriebeöl ablaufen.
■ Bauen Sie die Antriebswellen rechts und links aus. Die Arbeitsschritte dazu werden wir im Kapitel 10 im Detail darstellen.
■ Demontieren Sie die Pendelstütze (1 im Bild 66) zwischen Getriebe und Achsträger.
■ Ziehen Sie das Anschlusskabel zum Klimakompressor ab.
■ Bauen Sie den Klimakompressor aus.
■ Demontieren Sie die Anschlussleitungen unter dem Motor.
■ Klemmen Sie die Anschlüsse zur Servopumpe ab. Die Hochdruckanschlussverschraubung (4 im Bild 67) ist mit einem Teflonring abgedichtet, der erneuert werden muss.

☞ Fangen Sie austretende Restflüssigkeit in einem geeigneten Behälter und mit Hilfe von Putzlappen auf. Verschließen Sie die Anschlüsse und Schläuche, um das Eindringen von Schmutz zu verhindern.

■ Demontieren Sie die Kühlmittelschläuche von der Wasserpumpe und dem Thermostatgehäuse.

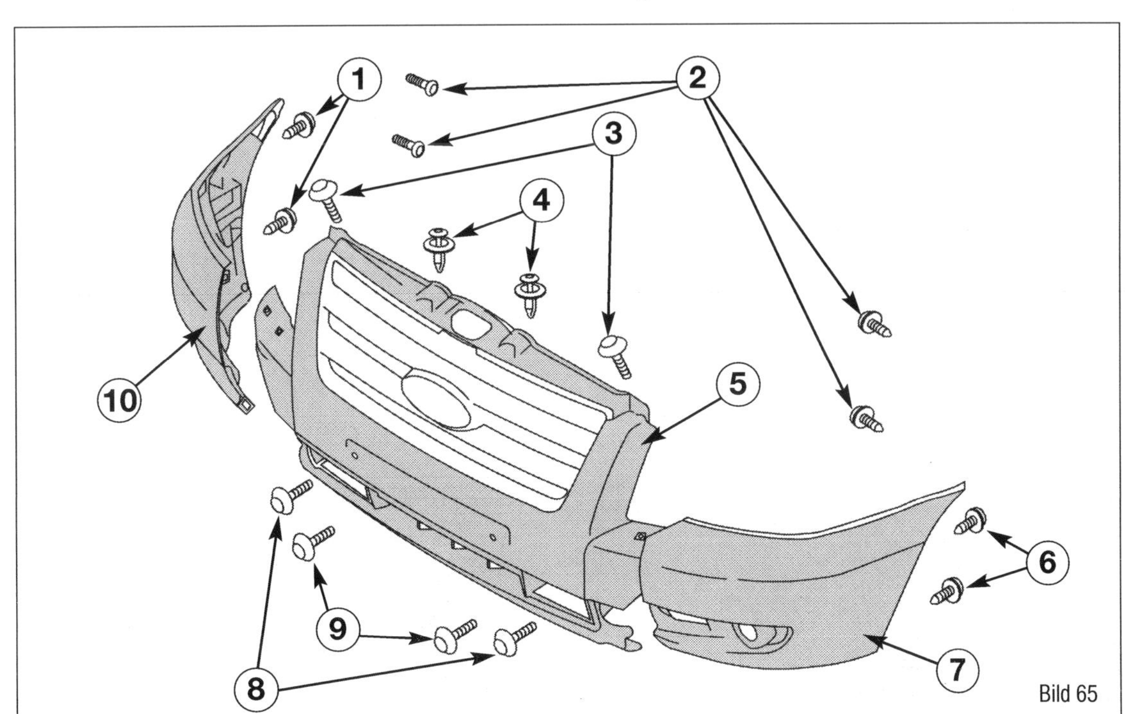

Bild 65
Stoßfänger vorne. Der Stoßfänger kann in einem Stück demontiert werden.
1 Schrauben
2 Schrauben
3 Schrauben
4 Clips
5 Stoßfängermittelteil mit Grill
6 Schrauben
7 Stoßfängerecke links
8 Schrauben
9 Schrauben
10 Stoßfängerecke rechts

Sichtprüfung Messen

■ Demontieren Sie die Servopumpe (3) zusammen mit der Wasserpumpe (2).
■ Entsichern Sie die Schnellverschlüsse für den Heizungskühler an der Spritzwand und ziehen Sie sie ab.
■ Ziehen Sie die Kraftstoffleitungen ab und befestigen Sie sie mit Kabelbindern außerhalb des Arbeitsbereiches.
■ Ziehen Sie den Unterdruckanschluss vom Bremskraftverstärker auf der Rückseite der Vakuumpumpe ab und befestigen Sie ihn mit Kabelbindern außerhalb des Arbeitsbereiches.
■ Demontieren Sie die Schaltzüge an der Schaltbetätigung und befestigen Sie diese außerhalb des Arbeitsbereiches. Auf diesen Arbeitsschritt gehen wir im Kapitel 10 genauer ein.
■ Verschließen Sie den Ausgleichsbehälter für die Bremsflüssigkeit hermetisch. Das kann mit einem luftdichten Deckel geschehen oder mit einer Folieneinlage. Eine weitere Möglichkeit ist es den Bremsflüssigkeitsbehälter so weit abzusaugen, dass kein Zulauf zum Kupplungszylinder mehr erfolgen kann.

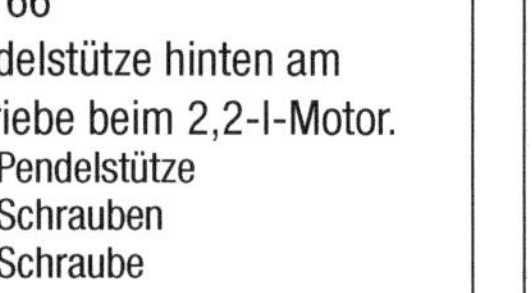

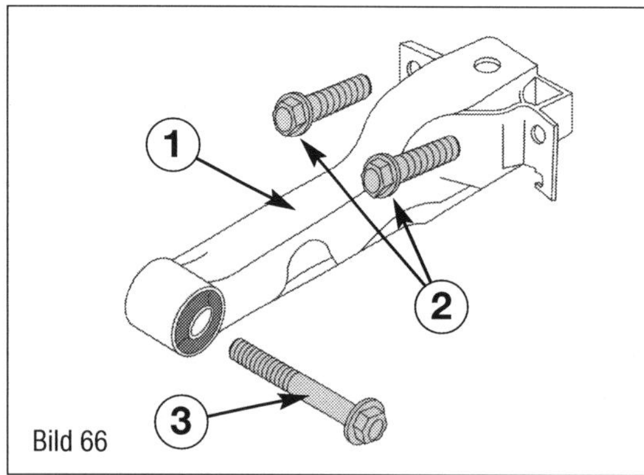

Bild 66

Bild 66
Pendelstütze hinten am Getriebe beim 2,2-l-Motor.
1 Pendelstütze
2 Schrauben
3 Schraube

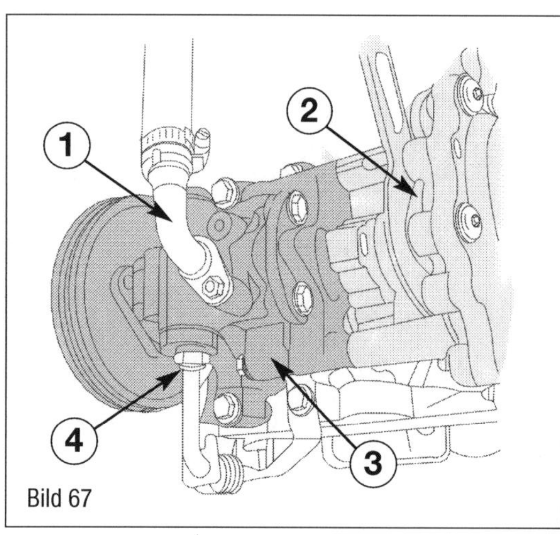

Bild 67

Bild 67
Servopumpe beim 2,2-l-Motor.
1 Zufuhrschlauch vom Behälter
2 Wasserpumpe
3 Servopumpe
4 Druckleitung zur Lenkung

⚠ Verschließen Sie die Anschlüsse und Schläuche mit passenden Stopfen, um das Eindringen von Schmutz zu verhindern.

☞ Ausgetretene Bremsflüssigkeit muss am besten sofort entfernt werden. Sie kann Schäden an Lack, Kunststoffen und Aluminiumteilen verursachen.

■ Heben Sie die Halteklammer am Zulauf zum Kupplungsnehmerzylinder ab und ziehen Sie die Leitung heraus.
■ Verschließen Sie die Leitung mit einem passenden Stopfen und fixieren Sie sie außerhalb des Arbeitsbereiches.

⚠ Das Kupplungspedal darf nun nicht mehr betätigt werden.

■ Lassen Sie das Motoröl ablaufen.
■ Unterbauen Sie den Motor und Getriebeeinheit auf einem Montagetisch.
■ Lösen Sie den Motorhalter auf der rechten Seite und bauen Sie das Motorlager aus.
■ Lösen Sie den Getriebehalter auf der linken Seite am Getriebeblock, das Motorlager kann eingebaut bleiben.
■ Kontrollieren Sie, ob alle Anschlüsse und Leitungen von Motor und Getriebe abgezogen worden sind.
■ Heben Sie das Fahrzeug vorsichtig an und kontrollieren Sie, dass die Motor- und Getriebeeinheit nirgendwo hängen bleibt.

Der Einbau erfolgt sinngemäß in umgekehrter Reihenfolge.
■ Füllen Sie die Flüssigkeiten ein.
■ Entlüften Sie die Kraftstoffanlage mit dem Diagnosetester, um ein Trockenlaufen der Hochdruckpumpe zu vermeiden.
■ Prüfen Sie beim Probelauf des Motors die Dichtheit und die Funktionen.
■ Fragen Sie mit dem Diagnosetester den Fehlerspeicher ab.
■ Lassen Sie bei Fahrzeugen mit Klimaanlage die Anlage befüllen.

Fahrzeuge mit Heckantrieb
Der Motor wird zusammen mit dem Getriebe nach vorne ausgebaut. Die beiden Komponenten werden erst nach dem Ausbau getrennt.
■ Lösen Sie den Kühlmittelausgleichsbehälter vom Pluskabel der Batterie.
■ Klemmen Sie den Plusanschluss zum Starter am Sicherungsträger im Motorraum ab.

■ Bauen Sie das Masseanschlusskabel vorne links am Getriebe aus.
■ Ziehen Sie Sie die elektrischen Steckverbindungen des Motors ab und legen Sie sie aus dem Arbeitsbereich heraus.
■ Drehen Sie die Schrauben (1, 2 und 6 im Bild 65 heraus).
■ Drehen Sie die Schrauben (8 und 9) heraus.
■ Demontieren Sie die Clips (4).
■ Drehen Sie die Schrauben (3) heraus.
■ Bauen Sie den vorderen Stoßfänger zusammen mit dem Kühlergrill ab.
■ Demontieren Sie der Frontquerträger (Stoßfängerunterträger).
■ Demontieren Sie die Ablassschraube unten links am Kühler und lassen Sie das Kühlmittel ab.
■ Demontieren Sie den Kühlmittelausgleichsbehälter.
■ Demontieren Sie den Schlossträger.
■ Bauen Sie das Lüfterrad ab.
■ Demontieren Sie die Wasseranschlüsse am Wasserkühler.
■ Bauen Sie den Wasserkühler aus.

Fahrzeuge mit Klimaanlage:
■ Bauen Sie den Klimakondensator (Klimakühler) aus.

Weiter für alle Fahrzeuge:
■ Bauen Sie den Ladeluftkühler aus.

⚠ Verschließen Sie die Anschlüsse und Schläuche mit passenden Stopfen, um das Eindringen von Verschmutzungen zu verhindern.
■ Demontieren Sie den Antriebsriemen.
■ Demontieren Sie den vorderen Teil der Abgasanlage mit Katalysator und, soweit verbaut, mit dem Partikelfilter.
☞ Achten Sie darauf, dass das flexible Auspuffstück nicht belastet oder überstreckt wird. Im Zweifel bauen Sie die komplette Auspuffanlage ab.
■ Demontieren Sie die Kühlmittelschläuche von der Wasserpumpe und dem Thermostatgehäuse.

Fahrzeuge mit Klimaanlage:
■ Bauen Sie den Klimakompressor aus.
■ Clipsen Sie die Leitungen der Klimaanlage im Bereich des Motors aus den Haltern heraus und legen Sie sie aus dem Arbeitsbereich heraus.

Weiter für alle Fahrzeuge:
■ Klemmen Sie die Anschlüsse zur Servopumpe ab. Die Hochdruckanschlussverschraubung (4 im Bild 67) ist mit einem Teflonring abgedichtet, der erneuert werden muss.
☞ Fangen Sie austretende Restflüssigkeit in einem geeigneten Behälter und mit Hilfe von Putzlappen auf. Verschließen Sie die Anschlüsse und Schläuche um das Eindringen von Verschmutzungen zu verhindern.
■ Verschließen Sie den Ausgleichsbehälter für die Bremsflüssigkeit hermetisch. Das kann mit einem luftdichten Deckel geschehen oder mit einer Folieneinlage. Eine weitere Möglichkeit ist es den Bremsflüssigkeitsbehälter so weit abzusaugen, dass kein Zulauf zum Kupplungszylinder mehr erfolgen kann.
⚠ Verschließen Sie die Anschlüsse und Schläuche mit passenden Stopfen, um das Eindringen von Verschmutzungen zu verhindern.
☞ Ausgetretene Bremsflüssigkeit muss am besten sofort entfernt werden. Sie kann Schäden an Lack, Kunststoffen und Aluminiumteilen verursachen.
■ Heben Sie die Halteklammer am Zulauf zum Kupplungsnehmerzylinder ab und ziehen Sie die Leitung heraus.
■ Verschließen Sie die Leitung mit einem passenden Stopfen und fixieren Sie sie außerhalb des Arbeitsbereiches.
⚠ Das Kupplungspedal darf nun nicht mehr betätigt werden.
■ Demontieren Sie die Schaltzüge an der Schaltbetätigung und befestigen Sie diese außerhalb des Arbeitsbereiches. Auf diesen Arbeitsschritt gehen wir im Kapitel 10 genauer ein.
■ Ziehen Sie den Stecker am Rückwärtsgangschalter seitlich am Getriebe ab.

Fahrzeuge mit Fahrtenschreiber:
■ Ziehen Sie den Anschlussstecker zum Tachogeber ab.

Weiter für alle Fahrzeuge:
■ Legen Sie die Anschlusskabel im Bereich des Tachometers aus dem Arbeitsbereich heraus und befestigen Sie diese am Fahrzeug.
■ Lösen Sie die Verschraubungen der Kardanwelle an der Hardyscheibe zum Ge-

triebeflansch. Belassen Sie die Schrauben noch eingesteckt und die Muttern noch lose auf die Schraube aufgedreht.

- Markieren Sie die Einbauposition der Kardanwelle zum Getriebeflansch und zur Hinterachse mit einem wasserfesten Stift.

Den Umgang und die Markierungspositionen für die Kardanwelle stellen wir im Kapitel 10 im Detail vor.

- Bauen Sie die Kardanwelle mit einem Helfer aus und legen Sie sie sicher ab.
- Drehen Sie die Lenkung in Geradeausstellung und ziehen Sie den Zündschlüssel ab.
- Lassen Sie das Lenkradschloss einrasten.
- Drehen Sie die obere Schraube (1 im Bild 68) am Kreuzgelenk (2) der Lenkung heraus.
- Demontieren Sie die Leitungen am Rahmen zur Lenkung und lassen Sie Flüssigkeit ablaufen.

Fangen Sie austretende Restflüssigkeit in einem geeigneten Behälter und mit Hilfe von Putzlappen auf. Verschließen Sie die Anschlüsse und Schläuche, um das Eindringen von Verschmutzungen zu verhindern.

- Demontieren Sie den Getriebehalter am Hilfsrahmen. Am Getriebe bleibt der Halter noch verschraubt.
- Unterbauen Sie den Achsträger vorne (1 im Bild 69) auf einem Montagetisch.
- Drehen Sie die Schrauben (3) und die Muttern auf den Bolzen (2) heraus und lassen Sie den Achsträger um etwa 10 cm ab.
- Montieren Sie die Abstandhalter (Ford 204-606) (2 im Bild 70) und verschrauben Sie den Achsträger mit den Spezialwerkzeugen und den längeren Bolzen wieder an den Befestigungspunkten.
- Demontieren Sie die Kraftstoffleitung an den Schnellverschlüssen des Kraftstofffilters.
- Entsichern Sie die Schnellverschlüsse für den Heizungskühler an der Spritzwand und ziehen Sie sie ab.

Fangen Sie austretende Restflüssigkeit in einem geeigneten Behälter und mit Hilfe von Putzlappen auf. Verschließen Sie die Anschlüsse und Schläuche, um das Eindringen von Verschmutzungen zu verhindern.

- Ziehen Sie den Unterdruckanschluss vorsichtig vom Bremskraftverstärker ab.
- Hängen Sie das Hebegeschirr des Motorkrans ein (6 im Bild 64). Demontieren Sie das Halteblech des Motorhalters rechts und links am Rahmenträger vom jeweiligen Radhaus aus.
- Lösen Sie den Motorhalter auf der rechten und der linken Seite auf der Motortraverse.
- Heben Sie den Motor und das Getriebe mit dem Motorkran leicht an.
- Verstellen Sie das Hebegeschirr so weit, dass Motor und Getriebe im Gleichgewicht sind und gleichmäßig von den Lagerpunkten abheben.
- Bauen Sie den Getriebehalter hinten vom Getriebe ab.
- Demontieren Sie die vier Schrauben der Motortraverse vorne und nehmen Sie sie nach unten ab.
- Kontrollieren Sie, ob alle Anschlüsse und Leitungen von Motor und Getriebe abgezogen worden sind.
- Demontieren Sie die Motorhalter rechts und links am Motorblock.
- Heben Sie den Motor vorsichtig an und ziehen Sie ihn nach vorne heraus.

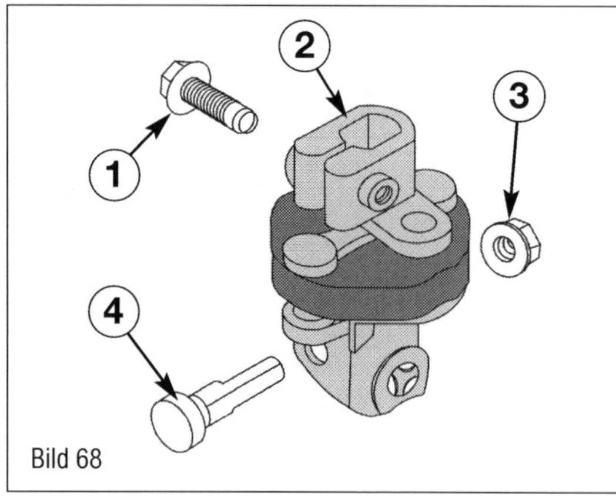
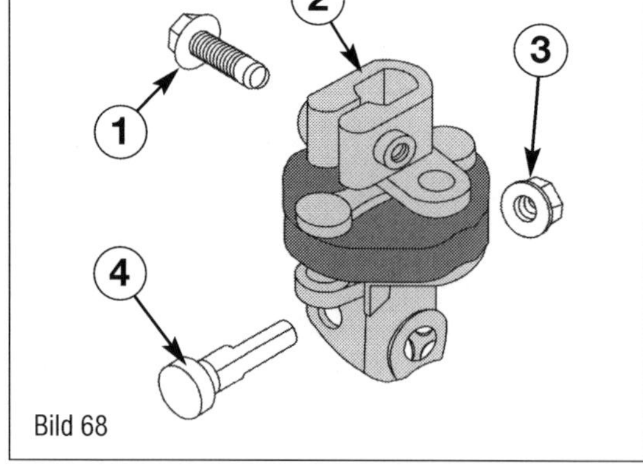

Bild 68

Bild 68
Kreuzgelenk vor dem Lenkgetriebe.
1 Schraube
2 Kreuzgelenk
3 Mutter
4 Sicherungsschraube

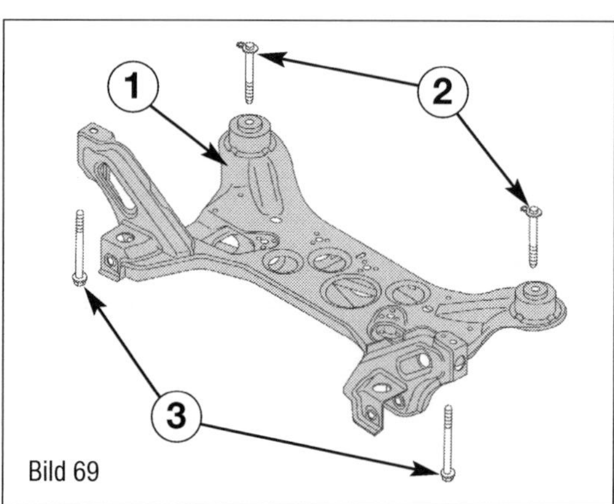

Bild 69

Bild 69
Achsträger vorne.
1 Achsträger
2 Bolzen hinten (auch für die Querlenker)
3 Schrauben vorne

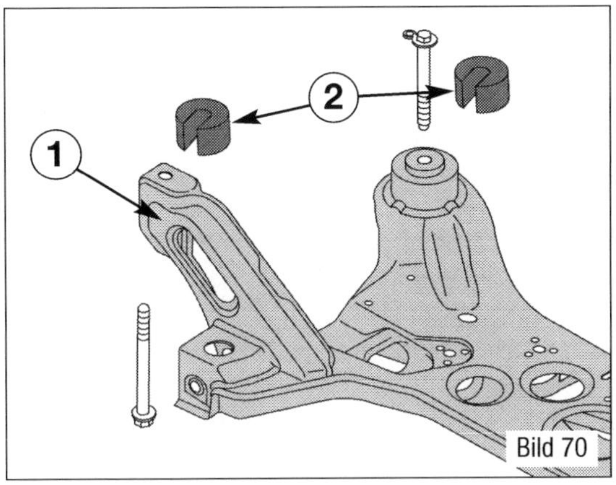

Bild 70

Bild 70
Absenken des Achsträgers vorne.
1 Achsträger
2 Abstandshalter 204-606

Kontrollieren Sie während des Herausziehens ununterbrochen, dass die Motor- und Getriebeeinheit nirgendwo hängen bleibt.

Der Einbau erfolgt sinngemäß in umgekehrter Reihenfolge.
- Füllen Sie die Flüssigkeiten auf.
- Entlüften Sie die Kraftstoffanlage mit dem Diagnosetester, um ein Trockenlaufen der Hochdruckpumpe zu vermeiden.
- Prüfen Sie beim Probelauf des Motors die Dichtheit und die Funktionen.
- Fragen Sie mit dem Diagnosetester den Fehlerspeicher ab.
- Lassen Sie bei Fahrzeugen mit Klimaanlage die Anlage von einem Fachbetrieb befüllen.

Fahrzeuge mit Allradantrieb
Sehr wenige Ford Transit wurden mit einem Allradantrieb ausgeliefert. Der Ausbau verläuft ähnlich wie bei den Fahrzeugen mit Heckantrieb nach vorne. Motor und Getriebe sind allerdings nochmals etwas schwerer.
- Lösen Sie den Kühlmittelausgleichsbehälter vom Pluskabel der Batterie.
- Klemmen Sie den Plusanschluss zum Starter am Sicherungsträger im Motorraum ab.
- Bauen Sie das Masseanschlusskabel vorne links am Getriebe aus.
- Ziehen Sie Sie die elektrischen Steckverbindungen des Motors ab und legen Sie sie aus dem Arbeitsbereich heraus.
- Drehen Sie die Schrauben (1, 2 und 6 im Bild 65 heraus).
- Drehen Sie die Schrauben (8 und 9) heraus.
- Demontieren Sie die Clips (4).
- Drehen Sie die Schrauben (3) heraus.
- Bauen Sie den vorderen Stoßfänger zusammen mit dem Kühlergrill ab.
- Demontieren Sie der Frontquerträger (Stoßfängerunterträger).
- Demontieren Sie die Ablassschraube unten links am Kühler und lassen Sie das Kühlmittel ab.
- Demontieren Sie den Kühlmittelausgleichsbehälter.
- Demontieren Sie den Schlossträger.
- Bauen Sie das Lüfterrad ab.
- Demontieren Sie die Wasseranschlüsse am Wasserkühler.
- Bauen Sie den Wasserkühler aus.

Fahrzeuge mit Klimaanlage:
- Bauen Sie den Klimakondensator (Klimakühler) aus.

Weiter für alle Fahrzeuge:
- Bauen Sie den Ladeluftkühler aus.

Verschließen Sie die Anschlüsse und Schläuche mit passenden Stopfen, um das Eindringen von Verschmutzungen zu verhindern.
- Demontieren Sie den Antriebsriemen.
- Demontieren Sie den vorderen Teil der Abgasanlage mit Katalysator und soweit verbaut mit dem Partikelfilter.

Achten Sie darauf, dass das flexible Auspuffstück nicht belastet oder überstreckt wird. Im Zweifel bauen Sie die komplette Auspuffanlage ab.
- Demontieren Sie die Kühlmittelschläuche von der Wasserpumpe und dem Thermostatgehäuse.

Fahrzeuge mit Klimaanlage:
- Bauen Sie den Klimakompressor aus.
- Clipsen Sie die Leitungen der Klimaanlage im Bereich des Motors aus den Haltern heraus und legen Sie sie aus dem Arbeitsbereich heraus.

Weiter für alle Fahrzeuge:
- Klemmen Sie die Anschlüsse zur Servopumpe ab. Die Hochdruckanschlussverschraubung (4 im Bild 67) ist mit einem Teflonring abgedichtet, der erneuert werden muss.

Fangen Sie austretende Restflüssigkeit in einem geeigneten Behälter und mit Hilfe von Putzlappen auf. Verschließen Sie die Anschlüsse und Schläuche, um das

Eindringen von Verschmutzungen zu verhindern.

■ Verschließen Sie den Ausgleichsbehälter für die Bremsflüssigkeit hermetisch. Das kann mit einem luftdichten Deckel geschehen oder mit einer Folieneinlage. Eine weitere Möglichkeit ist es den Bremsflüssigkeitsbehälter so weit abzusaugen, dass kein Zulauf zum Kupplungszylinder mehr erfolgen kann.

⚠ Verschließen Sie die Anschlüsse und Schläuche mit passenden Stopfen, um das Eindringen von Schmutz zu verhindern.

☞ Ausgetretene Bremsflüssigkeit muss am besten sofort entfernt werden. Sie kann Schäden an Lack, Kunststoffen und Aluminiumteilen verursachen.

■ Heben Sie die Halteklammer am Zulauf zum Kupplungsnehmerzylinder ab und ziehen Sie die Leitung heraus.

■ Verschließen Sie die Leitung mit einem passenden Stopfen und fixieren Sie sie außerhalb des Arbeitsbereiches.

⚠ Das Kupplungspedal darf nun nicht mehr betätigt werden.

■ Demontieren Sie die Schaltzüge an der Schaltbetätigung und befestigen Sie diese außerhalb des Arbeitsbereiches. Auf diesen Arbeitsschritt gehen wir im Kapitel 10 genauer ein.

■ Ziehen Sie den Stecker am Rückwärtsgangschalter seitlich am Getriebe ab.

Fahrzeuge mit Fahrtenschreiber:

■ Ziehen Sie den Anschlussstecker zum Tachogeber ab.

Weiter für alle Fahrzeuge:

■ Lösen Sie den Kühlmittelausgleichsbehälter vom Pluskabel der Batterie.

■ Klemmen Sie den Plusanschluss zum Starter am Sicherungsträger im Motorraum ab.

■ Bauen Sie das Masseanschlusskabel vorne links am Getriebe aus.

■ Ziehen Sie Sie die elektrischen Steckverbindungen des Motors ab und legen Sie sie aus dem Arbeitsbereich heraus.

■ Drehen Sie die Schrauben (1, 2 und 6 im Bild 65 heraus).

■ Drehen Sie die Schrauben (8 und 9) heraus.

■ Demontieren Sie die Clips (4).

■ Drehen Sie die Schrauben (3) heraus.

■ Bauen Sie den vorderen Stoßfänger zusammen mit dem Kühlergrill ab.

■ Demontieren Sie der Frontquerträger (Stoßfängerunterträger).

■ Demontieren Sie die Ablassschraube unten links am Kühler und lassen Sie das Kühlmittel ab.

■ Demontieren Sie den Kühlmittelausgleichsbehälter.

■ Demontieren Sie den Schlossträger.

■ Bauen Sie das Lüfterrad ab.

■ Demontieren Sie die Wasseranschlüsse am Wasserkühler.

■ Bauen Sie den Wasserkühler aus.

Fahrzeuge mit Klimaanlage:

■ Bauen Sie den Klimakondensator (Klimakühler) aus.

Weiter für alle Fahrzeuge:

■ Bauen Sie den Ladeluftkühler aus.

⚠ Verschließen Sie die Anschlüsse und Schläuche mit passenden Stopfen, um das Eindringen von Schmutz zu verhindern.

■ Demontieren Sie den Antriebsriemen.

■ Demontieren Sie den vorderen Teil der Abgasanlage mit Katalysator und, soweit verbaut, mit dem Partikelfilter.

☞ Achten Sie darauf, dass das flexible Auspuffstück nicht belastet oder überstreckt wird. Im Zweifel bauen Sie die komplette Auspuffanlage ab.

■ Demontieren Sie die Kühlmittelschläuche von der Wasserpumpe und dem Thermostatgehäuse.

Fahrzeuge mit Klimaanlage:

■ Bauen Sie den Klimakompressor aus.

■ Clipsen Sie die Leitungen der Klimaanlage im Bereich des Motors aus den Haltern heraus und legen Sie sie aus dem Arbeitsbereich heraus.

Weiter für alle Fahrzeuge:

■ Klemmen Sie die Anschlüsse zur Servopumpe ab. Die Hochdruckanschlussverschraubung (4 im Bild 67) ist mit einem Teflonring abgedichtet, der erneuert werden muss.

☞ Fangen Sie austretende Restflüssigkeit in einem geeigneten Behälter und mit Hilfe von Putzlappen auf. Verschließen Sie die Anschlüsse und Schläuche, um das Eindringen von Verschmutzungen zu verhindern.

■ Verschließen Sie den Ausgleichsbehälter für die Bremsflüssigkeit hermetisch. Das kann mit einem luftdichten Deckel geschehen oder mit einer Folieneinlage. Eine weitere Möglichkeit ist es den Bremsflüssigkeitsbehälter soweit abzusaugen, dass kein Zulauf zum Kupplungszylinder mehr erfolgen kann.

⚠ Verschließen Sie die Anschlüsse und Schläuche mit passenden Stopfen, um das Eindringen von Verschmutzungen zu verhindern.

☞ Ausgetretene Bremsflüssigkeit muss am besten sofort entfernt werden. Sie kann Schäden an Lack, Kunststoffen und Aluminiumteilen verursachen.

■ Heben Sie die Halteklammer am Zulauf zum Kupplungsnehmerzylinder ab und ziehen Sie die Leitung heraus.

■ Verschließen Sie die Leitung mit einem passenden Stopfen und fixieren Sie sie außerhalb des Arbeitsbereiches.

⚠ Das Kupplungspedal darf nun nicht mehr betätigt werden.

■ Demontieren Sie die Schaltzüge an der Schaltbetätigung und befestigen Sie diese außerhalb des Arbeitsbereiches. Auf diesen Arbeitsschritt gehen wir im Kapitel 10 genauer ein.

■ Ziehen Sie den Stecker am Rückwärtsgangschalter seitlich am Getriebe ab.

Fahrzeuge mit Fahrtenschreiber:

■ Ziehen Sie den Anschlussstecker zum Tachogeber ab.

Weiter für alle Fahrzeuge:

■ Ziehen Sie die Anschlusskabel am Getriebe ab.

■ Legen Sie alle Anschlusskabel am Getriebe aus dem Arbeitsbereich heraus und befestigen Sie diese am Fahrzeug.

■ Lösen Sie die Verschraubungen der Kardanwelle an der Hardyscheibe zum Getriebeflansch. Belassen Sie die Schrauben noch eingesteckt und die Muttern noch lose auf die Schraube aufgedreht.

■ Markieren Sie die Einbauposition der Kardanwelle (4 im Bild 71) zum Getriebeflansch mit einem wasserfesten Stift.

☞ Den Umgang und die Markierungspositionen für die Kardanwelle stellen wir im Kapitel 10 im Detail vor.

■ Bauen Sie die Kardanwelle mit einem Helfer aus und legen Sie sie sicher ab.

■ Demontieren Sie die vorderen Antriebswellen zum Rad. Auch diese Arbeiten beschreiben wir im Kapitel 10 genauer.

■ Lassen Sie das Getriebeöl in einem geeigneten Behälter ablaufen und entsorgen Sie sie fachgerecht.

■ Drehen Sie die Lenkung in Geradeausstellung und ziehen Sie den Zündschlüssel ab.

■ Lassen Sie das Lenkradschloss einrasten.

■ Drehen Sie die obere Schraube (1 im Bild 68) am Kreuzgelenk (2) der Lenkung heraus.

■ Demontieren Sie die Leitungen am Rahmen zur Lenkung und lassen Sie Flüssigkeit ablaufen.

■ Demontieren Sie den Getriebehalter am Hilfsrahmen. Am Getriebe bleibt der Halter noch verschraubt.

■ Unterbauen Sie den Achsträger vorne (1 im Bild 69) auf einem Montagetisch.

■ Drehen Sie die Schrauben (3) und die Muttern auf den Bolzen (2) heraus und lassen Sie den Achsträger um etwa 10 cm ab.

■ Montieren Sie die Abstandhalter (Ford 204-606) (2 im Bild 70) und verschrauben Sie den Achsträger mit den Spezialwerkzeugen und den längeren Bolzen wieder an den Befestigungspunkten.

■ Demontieren Sie die Kraftstoffleitung an den Schnellverschlüssen des Kraftstofffilters.

■ Entsichern Sie die Schnellverschlüsse für den Heizungskühler an der Spritzwand und ziehen Sie sie ab.

☞ Fangen Sie austretende Restflüssigkeit in einem geeigneten Behälter und mit Hilfe von Putzlappen auf. Verschließen Sie die Anschlüsse und Schläuche, um das Eindringen von Verschmutzungen zu verhindern.

■ Ziehen Sie den Unterdruckanschluss vorsichtig vom Bremskraftverstärker ab.

■ Hängen Sie das Hebegeschirr des Motorkrans ein (6 im Bild 64). Demontieren Sie das Halteblech des Motorhalters rechts und links am Rahmenträger vom jeweiligen Radhaus aus.

■ Lösen Sie den Motorhalter auf der rechten und der linken Seite auf der Motortraverse.

■ Heben Sie den Motor und das Getriebe mit dem Motorkran leicht an.

■ Verstellen Sie das Hebegeschirr so weit, dass Motor und Getriebe im Gleichgewicht

Bild 71
Kardanflasch am Getriebe.
1 Markierung Hardyscheibe/Kardanflansch
2 Verschraubung am Getriebeflansch
3 Getriebeflansch
4 Markierung Hardyscheibe/Getriebeflansch
5 Hardyscheibe
6 Kardanflansch zum Getriebe
7 Verschraubung am Kardanflansch

Bild 72
6-Gang-Allradgetriebe.
1 Getriebe
2 Kardanflansch
3 Achsstummel Vorderradantrieb

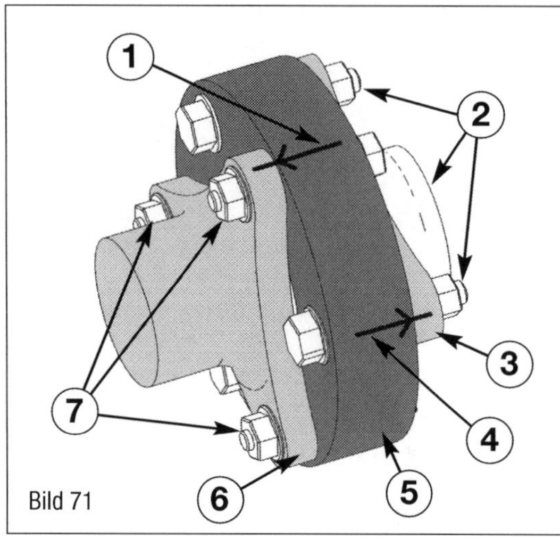

Bild 71

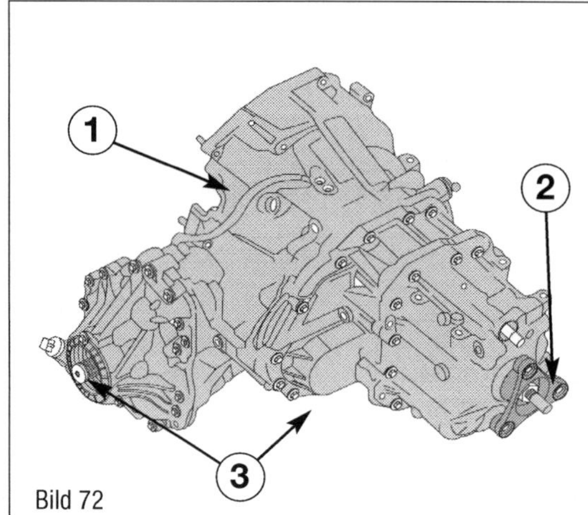

Bild 72

sind und gleichmäßig von den Lagerpunkten abheben.

- Bauen Sie den Getriebehalter hinten vom Getriebe ab.
- Demontieren Sie die vier Schrauben der Motortraverse vorne und nehmen Sie sie nach unten ab.
- Kontrollieren Sie, ob alle Anschlüsse und Leitungen von Motor und Getriebe abgezogen worden sind.
- Demontieren Sie die Motorhalter rechts und links am Motorblock.
- Heben Sie den Motor vorsichtig an und ziehen Sie ihn nach vorne heraus.

⚠ Kontrollieren Sie während des Herausziehens ununterbrochen, das die Motor- und Getriebeeinheit nirgendwo hängen bleibt.

Der Einbau erfolgt sinngemäß in umgekehrter Reihenfolge.

- Füllen Sie die Flüssigkeiten auf.
- Entlüften Sie die Kraftstoffanlage mit dem Diagnosetester, um ein Trockenlaufen der Hochdruckpumpe zu vermeiden.
- Prüfen Sie beim Probelauf des Motors die Dichtheit und die Funktionen.
- Fragen Sie mit dem Diagnosetester den Fehlerspeicher ab.
- Lassen Sie bei Fahrzeugen mit Klimaanlage die Anlage von einem Fachbetrieb befüllen.

5 Motorschmierung

Alle Stellen im Motor, an denen Metalle aufeinander gleiten, müssen ständig mit Öl versorgt werden: Kolben, Zylinderlaufbahnen, die Lager von Kurbelwelle und Nockenwelle. Kein Triebwerk des Ford Transit hielte mehr als einige wenige Minuten ohne passende Schmierung durch. Damit das Öl seine Aufgabe erfüllen kann, strömt es im Motorblock durch ein System von Leitungen und feinen Bohrungen an die richtige Adresse. Eine wichtige Rolle in diesem Kreislauf spielt die Ölpumpe. Sie holt über das Ölsaugrohr das Motoröl aus der Ölwanne und drückt es in die Leitungen. Zuvor muss die Flüssigkeit den im Hauptstrom des Schmiersystems sitzenden Ölfilter passieren. Dort werden Verunreinigungen wie Ruß, Metallabrieb und Staub herausgefiltert. Ein Überdruckventil an der Pumpe öffnet bei zu hohem Druck, sodass ein Teil des Öls in die Ölwanne zurückfließen kann. Der Motor verbraucht Öl, weil es teilweise in den Verbrennungsraum gelangt und dort verbrennt. Ein undichter Motor, defekte Ventilschaftabdichtungen, auch falsch eingebaute Kolbenringe oder zu viel Spiel zwischen Ventilführung und Ventilschaft treiben den Verbrauch in die Höhe. Wenn der Motor technisch in Ordnung ist, verbraucht er allerdings so wenig, dass zwischen den Ölwechselintervallen nichts oder nur eine geringe Menge nachgefüllt werden muss. Kein Ölverbrauch gibt es allerdings auch nicht. Die eigentlich abnehmende Ölmenge gleicht sich dann durch einen zunehmenden Kraftstoffeintrag aus. Gerade bei Fahrzeugen mit der Kombination von hohen Wartungsintervallabständen, Partikelfilterreinigung über die Nacheinspritzung von Kraftstoff und vielen Kurzstrecken sorgen schnell für eine Ölverdünnung und gerne auch für Schäden und höheren Verschleiß an Motor und Schmierung.
Im Zweifelsfall kann hier eine Ölanalyse im Labor schnell Klarheit schaffen und Kosten sparen. Wer braucht wirklich Intervallabstände von 25.000 km? Gerade bei Schraubern, für die dieses Buch ja erstellt wurde, steht das Ziel »Sparen« deutlich hinter dem Ziel »Fahrzeugerhaltung«.

Unterschiedliche Konzepte
Schon die unterschiedlichen Motortypen, die wir in diesem Band behandeln, verwenden grundlegend andere Baukonzepte für die Ölpumpe. Beim 2,2-l-Motor handelt es sich um eine reine Ölpumpe. Die 2,3-l- und die 3,0-l-Motorvarianten verwenden Tandempumpen, bei denen allerdings nicht wie bei den meisten Herstellern Kraftstoff und Öl gefördert werden, sondern in einer Pumpe Öldruck und Unterdruck erzeugt. Wie heute bei allen Herstellern wird über einen Wärmetauscher die Öltemperatur nach Bedarf heruntergekühlt oder in der Warmlaufphase durch das Kühlwasser erwärmt. Einige Modelle verfügen neben dem Öldruckschalter über einen Ölsensor, der den Ölstand erfasst. Durch diesen Sensor könnte der Ölpeilstab entfallen. Der Ölstand wird dann im Display der Armaturentafel dargestellt. In diesem Kapitel werden wir Ihnen die wichtigsten Teile des Schmiersystems auch schrauberisch und wartungstechnisch näherbringen.

Altölkontrolle
In der Industrie schon seit Jahrzehnten üblich und in der Fahrzeugtechnik zunehmend wichtiger wird die analytische Kontrolle des Altöls. Anhand der eingetragenen Spuren und der Zusammensetzung lassen sich Schäden frühzeitig erkennen und sogar vermeiden.

- Bestellen Sie ein Analyseset beim Analyselabor.
- Entnehmen Sie eine Probe aus dem Altöl und notieren Sie sich alle bekannten Daten wie Laufleistung, Motorart, Alter und eventuell beschreiben Sie erkannte Auffälligkeiten.
- Versenden Sie die Probe in dem mitgelieferten öldichten Umschlag versandkostenfrei über den mitgelieferten Rückholschein.
- Das Probenergebnis wird zumeist am gleichen Tage per Mail versendet oder ist online einsehbar.

Arbeiten nach Schäden
Wenn Sie bei Motorreparaturen größere Mengen Metallspäne oder Abrieb feststellen, kann dies auf einen Kurbelwellen- oder Pleuellagerschaden hindeuten. Um Folgeschäden zu verhindern, führen Sie bitte nach der Reparatur folgende Arbeiten durch:

Sichtprüfung

Messen

- Ölkanäle sorgfältig reinigen,
- soweit vorhanden Ölspritzdüsen ersetzen,
- Wärmetauscher ersetzen,
- Ölfiltereinsatz ersetzen.

Motorölstand prüfen

- Das Fahrzeug zum Messen des Ölstandes waagerecht abstellen. Motor abstellen und mindestens drei Minuten warten, damit das Öl in die Wanne zurückfließen kann.
- Ölmessstab herausziehen, mit einem sauberen Putzlappen abwischen und den Messstab wieder bis zum Anschlag hineinschieben.
- Messstab anschließend wieder herausziehen und Ölstand ablesen (Bilder 1 und 2).

Die Bilder zeigen die hauptsächlich eingesetzten Varianten des Messstabs, es gibt aber noch andere Ausführungen. Das in den Bildern gezeigte Prinzip gilt jedoch generell. Die Markierungen besagen: Bei Ölstand oberhalb der Markierung »4« (Max-Marke Pfeil 6) besteht die Gefahr von Katalysatorschäden. Beim Nachfüllen im Bereich »2« kann es vorkommen, dass der Ölstand danach im Bereich »3« steht. Beim unbedingt nötigen Nachfüllen von Öl im Bereich »2« genügt es, dass danach der Ölstand im Messfeld »2« (geriffeltes Feld) steht. Bei Ölstand unterhalb der »1«-Markierung (Min-Marke Pfeil 5) etwa 0,5 Liter Öl (höchstens bis zur »3«-Markierung) auffüllen.

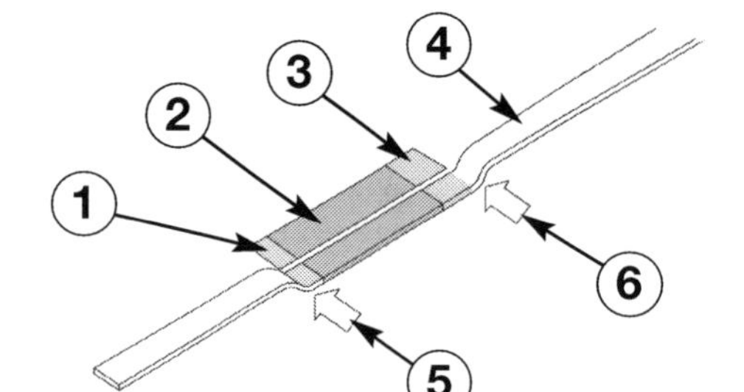

Bild 1

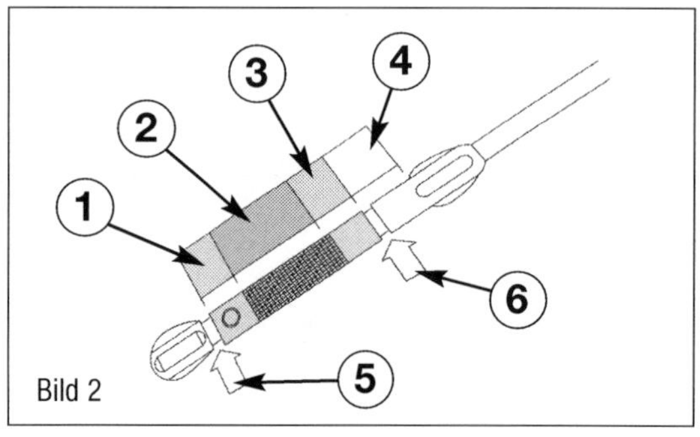

Bild 2

Bild 1 und Bild 2
Markierungen an zwei Muster-Ölstäben.
1 Mindeststandmarkierung für den Ölstand
2 Sollbereich für den Ölstand (Nachfüllen nicht erforderlich)
3 Höchstmarkierung für den Ölstand
4 Überfüllung (Öl ablassen und nach der Ursache suchen)
5 Minimal-Markierung
6 Maximal-Markierung

Motoröl ablassen oder absaugen, Motoröl auffüllen

Ölwechsel mit Altölauffang- und Absauggerät

- Öleinfüllverschlussdeckel abnehmen und Motoröl mit einem geeigneten Altölauffang- und Absauggerät absaugen. Der Motorölwechsel mit einem Altölauffang- und Absauggerät sollte nach Möglichkeit bei betriebswarmem Motor durchgeführt werden.

Öl über Schraube ablassen

- Fahrzeug anheben, Geräuschdämpfung ausbauen, Ölablassschraube unten in der Ölwanne herausdrehen und das austretende Öl auffangen.
- Neue Ölablassschraube mit neuem Dichtring handfest einschrauben und mit 30 Nm (M14) oder 50 Nm (M24) anziehen. Das Drehmoment darf nicht überschritten werden. Ein zu hohes Drehmoment könnte zu Undichtigkeiten oder sogar zu Beschädigungen im Bereich der Ölablassschraube führen.
- Ölfilter ersetzen (auf den nächsten Seiten).

Motoröl einfüllen

Werkseitig ist ein Qualitäts-Mehrbereichsöl eingefüllt, das außer in extrem kalten Klimazonen als Ganzjahresöl gefahren werden kann.

Wird der Filter nicht ausgebaut und gewechselt, werden rund 0,5 Liter weniger Öl benötigt. Beim Nachfüllen und beim Ölwechsel muss unbedingt die Spezifikation beachtet werden, wie sie der Hersteller vorschreibt. In der Vergangenheit gab es eine ganze Reihe Öle nach Freigaben für Benzin- und für Dieselmotoren. In neuerer Zeit muss sehr darauf geachtet werden, dass das Motoröl auch den Herstellervorgaben entspricht und für den Motor auch freigegeben worden ist.

- Einfüllöffnung aufschrauben, Öl gemäß Spezifikation (siehe Tabelle) möglichst mit einem Trichter auffüllen.

■ Öleinfüllverschlussdeckel wieder aufschrauben.
■ Motor anlassen und auf Undichtigkeiten prüfen.
■ Motorölstand erneut prüfen und ggf. Öl nachfüllen.
■ Nachdem Öl erneut nachgefüllt worden ist, mindestens drei Minuten warten und dann erneut Ölstand prüfen.
■ Geräuschdämpfung einbauen und Fahrzeug ablassen.

Spezifikationen Ford Transit-Motoren	
Motor-Bauart	Synthetisches Motoröl SAE 5W-30
Freigabeklassifizierung	Ford WSS-M2C913-D
Füllmenge 2,2-l-Motor	6,1 l mit Filter
Füllmenge 2,4-l-Motor	11,4 l mit Filter

Ölfilter oder Ölfiltereinsatz wechseln

Zum Einsatz kommen hier im Wesentlichen zwei Bauarten für die unterschiedlichen Motortypen. Sowohl der Filtereinsatz als auch eine Filterpatrone kommen beim Ford Transit zum Einsatz. Der Übersicht halber werden wir die Arbeiten anhand des Motorhubraums darstellen.

2,2-l-Motor Ölfiltereinsatz wechseln
Ausbauen:
■ Stellen Sie das Fahrzeug auf die Hebebühne.
■ Lassen Sie den Motor abkühlen.
■ Demontieren Sie den Unterfahrschutz Mitte (soweit verbaut).
■ Lösen Sie die Kappe (5 im Bild 3) und fangen Sie das ablaufende Öl in einem geeigneten Behälter auf.
■ Nehmen Sie die Kappe (5) zusammen mit dem Filter (5) ab.
■ Ziehen Sie den Filter (5) ab und entsorgen Sie ihn fachgerecht.

Einbauen:
■ Erneuern Sie die Dichtringe (4) und setzen Sie den neuen Filter (3) in die Kappe (5) ein.
■ Ölen Sie die Dichtringe (4) leicht mit Motoröl ein.
■ Schrauben Sie die Kappe (5) in den Filterflansch (2) von Hand an und ziehen Sie ihn handfest an.
■ Reinigen Sie das Umfeld des Filters gründlich mit Bremsenreiniger und Lappen.

2,4-l-Motor Ölfiltereinsatz wechseln
Ausbauen:
■ Demontieren Sie den Unterfahrschutz Mitte (soweit verbaut).
■ Lösen Sie den Ölfilter (3 im Bild 4) mit einem Ölfilterschlüssel und fangen Sie das ablaufende Öl in einem geeigneten Behälter auf.
■ Schrauben Sie den Ölfilter ab.

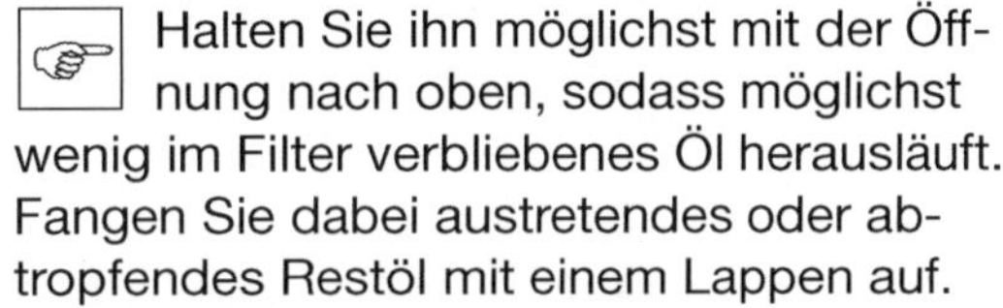
Halten Sie ihn möglichst mit der Öffnung nach oben, sodass möglichst wenig im Filter verbliebenes Öl herausläuft. Fangen Sie dabei austretendes oder abtropfendes Restöl mit einem Lappen auf.
■ Entsorgen Sie den Filter fachgerecht.
■ Reinigen Sie die Anlagefläche des Ölfilters gründlich. Achten Sie darauf, dass

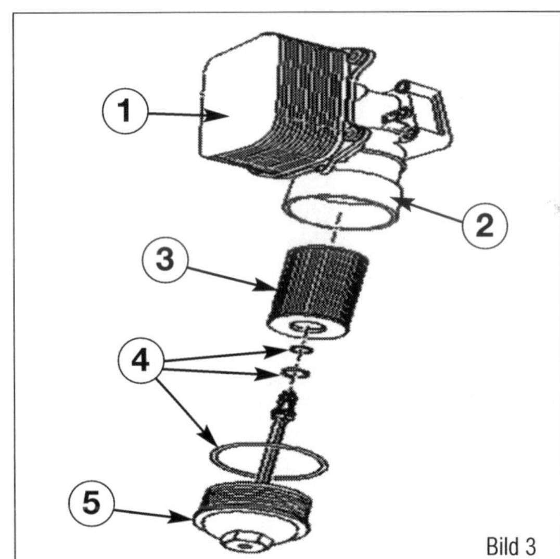

Bild 3
Ölfilter am 2,2-l-Dieselmotor.
1 Wärmetauscher
2 Filterflansch
3 Filtereinsatz
4 Dichtring
5 Kappe

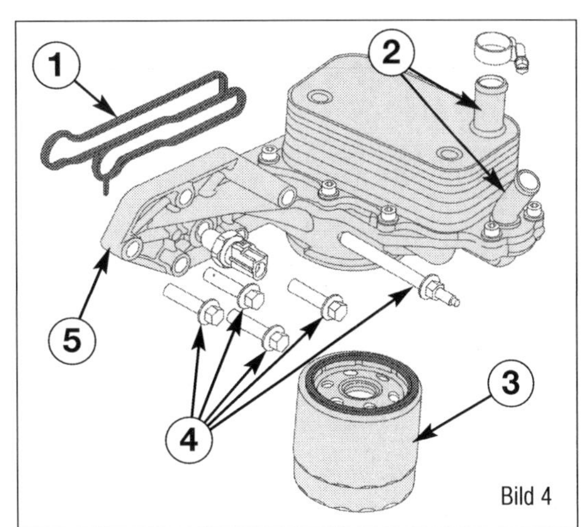

Bild 4
Ölfilter am 2.4-l-Dieselmotor.
1 Dichtung
2 Kühlmittelanschlüsse
3 Ölfilter
4 Schrauben
5 Filtergehäuse

Sichtprüfung

der Dichtring des alten Filters nicht auf der Dichtfläche hängen geblieben ist.

Einbauen:

■ Ölen Sie die Anlagefläche des neuen Ölfilters leicht ein.

■ Drehen Sie den neuen Ölfilter auf das Gewinde auf und ziehen Sie ihn handfest an.

■ Reinigen Sie das Umfeld des Filters gründlich mit Bremsenreiniger und Lappen.

Ölwanne aus- und einbauen

Die Ölwannen des 2,2-l- und des 2,4-l-Motors unterscheiden sich zwar, sind aber im Arbeitsablauf identisch. Wir stellen Ihnen hier einen allgemeingültigen Arbeitsablauf zur Verfügung.

Frontangetriebene Fahrzeuge

■ Demontieren Sie den Unterfahrschutz Mitte (soweit verbaut).

■ Lassen Sie das Motoröl ab.

■ Demontieren Sie den Ölfilter und lassen Sie auch hier das Öl ablaufen.

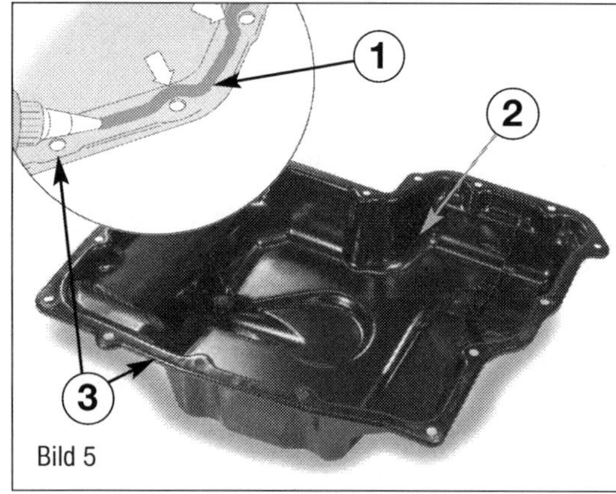

Bild 5
Ölwanne beim 2,2-l-Dieselmotor und die Lage der Dichtmasse auf der Ölwanne.
1 Dichtmittelraupe
2 Ölwanne
3 Dichtflansch der Ölwanne

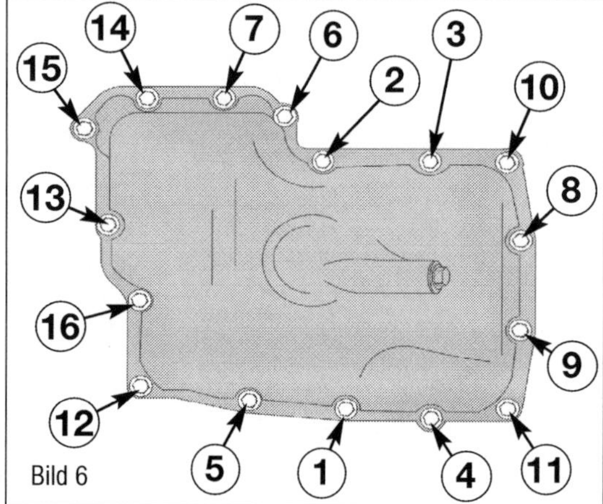

Bild 6
Ölwanne beim 2,2-l-Dieselmotor.
1 -16 Anzugsfolge der Ölwannenschrauben

■ Drehen Sie die Befestigungsschrauben der Ölwanne (1-16 im Bild 6) heraus.

■ Durchtrennen Sie die Dichtmasse mit einem passenden Messer- oder Cutterklingen.

⚠ Hebeln Sie die Ölwanne nicht mit Gewalt ab. Sie wird sich verziehen und muss dann ersetzt werden.

■ Nehmen Sie die Ölwanne ab.

■ Entfernen Sie die Dichtmittelreste am Zylinderblock mit einem Flachschaber.

■ Entfernen Sie die Dichtmittelreste an der Ölwanne mittels einer rotierenden Bürste, z. B. einer Handbohrmaschine mit Kunststoffbürsten-Einsatz (Schutzbrille aufsetzen).

■ Reinigen Sie die Dichtflächen, sie müssen öl- und fettfrei sein.

Der Einbau erfolgt sinngemäß in umgekehrter Reihenfolge.

Beachten Sie das Haltbarkeitsdatum des Dichtmittels.

■ Die Ölwanne muss nach dem Auftragen des Silikon-Dichtmittels innerhalb 5 Minuten eingebaut werden.

■ Die Dichtmittelraupe darf nicht dicker sein, da sonst überschüssiges Dichtmittel in die Ölwanne gelangen und das Sieb in der Saugleitung der Ölpumpe verstopfen kann.

■ Schneiden Sie die Tubendüse an der vorderen Markierung ab (Düse ca. 3 mm).

■ Tragen Sie das Silikon-Dichtmittel wie gezeigt auf die saubere Dichtfläche der Ölwanne auf. Die Dichtmittelraupe (1 im Bild 5) muss 2 bis 3 mm dick sein und im Bereich der Schraubenbohrungen an der Innenseite vorbeilaufen (1).

■ Nach der Montage der Ölwanne muss das Dichtmittel ca. 30 Minuten trocknen. Erst danach darf Motoröl eingefüllt werden.

■ Ziehen Sie die Ölwannenschrauben in der angegebenen Zahlenreihenfolge im Bild 6 mit 15 Nm fest.

■ Geräuschdämpfung einbauen.

■ Motoröl einfüllen und Ölstand prüfen.

Heck- und Allrad-getriebene Fahrzeuge

■ Demontieren Sie den Unterfahrschutz Mitte (soweit verbaut).

■ Lassen Sie das Motoröl ab.

■ Demontieren Sie den Ölfilter und lassen Sie auch hier das Öl ablaufen.

■ Lösen Sie die Verschraubung der Motorhalterungen (2 im Bild 7) rechts und links.

■ Heben Sie den Motor mit Hilfe einer Hebeeinrichtung wie einem Motorkran (von oben) oder Getriebeheber (von unten) so weit an, dass die Motorlager (7) nicht mehr belastet sind.

⚠ Achten Sie darauf, dass das flexible Auspuffrohr nicht belastet wird.

■ Drehen Sie die Schrauben (1 und 4) heraus.
■ Drehen Sie die Schrauben (6) von unten heraus.
■ Drehen Sie die Schrauben (5) von unten heraus.
■ Nehmen Sie den Motorquerträger heraus.
■ Drehen Sie die Befestigungsschrauben der Ölwanne (1-16 im Bild 6) heraus.
■ Durchtrennen Sie die Dichtmasse mit einem passenden Messer- oder Cutterklingen.

⚠ Hebeln Sie die Ölwanne nicht mit Gewalt ab. Sie wird sich verziehen und muss dann ersetzt werden.

■ Nehmen Sie die Ölwanne ab.
■ Entfernen Sie die Dichtmittelreste am Zylinderblock mit einem Flachschaber.
■ Entfernen Sie die Dichtmittelreste an der Ölwanne mittels einer rotierenden Bürste, z. B. einer Handbohrmaschine mit Kunststoffbürsten-Einsatz (Schutzbrille aufsetzen).
■ Reinigen Sie die Dichtflächen, sie müssen öl- und fettfrei sein.

Der Einbau erfolgt sinngemäß in umgekehrter Reihenfolge.

Beachten Sie das Haltbarkeitsdatum des Dichtmittels.

■ Die Ölwanne muss nach dem Auftragen des Silikon-Dichtmittels innerhalb 5 Minuten eingebaut werden.
■ Die Dichtmittelraupe darf nicht dicker sein, da sonst überschüssiges Dichtmittel in die Ölwanne gelangen und das Sieb in der Saugleitung der Ölpumpe verstopfen kann.
■ Schneiden Sie die Tubendüse an der vorderen Markierung ab (Düse ca. 3 mm).
■ Tragen Sie das Silikon-Dichtmittel wie gezeigt auf die saubere Dichtfläche der Ölwanne auf. Die Dichtmittelraupe (1 im Bild 5) muss 2 bis 3 mm dick sein und im Bereich der Schraubenbohrungen an der Innenseite vorbeilaufen (1).

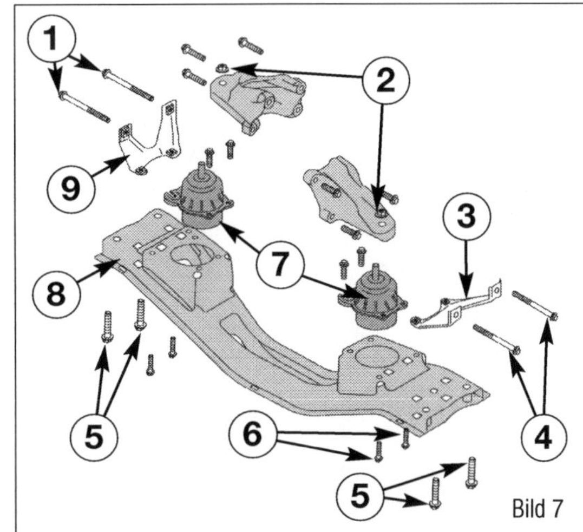

Bild 7

Bild 7
Motorquerträger bei heck- und allradgetriebenen Fahrzeugen.
1 Schrauben
2 Muttern am Motorträger
3 Halter
4 Schrauben
5 Schrauben
6 Schrauben
7 Motorlager
8 Motorquerträger
9 Verstärkungsstütze

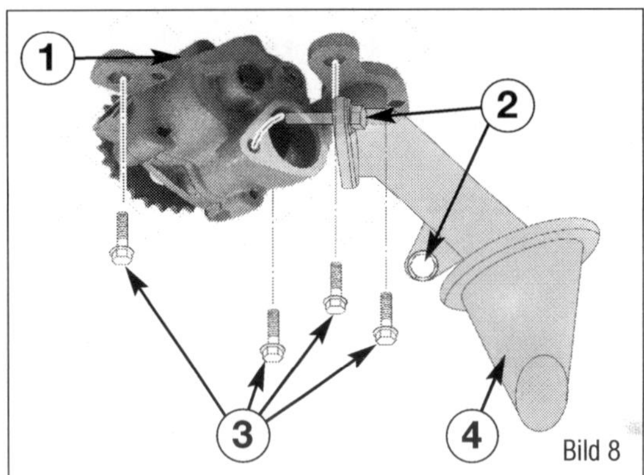

Bild 8

Bild 8
Ölpumpe beim 2,2-l-Dieselmotor.
1 Ölpumpe
2 Schrauben Saugstutzen
3 Schrauben Ölpumpe
4 Saugstutzen

■ Nach der Montage der Ölwanne muss das Dichtmittel ca. 30 Minuten trocknen. Erst danach darf Motoröl eingefüllt werden.
■ Ziehen Sie die Ölwannenschrauben in der angegebenen Zahlenreihenfolge im Bild 6 mit 15 Nm fest.
■ Den Motorträger wieder einbauen.
■ Geräuschdämpfung einbauen.
■ Motoröl einfüllen und Ölstand prüfen.

Demontage der Ölpumpe

Für die Ölpumpen sind keine Ersatzteile lieferbar. Sie müssen im Schadensfall komplett ersetzt werden. Es ist eine herkömmliche Ölpumpe verbaut, die nach Demontage der Ölwanne erreichbar ist. Die Einbauweise der Ölpumpen ist für die Motortypen ähnlich. Auch hier stellen wir Ihnen eine allgemeingültige Beschreibung der Arbeitsschritte zur Verfügung. Betrachten wir im Folgenden die erforderlichen Arbeitsschritte im Detail.

Sichtprüfung

Messen

Frontgetrieben Fahrzeuge

- Bauen Sie, wie bereits beschrieben, die Ölwanne ab.
- Drehen Sie die Schrauben (3 im Bild 8) heraus.
- Demontieren Sie den Saugstutzen (4).
- Drehen Sie die Schrauben (3) los und entspannen Sie die Antriebskette der Ölpumpe.
- Nehmen Sie das Antriebsrad mit der Ölpumpe aus der Antriebskette heraus.
- Nehmen Sie die Ölpumpe ab.

Der Einbau erfolgt sinngemäß in umgekehrter Reihenfolge.

- Die Schrauben in Stufen anziehen:

1. Stufe: Alle Schrauben bis zur Anlage der Ölpumpe von Hand eindrehen.
2. Stufe: Handfest über Kreuz anziehen, um das Verkanten der Ölpumpe zu vermeiden.
3. Stufe: Über Kreuz mit 25 Nm (M8-Schrauben) beziehungsweise 10 Nm (M6-Schrauben) anziehen.

Heck- und Allrad-getrieben Fahrzeuge

- Bauen Sie, soweit Verbaut den Unterfahrschutz ab.
- Reinigen Sie den Bereich um die Ölwanne und den Motorquerträger gründlich.
- Bauen Sie, wie bereits auf Seite 76 beschrieben, die Ölwanne ab.
- Heben Sie den Motor mit dem Motorheber soweit an das Sie die Verschraubungen der Ölpumpe erreichen können.

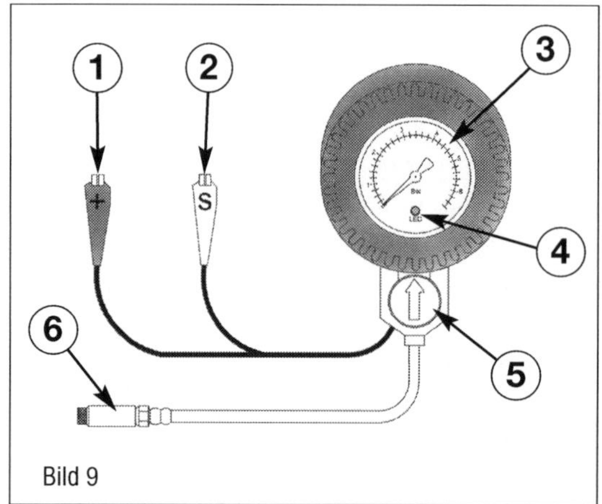

Bild 9

Bild 9
Öldruckmessgerät mit Diodenleuchte.
1 Anschluss Batterie plus
2 Anschluss Öldruckschalter
3 Druckanzeige
4 LED-Leuchte
5 Absperrhahn
6 Anschlussschlauch

Öldruckschalter und Öldruck prüfen

Es werden ein üblicher Öldruckprüfer sowie ein Spannungsprüfer mit Leuchtdiode und den Messhilfsmitteln (Anschlusskabel) benötigt.
Der Öldruckschalter ist bei den einzelnen Motortypen an unterschiedlichen Stellen eingebaut.

Prüfablauf

Wir stellen Ihnen hier ein Prüfgerät vor, das mit einer LED die Reaktion der Ölkontrollleuchte in der Armaturentafel nachbildet. So kann überprüft werden, ob der Öldruckschalter oder die Verkabelung für eine Funktionsstörung an der Kontrollleuchte verantwortlich sind.

Vorbereitung:

- Prüfen Sie den Motorölstand.
- Die Öltemperatur muss mindestens 80 °C betragen. Der Kühlerlüfter muss einmal geschaltet haben.
- Stecker vom Öldruckschalter abziehen.
- Öldruckschalter ausbauen und in das Prüfgerät schrauben.
- Prüfgerät anstelle des Öldruckschalters in den Zylinderkopf einschrauben.
- Rote Leitung des Prüfgerätes an Batterieplus (+) legen. Prüfanschluss mit Hilfsleitungen (S) an den Öldruckschalter anschließen (Prüfanordnung nach Bild 9).
- Zündung einschalten. Die LED-Leuchte leuchtet nun.

Prüfablauf:

- Motor anlassen und die LED (4 im Bild 9) und die Druckanzeige (3) beobachten. Der Schaltpunkt des Öldruckschalters kann bereits beim Anlassen überschritten werden.
- Die LED-Lampe (4) sollte dann ausgehen.
- Langsam die Drehzahl erhöhen.
- Drehzahl weiter erhöhen. Bei 2000 1/min und 80 °C Öltemperatur soll der Öl-Überdruck mindestens etwa 2,0 bar betragen.
- Bei höherer Drehzahl darf der Öl-Überdruck 7,0 bar nicht überschreiten, ggf. Ölüberdruckventil bzw. Öldruckhalteventil ersetzen.

Auswertung:

- Wird der Sollwert unterschritten, können mögliche Ursachen wie Verschmutzung des Siebes im Ölansaugrohr oder Lagerschäden ermittelt werden. Wird der Sollwert überschritten, müssen die Ölkanäle geprüft werden, ggf. ist der Ölfilterhalter mit Überdruckventil zu ersetzen. Ansonsten: Ölpumpe ersetzen.
- Beim Wiedereinbau des Öldruckschalters das Anzugsdrehmoment beachten.

Motor	Anzugsdrehmoment
2,2-l-Diesel	15 Nm

Öldruckschalter aus- und einbauen

Der Arbeitsablauf für die einzelnen Motortypen ist sehr ähnlich. Der Einbauort unterscheidet sich aber. Wir stellen Ihnen die Arbeitsbeschreibung entsprechend zu den Motoren zusammen.

Vorbereitungen

- Stellen Sie den Motor ab und öffnen Sie die Motorhaube.
- Motorabdeckung (soweit verbaut) ausbauen.
- Kontrollieren Sie, ob Undichtigkeiten im Bereich des Öldruckschalters sichtbar sind.

Demontage

- Reinigen Sie den Bereich um den Öldruckschalter, der sich oben im Ölfilterflansch befindet, gründlich.
- Legen Sie ein Lappen unter den Öldruckschalter (1 im Bild 11 oder 12) um eventuell austretendes Öl auffangen zu können.

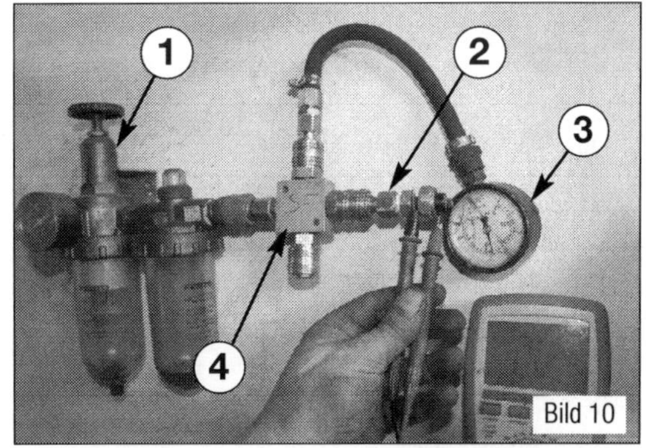
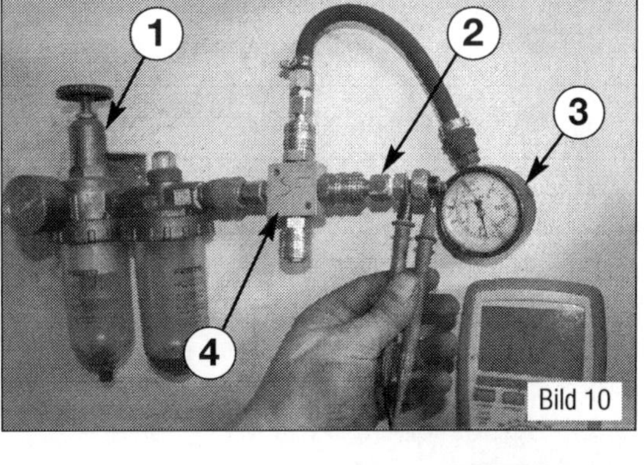

Bild 10
Prüfgerät aus dem Eigenbausortiment.
1 Druckminderer
2 Adapter Öldruckschalter
3 Druckmessuhr
4 Verteilerstück

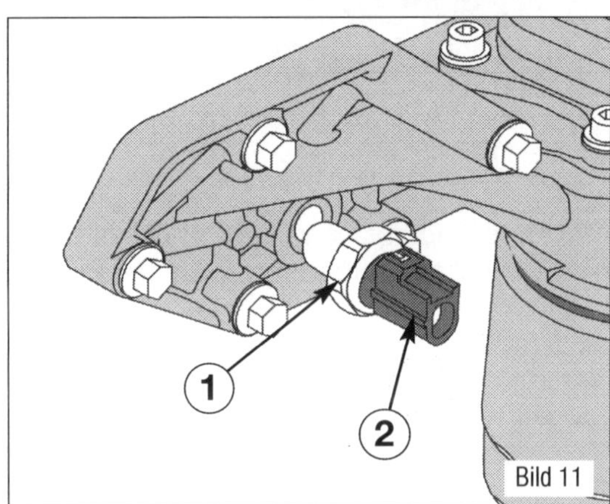

Bild 11
Öldruckschalter beim 2,4-l-Motor.
1 Öldruckschalter
2 Steckkontakt

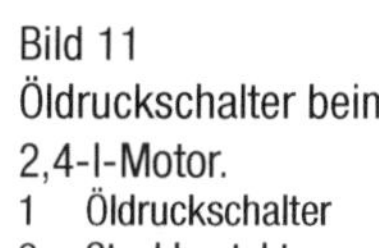

- Ziehen Sie den Anschlussstecker (2) vom Öldruckschalter ab.
- Drehen Sie den Öldruckschalter heraus.

Montage

Der Einbau erfolgt sinngemäß in umgekehrter Reihenfolge.

- Beim Wiedereinbau des Öldruckschalters das Anzugsdrehmoment beachten.
- Reinigen Sie den Arbeitsbereich gründlich.
- Prüfen Sie die Dichtigkeit des Öldruckschalters und der Einbauposition bei laufendem Motor.
- Prüfen Sie abschließend den Ölstand.

Bild 12
Montage des Öldruckschalters (2,2-l-Motor).
1 Öldruckschalter
2 Steckkontakt
3 Ölkühler
4 Ölfiltergehäuse

6 Kühlsystem

Funktion des Kühlkreislaufs
Das Kühlsystem sorgt für die richtige Betriebstemperatur des Motors. Es besteht aufbauseitig aus Kühler, Ladeluftkühler, Luftführungshutze mit Kühlerlüftern und Ausgleichsbehälter für Kühlmittel. Motorseitig gehören Kühlmittelschläuche und Kühlmittelrohre sowie ein Netz aus kleinen, genau bemessenen Kanälen in Motorblock und Zylinder, in denen die in den Ausgleichsbehälter eingefüllte Kühlflüssigkeit zirkuliert, zum System. So entsteht ein Wassermantel, der die Verbrennungswärme über die Schläuche des Kühlsystems an den Kühler abführt. Welche Wege im jeweils konkreten Betriebszustand das Kühlmittel im Kühlsystem nimmt, hängt von der Temperatur des Motors ab.
Zu den motorseitigen Aggregaten des Kühlsystems gehören ferner der Motorölkühler und der Kühler für Abgasrückführung. Diese Niedertemperatur-Abgasrückführung sorgt für die Reduzierung der NOx-Emissionen. Bei geschlossenem Kühlmittelregler (Thermostat) wird der Abgasrückführungs-Kühler direkt vom Motorkühler mit kaltem Kühlmittel versorgt. Aufgrund des dadurch größeren Temperaturgefälles kann eine größere Abgasmenge zurückgeführt werden. Somit können die Verbrennungstemperaturen und in deren Folge die Stickoxid-Emissionen in der Warmlaufphase des Motors weiter gesenkt werden. Eine mechanische Kühlmittelpumpe (»Wasserpumpe«) sorgt für den ständigen Kreislauf des Kühlmittels. Sie wird bei den TDI-Motoren von der Kurbelwelle über den Zahnriemen angetrieben, der das Nockenwellenrad und die Hochdruckpumpe des Einspritzsystems antreibt. Die elektrische Zusatzwasserpumpe wird vom Motorsteuergerät angesteuert und läuft nach Motorstart ständig mit. Ein Kühlmittelregler (Dehnstoff-Thermostat) hält die Kühlmitteltemperatur konstant. Das Kühlsystem steht unter einem Überdruck von etwa 1,2 bis 1,5 bar bei Betriebstemperatur. Dadurch und durch den Einsatz von Kühlmittelzusätzen erhöht sich der Siedepunkt der Kühlflüssigkeit von 100 °C auf rund 120 °C. Die höhere Temperatur ermöglicht einen wirtschaftlicheren und damit Kraftstoff sparenden Motorbetrieb. Wenn bei einem heißen Motor der Kühlmitteldruck 1,5 bar übersteigt, tritt das Überdruckventil am Ausgleichsbehälter in Aktion. Es öffnet dann und lässt zum Druckausgleich etwas Wasserdampf entweichen.

Bild 1
Kühlmittelstand am Kühlmittelausgleichsbehälter.

Sicht- und Funktionsprüfungen

Kühlmittelstand prüfen

- Der Kühlmittelstand wird bei kaltem Motor am Kühlmittel-Ausgleichsbehälter geprüft. Dieser Behälter befindet sich im Motorraum rechts hinten. Er ist meist mit den Markierungen »Max« und »Min« gekennzeichnet, auf jeden Fall mit der »min«-Markierung und einer Markierungslinie für den maximalen Füllstand.
- Ist der Motor kalt, muss das Kühlmittel zwischen »Max« und »Min« (Bild 1), bei warmem Motor etwas über der Markierungslinie für maximalen Füllstand stehen.
- Bei nicht verbrauchsbedingtem Flüssigkeitsverlust muss die Ursache ermittelt und durch Reparatur beseitigt werden.

Frostschutz des Kühlmittels prüfen
Zur Frostschutzprüfung wird ein handelsüblicher Ansaugprüfer oder für genauere Prüfung ein so genanntes Refraktometer (Hella 8PE 185 103-261) benötigt. Beim Ansaugprüfer wird der jeweilige Frostschutz in °C angezeigt. Sinnvoller ist es aber die Kon-

zentration des Kühlmittelzusatzes mit dem Refraktometer entsprechend der Bedienungsanleitung zu prüfen (Bilder 2 und 3). Die Skala »1« des Refraktometers bezieht sich auf die Kühlmittelzusätze G12, G12 plus, G12 plusplus und G11. Die Skala »2« bezieht sich nur auf zu verwendenden Kühlmittelzusatz G13.

■ Prüfen Sie den Kühlmittelstand im Ausgleichbehälter bei kaltem Motor.

■ Den genauen Wert bei den Prüfungen liest man an der Hell-Dunkel-Grenze ab. Zur besseren Veranschaulichung der Hell-Dunkel-Grenze wird mit der Pipette ein Tropfen Wasser auf das Glas gebracht. Die Hell-Dunkel-Grenze ist dann deutlich an der »Waterline« zu erkennen (Bild 3). Der Frostschutz muss bis etwa -25 °C gewährleistet sein.

■ Bei zu geringem Frostschutz Kühlflüssigkeit ablassen und durch Kühlmittelzusatz G12 plusplus ersetzen.

■ Probefahrt durchführen und Frostschutz des Kühlmittels erneut prüfen.

Kühlsystem auf Dichtigkeit prüfen

Zur Prüfung der Dichtheit des Kühlsystems und des Überdruckventils wird ein Kühlsystem-Prüfgerät einschließlich Adapter für den Anschluss am Ausgleichsbehälterdeckel benötigt. Der Motor muss betriebswarm sein.

■ Verschlussdeckel vom Kühlmittel-Ausgleichsbehälter öffnen.

■ Den Adapter für Kühlsystemprüfgerät in den Kühlmittelausgleichsbehälter schrauben, das Anschlussstück über den Verbindungsschlauch mit dem Kühlsystem-Prüfgerät verbinden (Bild 4).

■ Mit der Handpumpe des Kühlsystem-Prüfgerätes ca. 1,0 bar Überdruck erzeugen. Fällt der Druck ab: Undichte Stelle suchen und Fehler beseitigen. Bevor das Kühlsystemprüfgerät vom Verbindungsschlauch oder Anschlussstück getrennt wird, muss unbedingt der vorhandene Druck abgebaut werden. Dazu das Druckentlastungsventil am Kühlsystem-Prüfgerät drücken, bis das Druckmanometer den Wert »0« anzeigt.

Überdruckventil im Verschlussdeckel des Kühlmittelbehälters prüfen

■ Verschlussdeckel des Kühlmittel-Ausgleichsbehälters in den Adapter für Kühlsystemprüfgerät schrauben, das passende Anschlussstück mit dem Kühlsystem-Prüfgerät verbinden.

■ Mit der Handpumpe des Kühlsystem-Prüfgerätes einen Überdruck von max. 1,6 bar erzeugen. Das Überdruckventil darf noch nicht öffnen. Öffnet das Überdruckventil vorzeitig: Verschlussdeckel ersetzen.

■ Druck auf über 1,6 bar erhöhen. Das Überdruckventil muss öffnen. Öffnet das Überdruckventil nicht: Verschlussdeckel ersetzen.

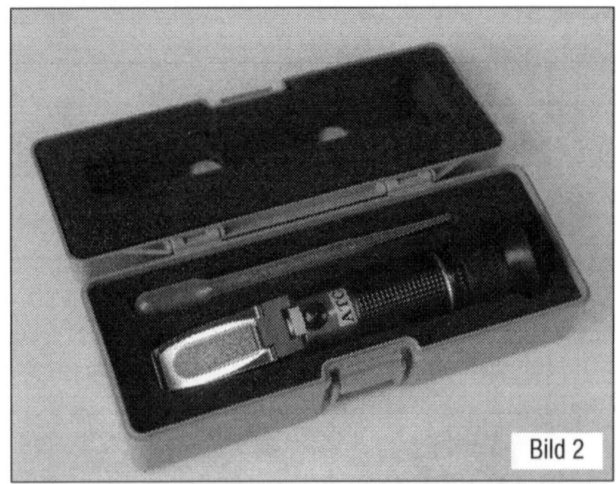

Bild 2
Refraktometer zur Frostschutzgehaltsprüfung.

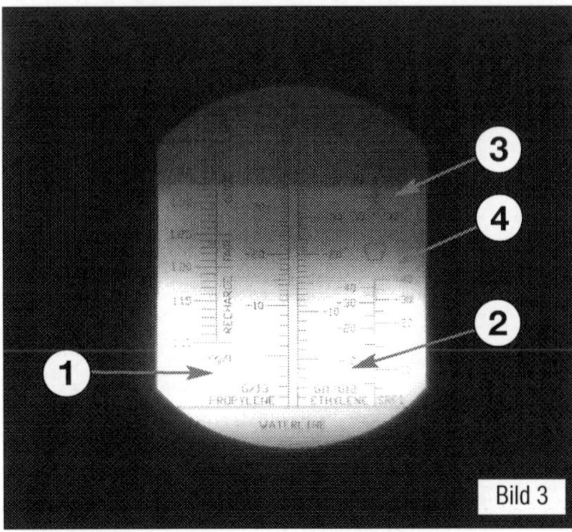

Bild 3
Sichtfeld des Refraktometers.
1 G12; G12 Plus, G12 Plus und G11
2 G13
3 Ad Blue
4 Scheibenfrostschutz

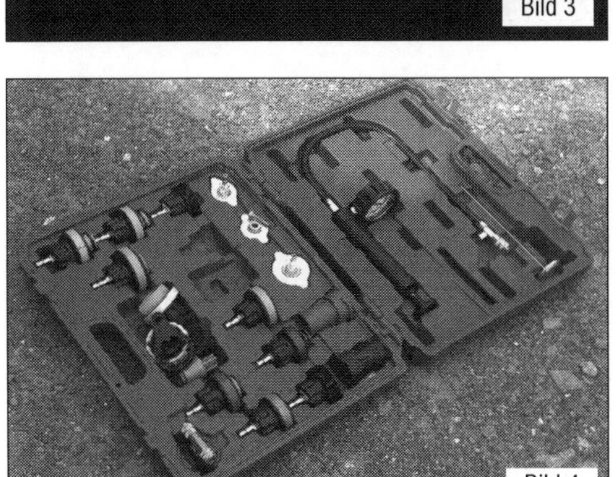

Bild 4
Kühlsystemprüfgerät mit Adaptern für Kühlmittelbehälter und Kühlerdeckel.

Sichtprüfung

Messen

Kühlmittel ablassen, ergänzen, auffüllen

Kühlmittel ablassen
Die wesentlichen Arbeitsschritte unterscheiden sich nicht in den einzelnen Motormodellen. Wir stellen Ihnen eine allgemeingültige Anweisung vor und führen die Besonderheiten der einzelnen Modelle auf.

Das von Ford empfohlene »Ford Premium Kühlerfrostschutz« mit der Freigabe WWS-M97B44-D ist mit den roten G30-Kühlmitteln von Glysantin vergleichbar. Mehr Informationen zu den unterschiedlichen Ausführungen von G12, G12+ oder G30 finden Sie auf der Internetseite von Glysantin unter den Produktdatenblättern.

Es wird empfohlen, auch bei allen älteren Modellen das Kühlmittel bei Ergänzungen und Neubefüllungen mit destilliertem Wasser anzumischen. Kontrollieren Sie, dass der Frostschutz zwischen -25 °C und -30 °C liegt. Er darf keinesfalls darunter, aber auch nicht darüber liegen. Das Frostschutzmittel im Kühlsystem hat neben dem Schutz vor Frost noch die Aufgaben zur Schmutzbindung und Reinigung, der Schmierung und dem Korrosionsschutz zu übernehmen. Ein zu hoher Wasseranteil bedeutet also nicht nur eine geringere Frostsicherheit, sondern auch eine Abschwächung der pflegenden Wirkung. Ein zu hoher Frostschutzanteil hat deutlichen Einfluss auf die Wärmeleitfähigkeit. Diese Eigenschaft übernimmt der Wasseranteil. Je größer der Frostschutzanteil wird, umso schlechter wird auch die Wärmeabfuhr ausfallen.

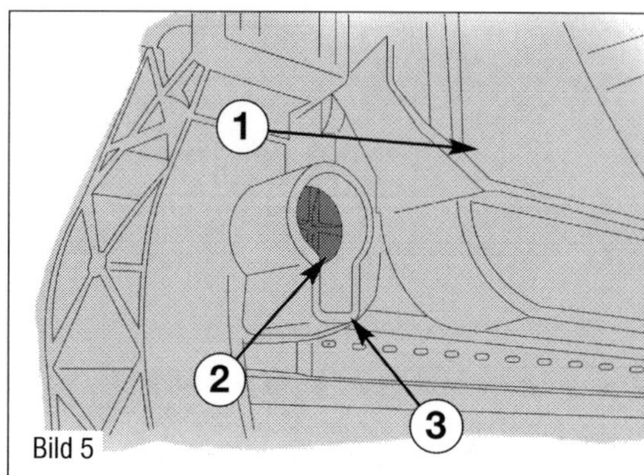

Bild 5
Ablassschraube am Kühler unten links.
1 Kühler
2 Ablassschraube
3 Ablaufrinne

Bei warmem Motor steht das Kühlsystem unter Druck, beim Öffnen des Ausgleichsbehälters kann deshalb heißer Dampf bzw. heißes Kühlmittel entweichen. Überdruck abbauen, dazu Verschlussdeckel mit einem Lappen abdecken und vorsichtig öffnen. Schutzbrille und Schutzbekleidung tragen, um Augenverletzungen und Verbrühungen zu vermeiden.

- Verschlussdeckel vom Kühlmittel-Ausgleichsbehälter öffnen.
- Fahrzeug anheben und Motorspritzschutz (Geräuschdämpfung) abschrauben.
- Auffangwanne unter den Motor stellen.
- Demontieren Sie den Kühlergrill, wie bereits beschrieben.
- Öffnen Sie den Verschlussdeckel des Kühlmittelausgleichsbehälters.
- Ablaufschraube (2 im Bild 5) vorsichtig öffnen.
- Das Kühlmittel auslaufen lassen.

Befüllen ohne Füllgerät
Nach einem Austausch des Kühlers, des Zylinderkopfs oder der Zylinderkopfdichtung darf die gebrauchte Kühlflüssigkeit nicht wieder verwendet werden.
- Stellen Sie das Fahrzeug auf eine gerade Ebene.
- Das Kühlmittel langsam über den Einfüllstutzen am Ausgleichsbehälter einfüllen.
- Das Kühlmittel langsam bis etwa 30 mm über die »MAX«-Markierung einfüllen.
- Bewegen Sie die Kühlmittelfüllung durch das Drücken der Kühlschläuche und bewegen Sie etwas Luft aus dem Kühlsystem heraus.
- Verschließen Sie den Ausgleichsbehälter mit dem Kühlerdeckel.
- Stellen Sie den Heizungsregler auf »warm«.

Bei Fahrzeugen mit Zusatzheizung oder Klimaanlage darauf achten, dass der Zusatzkühlkreis geöffnet ist, sodass der Durchfluss des Motorkühlmittels ermöglicht wird.

Fahrzeuge mit Frontantrieb und elektrischem Lüfter
- Lassen Sie den Motor mit etwa 2000 1/min für etwa 2 Minuten laufen.
- Lassen Sie den Motor im Leerlauf laufen, bis der Lüfter anläuft.

■ Zwischendrin den Motor mehrmals nacheinander langsam beschleunigen (etwa alle 30 Sekunden), bis der Motor ca. 3000 1/min erreicht.
■ Den Wechsel zwischen Leerlaufphasen und Beschleunigung der Motordrehzahl so lange durchführen, bis der Kühlerlüfter zweimal geschaltet hat.
■ Lassen Sie den Motor abkühlen.
■ Kühlmittelstand prüfen und ggf. ergänzen. Bei betriebswarmem Motor muss der Kühlmittelstand an der oberen Markierung, bei kaltem Motor in der Mitte des gerasterten Feldes liegen.

Fahrzeuge mit Heck- und Allradantrieb und Viscolüfter
■ Lassen Sie den Motor mit etwa 2000 1/min für etwa 20 Minuten laufen.
■ Erhöhen Sie die Drehzahl für etwa 10 min auf 3000 1/min.
■ Lassen Sie den Motor mit etwa 2000 1/min für etwa 10 Minuten laufen.
■ Schalten Sie den Motor ab.
■ Prüfen Sie das Kühlsystem auf etwaige Undichtigkeiten.
■ Lassen Sie den Motor abkühlen und befüllen Sie den Ausgleichsbehälter bis zu der »MAX«-Markierung.

Kühler aus- und einbauen

Die unterschiedlichen Motorvarianten verändern den Arbeitsablauf zum Ausbau des Kühlers nur unwesentlich. Wir stellen Ihnen hier eine allgemeingültige Beschreibung vor.

■ Stellen Sie das Fahrzeug auf die Hebebühne.
■ Lassen Sie den Motor abkühlen.
■ Demontieren Sie die Vorderräder.
■ Demontieren Sie den Unterfahrschutz Mitte (soweit verbaut).
■ Drehen Sie die Schrauben (2 im Bild 5) heraus.
■ Drehen Sie die Schrauben (4) vom Radhaus aus, rechts und links heraus.
■ Demontieren Sie die Clips (3).
■ Drehen Sie die Schrauben (7) von vorne heraus.
■ Bauen Sie den vorderen Stoßfänger (1, 5 und 6) zusammen mit dem Kühlergrill (als ein Teil) ab.

■ Ziehen Sie den Anschlussstecker zum Lüftermotor oder dem Lüftersteuergerät (soweit verbaut) ab.
■ Ziehen Sie den Anschlussstecker zum Temperaturschalter im Kühler links ab.
■ Lösen Sie den Behälter der Servoflüssigkeit und legen Sie Ihn so aus dem Arbeitsbereich heraus, dass er nicht ausläuft.
■ Demontieren Sie den Schlossträger und nehmen Sie ihn heraus.

Achten Sie darauf, dass die Lagerungen für den Kühler (1 im Bild 6) oben nicht herausfallen.

■ Clipsen Sie die Entlüftungsleitung oben am Kühler aus und legen Sie sie aus dem Arbeitsbereich heraus.

Fahrzeuge mit Heck- oder Allradantrieb:
Bei Fahrzeugen mit längs eingebauten Motoren wird das Hauptlüfterrad vom Antriebsriemen angetrieben. Es kann aber auch ein zusätzlicher elektrischer Lüfter (4 im Bild 7) verbaut sein.
■ Bauen Sie den Antriebsriemen wie bereits beschreiben ab.
■ Halten Sie die Riemenscheibe mit einem Ölfilterband (1 im Bild 6) gegen und lösen

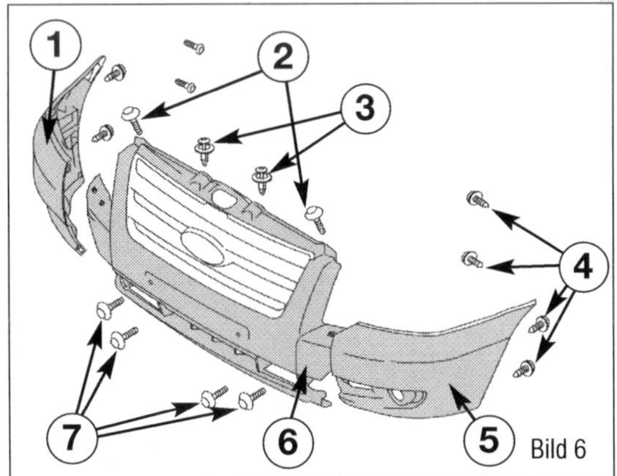

Bild 6
Stoßfängerverkleidung vorne.
1 Verkleidung rechts
2 Schrauben oben
3 Clips
4 Schrauben zugänglich vom Radlauf aus
5 Verkleidung links
6 Verkleidung Mitte
7 Schrauben vorne

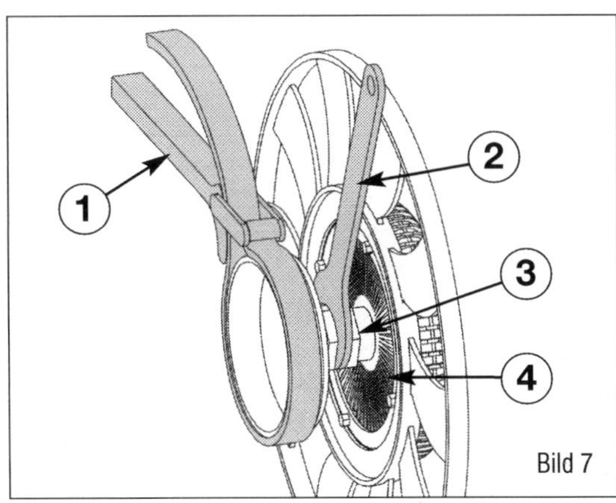

Bild 7
Viscolüfter bei Fahrzeugen mit längs eingebautem Motor.
1 Ölfilterband
2 Gabelschlüssel
3 Sechskant auf der Viscokupplung
4 Viscokupplung

Sie die Verschraubung der Viscokupplung auf der Riemenscheibe.
- Demontieren Sie das Lüfterrad zusammen mit der Viscokupplung.

Weiter für alle Fahrzeuge:
- Drücken Sie die Rastfeder unten an der Lüfterzarge rechts und links.
- Ziehen Sie die Lüfterzarge vorsichtig nach oben heraus.
- Lösen Sie die Schlauchschellen an den Kühlmittelanschlüssen oben und unten.

Fahrzeuge mit Klimaanlage:
- Sichern Sie den Klimakondensator (Klimakühler) am Fahrzeug.
- Clipsen Sie den Klimakondensator (Klimakühler) am Kühler aus und ziehen Sie ihn vorsichtig etwas aus den Haltern am Wasserkühler heraus.

Weiter für alle Fahrzeuge:
- Nehmen Sie den Kühler nach oben heraus.

Die Montage erfolgt sinngemäß in umgekehrter Reihenfolge.
- Achten Sie auf den Sitz des Wasserkühlers in den Lagergummis oben und unten.
- Befüllen Sie das Kühlsystem wie bereits beschrieben.

Lüfter und Zarge aus- und einbauen

Grundsätzlich werden zwei Bauweisen unterschieden. Fahrzeuge mit längs eingebauten Motoren sind in der Regel mit einem Viscolüfter ausgestattet (3 im Bild 7). Ist das Fahrzeug mit einer Klimaanlage ausgerüstet, kommt ein Elektrolüfter (4) hinzu. Der kann auch bei Fahrzeugen mit hoher Belastung nachgerüstet werden (Wohnmobile, Fahrzeuge im Anhängerbetrieb). Bei Fahrzeugen mit quer eingebautem Motor sind grundsätzlich elektrische Lüftermotoren verbaut. Auch hier kommt dann bei der Ausrüstung mit einer Klimaanlage ein zweiter Lüfter (3 im Bild 8) hinzu. Die Montagearbeiten sind für die verschiedenen Motorvarianten kaum unterschiedlich. Wir stellen Ihnen eine allgemeingültige Arbeitsbeschreibung zur Verfügung.

- Stellen Sie das Fahrzeug auf die Hebebühne.
- Lassen Sie den Motor abkühlen.
- Demontieren Sie die Vorderräder.
- Demontieren Sie den Unterfahrschutz Mitte (soweit verbaut).
- Drehen Sie die Schrauben (2 im Bild 5) heraus.
- Drehen Sie die Schrauben (4) vom Radhaus aus rechts und links heraus.
- Demontieren Sie die Clips (3).
- Drehen Sie die Schrauben (7) von vorne heraus.
- Bauen Sie den vorderen Stoßfänger (1, 5 und 6) zusammen mit dem Kühlergrill (als ein Teil) ab.
- Ziehen Sie den Anschlussstecker zum Lüftermotor oder dem Lüftersteuergerät (soweit verbaut) ab.
- Ziehen Sie den Anschlussstecker zum Temperaturschalter im Kühler links ab.
- Lösen Sie den Behälter der Servoflüssigkeit und legen Sie Ihn so aus dem Arbeitsbereich heraus, dass er nicht ausläuft.
- Demontieren Sie den Schlossträger und nehmen Sie ihn heraus.

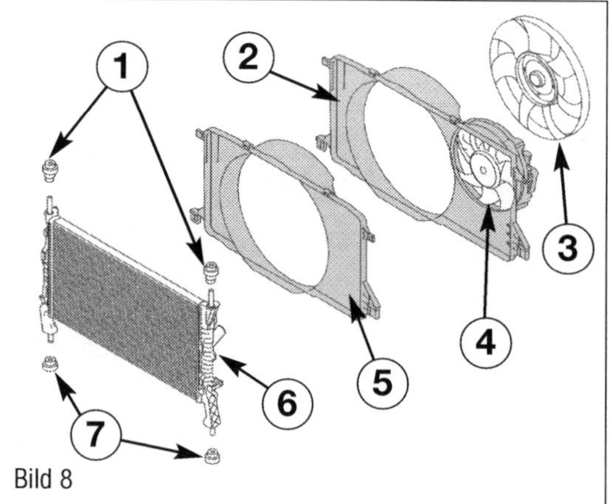

Bild 8

Bild 8
Kühler und Lüfterverkleidung bei Fahrzeugen mit längs eingebautem Motor.
1 Lagergummis oben
2 Zarge mit Zusatzlüfter
3 Lüfterrad
4 Lüfter elektrisch
5 Lüfterzarge ohne Zusatzlüfter
6 Kühler
7 Lagergummis unten

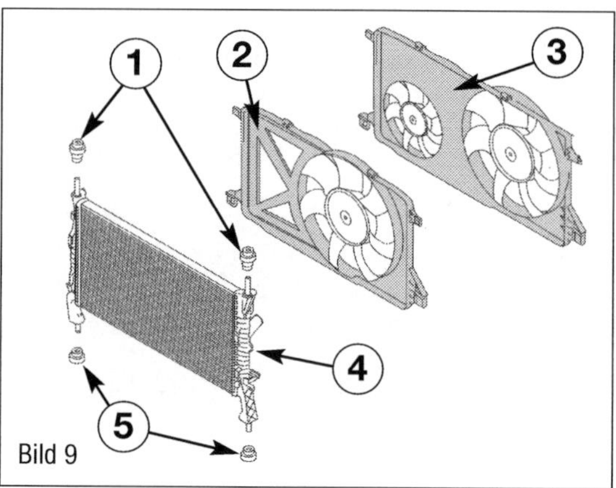

Bild 9

Bild 9
Kühler und Lüfterverkleidung bei Fahrzeugen mit quer eingebautem Motor.
1 Lagergummis oben
2 Zarge Fahrzeuge ohne Klimaanlage (Zusatzlüfter)
3 Zarge Fahrzeuge mit Klimaanlage (Zusatzlüfter)
4 Kühler
5 Lagergummis unten

Achten Sie darauf, dass die Lagerungen für den Kühler (1 im Bild 9) oben nicht herausfallen.

■ Clipsen Sie die Entlüftungsleitung oben am Kühler aus und legen Sie sie aus dem Arbeitsbereich heraus.

Fahrzeuge mit Heck- oder Allradantrieb:
Bei Fahrzeugen mit längs eingebauten Motoren wird das Hauptlüfterrad vom Antriebsriemen angetrieben. Es kann aber auch ein zusätzlicher elektrischer Lüfter (4 im Bild 8) verbaut sein.

■ Bauen Sie den Antriebsriemen wie bereits beschrieben ab.

■ Halten Sie die Riemenscheibe mit einem Ölfilterband (1 im Bild 10) gegen und lösen Sie die Verschraubung der Viscokupplung auf der Riemenscheibe.

■ Demontieren Sie das Lüfterrad zusammen mit der Viscokupplung.

Weiter für alle Fahrzeuge:

■ Drücken Sie die Rastfeder unten an der Lüfterzarge rechts und links.

■ Ziehen Sie die Lüfterzarge vorsichtig nach oben heraus.

■ Legen Sie die Anschlusskabel des Lüftermotors auf der Lüfterzarge frei.

■ Drehen Sie die drei Befestigungsschrauben an der Lüfterzarge los und nehmen Sie den entsprechenden Lüftermotor heraus.

■ Führen Sie die Anschlusskabel aus der Lüfterzarge heraus.

■ Soll das Lüfterrad vom Lüftermotor demontiert werden, lösen Sie die Zentralmutter auf dem Lüfterrad und ziehen es vorsichtig nach vorne ab.

Die Montage erfolgt sinngemäß in umgekehrter Reihenfolge.

■ Achten Sie auf den Sitz der Lüfterzarge im Wasserkühler.

Kühlmittelpumpe (Wasserpumpe) aus- und einbauen

Auch hier bieten die unterschiedlichen Motorbasen drei unterschiedliche Konzepte mit entsprechend unterschiedlichen Arbeitsabläufen für die Montagearbeiten. Wir werden im Folgenden jede Motorbasis einzeln vorstellen.

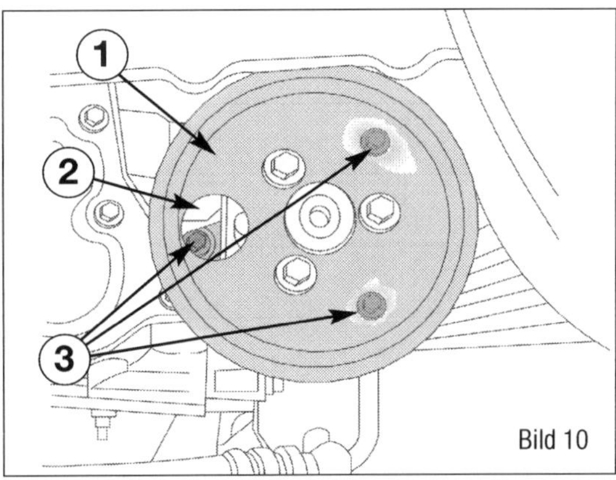

Bild 10
Verschraubung der Kühlmittelpumpe an der Servopumpe beim 2,2-l-Motor.
1 Riemenscheibe
2 Loch in der Riemenscheibe
3 Verschraubungen der Kühlmittelpumpe (Wasserpumpe)

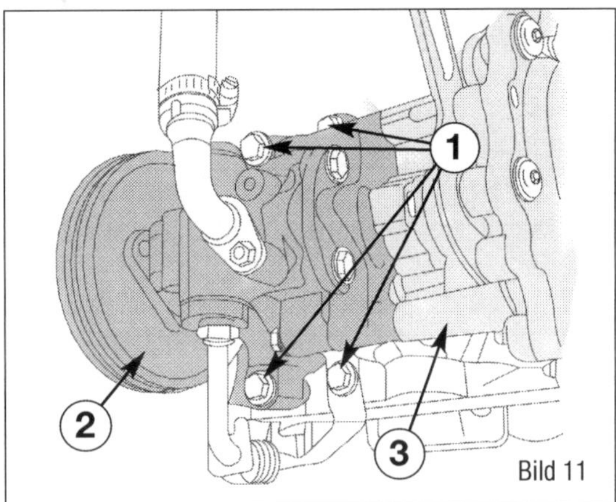

Bild 11
Verschraubung der Servopumpe beim 2,2-l-Motor.
1 Schrauben Servopumpe
2 Servopumpe
3 Kühlmittelpumpe (Wasserpumpe)

Vorbereitungen für alle Motoren

■ Lassen Sie das Fahrzeug abkühlen.

■ Lassen Sie das Kühlmittel wie schon beschrieben ab.

■ Demontieren Sie den Unterfahrschutz unten Mitte und unten rechts.

Dieselmotor in Quereinbau

Die Wasserpumpe ist auf die Rückseite der Servopumpe aufgeflanscht. Die Verschraubung (3 im Bild 11) zwischen den beiden Pumpen ist durch eine Bohrung (2) in der Riemenscheibe (1) zugänglich.

■ Demontieren Sie wie bereits beschrieben die Antriebsriemen (siehe Kapitel 4 »Keilrippenriemen«).

■ Demontieren Sie die Wasseranschlüsse an der Wasserpumpe und den Anschlussschlauch zum Ölwärmetauscher am Ölfilterflansch.

■ Schrauben Sie die Befestigungsschrauben der Kühlmittelpumpe (3) heraus.

■ Drehen Sie die Befestigungsschrauben der Servopumpe (1 im Bild 11) heraus und nehmen Sie die Servopumpe vorsichtig ab. Die Anschlüsse der Servopumpe müssen nicht gelöst werden.

■ Hebeln Sie die Wasserpumpe von der Servopumpe ab.
■ Die starre Flüssigkeitsausgangsleitung von der Wasserpumpe zum Motor entfernen und aus dem Fahrzeug herausnehmen.
■ Die Schelle der Kühlmittelleitung zum Ölwärmetauscher entfernen und die Leitung abnehmen.

Der Einbau erfolgt sinngemäß in umgekehrter Reihenfolge.
■ Setzen Sie die Wasserpumpe mit säurefreiem Fett in den Antrieb ein, so wird die Montage deutlich erleichtert.
■ Befüllen und entlüften Sie das Kühlsystem wie bereits beschrieben.
■ Ziehen Sie die M6-Schrauben der Wasserpumpe mit 10 Nm fest.
■ Ziehen Sie die M8-Schrauben der Wasserpumpe mit 25 Nm fest.

Dieselmotor in Längseinbau
Die Wasserpumpe wird zusammen mit den anderen Antriebsaggregaten durch den Antriebsriemen angetrieben. Sie ist auf der linken Motorseite verbaut.
■ Lassen Sie den Motor abkühlen.
■ Lassen Sie das Kühlmittel am Kühler wie beschrieben ablaufen.
■ Bauen Sie die Vakuumpumpe ab. Diesen Vorgang betrachten wir im Kapitel 13 genauer.
■ Demontieren Sie wie bereits beschrieben die Antriebsriemen (siehe Kapitel 4 »Keilrippenriemen«).
■ Demontieren Sie den Kühlmittelschlauch von der Wasserpumpe.
■ Lösen Sie die Schrauben der Wasserpumpe vom Motorblock (6 im Bild 12).
■ Lösen Sie die Anschlussschläuche am Verbindungsrohr (4).

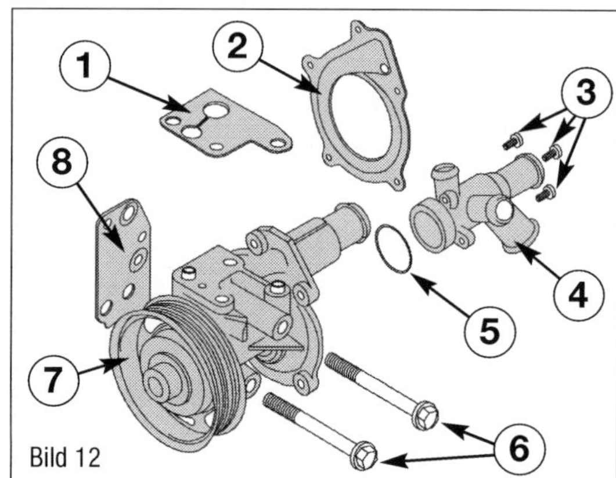

Bild 12
Wasserpumpe beim 2,4 l längs eingebauten Motor.
1 Dichtung
2 Dichtung Wasserpumpe
3 Schrauben
4 Verbindungsrohr
5 Dichtring
6 Schrauben
7 Wasserpumpe
8 Dichtung

■ Drehen Sie die Schrauben (3) heraus und ziehen Sie das Verbindungsrohr (4) heraus.

Der Einbau erfolgt sinngemäß in umgekehrter Reihenfolge.
■ Ersetzen Sie die Dichtungen (1, 2 und 8) und den O-Ring (5).
■ Befüllen und entlüften Sie das Kühlsystem wie bereits beschrieben.
■ Ziehen Sie die M6-Schrauben der Wasserpumpe mit 10 Nm fest.
■ Ziehen Sie die M8-Schrauben der Wasserpumpe mit 25 Nm fest.

Zusatzheizung Kühlmittelumlaufpumpe (elektrisch) aus- und einbauen
■ Geräuschdämpfung oder den Unterfahrschutz ausbauen.
■ Überdruck abbauen, dazu Verschlussdeckel für Kühlmittelausgleichsbehälter mit Lappen abdecken und vorsichtig öffnen.
■ Stecker entriegeln und abziehen.
■ Kühlmittelschläuche mit Schlauchklemmen (Schlauchzangen) bis 25 mm abklemmen.
■ Schellen lösen und Kühlmittelschläuche abziehen.
■ Pumpe für Kühlmittelumlauf vom Halter abziehen und herausnehmen.

Der Einbau erfolgt sinngemäß in umgekehrter Reihenfolge.
■ Kühlmittelstand prüfen.
■ Prüfen Sie die Dichtigkeit der Anschlüsse.

Temperaturregler und Thermostate

Im Transit finden sich zwei unterschiedliche Bauweisen für den Thermostaten, die sich im Wesentlichen durch die Einbaulage des Motors unterscheiden. Die eigentliche Demontagearbeit unterscheidet sich nur unwesentlich.
Grundsätzlich sind zwei Thermostate verbaut. Der Hauptthermostat befindet sich am Zylinderkopf links (getriebeseitig). Ein Zusatzthermostat regelt die Kühlmitteltemperatur am Wärmetauscher, der am Ölfilterflansch verbaut ist. Die Kunststoffgehäuse der Thermostate sind mit einem Dichtring im Zylinderkopf beziehungsweise im Ölwär-

metauscher eingesetzt. Es kann im Laufe der Jahre an dieser Stelle undicht werden oder sogar Risse im Kunststoff ausbilden. Kontrollieren Sie diese Bauteile regelmäßig.

Thermostat im Kühlkreislauf mit Gehäuse ausbauen

- Lassen Sie den Motor abkühlen.
- Lassen Sie das Kühlmittel wie bereits beschrieben ab.
- Demontieren Sie die Kühlmittelschläuche (3 im Bild 13) am Thermostatgehäuse und am Thermostatgehäusedeckel.
- Drehen Sie die Schraube (5) heraus und ziehen Sie das Thermostatgehäuse aus dem Zylinderkopf heraus.

Die Montage erfolgt sinngemäß in umgekehrter Reihenfolge.

- Verwenden Sie grundsätzlich eine neue Dichtung.
- Reinigen Sie die Anlagefläche am Motorblock gründlich.
- Befüllen und entlüften Sie das Kühlsystem wie bereits beschrieben.
- Kühlmittelstand prüfen.
- Prüfen Sie die Dichtigkeit der Anschlüsse.

Thermostat im Kühlkreislauf aus dem Gehäuse ausbauen

Wir stellen Ihnen den Ausbau am quer eingebauten Motor (Bild 14) vor. Der Ablauf für den längs eingebauten Motor verläuft ähnlich. Zur Übersicht können Sie den Aufbau im Bild 14 heranziehen.

- Lassen Sie den Motor abkühlen.
- Lassen Sie das Kühlmittel wie bereits beschrieben ab.
- Demontieren Sie die Kühlmittelschläuche am Thermostatgehäuse (6 im Bild 14) und am Anschlussstutzen (8).
- Drehen Sie die Schrauben (1) heraus und nehmen Sie den Anschlussstutzen (8) ab.
- Nehmen Sie den Thermostat (7) und den Dichtring (2) heraus.

Die Montage erfolgt sinngemäß in umgekehrter Reihenfolge.

- Verwenden Sie grundsätzlich neue Dichtringe.
- Befüllen und entlüften Sie das Kühlsystem wie bereits beschrieben.
- Kühlmittelstand prüfen.
- Prüfen Sie die Dichtigkeit der Anschlüsse.

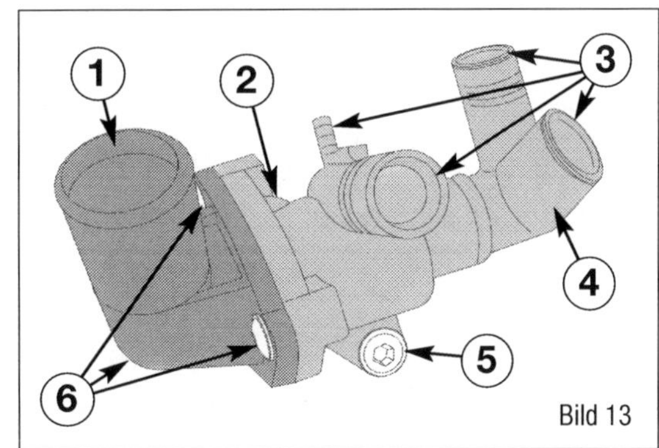

Bild 13
Kühlmittel Thermostatgehäuse beim 2,2-l-Motor quer eingebaut.
1 Thermostatgehäusedeckel
2 Anschluss am Zylinderkopf
3 Kühlmittelanschlüsse
4 Thermostatgehäuse
5 Befestigungsschraube Thermostatgehäuse am Zylinderkopf
6 Schrauben Thermostatgehäusedeckel

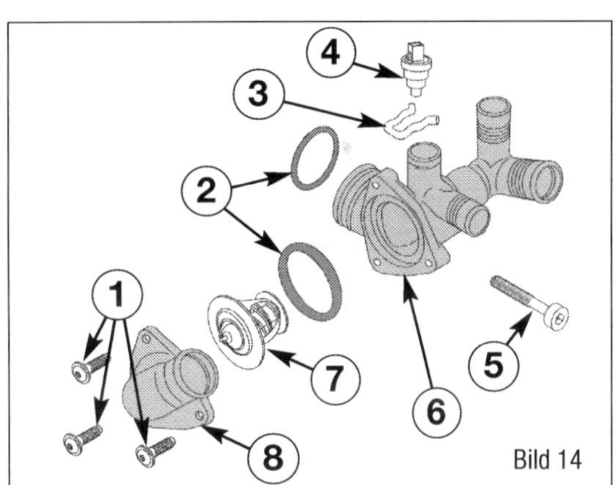

Bild 14
Kühlmittel Thermostatgehäuse beim quer eingebauten Motor in Teilen.
1 Schrauben
2 Dichtringe
3 Sicherungsklammer
4 Temperatursensor
5 Schraube
6 Thermostatgehäuse
7 Thermostat
8 Anschlussstutzen

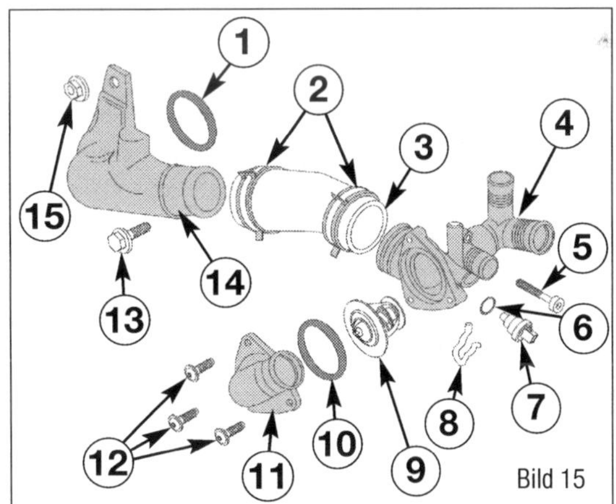

Bild 15
Kühlmittel Thermostatgehäuse beim längs eingebauten Motor in Teilen.
1 Dichtring
2 Schlauchschellen
3 Kühlmittelschlauch
4 Thermostatgehäuse
5 Schraube
6 Dichtring
7 Temperaturfühler
8 Sicherungsklammer
9 Thermostat
10 Dichtring
11 Anschlussstutzen
12 Schrauben
13 Schraube
14 Anschlussstutzen
15 Mutter

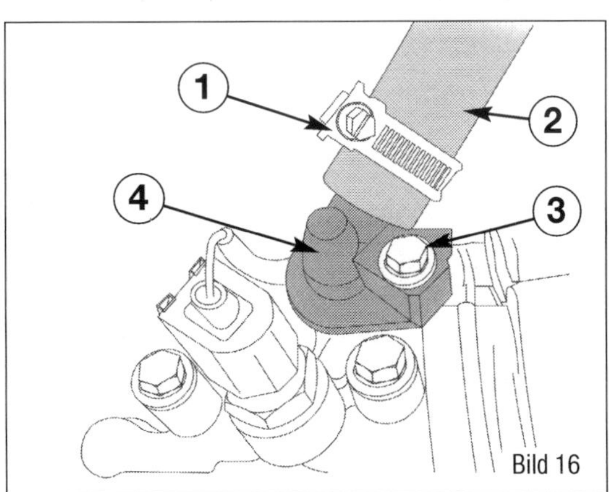

Bild 16
Kühlmittelanschluss am Wärmetauscher.
1 Schlauchschelle
2 Kühlmittelschlauch
3 Schraube
4 Thermostatgehäuse

Thermostat im Kühlkreislauf des Wärmetauschers zum Motoröl ausbauen

- Lassen Sie den Motor abkühlen.
- Lassen Sie das Kühlmittel wie bereits beschrieben ab.
- Öffnen Sie die Schlauchschelle (1 im Bild 16) und ziehen Sie den Kühlmittelschlauch (2) ab.
- Demontieren Sie die Befestigungsschraube (3).
- Ziehen Sie vorsichtig das Thermostatgehäuse (4) heraus.

Die Montage erfolgt sinngemäß in umgekehrter Reihenfolge.

- Verwenden Sie grundsätzlich eine neue Dichtung.
- Reinigen Sie die Anlagefläche am Ölfilterflansch gründlich.
- Befüllen und entlüften Sie das Kühlsystem wie bereits beschrieben.
- Kühlmittelstand prüfen.
- Prüfen Sie die Dichtigkeit der Anschlüsse.

Thermostat prüfen

Zwar erscheint es zuerst nicht sinnvoll, die Funktion des Thermostates im ausgebauten Zustand zu prüfen. Das Öffnungs- oder Schließverhalten kann aber durchaus die Ursache für thermische Motorprobleme sein, für die schnell die Kopfdichtung oder der Zylinderkopf verantwortlich gemacht werden. Die Funktion ist nicht nur mit einfachen Mitteln nachzuvollziehen, sondern es ist durchaus sinnvoll die Fehlersuche im Kühlsystem zu beginnen.

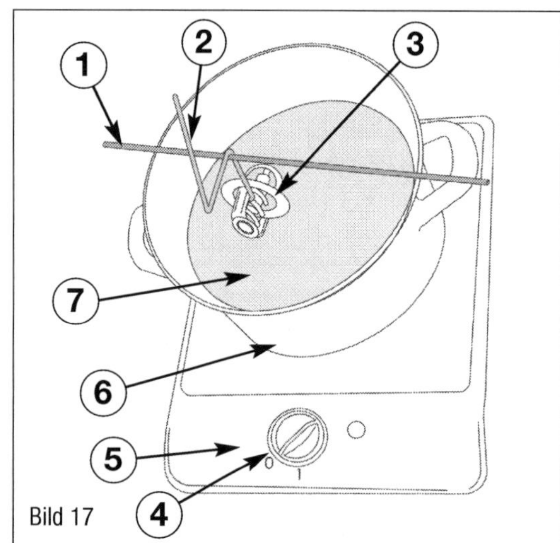

Bild 17

Bild 17
Kühlmittel-Thermostat prüfen.
1 Auflagestab
2 Haltestab
3 Thermostat
4 Schalter
5 Kochplatte
6 Topf
7 Wasser

Thermostat im eingebauten Zustand prüfen

- Lassen Sie den Motor langsam warmlaufen.
- Vergleichen Sie durch Fühlen, dass der untere Kühlschlauch langsam warm wird, während der obere etwa die gleiche Temperatur behält. Der Thermostat ist noch geschlossen.
- Ab etwa 95 °C wird der Thermostat geöffnet und auch der obere Kühlschlauch und der Wasserkühler werden warm.

Thermostat im ausgebauten Zustand prüfen

- Bauen Sie den Thermostat oder das Thermostatgehäuse aus.
- Legen Sie es in einen Kochtopf oder einen Wasserkocher.
- Legen Sie eine Messsonde in den Bereich des Thermostates mit ins Wasser hinein. Sehr gut funktioniert die Messsonde, die meist bei den Multimetern mitgeliefert wird.
- Erwärmen Sie das Wasser langsam und beobachten Sie hierbei das Thermostatventil.

Es sollte bei etwa 85 °C beginnen sich zu öffnen und bei spätestens etwa 105 °C voll geöffnet sein. Die Öffnung muss gleichmäßig und ruckfrei erfolgen. Das Ventil muss sich vollständig öffnen. Es ergibt einen Ringspalt von etwa 5 mm.

Arbeitet der Thermostat fehlerfrei, lassen Sie einen CO^2-Test durchführen, um einen Schaden an der Kopfdichtung auszuschließen.

- Lassen Sie das Wasser wieder abkühlen. Beobachten Sie auch das Schließverhalten des Thermostates.

Liegen Fehler vor, sollten Sie den Thermostat erneuern.

7 Kraftstoff-versorgung

Bauteile der Anlage und Arbeiten am Kraftstoffsystem

Sicherheit geht vor

Der Kraftstoffdruck im Hochdruckrohr kann beim Common-Rail-System bis zu 2000 bar betragen! Beachten Sie die Sicherheitsmaßnahmen zum Druckabbau im Hochdruckbereich. Selbst die Kraftstoffvorlaufleitung steht unter Druck! Tragen Sie Schutzbrille und Schutzbekleidung, um Verletzungen und Hautkontakt zu vermeiden. Vor dem Lösen von Schlauchverbindungen Putzlappen um die Verbindungsstelle legen. Dann durch vorsichtiges Abziehen des Schlauchs Druck abbauen.

Aus Sicherheitsgründen muss vor dem Öffnen des Kraftstoffsystems die Stromzufuhr zur Kraftstoffpumpe unterbrochen werden. Die Kraftstoffpumpe wird sonst beim Öffnen der Fahrertür aktiviert. Nutzen Sie eine der folgenden Möglichkeiten, um die Stromzufuhr zu unterbrechen.

Wichtig zu wissen für die Arbeit an dieser Reparaturgruppe ist die Tatsache, dass es automatische Ein- und Ausschaltfunktionen für die Kraftstoffpumpe gibt. Die Crash-Kraftstoffabschaltung soll die Gefahr eines Fahrzeugbrandes nach einem Crash reduzieren, indem die Kraftstoffpumpe abgeschaltet wird.
Kurzzeitiges Einschalten der Pumpe beim Öffnen der Tür soll andererseits eine Komfortverbesserung des Startverhaltens beim Motor bewirken. Dabei wird die Kraftstoffpumpe zwei Sekunden lang angesteuert, damit sich im Kraftstoffsystem Druck aufbaut. Weil die Kraftstoffpumpe beim Einschalten der Zündung und durch den Türkontaktschalter der Fahrertür aktiviert wird, muss vor dem Öffnen des Kraftstoffsystems aus Sicherheitsgründen, wenn die Batterie nicht abgeklemmt wird, der Anschlussstecker von der Kraftstoff-Fördereinheit abgezogen oder die Sicherung für die Ansteuerung der Kraftstofffördereinheit aus dem Sicherungshalter entfernt werden.

Die Anlage im Überblick

Wichtigste Bauteile des Systems der Kraftstoffversorgung sind der Kraftstoffbehälter (Tank), in den der Kraftstoff über Tankklappeneinheit und Einfüllstutzen einge-

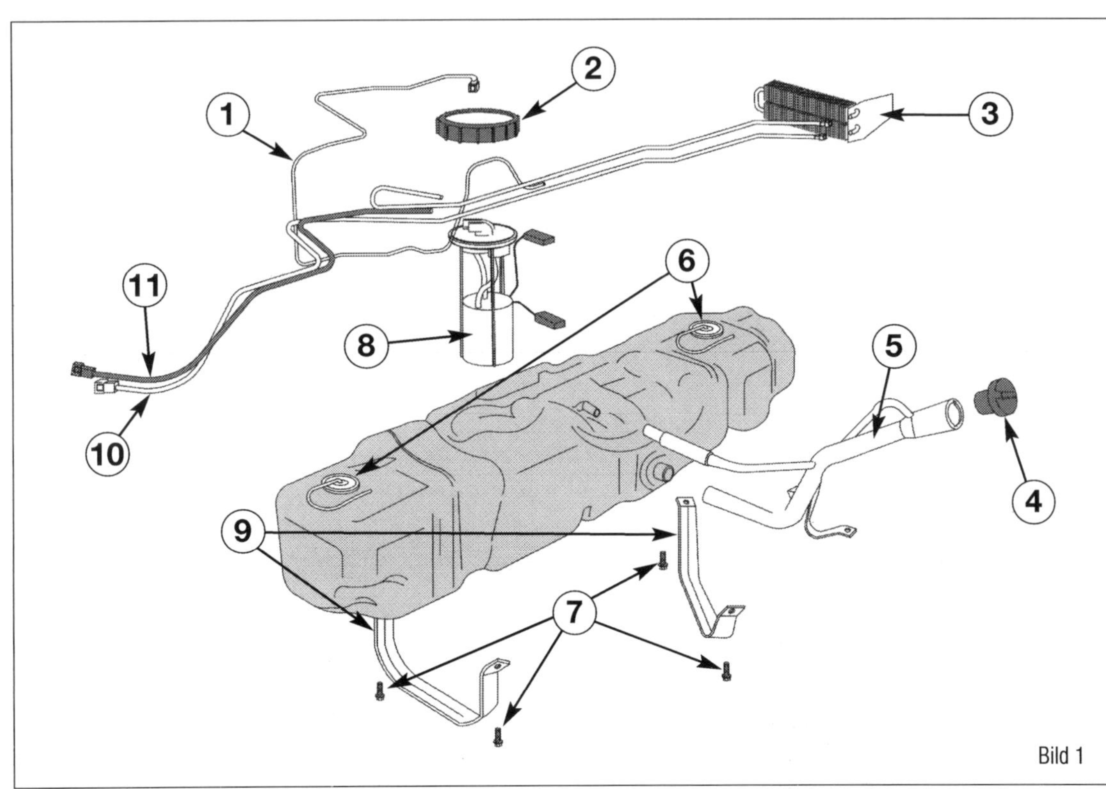

Bild 1
Kraftstofftank im Transit.
1 Entlüftungsleitung
2 Überwurfmutter
3 Kraftstoffkühler
4 Tankdeckel
5 Füllrohr mit Entlüftung
6 Tankentlüftungen
7 Schrauben
8 Tankfördermodul
9 Tankfangband
10 Rücklaufleitung
11 Vorlaufleitung

Bild 2
Variante 1.
1 Steckkupplung
2 Rastenring
Pfeile = Entriegelungstasten

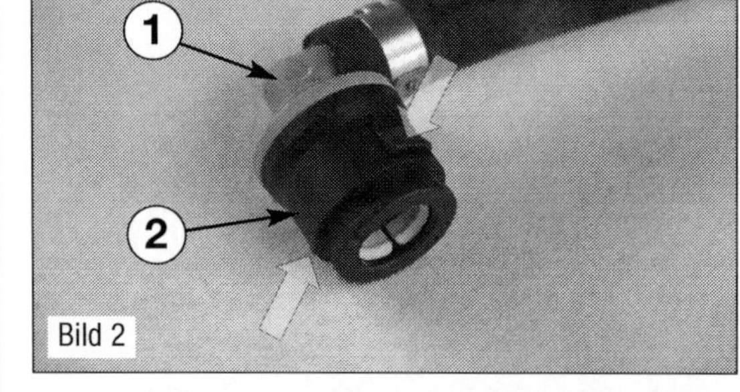

Bild 3
Variante 2.
1 Steckkupplung
2 Rastenring

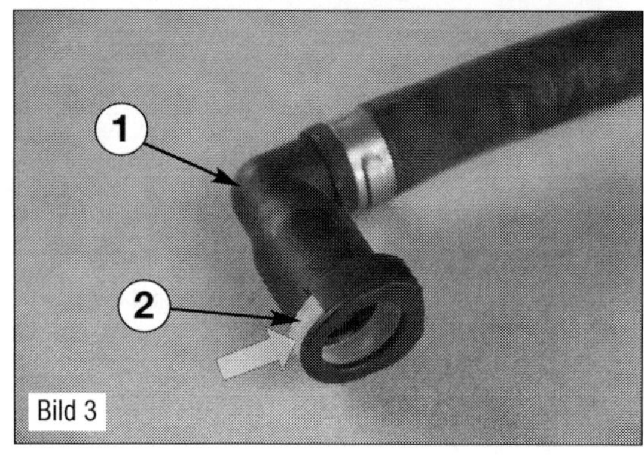

bracht wird, die in den Tank eingebaute Kraftstofffördereinheit (Kraftstoffpumpe), der Kraftstofffilter und die Kraftstoffleitungen (Bild 1). Die Vorlaufleitung (die untere Leitung über dem Verschlussring der Fördereinheit) ist schwarz gekennzeichnet, die Rücklaufleitung (im Bild die obere) ist blau. Es gibt kaum Merkmale, durch die sich die durchaus unterschiedlichen Tankanlagen für Dieselmodelle und vergleichbare Benzinmodelle mit 0,5 bar oder 6 bar Niederdrucksystem voneinander unterscheiden lassen. Die Einbauposition der Komponenten unterscheidet sich heute auch bei unterschiedlichen Fahrzeugtypen kaum. Erfahrungsgemäß werden der Ersatz oder auch Arbeiten am Tanksystem sich auf die Intankpumpe oder den Kraftstoffgeber beschränken. Der Austausch der kompletten Tankanlage ist möglich, aber aufwendig und kommt sehr selten vor.

Elektrische Sicherungen für Kraftstoffpumpe

Die Kraftstoffpumpe ist nicht wie früher über eine Sicherung abgesichert und wird von einem Pumpenrelais angesteuert. Die Ansteuerung erfolgt über das Motorsteuergerät. Das macht es erforderlich, auch die Vorgehensweise für die Demontagearbeiten am Tankfördermodul und die Prüfung der Kraftstoffpumpe etwas anders anzugehen. Grundsätzlich erfolgt die Ansteuerung der Kraftstoffpumpe über das Motorsteuergerät. Für die Entlüftung und die Druckprüfung gibt es Ansteuermöglichkeiten über den Stellgliedtest des OBD-Testers. Die Ansteuerung der Kraftstoffpumpe kann auch über die Anschlüsse am Tankfördermodul erfolgen.

⚠ Bei gefüllten oder teilweise gefüllten Kraftstoffbehältern muss bereits vor Beginn der Arbeiten in der Nähe der Montageöffnung des Kraftstoffbehälters zum Absaugen der frei werdenden Kraftstoffgase der Abgasschlauch einer eingeschalteten Abgasabsauganlage gelegt werden. Alternativ kann ein Radiallüfter mit Motor außerhalb des Luftstroms und mit Fördervolumen größer als 15 m^3/h verwendet werden.

⚠ Kraftstoffleitungen sind mit Schnellverschlüssen gesichert. Kraftstoffschläuche dürfen nur mit Federbandschellen gesichert werden. Die Verwendung von Klemm- oder Schraubschellen ist nicht zulässig.

Steckkupplungen trennen

Bei den meisten Fahrzeugen auf dem Markt finden sich sechs typische Stecksysteme für die Verbindungen der Schläuche, unter anderem auch für die Kraftstoffversorgung. Es ist sehr wichtig zu wissen, wie sie geöffnet werden, um sie nicht zu beschädigen. Für alle gilt, dass die Verbindungen am besten etwas zusammengeschoben werden, damit sie leichter ausrasten können.

Variante 1 (Bild 2)

Der Innenring (Rastenring in der Mitte) ist nach oben und unten verschiebbar. Verschlossen umfasst der Rastenring das Gegenstück auf der Kraftstoffleitung.

- Steckkupplung (1) etwas auf den Anschluss drücken.
- Entriegelungstaste (Pfeile) drücken und gedrückt halten.
- Steckkupplung (1) von der Kraftstoffleitung abziehen.
- Beim Einbau Farbzuordnung beachten.

■ Steckkupplungen müssen beim Verriegeln »hörbar« einrasten.
■ Den festen Sitz der Steckkupplung durch Gegenziehen prüfen!

Variante 2 (Bild 3)
Der Rastenring kann nach links oder rechts verschoben werden. Er hat im gedrückten Zustand einen etwas größeren Durchmesser, der es erlaubt, die Verdickung auf der Kraftstoffleitung vorbeizulassen.
■ Steckkupplung (1) etwas auf den Anschluss drücken.
■ Zugentriegelung (2) in Pfeilrichtung eindrücken.
■ Steckkupplung (1) von der Kraftstoffleitung abziehen.
■ Beim Einbau Farbzuordnung beachten.
■ Die Steckkupplungen müssen beim Verriegeln »hörbar« einrasten.
■ Den festen Sitz der Steckkupplung durch Gegenziehen prüfen!

Variante 3 (Bild 4)
Der untere Teil des Steckergehäuses ist der Rastenring. Er muss entsichert und nach unten gezogen werden.
■ Entriegelungstaste (Pfeil) drücken und den unteren Teil der Steckkupplungen (Schiebestück) nach oben schieben.
■ Die Steckkupplung nach oben abziehen.
■ Beim Einbau Farbzuordnung beachten.
■ Steckkupplungen müssen beim Verriegeln »hörbar« einrasten.
■ Den festen Sitz der Steckkupplungen durch Gegenziehen prüfen!

Variante 4 (Bild 5)
Ähnlich wie bei Variante 1 kann der Innenring nach oben und unten verschoben werden. Verschlossen umfasst der Rastenring das Gegenstück auf der Kraftstoffleitung.
■ Steckkupplung (1) etwas auf den Anschluss drücken.
■ Entriegelungstaste (2) drücken und Steckkupplung abziehen.
■ Beim Einbau Farbzuordnung beachten.
■ Steckkupplungen müssen beim Verriegeln »hörbar« einrasten.
■ Den festen Sitz der Steckkupplung durch Gegenziehen prüfen!

Variante 5 (Bild 6)
Der Außenring (2) kann nach oben und unten verschoben werden. Eingerastet befindet sich der Ring unten. Auch beim Aufdrücken sollte der Ring betätigt werden.
■ Steckkupplung (1) etwas auf den Anschluss drücken.
■ Den Außenring (2) nach oben schieben und Steckkupplung abziehen.
■ Steckkupplungen müssen beim Verriegeln »hörbar« einrasten.
■ Den festen Sitz der Steckkupplung durch Gegenziehen prüfen!

Variante 6 (Bild 7)
Hier kann ähnlich wie bei Variante 2 die Sicherungsklammer (2) nach links oder rechts

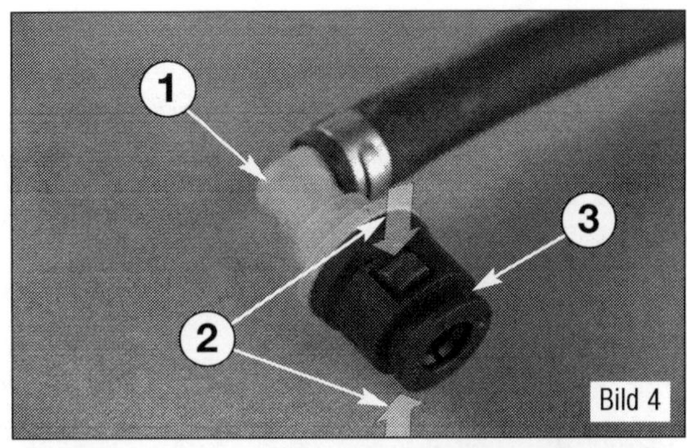

Bild 4
Variante 3.
1 Steckkupplung
2 Entriegelungstaste
3 Schiebestück

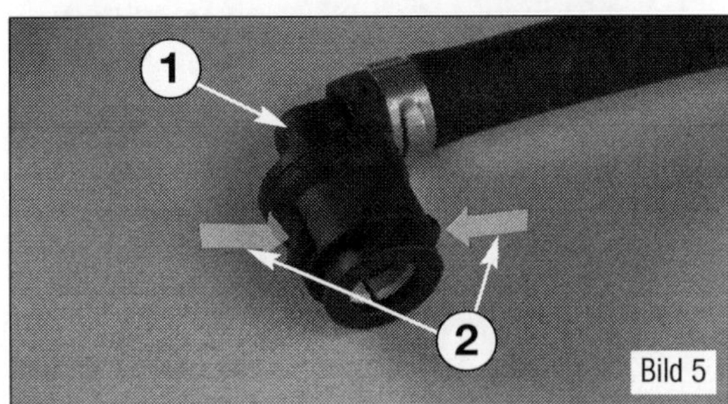

Bild 5
Variante 4.
1 Steckkupplung
2 Entriegelungstaste

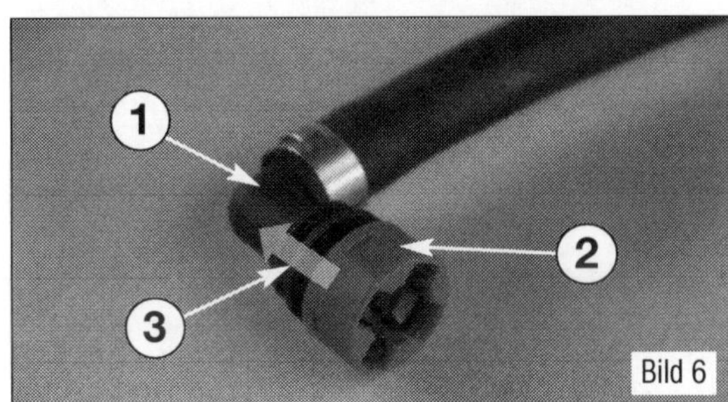

Bild 6
Variante 5.
1 Steckkupplung
2 Außenring
3 Bewegungsrichtung

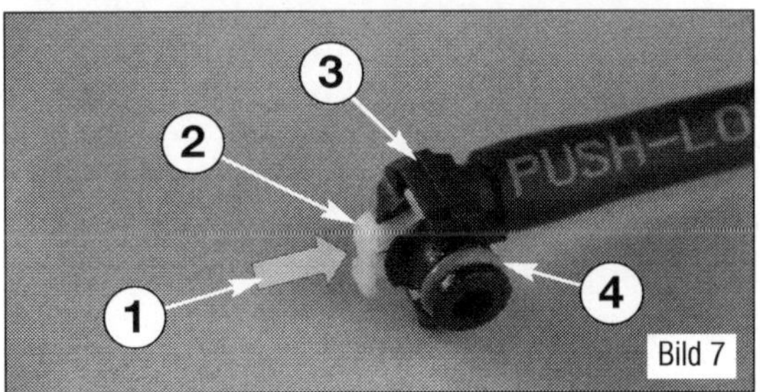

Bild 7
Variante 6.
1 Bewegungsrichtung (sichern)
2 Sicherungsklammer
3 Kupplungsgehäuse
4 Dichtring

verschoben werden. Sie sichert die Steckverbindung zweifach. Die Sicherungsklammer (2) sichert die Rasten gegen Betätigung, da die Klammer im eingeschobenen Zustand eine Rasten-Betätigung verhindert.

- Entriegelungstaste (2) rechts und links zusammendrücken.
- Die Sicherungsklammern (2) gegen die Pfeilrichtung (1) bis Anschlag herausziehen.
- Entriegelungstaste drücken und Steckkupplung abziehen.
- Beim Einbau Farbzuordnung beachten.
- Steckkupplungen müssen beim Verriegeln »hörbar« einrasten.
- Den festen Sitz der Steckkupplung durch Gegenziehen prüfen.

Kraftstoffbehälter entleeren, befüllen

Die Montagearbeiten für die einzelnen Motorvarianten und Fahrzeugaufbauten unterscheiden sich nur unwesentlich. Grundsätzlich sollten Sie den Kraftstofftank niemals im gefüllten Zustand demontieren oder mit hohem Füllstand die Verschlussschraube öffnen. Der Kunststofftank kann sich verziehen und so auch der Verschluss zum Tankgeber undicht werden.

Tank absaugen (Teilentleerung)
Die Tankabsaugung erfolgt über den Tankeinfüllstutzen. Verwenden Sie für diese Arbeit nur geeignete Absaugsysteme und füllen Sie den abgesaugten Kraftstoff nur in saubere für Kraftstoff zugelassenen Behälter.

- Einen Lappen im Bereich der Kraftstoffleitung legen und die Leitung zum Kraftstofffilter abziehen.

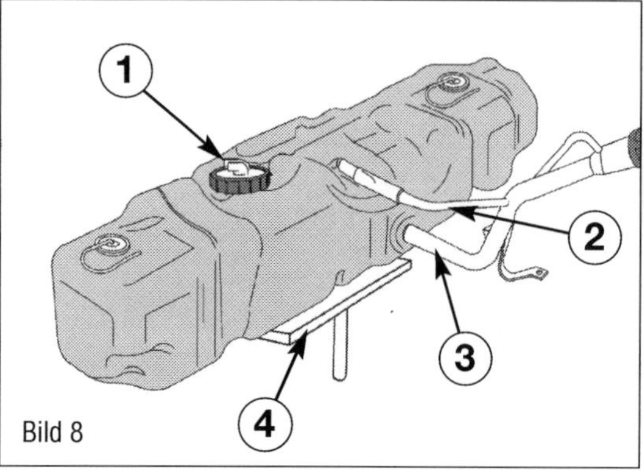

Bild 8

Bild 8
1 Tankfördereineit
2 Entlüftungsschlauch
3 Einfüllschlauch
4 Getriebeheber

- Stecken Sie eine Adapterleitung oder einen passenden Schlauch auf.
- Das andere Ende des Ablassschlauches in einen geeigneten Sicherheitsbehälter einführen.
- Die Tankklappe öffnen und den Verschlussdeckel des Kraftstoffbehälters abschrauben.

Ansteuerung über den Motortester:

- Die Kraftstoffpumpe mit einem Diagnosetester über die geführten Funktionen des jeweiligen Motorsteuergerätes ansteuern.
- Den Kraftstoff in geeigneten Sicherheitsbehälter abpumpen.

Manuelle Ansteuerung der Kraftstoffpumpe:
Grundsätzlich ist es auch möglich, die Kraftstoffpumpe am Anschlussstecker zum Tankfördermodul anzusteuern.

- Ziehen Sie den Anschlussstecker des Tankfördermoduls ab.
- Klemmen Sie ein Plus- und ein Massekabel am besten mit Schalter als Fernbedienung an.
- Den Kraftstoff in geeigneten Sicherheitsbehälter (Kanister) abpumpen.

⚠ Die Kraftstoffpumpe mit Tankgeber darf nicht trocken laufen, sonst kann sie beschädigt werden.

- Den Ablassschlauch vom Vorlaufanschluss abziehen.
- Den Kraftstoff aus dem Ablassschlauch in den Sicherheitsbehälter (Kanister) ablaufen lassen.
- Den Ablassschlauch aus dem Sicherheitsbehälter (Kanister) herausziehen.
- Den Kraftstoffvorlauf wieder auf das Tankmodul aufstecken.

Tank absaugen (Komplettentleerung)
Diese Arbeit wird immer dann erforderlich, wenn eine Falschbetankung passiert ist oder aufgrund eines Schadens die Tankanlage gereinigt oder ausgebaut werden muss. Zum Absaugen dürfen nur »Ex-geschützte Sauger« verwendet werden.

- Die Tankklappe öffnen und den Verschlussdeckel des Kraftstoffbehälters abschrauben.
- Führen Sie über den Einfüllstutzen einen Absaugschlauch bis in den Tank ein.
- Saugen Sie den Kraftstoff mit einem geeigneten Absauggerät aus dem Tank ab.

■ Unterbauen Sie den Kraftstofftank mit einem Getriebeheber.
■ Drehen Sie die Schrauben (7 im Bild 1) heraus und nehmen Sie die Tankfangbänder ab.
■ Lösen Sie den Halter am Einfüllrohr.
■ Lassen Sie den Tank so weit ab, dass Sie an das Tankfördermodul herankommen können.
■ Reinigen Sie den Bereich um das Tankfördermodul mit Druckluft gründlich.
■ Einen Lappen im Bereich der Kraftstoffleitung legen und die Leitung abziehen.
■ Bauen Sie die Tankfördereinheit aus.
■ Saugen Sie den Kraftstoff mit einem geeigneten Absauggerät aus dem Tank ab.

Kraftstoffördereinheit im Tank aus- und einbauen

Soll die Kraftstoffördereinheit getauscht werden, ist zuvor die Kraftstoffpumpe zu prüfen (Funktion und Spannungsversorgung, Kraftstoffdruck und Haltedruck sowie Kraftstoffördermenge, Stromaufnahme).

Prüfen Sie zuerst die Steckverbindung auf festen Sitz, indem Sie am Stecker ziehen, ohne die Verriegelung zu betätigen. War der Stecker nicht richtig gesteckt, kann er einen Fehler verursacht haben.
Damit soll ein Fehltausch der Kraftstoffördereinheit vermieden werden. Diese komplexen Prüfungsarbeiten erfordern eine Reihe von Prüf- und Messgeräten wie Druckmessgerät mit verschiedenen Adaptern, Mengenvergleichsmessgerät und einen Fahrzeugdiagnosetester, die in der heimischen Garage kaum vorhanden sein dürften. Eventuell hilft eine Mietwerkstatt. Wir halten für diese Prüfung eine Fachwerkstatt für die beste Empfehlung.

Das Kraftstoffsystem steht unter Druck! Tragen Sie Schutzbrille und Schutzhandschuhe, um Verletzungen und Hautkontakt zu vermeiden. Vor dem Lösen von Schlauchverbindungen Putzlappen um die Verbindungsstelle legen, dann durch vorsichtiges Abziehen des Schlauchs Druck abbauen.

■ Die Tankklappe öffnen und den Verschlussdeckel des Kraftstoffbehälters abschrauben.

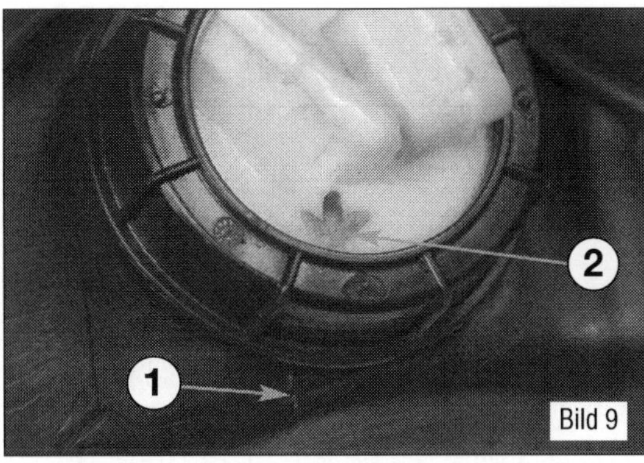

Bild 9

Bild 9
Einbauposition des Tankfördermoduls.
1 Markierung auf dem Tank
2 Markierung auf dem Tankgeber

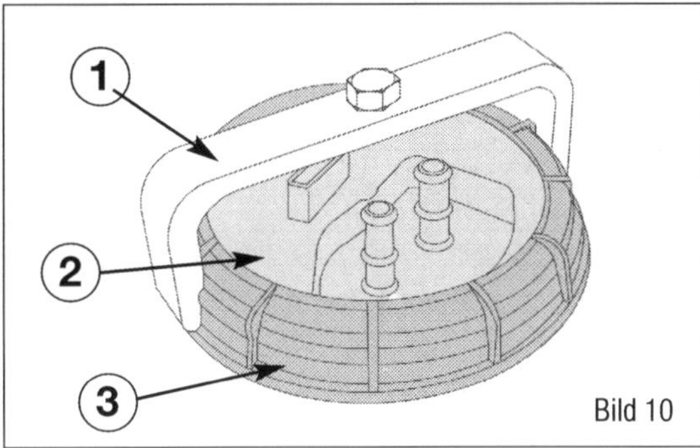

Bild 10

Bild 10
1 Schlüssel für Überwurfmutter
2 Tankfördermodul
3 Überwurfmutter

■ Führen Sie über den Einfüllstutzen einen Absaugschlauch bis in den Tank ein.
■ Saugen Sie den Kraftstoff mit einem geeigneten Absauggerät aus dem Tank ab.
■ Kraftstoffbehälter zumindest bis auf 1/3 Füllstand durch Absaugen über den Einfüllstutzen wie beschrieben leeren.
■ Unterbauen Sie den Kraftstofftank mit einem Getriebeheber.
■ Drehen Sie die Schrauben (7 im Bild 1) heraus und nehmen Sie die Tankfangbänder ab.
■ Lösen Sie den Halter am Einfüllrohr.
■ Lassen Sie den Tank so weit ab, dass Sie an das Tankfördermodul herankommen können.
■ Reinigen Sie den Bereich um das Tankfördermodul mit Druckluft gründlich.
■ Legen Sie einen Lappen im Bereich der Kraftstoffleitung und ziehen Sie die Leitung ab.
■ Ziehen Sie den elektrischen Anschluss und die Kraftstoffleitungen von der Tankfördereinheit ab.

Kontrollieren Sie, ob Vor- und Rücklaufleitung markiert sind. Ist das nicht der Fall, markieren Sie die Anschlüsse mit beschriftetem Klebeband.

■ Klemmen Sie den Einfüllschlauch mit einem passenden Schlauchklemmer oder einer Schraubzwinge dicht.

■ Ziehen Sie den Entlüftungsschlauch zum Tank ab.
■ Demontieren Sie den Anschlussschlauch vom Kraftstofftank.
Kontrollieren Sie, ob die Einbauposition der Tankfördereinheit markiert ist. Ist das nicht der Fall, markieren Sie die Einbauposition mit einem wasserfesten Filzstift zu einer markanten Stelle am Tank (Bild 9).
■ Die Überwurfmutter mit dem Schlüssel für Überwurfmutter (Bild 10) abschrauben.
■ Kraftstofffördereinheit aus dem Kraftstoffbehälter herausnehmen.

Der Einbau erfolgt sinngemäß in umgekehrter Reihenfolge.
■ Kontrollieren Sie, ob die Leitungsanschlüsse dicht sind.
■ Prüfen Sie die Funktion von Tankanzeige und den Sitz der abgeklemmten Leitungen und Schläuche.
■ Stellen Sie die Befestigungen am Fahrzeug wieder her.

Sicherheitsschalter Kraftstoffpumpe

Die meisten Fahrzeughersteller setzen diese Funktion über das Bordnetzsteuergerät und die Sensorik des Airbagsystems um, oftmals gekoppelt mit der Einschaltung der Warnblinkanlage und das Absetzen eines Notrufs. Der Transit dieser Baureihe verwendet noch einen Crashschalter, der ab einer definierten negativen Beschleunigung mit einer Stahlkugel den Schalter auslöst und die Masseverbindung zum Kraftstoffpumpenrelais unterbricht. Dieser Crashschalter ist hinter dem Handschuhfach verbaut. Nach der Auslösung darf der Sicherheitsschalter nicht zurückgestellt werden, solange nicht sichergestellt ist, dass die Kraftstoffzufuhr dicht ist oder wenn gar Verbrennungsgeruch wahrgenommen wird. Zuerst muss die Ursache für den Kraftstoffverlust oder den Brandgeruch gefunden werden.

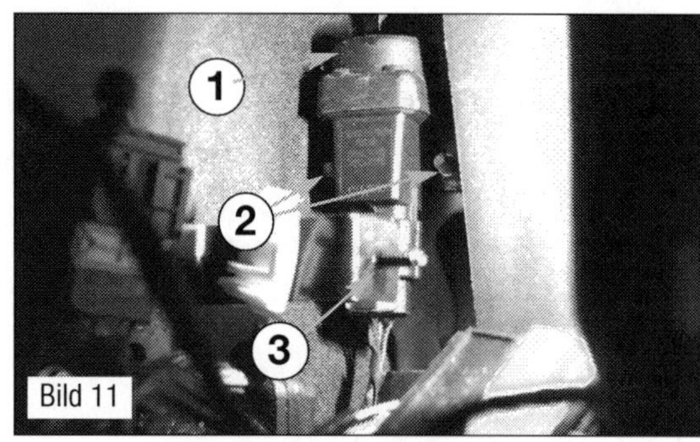

Bild 11
Sicherheitsschalter Kraftstoffpumpe. Der Schalter ist nur bei Fahrzeugen mit elektrischer Vorförderpumpe im Tank verbaut.
1 Rücksetzschalter
2 Verschraubungen
3 elektrischer Anschluss

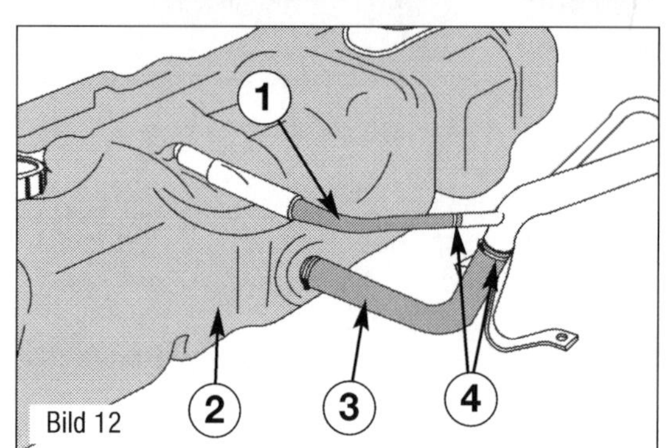

Bild 12
Anschlüsse am Kraftstofftank.
1 Entlüftungsschlauch
2 Kraftstofftank
3 Einfüllschlauch
4 Schelle

De- und Montage
Die Montagearbeiten für die einzelnen Modelle unterscheiden sich nicht. Wir stellen Ihnen eine allgemeingültige Beschreibung zur Verfügung.
■ Schalten Sie die Zündung aus und ziehen Sie den Schlüssel ab.
■ Demontieren Sie das Handschuhfach.
■ Bauen Sie die rechte untere Armaturenbrettverkleidung aus.
■ Ziehen Sie den Steckkontakt (3 im Bild 11) ab.
■ Drehen Sie die beiden Befestigungsmuttern (2) ab und nehmen Sie den Haltebügel ab.
■ Demontieren Sie den Halteclip und heben Sie die Schalldämmung leicht an.
■ Drehen Sie die Befestigungsmuttern (2) des Sicherheitsschalters (2 Stück) heraus.
■ Nehmen Sie den Sicherheitsschalter ab.

Die Montage erfolgt sinngemäß in umgekehrter Reihenfolge.
■ Drücken Sie den Sicherheitsschalter zur Kontrolle.
■ Prüfen Sie die Funktion der Kraftstoffpumpe, indem Sie den Motor laufenlassen.

Kraftstofftank aus- und einbauen

Beim Ausbau des Kraftstofftanks kann immer Restkraftstoff austreten. Legen Sie sich Bindemittel und einige Lappen bereit, um den austretenden Kraftstoff aufzufangen. Um zu vermeiden, dass Dreck in die Anschlüsse oder in den Tank selber eintritt, kann man die Anschlussstücke und Öffnungen mit Klebeband abkleben oder durch Lappen verschließen.

- Prüfen Sie zuerst, ob ein codiertes Radio eingebaut ist. In diesem Fall erfragen Sie bitte die Anti-Diebstahl-Codierung.
- Klemmen Sie bei ausgeschalteter Zündung das Masseband der Batterie ab.
- Entleeren Sie den Tank vollständig wie bereits beschrieben.
- Unterbauen Sie das Fahrzeug auf einer Hebebühne und sichern Sie es mit Spanngurten gegen Abrutschen.
- Heben Sie das Fahrzeug mit einer Hebebühne an.
- Drücken Sie mit einer Schlauchklemme oder anderem geeigneten Werkzeug den Schlauch (3 im Bild 12) zwischen Einfüllstutzen und Tankanschluss zu.
- Öffnen Sie die Schlauchschelle und ziehen Sie den Einfüllschlauch (3) am Tankstutzen ab.
- Öffnen Sie die Schlauchschellen und ziehen Sie den Entlüftungsschlauch (1) am Tankstutzen ab.
- Unterbauen Sie den Kraftstofftank mit einem Getriebeheber.
- Drehen Sie die Schrauben (7 im Bild 1) heraus und nehmen Sie die Tankfangbänder ab.
- Lösen Sie den Halter am Einfüllrohr.
- Lassen Sie den Tank so weit ab, dass Sie an das Tankfördermodul herankommen können.
- Reinigen Sie den Bereich um das Tankfördermodul mit Druckluft gründlich.
- Einen Lappen im Bereich der Kraftstoffleitung legen und die Leitung abziehen.
- Lassen Sie den Kraftstofftank vorsichtig nach unten ab.

Die Montage erfolgt sinngemäß in umgekehrter Reihenfolge.

- Prüfen Sie die Funktion der Kraftstoffpumpe, indem Sie den Motor laufenlassen.
- Prüfen Sie die Funktion der Tankanzeige.
- Prüfen Sie die Dichtheit der Anschlüsse.

Verhalten bei Falschbetankung

Durch eine Falschbetankung kann es wegen mangelnder Schmierung durch den falschen Kraftstoff (z. B. Ottokraftstoff) zu irreversiblen Schäden an den Hochdruckkomponenten, insbesondere der Hochdruckpumpe, kommen. Hierin sind Schäden in Form von Fressern und Partikelabtrag zu erwarten. Durch diese Partikel wiederum sind weitere Schäden im Druckregelventil und in den Injektoren als sicher an-

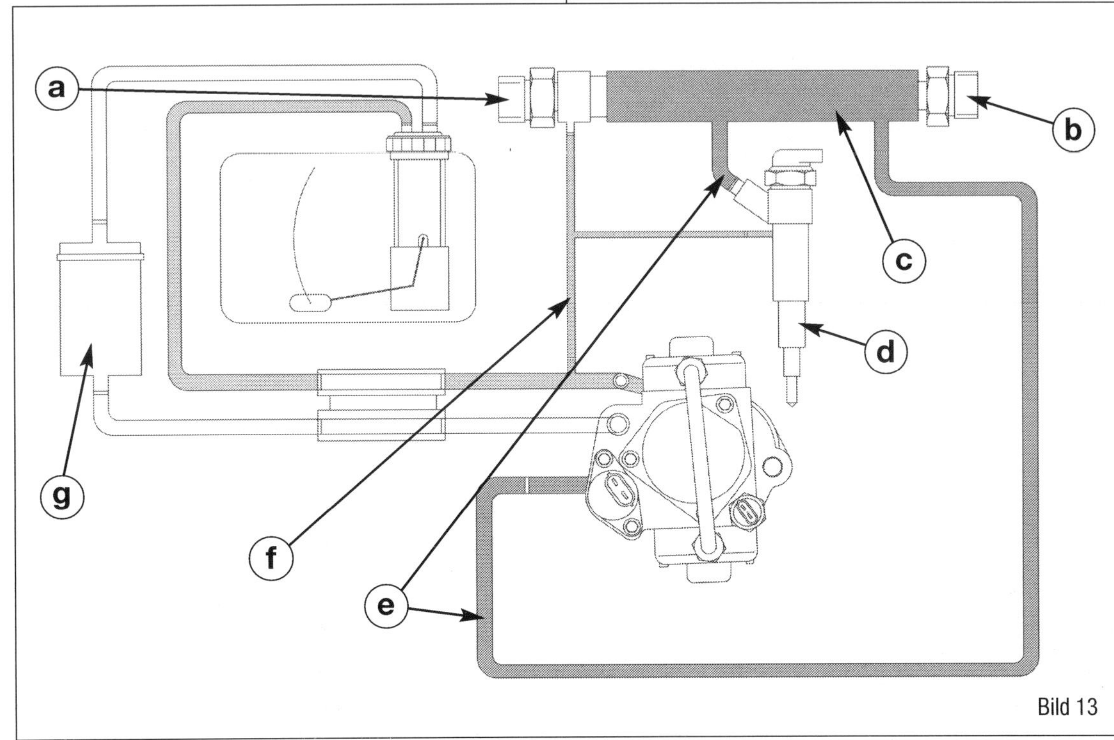

Bild 13
Systemübersicht.
a) Druckregelventil
b) Kraftstoffdruckgeber
c) Kraftstoffverteiler (Rail)
d) Einspritzeinheit
e) Hochdruckleitung
f) Rücklauf-Leckölleitung
g) Kraftstofffilter

zunehmen. Betrachten wir als Nächstes zwei mögliche Szenarien genauer.

Der Motor wurde mit falschem Kraftstoff gestartet

Verunreinigter, beziehungsweise falscher Kraftstoff ist in das Kraftstoffsystem eingedrungen und hat die Hochdruckkomponenten erreicht.

- Zündung nicht einschalten.
- Kraftstofffördereinheit ausbauen und gegen eine neue tauschen.
- Kraftstoffbehälter mit einem geeigneten Kraftstoffabsauggerät über die Öffnung der Kraftstofffördereinheit vollständig entleeren.

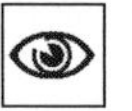 Kraftstoffbehälter auf Verschmutzung und Späne kontrollieren.

- Gegebenenfalls den Kraftstoffbehälter reinigen.

Keine Späne im Kraftstoffbehälter:

- Den Kraftstoffbehälter mit 5 Liter Dieselkraftstoff befüllen.
- Kraftstoffbehälter nochmals wie oben beschrieben vollständig entleeren.
- Hochdruckpumpe ersetzen.
- Schrauben herausdrehen und Zumesseinheit (2 in Bild 14) von der ALTEN Hochdruckpumpe abnehmen.

 Dosierventil/Zumesseinheit und Hochdruckpumpe auf Späne kontrollieren.

Falls Späne in der Hochdruckpumpe vorhanden, folgende Komponenten ersetzen:

a) Regelventil für Kraftstoffdruck
b) Kraftstoffdruckgeber
c) Hochdruckspeicher (Kraftstoffverteiler)
d) Einspritzeinheiten
e) Hochdruckleitungen
f) Kraftstoffrücklaufleitungen (Leckölleitungen)
g) Kraftstofffilter

- Fahrzeug volltanken.
- Kraftstoffsystem entlüften.
- Probefahrt durchführen.

Keine Späne in der Hochdruckpumpe:

- Kraftstofffilter erneuern.
- Kraftstoffsystem entlüften.
- Fahrzeug volltanken und Probefahrt durchführen.

Späne im Kraftstoffbehälter:

- Kraftstofffördereinheit wie bereits beschrieben demontieren.
- Kraftstoffbehälter auf Verschmutzung und Späne kontrollieren.
- *Alle Hochdruckkomponenten ersetzen:*

a) Regelventil für Kraftstoffdruck
b) Kraftstoffdruckgeber
c) Hochdruckspeicher (Kraftstoffverteiler)
d) Einspritzeinheiten
e) Hochdruckleitungen
g) Kraftstofffilter

- Kraftstofffördereinheit einbauen.
- Kraftstoffbehälter einbauen.
- Kraftstofffilter ersetzen.

⚠ Um einen Trockenlauf der Hochdruckpumpe zu vermeiden und einen raschen Motorstart nach Teiletausch zu erzielen, sind folgende Punkte unbedingt zu beachten:

- Kraftstoffbehälter mit 5 Liter Dieselkraftstoff befüllen.

Anschließend in den »Geführten Funktionen« die Funktion »Kraftstoffsystem entlüften« durchführen. Bei Austausch bzw. Ausbau von Bauteilen/Komponenten des Kraftstoffsystems zwischen Kraftstoffbehälter und Hochdruckpumpe muss dieses entlüftet werden. Dieser Vorgang dauert etwa 2 Minuten. Dabei werden die Kraftstoffpumpen insgesamt 3-mal angesteuert. Der Vorgang darf nicht vorzeitig abgebrochen werden.

- Kraftstoffbehälter vollständig mit Dieselkraftstoff befüllen.
- Kraftstoffsystem entlüften.
- Probefahrt durchführen.

Falschbetankung wurde VOR dem Start des Motors bemerkt

Der Motor wurde NICHT gestartet.

- Zündung nicht einschalten.

⚠ Bei Ausführungen, bei denen die Kraftstoffpumpe durch den Türöffner angesteuert wird, muss der Kraftstofffilter ersetzt werden! Bei allen anderen Fahrzeugen kann das zumindest nicht schaden.

- Steckverbindung Kraftstoffpumpe für Vorförderung und Geber für Kraftstoffvorratsanzeige im Bereich Unterboden Mitte links entriegeln und abziehen.

- Kraftstofffördereinheit ausbauen und entleeren.
- Sieb auf Verschmutzung prüfen und ggf. reinigen.
- Kraftstoffbehälter mit einem geeigneten Kraftstoffabsauggerät über die Öffnung der Kraftstofffördereinheit vollständig entleeren.
- Ist der Kraftstoffbehälter vollständig entleert, den Kraftstoffbehälter mit einem fusselfreien Lappen innen reinigen.
- Kraftstofffördereinheit einbauen.
- Kraftstoffbehälter einbauen.

Um einen Trockenlauf der Hochdruckpumpe zu vermeiden und einen raschen Motorstart nach Teiletausch zu erzielen, sind folgende Punkte unbedingt zu beachten:
a) Kraftstoffbehälter mit 5 Liter Dieselkraftstoff befüllen,
b) Kraftstoffsystem entlüften.

Werden Bauteile/Komponenten des Kraftstoffsystems zwischen Kraftstoffbehälter und Hochdruckpumpe abgebaut, ausgebaut oder ersetzt, muss zur Entlüftung des Kraftstoffsystems mit dem Fahrzeugdiagnosetester in den »Geführten Funktionen« die Funktion »Kraftstoffsystem entlüften« durchgeführt werden. Dieser Vorgang dauert etwa 2 Minuten. Dabei werden die Kraftstoffpumpen insgesamt 3-mal angesteuert. Der Vorgang darf nicht vorzeitig abgebrochen werden.

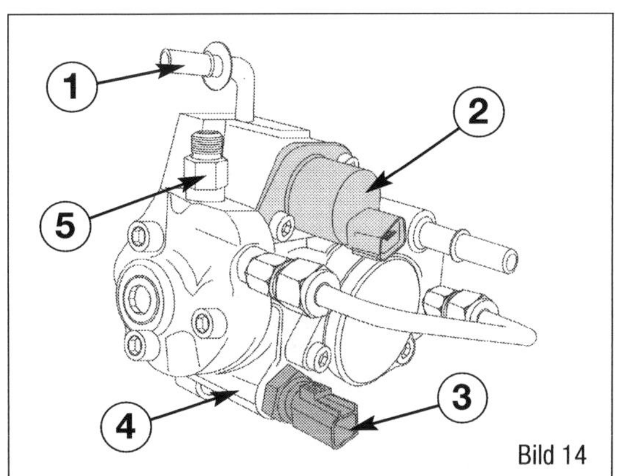

Bild 14

- Kraftstoffbehälter vollständig mit Dieselkraftstoff befüllen.
- Probefahrt durchführen.
- Fehlerspeicher auslesen und gegebenenfalls löschen.

Bild 14
1 Kraftstoffzulauf
2 Dosierventil
3 Abschaltventil
4 Hochdruckpumpe
5 Hochdruckanschluss

8 Kraftstoffaufbereitung und Einspritzung

Gemischaufbereitung, Einspritzung und (Selbst-)Zündung werden durch elektronisch gesteuerte Einspritzsysteme realisiert. Die Aufladung über Abgasturbolader gehört zur Ausrüstung der Motoren, egal wie viel Hubraum zur Verfügung steht.

Diesel-Motoren

Alle Diesel-Motoren, die wir in diesem Buch zum Transit vorstellen, haben direkte Kraftstoffeinspritzung über Hochdruckspeicher »Common Rail« (Bild 1) mit Aufladung über Abgasturbolader. Der Kraftstoff für die Diesel mit einer Cetanzahl (CZ) von mindestens 51 wird von der Fördereinheit (1) im Tank (19) über Vorlaufleitung (17) und Kraftstofffilter (18) zur Hochdruckpumpe (11) geschafft. Diese drückt ihn ins »Common Rail«, das Kraftstoffsammler- und Verteilerrohr (4) und von dort in die Magnet-Injektoren (8), die hier als Einspritzventil zum Einsatz kommen. Diese Düsen schaffen bis zu 5 Voreinspritzungen. Die Kraftstoffvorlauf- und Rücklaufleitungen (auch Leckölleitungen genannt, 16 und 17) sind aus besonders druckfestem Material gefertigt. Die Hochdruckleitungen bestehen aus Stahlrohr. Der Zustand muss von Zeit zu Zeit in Augenschein genommen werden.

Hauptkomponenten der Anlage
Einige Anmerkungen zu einzelnen Komponenten der Einspritzanlage gemäß Bild 1. Das Schema zeigt die Anlage für den 2,3-l-Multijet. Das Ventil für Kraftstoffdosierung (12) an der Hochdruckpumpe (11) darf nicht geöffnet werden. Wenn die Kraftstoff-Hochdruckpumpe (11) erneuert wurde, muss eine Kraftstofferstbefüllung vorgenommen werden, auf jeden Fall muss Trockenlauf vermieden werden. Die Einspritzventile (8) werden als Bauteil (»N070«) durchnummeriert von A bis D. Der Injektor für Zylinder 1 ist demnach »N070A«, der Injektor für Zylinder 4 ist »N070D«.
Die Kraftstoffrücklaufleitungen (16) dürfen nicht zerlegt werden. Sie dürfen werksmäßig nur komplett mit Druckhalteventil, das entweder am Kraftstofffilter (18) oder an der Koppelstation (15) verbaut ist, erneuert werden. Dieses Druckhalteventil hat die Aufgabe, in den Kraftstoffrücklaufleitungen immer einen Restdruck (Steuermenge) von ca. 1 bar zu halten. Die Injektoren benötigen diese Steuermenge für ihre Funktion. Das Druckhalteventil ist innerhalb der Kraftstoffrücklaufleitungen kurz vor der (Metall)-Rücklaufleitung einzubauen. Nach Austausch (Ventil plus Leitungen) muss der Motor für ca. 2 Minuten im Leerlauf laufen, um das Kraftstoffsystem zu entlüften. Anschließend müssen die Kraftstoffrücklaufleitungen auf Dichtigkeit geprüft werden. Der eigentlich bei den meisten Herstellern verbaute Kraftstoffkühler muss nicht zwingend eingebaut sein. Auch ein separates Vorwärmventil ist nicht zwingend erforderlich.

Die Komponenten in der Montage-Übersicht Bild 1 vermittelt einen Eindruck von der konkreten Umsetzung des Schemas in Funktionsgruppen und Bauteile. Wir geben hier einige der direkt aufs Bauteil bezogenen Arbeitshinweise von Ford und Bosch wieder, um auf die Sensibilität des Systems aufmerksam zu machen. Daran darf nur mit Kenntnis, Sachverstand und Fingerspitzengefühl gearbeitet werden.

Die Hochdruckleitung (10) verläuft zwischen Hochdruckpumpe und Rail-Element (Common Rail, Hochdruckspeicher). Sie muss spannungsfrei eingebaut werden. Korrodierte Leitungen dürfen nicht mehr verwendet werden. Die Hochdruckleitungen (3) verlaufen zwischen dem Rail-Element (Hochdruckspeicher, 4) und den Einspritzventilen (8). Sie dürfen nicht vertauscht und müssen spannungsfrei eingebaut werden.

Die Hochdruckleitung kann wiederverwendet werden, wenn ihr Dichtkonus ohne Beanstandungen auf Verformungen und Risse geprüft wurde und wenn die Leitungsbohrung nicht verformt, verengt oder beschädigt ist.
Bei Wiederverwendung der Hochdruckleitungen nach den genannten Überprüfungen muss ihre zylinderspezifische Kennzeichnung beachtet werden.

Im Rail (Verteilerrohr/Hochdruckspeicher) (4) sind der Raildrucksensor und das Druckmodellierventil verbaut. Der Sensor erfasst den tatsächlich anliegenden Druck im Railrohr/Verteilerrohr. Das Druckmodellierventil verschließt oder öffnet den Zugang zum Rücklauf (Lecköl) um den Druck im Hochdruckbereich, zu dem das Railrohr auch gehört, zu regeln. Das Railrohr selbst ist aus Gussstahl hergestellt, es darf nicht zerlegt werden. Eine Reinigung ist nicht vorgesehen. Werden Ablagerungen festgestellt oder auch nur aufgrund eines Schadens an der Hochdruckpumpe angenommen, muss es ersetzt werden.

In der Hochdruckpumpe (11) sind zum einen die beiden Hochdruckelemente verbaut, die den Einspritzdruck erzeugen. Angetrieben wird die Hochdruckpumpe von der Steuerkette oder dem Zahnriemen, je nach Motorvariante. Der verbaute Kraftstofftemperaturfühler überwacht und erfasst die Kraftstofftemperatur. Dieser Wert ist wichtig für die Zumessung der eingespritzten Kraftstoffmenge durch die Einspritzdüsen (8). Weiterhin befindet sich das Kraftstoffzumessventil (Dosierventil) (12) in der Hochdruckpumpe. Dieses Ventil öffnet und schließt wie das Druckmodellierventil (Dosierventil) den Zugang des Kraftstoffes zum Rücklauf (13). So kann bedarfsgerecht eine ausreichende Kraftstoffmenge bereitgestellt werden. Ohne dieses Ventil würde immer die volle Menge im Hochdruckbereich verarbeitet und durch den Druck auch erhitzt werden. Die Kraftstofftemperatur würde stetig ansteigen. Im Normalbetrieb kann die Temperatur durchaus bei 80 °C liegen. Aus diesem Grund ist bei einigen Ausführungen auch ein Kraftstoffkühler erforderlich.

Die Druckregelung im Niederdruckkreis im Filter (18) **oder im Anschluss** (15) ist fest in die Kraftstoffleitungen integriert. Auch hier finden sich bei Ford, aber auch bei allen anderen Herstellern, die mit dem Common-Rail-System arbeiten, Besonderheiten, die man so zumindest auf den ersten Blick nicht erwartet. Der Kraftstoffdruck wird durch ein Druckregelventil (Druckhalteventil) auf etwa 3 bar heruntergeregelt. Die dafür erforderlichen Druckregler sind entweder im Anschluss zum Kraftstofffilter oder im Verbindungsanschluss der Kraftstoffleitungen zwischen Kraftstofffilter und den Zuleitungen am Motor. Diese Druckregelung ergibt eine Zirkulation von frischem kühlem Kraftstoff vor der eigentlichen Kraftstoffhochdruck-Aufbereitung. Wie schon erwähnt, sollten Sie hier nur Leitung und Regeleinheiten zusammen ersetzen.

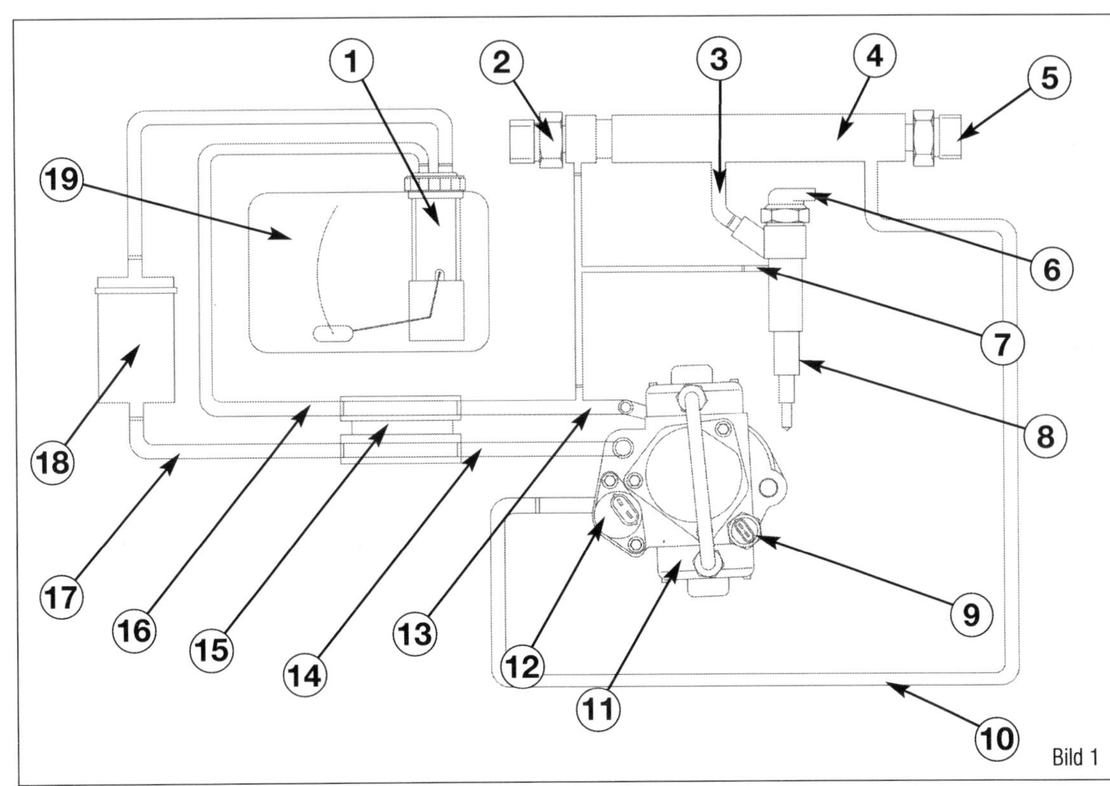

Bild 1
Bauteile der Common-Rail am Ford Transit.

1 Tankfördermodul
2 Druckmodellierventil
3 Hochdruckleitung
4 Rail (Verteilerrohr)
5 Raildrucksensor
6 Elektrischer Anschluss am Injektor
7 Leckölleitung-Injektor
8 Injektor (nur einer exemplarisch dargestellt)
9 Kraftstofftemperatursensor
10 Hochdruckleitung zum Rail
11 Hochdruckpumpe (2-Zylinderpumpe)
12 Mengendosierventil
13 Leckölanschluss der Hochdruckpumpe
14 Vorlaufanschluss der Hochdruckpumpe
15 Kraftstoffleitung Koppelstation (teilweise mit Druckminderer)
16 Rücklauf(Lecköl)-Leitung
17 Vorlaufleitung
18 Kraftstofffilter (teilweise mit Druckminderer)
19 Kraftstoffbehälter

Sichtprüfung Messen

Einspritzdüsen (Injektor) wechseln

⚠ Kennzeichnen Sie die Zuordnung der Einspritzeinheiten zum Zylinder. Der Anpassungswert der Injektoren ist im Motorsteuergerät gespeichert.

☞ Sauberkeitsregeln bei Arbeiten an der Einspritzanlage beachten. Verschließen Sie sofort die offenen Anschlüsse mit einem geeigneten Verschlussdeckel.

Injektor wechseln

Die Montagearbeiten für den 2,2-l- und den 2,4-l-Dieselmotor sind gleich. Wir stellen Ihnen hier eine allgemeingültige Anleitung zur Verfügung.

■ Öffnen Sie den Tankdeckel und lassen Sie den eventuell anstehenden Druck ab.

■ Motorabdeckung oben soweit vorhanden abbauen.

■ Drücken Sie die Entriegelungstaste und ziehen Sie die Stecker an den auszubauenden Einspritzeinheiten ab.

■ Nehmen Sie die Klammern seitlich am Anschlussstück der Rücklaufleitung ab.

■ Ziehen Sie die Rücklaufleitung (Lecköleitung) nach oben ab.

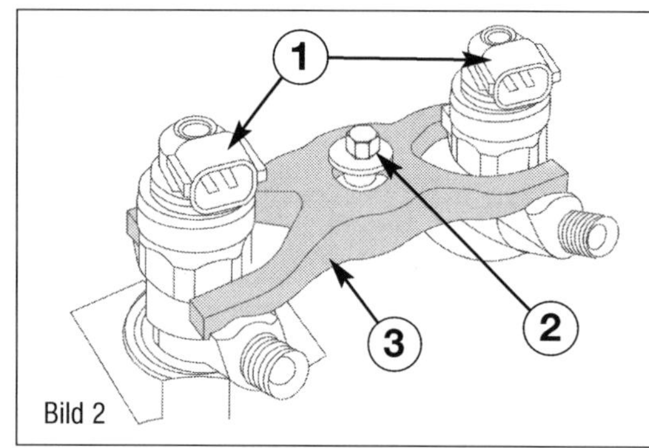

Bild 2
Spannpratze am Injektor.
1 Injektoren
2 Schraube
3 Spannbügel (Spannpratzen)

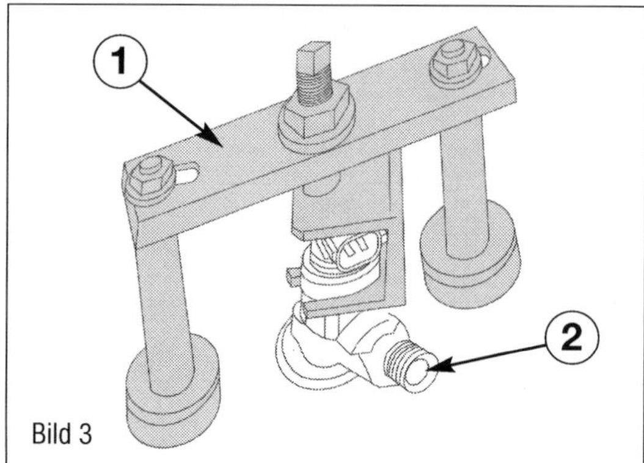

Bild 3
Ausziehen der Injektoren.
1 Abzieher (Spezialwerkzeug)
2 Einspritzdüse (Injektor)

■ Lösen Sie die Überwurfmutter der Hochdruckleitung an den Einspritzeinheiten und am Railrohr.

■ Verschließen Sie die Öffnungen mit passenden Stopfen.

■ Drehen Sie die Schraube (2 im Bild 2) los und nehmen Sie den Spannpratzen (Spannbügel) (3) von den Injektoren (1) ab.

■ Setzen Sie ein geeignetes Ausziehwerkzeug (1 im Bild 3) auf den Injektor auf und ziehen Sie ihn heraus.

■ Legen Sie die ausgebauten Einspritzeinheiten auf einem sauberen Lappen ab.

Einbau einer gebrauchten Einspritzeinheit:

■ Sprühen Sie die Spitze der Einspritzeinheit mit einem Rostlösespray ein. Nach ca. 5 Minuten entfernen Sie mit einem Lappen die Ruß- bzw. Ölpartikel.

■ Festsitzende Kupferdichtringe vorsichtig in einen Schraubstock spannen, bis der Kupferdichtring gerade am Durchdrehen zwischen den Spannbacken gehindert wird. Die Einspritzeinheit mit leicht drehenden und ziehenden Bewegungen von Hand aus dem Kupferdichtring ziehen.

■ Dichtfläche unterhalb des Kupferdichtrings reinigen.

■ Montieren Sie den neuen Kupferdichtring.

■ Um eine Beschädigung des O-Rings zu vermeiden, den neuen O-Ring für den Kraftstoff-Rücklaufanschluss vorsichtig aufschieben.

■ Zum Entfernen der Rußpartikel auf der Dichtfläche der Einspritzeinheit reinigen Sie im Zylinderkopf den Injektorschacht mit einem in Motoröl bzw. Rostlöser getränkten Lappen (die Dichtfläche nicht beschädigen).

Einbau der Einspritzeinheiten:

■ Setzen Sie die Einspritzeinheiten in den Zylinderkopf ein.

■ Bauen Sie die Spannpratzen (Spannbügel) (3 im Bild 2) ein und ziehen Sie die Befestigungsschraube mit 60 Nm fest und mit 180° nach.

■ Ziehen Sie die Überwurfmuttern der Hochdruckleitungen zunächst handfest an.

■ Achten Sie auf spannungsfreien Sitz der Hochdruckleitungen.

■ Ziehen Sie die Überwurfmuttern der Hochdruckleitungen an den Einspritzeinheiten mit dem Drehmomentschlüssel mit 25 Nm fest.

■ Ziehen Sie die Überwurfmuttern der Hochdruckleitungen am Hochdruckspeicher mit 25 Nm fest.
■ Drücken Sie die Anschlüsse der Rücklaufleitungen vorsichtig über den O-Ring auf den Injektor (O-Ring vorher auf Beschädigung kontrollieren). Der Verschluss muss hörbar einrasten, danach drücken Sie den Entriegelungsbolzen vorsichtig nach unten. Stecken Sie die Stecker an den Einspritzeinheiten auf.

Nach dem Erneuern eines oder mehreren Injektoren müssen der »Injektor-Mengen-Abgleich« und »Injektor-Spannungs-Abgleich« für die neuen Injektoren ins Motorsteuergerät geschrieben werden. Prüfen Sie zusätzlich alle anderen Injektoren auf »Injektor-Mengen-Abgleich« und »Injektor-Spannungs-Abgleich«, ob alle Abgleich-Werte richtig eingegeben sind. Wenn die richtigen Abgleich-Werte im Motorsteuergerät gespeichert sind, dürfen diese Abgleich-Werte auf keinen Fall neu eingegeben werden.

■ Kraftstoffsystems entlüften und Dichtigkeitsprüfung durchführen.
■ Lassen Sie den Motor einige Minuten im Leerlauf laufen und stellen Sie den Motor dann wieder ab.
■ Schalten Sie die Zündung aus.
■ Prüfen Sie das gesamte Kraftstoffsystem und die Anschlüsse der Rücklaufleitungen auf Dichtigkeit. Bei Undichtigkeit trotz korrekten Anzugsdrehmoments tauschen Sie das betroffene Bauteil.

Die Rücklaufleitungen dürfen nur komplett mit Druckhalteventil erneuert werden.

■ Führen Sie anschließend eine Probefahrt durch. Dabei muss der Motor seine Betriebstemperatur erreichen und mindestens einmal mit Volllast beschleunigt werden. Anschließend ist das Hochdrucksystem nochmals auf Dichtigkeit zu prüfen.

Wenn noch Luft im Kraftstoffsystem ist, kann der Motor während der Probefahrt in den Notlauf gehen. Stellen Sie dann den Motor ab und löschen Sie den Ereignisspeicher mit dem Fahrzeugdiagnosetester.

■ Setzen Sie anschließend die Probefahrt fort.

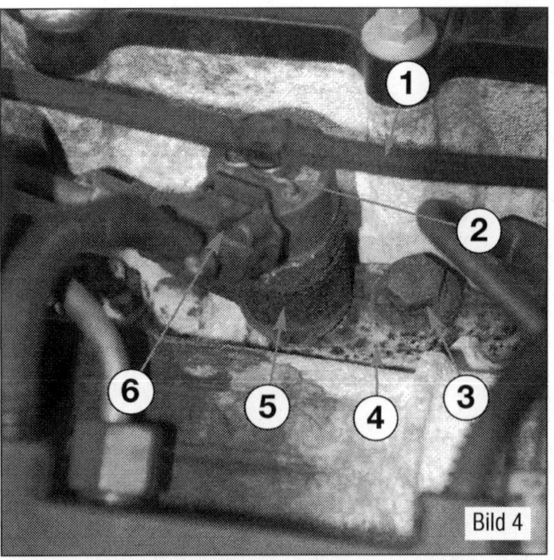
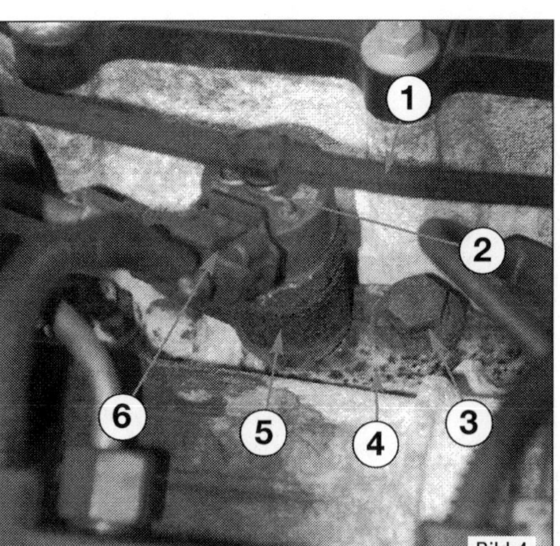

Bild 4
Einbau beim 2,2-l-Dieselmotor.
1 Leckölleitung
2 Halteklammer
3 Schraube
4 Spannbügel (Spannpratzen)
5 Injektoren
6 elektrischer Anschluss

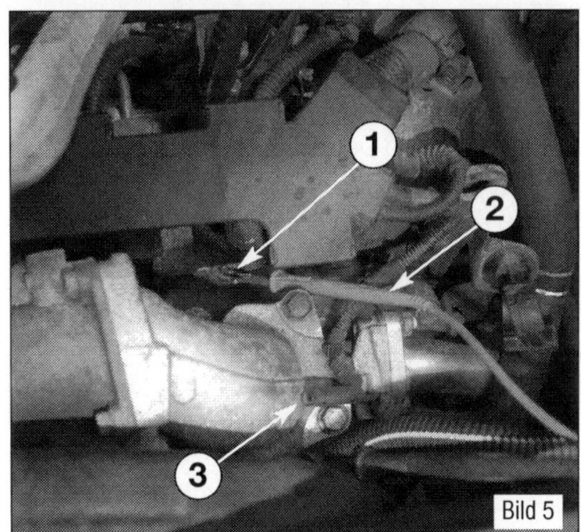

Bild 5
Glühkerze prüfen.
1 Steckanschluss der Glühkerze
2 Prüfspitze der Glühkerze
3 Anschlussstecker der Glühkerze

Glühkerzen prüfen

Vor der Demontage einer Glühkerze können Sie zumindest eine Widerstandsmessung durchführen, um zu überprüfen, ob die Glühkerze wirklich defekt ist. Es können aufgrund der hohen Ströme durchaus auch Defekte an den Anschlusskabeln vorliegen.
■ Legen Sie die Anschlusskabel frei.
■ Ziehen Sie den Anschlussstecker (1 im Bild 5) ab.
■ Kontrollieren Sie den Zustand und den festen Sitz der Stecker auf den Glühkerzen.
■ Stellen Sie das Multimeter auf einen Widerstand von 200 Ω ein.
■ Messen Sie den Widerstand der Glühkerze gegen Masse (Zylinderkopf).

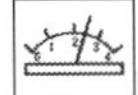
Der Widerstandswert sollte kleiner als 1 Ω sein.

Glühkerzen wechseln

Im Ford Transit können unterschiedliche Glühkerzentypen verbaut sein. Achten Sie darauf, möglichst nicht einzelne Glühkerzen zu wechseln. Zumindest sollten Sie den gleichen Bautyp und Hersteller verwenden.

⚠ Die Keramik-Glühkerzen sind wegen ihrer besonderen Materialeigenschaften sehr empfindlich und bedürfen einer besonderen Handhabung bei der Montage und Demontage. Halten Sie sich beim Aus- und Einbau unbedingt an die hier beschriebenen Vorgehensweisen. Der Transport und die Lagerung dürfen nur in Original-Transportbehältern oder einzeln verpackt in Luftpolsterfolien erfolgen. Die Keramik-Glühkerzen sind erst unmittelbar vor dem Einbau aus der Verpackung zu nehmen! Keramik-Glühkerzen sind gegen Stoß und Biegung empfindlich. Deshalb dürfen heruntergefallene Keramik-Glühkerzen (selbst aus geringer Höhe ca. 2 cm) nicht mehr verwendet werden, auch wenn augenscheinlich keine Beschädigung (z. B. Haarriss) vorliegt. Bestehen Zweifel am einwandfreien Zustand der Keramik-Glühkerzen, so sind diese immer zu ersetzen. Beschädigungen oder Stiftbruch an einer Keramik-Glühkerze führen immer zu einem Motorschaden. Bei einem Stiftbruch müssen alle Bruchstücke vor dem nächsten Motorstart aus dem Verbrennungsraum entfernt werden, da es sonst immer zu einem Motorschaden (Kolbenfresser) kommt. Ein Mischverbau von Keramik- und Metall-Glühstiftkerzen gleichzeitig ist nicht zulässig.

☞ Beim Aus- und Einbau dürfen die Keramik-Glühkerzen nicht verkanten. Behindernde Bauteile sind bei der Montage zusätzlich auszubauen.

⚠ Sollte eine Keramik-Glühkerze gebrochen sein, entfernen Sie alle Bruchstücke aus dem Motor, da es sonst zu Motorschäden kommen kann.

■ Groben Schmutz mit einem Staubsauger aussaugen.
■ Bremsenreiniger oder einen geeigneten Reiniger in den Glühstiftkerzenkanal sprühen, kurz einwirken lassen und mit Pressluft ausblasen.

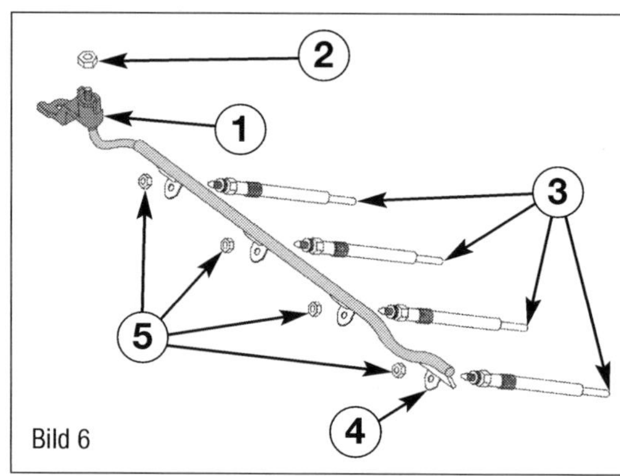

Bild 6
Glühkerzen und Anschlussleiste.
1 Anschlussstück (2,4 l)
2 Mutter M6
3 Glühkerzen
4 Anschlussleiste
5 Muttern M5

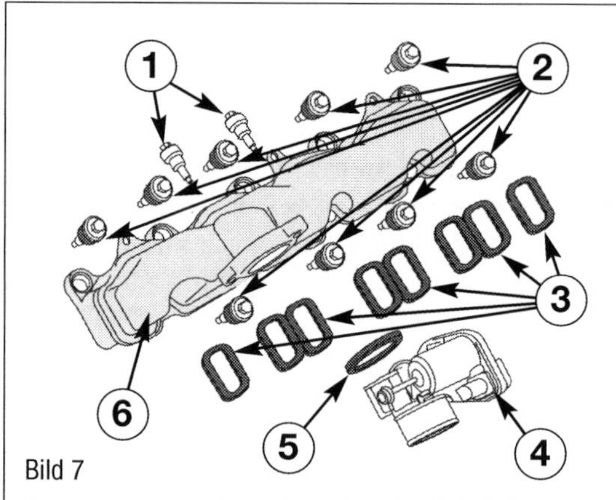

Bild 7
Ansaugkrümmer und Drosselklappenstück-
1 Schrauben
2 Schrauben
3 Dichtungen
4 Drosselklappenstück
5 Dichtring
6 Ansaugkrümmer

Aus- und Einbau
Der Aus- und Einbau fällt für die 2,2-l-Motoren und die 2,4-l-Motoren ähnlich aus. Wir stellen Ihnen deshalb eine allgemeingültige Arbeitsbeschreibung zur Verfügung, in der wir die Besonderheiten hervorheben werden.
■ Schalten Sie die Zündung aus und ziehen Sie den Schlüssel ab.
■ Klemmen Sie die Batterie ab.
■ Demontieren Sie den Ansaugkrümmer (6 im Bild 7).
■ Verschließen Sie die Öffnungen mit passenden Stopfen oder fusselfreien Lappen.

Fahrzeuge mit Anschlussblock (1 im Bild 6):
■ Drehen Sie die Mutter (2) ab und legen Sie das Anschlusskabel aus dem Arbeitsbereich heraus.
■ Drehen Sie die Befestigungsschraube am Anschlussbock heraus.

Weiter für alle Fahrzeuge:
■ Lösen Sie die Muttern (5) und nehmen Sie sie ab.
■ Nehmen Sie die Anschlussleiste (4) ab.

■ Drehen Sie die Glühkerzen mit einer passenden Langnuss vorsichtig heraus.

Der Einbau erfolgt sinngemäß in umgekehrter Reihenfolge.

■ Vor dem Einbau müssen die Zylinderkopfbohrung und das Gewinde der Keramik-Glühkerzen vollständig von Ablagerungen gesäubert werden.

Das Gewinde der Bohrung im Zylinderkopf bzw. der Keramik-Glühkerzen ist grundsätzlich nicht einzuölen oder zu fetten.

Führen Sie nach dem Einbau und vor dem ersten Motorstart am kalten Motor grundsätzlich eine Widerstandsprüfung an allen Keramik-Glühkerzen durch.

■ Drehen Sie die Keramik-Glühkerzen von Hand mit einer passenden Langnuss in den Zylinderkopf ein.

■ Ziehen Sie anschließend die Keramik-Glühkerzen fest. Die erforderlichen Anzugsdrehmomente sind je nach Kerzenbauart auf der Verpackung der Glühkerze vermerkt.

■ Montieren Sie die Verbindungsschiene der Glühkerzen und ziehen Sie die Anschlussschraube mit 2-3 Nm an.

■ Abschließend den Ereignisspeicher des Motorsteuergeräts löschen.

Luftfilter wechseln

Reinigung des Luftfilterkastens

Beim Ausblasen des Luftfiltergehäuses mit Pressluft ist Folgendes zu beachten:

■ Zur Vermeidung von Funktionsstörungen bitte die kritischen Luft führenden Motorbauteile wie Luftmassenmesser, Lufteinlassrohre usw. mit einem sauberen Putzlappen abdecken.

■ Schlauchstutzen und Schläuche für Ladeluftsystem müssen vor dem Montieren öl- und fettfrei sein.

■ Verwenden Sie keine silikonhaltigen Gleitmittel bei der Montage.

■ Besser ist es, mit einem Werkstattstaubsauger das Luftfiltergehäuse auszusaugen.

Wechsel des Luftfiltereinsatzes

■ Öffnen Sie die Schelle des Luftführungsrohrs oben (7) am Luftfilterdeckel (2).

■ Ziehen Sie die Luftführung oben (7) ab.

■ Ziehen Sie den Stecker des Luftmassenmessers ab.

■ Öffnen Sie die Halteklammern (5 in Bildern 8 und 9).

■ Nehmen Sie Luftfilterdeckel (2 in Bildern 8 und 9) ab.

■ Nehmen Sie den Luftfiltereinsatz (3 in Bildern 8 und 9) nach oben heraus.

■ Reinigen Sie gegebenenfalls das Luftfiltergehäuse (2) mit einem Staubsauger.

Die Montage erfolgt sinngemäß in umgekehrter Reihenfolge.

■ Bauen Sie den neuen Luftfiltereinsatz (3 in Bildern 8 und 9) ein. Beachten Sie beim Einbau den richtigen Sitz des Luftfiltereinsatzes im Gehäuse und kontrollieren Sie die korrekte Auflage der umlaufenden Dichtung!

■ Achten Sie auf den richtigen Sitz des Luftfilteroberteils auf dem Luftfilterunterteil.

Luftfiltergehäuse aus- und einbauen

Der Ausbau des Luftfiltergehäuses unterscheidet sich zwischen dem quer und dem längs eingebauten Motor. Wir werden

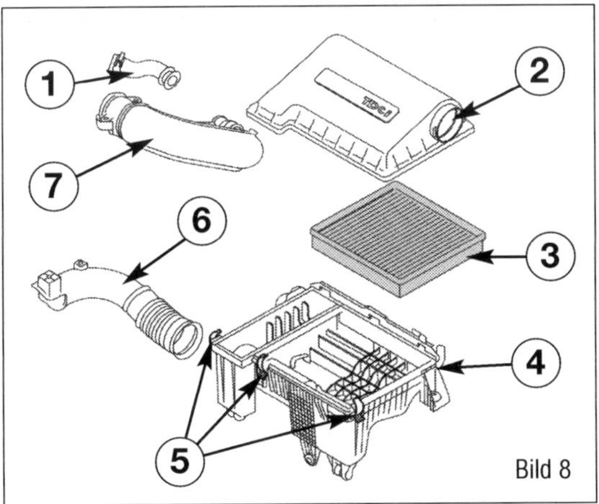

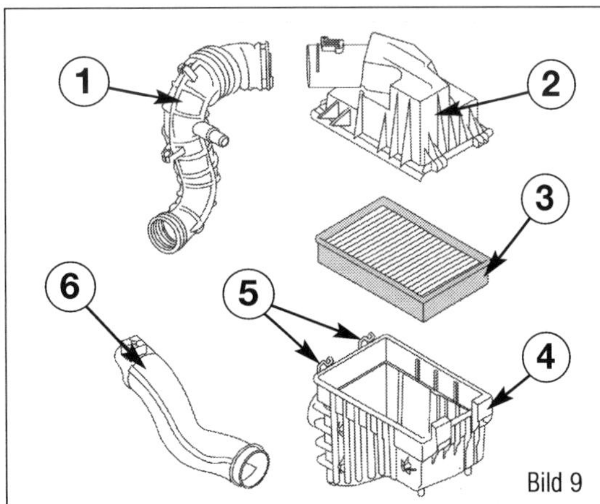

Bild 8
Luftfilter im Quereinbau.
1 Schlauch
2 Luftfilterdeckel
3 Luftfilter
4 Luftfilterkasten
5 Halteklammern
6 Luftführungsrohr unten
7 Luftführungsrohr oben

Bild 9
Luftfilter im Quereinbau.
1 Anschlussschlauch
2 Luftfilterdeckel
3 Luftfilter
4 Luftfilterkasten
5 Halteklammern
6 Luftführungsrohr

die beiden Varianten im Folgenden getrennt betrachten.

Montage am quer eingebauten Motor:

■ Öffnen Sie die Schelle des Luftführungsrohrs oben (7 im Bild 8) am Turbolader.
■ Ziehen Sie den Schlauch zur Motorentlüftung ab.
■ Ziehen Sie die Luftführung oben (7) ab.
■ Öffnen Sie die Schelle des Luftführungsrohrs unten (6).
■ Ziehen Sie die Luftführung unten (6) ab.
■ Ziehen Sie den Stecker des Luftmassenmessers ab.
■ Heben Sie den Luftfilterkasten vorne aus den Gummilagern im Schlossträger heraus.
■ Ziehen Sie den Luftfilterkasten nach vorne, führen Sie das Luftführungsrohr oben (7) vorsichtig nach und nehmen Sie den Luftfilterkasten mit dem Luftführungsrohr oben heraus.

Der Einbau erfolgt sinngemäß in umgekehrter Reihenfolge.

Montage am längs eingebauten Motor:

■ Drehen Sie die Schraube im Schlossträger der Luftführungsrohr (6 im Bild 8) heraus.
■ Öffnen Sie die Schelle des Anschlussschlauches oben (7) am Luftmassenmesser im Luftfilterdeckel.
■ Ziehen Sie den Luftfilterkasten zusammen mit dem Luftführungsrohr (6) unten nach oben heraus.
■ Ziehen Sie das Luftführungsrohr (6) unten vom Luftfilterkasten ab.

Der Einbau erfolgt sinngemäß in umgekehrter Reihenfolge.

Kraftstofffilter wechseln

Für die Dieselmotoren sind für die hier beschriebene Modellreihe zwei unterschiedliche Filtersysteme verbaut worden. Sie unterscheiden sich in der Filterausführung und entsprechend auch in der Handhabung für die erforderlichen Montagearbeiten. Wir werden Ihnen beide Systeme im Folgenden vorstellen.

Rücksetzen der Wartungsanzeige des Kraftstofffilters

Bei Fahrzeugen ab dem Baujahr 2011 sind die mechanischen Wartungsanzeigen (2 im Bild 10) gegen elektronische Sensoren ersetzt worden. Diese Beschreibung betrifft nur die Modellvarianten mit der mechanischen Wartungsanzeige. Die Wartungsanzeige zeigt den Zustand des Kraftstofffilters über eine mechanische Anzeige in drei Stufen (1-3 im Bild 11).

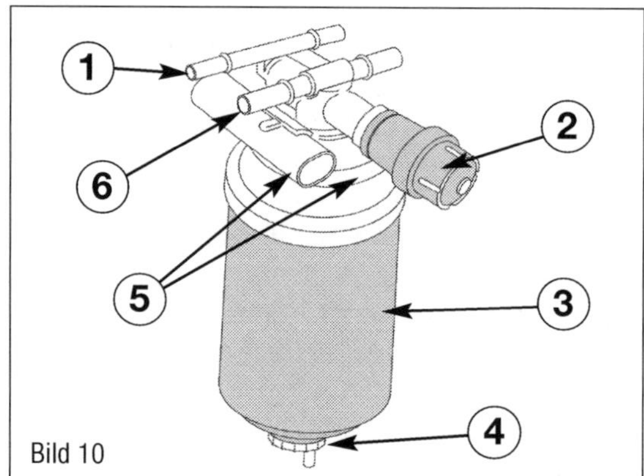

Bild 10

Bild 10
Kraftstofffilter als Filterpatrone mit Entwässerung.
1 Anschluss Rücklauf
2 Serviceanzeige
3 Filterpatrone
4 Entwässerungsanschluss
5 Verschraubungen
6 Anschluss Vorlauf

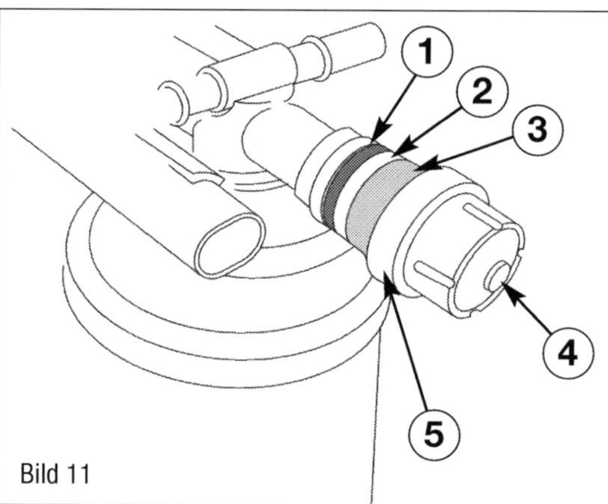

Bild 11

Bild 11
Mechanische Wartungsanzeige am Filter.
1 Stufe »rot« = Filterwechsel erforderlich
2 Stufe »Mitte« = Filterwechsel bei der nächsten Wartung durchführen
3 Stufe »grün« = Filter OK
4 Rückstellknopf
5 Wartungsanzeige

Der Kraftstofffilter ist auf der rechten Seite (Linkslenker) an der Spritzwand verbaut.

■ Drücken Sie bei abgeschaltetem Motor den Rückstellknopf (4) und halten Sie ihn etwa drei Sekunden gedrückt.
■ Starten Sie den Motor und treten Sie das Gaspedal im Leerlauf für 5 Sekunden voll durch und lassen Sie ihn dann im Leerlauf laufen.
■ Kontrollieren Sie die mechanische Anzeige des Kraftstofffilters.
■ In Stufe »rot« (1 im Bild 11) ist der Filterwechsel jetzt erforderlich.
- In Stufe »Mitte« (2 im Bild 11) ist der Filterwechsel bei der nächsten Wartung durchzuführen.
- In Stufe »grün« ist der Filter in Ordnung.
■ Stellen Sie den Motor wieder ab.

Entwässern des Kraftstofffilters

■ Stellen Sie den Motor ab und schalten Sie die Zündung aus.

■ Ziehen Sie den Steckkontakt zum Wassersensor in der Ablassschraube ab und legen Sie das Anschlusskabel aus dem Arbeitsbereich heraus.

■ Legen Sie einige Lappen bereit, um eventuell ausgetretene Kraftstoffrückstände aufwischen zu können.

■ Halten Sie einen Becher (0,25 l) unter die Ablassschraube (4) des Kraftstofffilters.

■ Drehen Sie die Ablassschraube gegen den Uhrzeigersinn (1 im Bild 12) um 1 - 2 Umdrehungen los und lassen Sie so viel Flüssigkeit ablaufen, dass kein Wasser mehr mit abläuft.

■ Lassen Sie etwa 100 ml ablaufen. Der Unterschied zwischen Wasser und Dieselkraftstoff ist erkennbar.

■ Drehen Sie die Ablassschraube mit dem Uhrzeigersinn (2 im Bild 12) wieder fest.

■ Stecken Sie den Steckkontakt zum Wassersensor in der Ablassschraube wieder auf.

■ Entsorgen Sie das abgelassene Kraftstoff-Wassergemisch fachgerecht.

Demontage des Filtereinsatzes

Tipp: Der Kraftstofffilter ist auf der rechten Seite (Linkslenker) an der Spritzwand verbaut.

■ Öffnen Sie den Tankdeckel um eventuell vorhandenen Restdruck im Kraftstoffbehälter abzubauen.

Achtung: Die Kraftstoffvorlaufleitung steht unter Umständen unter Druck! Schutzbrille und Schutzbekleidung tragen, um Verletzungen und Hautkontakt zu vermeiden. Vor dem Lösen von Schlauchverbindungen Putzlappen um die Verbindungsstelle legen. Dann durch vorsichtiges Abziehen des Schlauchs Druck abbauen.

Kraftraftstofffiltersystem mit Filterpatrone:

■ Legen Sie einige Lappen bereit, um eventuell ausgetretene Kraftstoffrückstände aufwischen zu können.

■ Ziehen Sie den Steckkontakt zum Wassersensor in der Ablassschraube ab und legen Sie das Anschlusskabel aus dem Arbeitsbereich heraus.

■ Lösen Sie den Kraftstofffilter durch Drehen gegen den Uhrzeigersinn (1 im Bild 12) und nehmen Sie ihn ab.

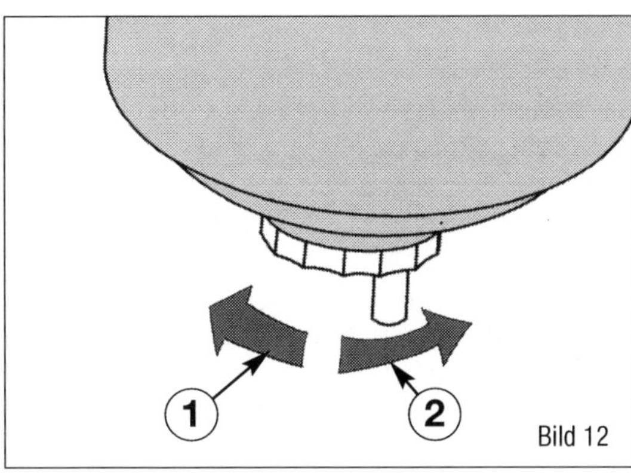

Bild 12
Entwässerung des Kraftstofffilters.
1 Drehrichtung zum Lösen
2 Drehrichtung zum Anziehen

■ Lassen Sie den Kraftstofffilter auslaufen und entsorgen Sie den Kraftstoff fachgerecht.

■ Bauen Sie den Wassersensor in die neue Filterpatrone um.

■ Ziehen Sie den neuen Kraftstofffilter handfest an.

■ Stecken Sie den Steckkontakt zum Wassersensor in der Ablassschraube wieder auf.

■ Entlüften Sie das Kraftstoffsystem mit dem OBD-Motortester über die geführten Funktionen.

Kraftstofffiltersystem mit Filtereinsatz:

■ Legen Sie einige Lappen bereit, um eventuell ausgetretene Kraftstoffrückstände aufwischen zu können.

■ Ziehen Sie den Steckkontakt zum Wassersensor (9 im Bild 13) ab und legen Sie das Anschlusskabel aus dem Arbeitsbereich heraus.

■ Clipsen Sie die Kraftstoffleitungen am Hitzeschild (5) des Kraftstofffilters ab und legen Sie sie aus dem Arbeitsbereich heraus.

■ Drehen Sie die drei Muttern (12) des Hitzeschildes los und nehmen Sie das Hitzeschild (5) ab.

■ Drehen Sie die Entwässerungsschraube (8) los und lassen Sie den Kraftstoff in einen Behälter ablaufen.

■ Drehen Sie den Filtergehäusedeckel gegen den Uhrzeigersinn (4 im Bild 14), bis die Markierung auf dem Filtergehäusedeckel (6) der Markierung (2) auf dem Filtergehäuse gegenübersteht.

■ Ziehen Sie den Filtergehäusedeckel nach unten ab.

■ Nehmen Sie den Filtereinsatz (6 im Bild 13) und den O-Ring (7) heraus.

■ Reinigen Sie den Filtergehäusedeckel (11).

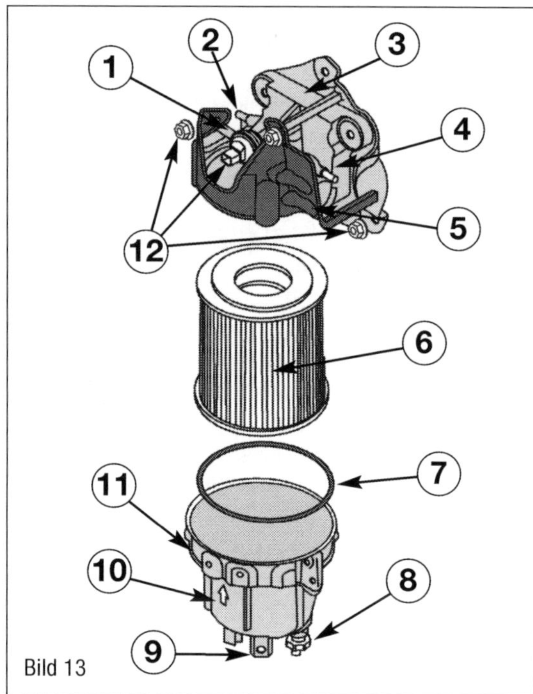

Bild 13
Kraftstofffilter als Filtereinsatz mit Entwässerung.
1 Wartungssensor
2 Anschluss vom Tank
3 Filtergehäuse
4 Anschluss zur Pumpe
5 Hitzeschild
6 Filtereinsatz
7 Dichtring
8 Entwässerungsschraube
9 Anschluss Wassersensor
10 Markierung auf dem Gehäusedeckel
11 Gehäusedeckel
12 Verschraubung

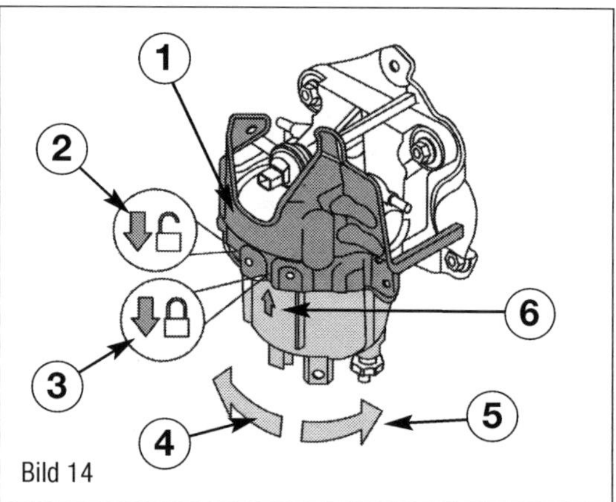

Bild 14
Demontage des Filtergehäusedeckels.
1 Hitzeschild
2 Position »Entriegelt« unter dem Hitzeschild
3 Position »Verriegelt« unten dem Hitzeschild
4 Drehrichtung zum Entriegeln
5 Drehrichtung zum Verriegeln
6 Markierung auf dem Filtergehäusedeckel

■ Setzen Sie einen neuen Kraftstofffilter ein.
■ Drehen Sie den Filtergehäusedeckel im Uhrzeigersinn (5 im Bild 14) fest, bis die Markierung auf dem Filtergehäusedeckel (6) der Markierung (2) auf dem Filtergehäuse gegenübersteht.

Der Einbau erfolgt sinngemäß in umgekehrter Reihenfolge.
■ Um ein sofortiges Starten des Motors nach dem Kraftstofffilterwechsel zu gewährleisten und einen Trockenlauf der Pumpen zu verhindern, muss das Kraftstoffsystem mit dem Fahrzeugdiagnosesystem »Mess- und Informationssystem« entlüftet werden.
Werden Bauteile/Komponenten des Kraftstoffsystems zwischen Kraftstoffbehälter und Hochdruckpumpe abgebaut, ausgebaut oder ersetzt, muss zur Entlüftung des Kraftstoffsystems mit dem Fahrzeugdiagnosetester in den »Geführten Funktionen« die Funktion »Kraftstoffsystem Entlüften« durchgeführt werden. Dieser Vorgang dauert etwa 2 Minuten. Dabei werden die Kraftstoffpumpen insgesamt 3-mal angesteuert. Der Vorgang darf nicht vorzeitig abgebrochen werden.
■ Starten Sie den Motor und führen Sie eine Sichtprüfung des Kraftstoffsystems am Kraftstofffilter durch.

Fahrzeugdiagnosetester einsetzen

Es gibt eine Reihe von Arbeiten im Bereich der Einspritz- und Zündanlage, die man ohne Tester mit Übung und Erfahrung, unter Einsatz bestimmter Spezialwerkzeuge und am besten auch mit fachkundiger Beratung in einer Mietwerkstatt ausführen kann. Darauf gehen wir mit den folgenden Arbeitsbeschreibungen ein. Vielfach aber kann man an den elektronisch gesteuerten Einspritzsystemen nur selbst Hand anlegen, wenn man über einen Diagnosetester verfügt. Das Steuergerät kann zwar viele Fehler an elektrischen Teilen der Einspritz- und Zündanlage per Selbstdiagnose erkennen und sie in einem Fehlerspeicher ablegen. Dabei wird auch eine Entscheidung getroffen, ob es sich um permanente Fehler oder um sporadische Mängel handelt.

Diagnosegeräte
Die Hersteller-Werkstätten verwenden ein eigenes Diagnosesystem, das auf die Ford-Fahrzeuge abgestimmt ist. Mit geeigneter Software und gewisser Kenntnis der Funktions- und Vorgehensweise sind auch andere Werkstattsysteme zu verwenden, wie sie in vielen Mietwerkstätten vorhanden sind. Wir haben schon auf das System vom »VCDS«-Vertreiber F-Com hingewiesen. Es ist absehbar, dass sich dieser hochwertige Tester in freien Werkstätten verbreitet. Die Firma PCI Tuning bietet auf Internetseiten Informationen und Unterstützung auch für diesen Ableger ihrer Testerreihe an.

Auch zu diesem Thema stellen wir Ihnen den Einsatz des Diagnosetesters vor. Hier

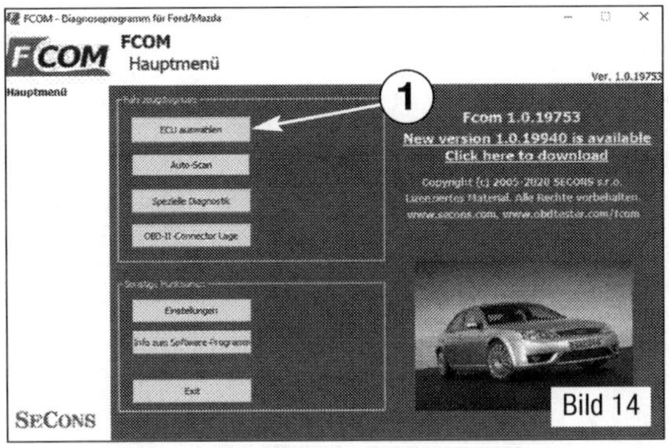

Bild 14

möchten wir die Istwerte für die Gemischaufbereitung erfassen und darstellen. Die Fehlerspeicherauslese unterscheidet sich kaum von den Arbeitsschritten, die wir Ihnen bereits auf Seite 37 vorgestellt.

Anschluss am Fahrzeug

Je nachdem, ob Sie einen Tester verwenden, der speziell für die Diagnose über OBD ausgelegt ist, erfolgt die Spannungsversorgung für den Tester über die OBD-Anschlussdose. Bei den meisten Laptop- oder Tablet-Lösungen muss darauf geachtet werden, dass die Akkuladung ausreichend groß ist oder eine Spannungsversorgung über das Ladegerät hergestellt werden an. Auch das Fahrzeug sollte mit einem Dauerladegerät mit Spannung versorgt werden. Bei eingeschalteter Zündung wird die Batterie entladen.

- Schließen Sie ein Erhaltungsladegerät an die Batterie an.
- Schließen Sie den Tester an die OBD-Anschlussdose im Fahrerfußraum an.
- Legen Sie das Anschlusskabel zum Tester so, dass es nicht im Fußraum stören kann.
- Starten Sie die Diagnosesoftware und schalten Sie die Zündung ein.
- Folgen Sie den Anzeigen auf dem Bildschirm, um die gewünschten Funktionen zu starten.

Istwerte-Erfassung für den Luftmassenmesser

Exemplarisch werden wir im Folgenden die »Istwerte« des Luftmassenmessers überprüfen. Im Einspritzsystem ist er auch für die Kontrolle der Abgasrückführungsrate zuständig. Fehlerhafte Messwerte führen schnell zu einer geringeren Motorleistungsabgabe. Hier findet ganz klassisch

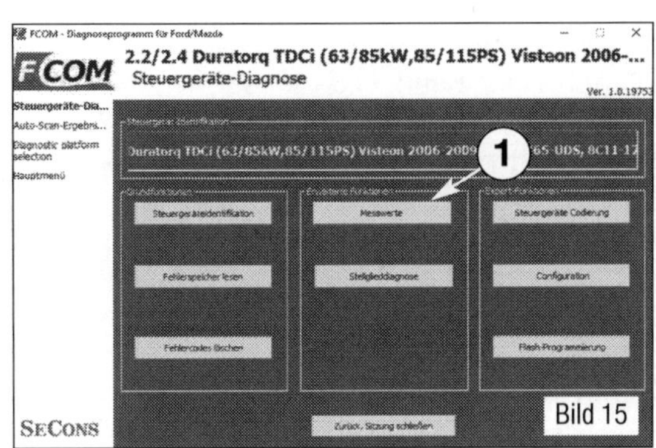

Bild 15

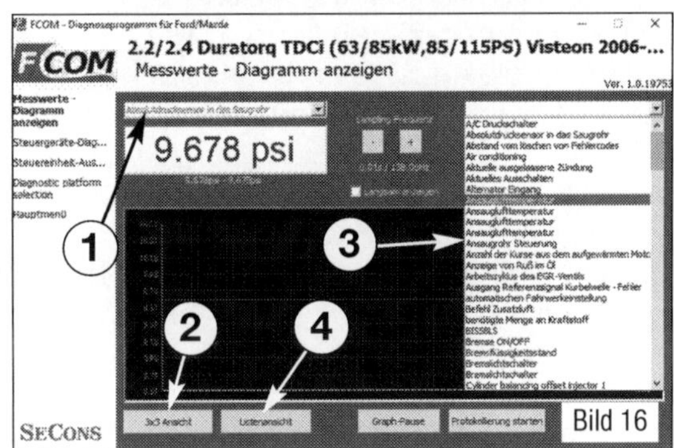

Bild 16

ein Soll-Istwerte-Vergleich statt. Die Sollwerte werden aus dem Kennfeld des Steuergerätes ausgelesen. Die Istwerte werden vom Luftmassenmesser übernommen. Diese beiden Werte werden als grafischer Verlauf dargestellt. Nach einigen Gasstößen kann die Auswertung erfolgen.

- Lassen Sie den Motor im Leerlauf laufen.
- Klicken Sie mit der Maus die Taste »ECU auswählen« (1 im Bild 15) an. Nach der Fahrzeuganwahl kontaktiert der Tester das Motorsteuergerät und öffnet die Maske des Motorsteuergerätes.
- Wählen Sie durch einen Mausklick die Taste »Messwerte« (1 im Bild 16) an. Das Programm öffnet nun eine Maske für die Messwertanwahl.

Grafische Darstellung (Bild 18):

- Wählen Sie in der linken Spalte den Sollwert für die Luftmasse »Soll-Luftmasse« an.
- Wählen Sie in der rechten Spalte den Istwert für die Luftmasse »Ermittelte Luftmasse« an. Die Messwerte und die Sollwerte werden nun zusammen grafisch dargestellt.
- Treten Sie nun das Gaspedal kurz voll durch und lassen Sie das Gaspedal wieder los.
- Wiederholen Sie die Gasstöße zwei- bis dreimal.

Bild 14
Startmaske beim F-Com.
1 Direkte Anwahl des Steuergerätes (Electronic Control Unit)

Bild 15
Anwahl in der Steuergerätemaske.
1 Messwerte für die Istwerte (oder Sollwerte) Darstellung

Bild 16
Auswahl der Messwerte.
1 Messwertzeile mit Auswahl beim Anklicken
2 Feldansicht der Messwerte
3 Auswahlliste mit Schieberegler
4 Listenansicht aller Werte

Bild 17
Zusammenstellung als Messwertblock: Wir haben die Luftmasse und die Ansauglufttemperatur als Messwertblock zusammengestellt.

- Klicken Sie mit der Maus die Taste »Graph-Pause« an. Die Messung wird nun angehalten.
- Vergleichen Sie die beiden Verlaufskurven miteinander:
- Im Bild 18 wird der Sollwert (links) etwas höher dargestellt als der erfasste »Istwert« (rechts). Der »Istwert« verläuft erwartungsgemäß etwas unruhiger als der »Sollwert«. Die Spannungspegel (1) und (2) für den Gasstoß und (3) und (4) im Leerlauf verlaufen hinsichtlich der Messwerte und des Kurvenverlaufs fast parallel. In diesem Fall entspricht die erfasste Luftmasse den Sollwerten. Der Luftmassenmesser ist in Ordnung.
- Wenn die Messwertkurve oder die Messwerte für den Istwert in allen Punkten deutlich geringer ausfallen, muss der Luftmassenmesser überprüft oder meist dann auch erneuert werden.
- Zeigen die Messwertkurve oder die Messwerte keine Reaktion, muss die Spannungsversorgung aber auch der Luftmassenmesser überprüft werden.

Listen-Ansicht (4 im Bild 16):
Die Listenansicht stellt alle Messwerte untereinander dar. Hier lässt sich zumindest

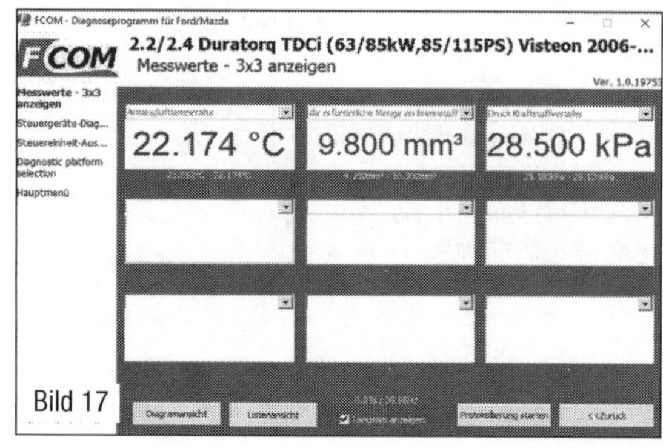

Bild 17

eine Übersicht der möglichen Messwerte gewinnen. Über das Herunterscrollen mit dem Seitenschieber in der Liste lassen sich die Messwerte einsehen.

3x3-Ansicht (Bild 18 und 2 im Bild 16):
Diese Ansicht ermöglicht die Zusammenstellung aus den erfassten Messwerten zum sehr übersichtlichen Messwerteblock. Gerade zur Übersicht in der Fehlersuche lassen sich hier bis zu neun Messwerte auf dem Bildschirm darstellen. So lassen sich auch zusammenhängende Veränderungen, wie sie beispielsweise durch die Ansteuerung des AGR-Ventils verursacht werden, gut lesbar darstellen.

Bild 18
Signalbild Ist- und Sollwerte mit der grafischen Darstellung der Messwertauswertung.
1 Zahlenwert und Messwertlinie für die Sollwerte
2 Zahlenwert und Messwertlinie für die Istwerte

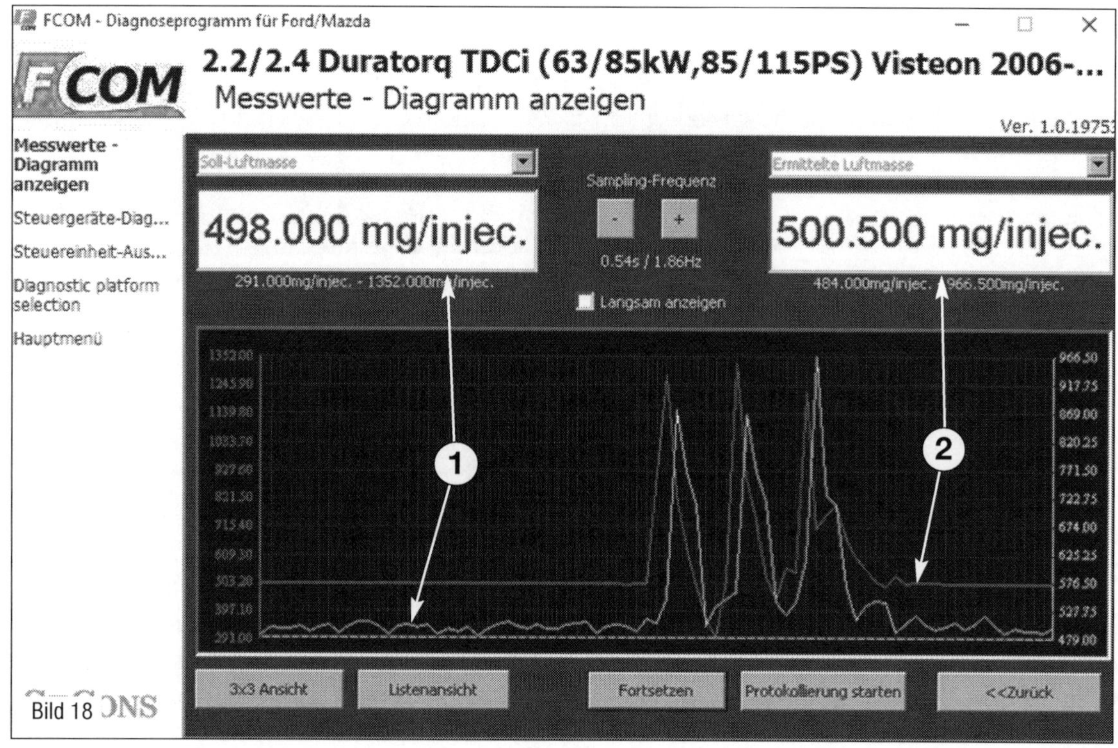

Bild 18

9 Abgasanlage

Die Abgas- oder Auspuffanlage am Unterboden des Transit reinigt zumindest bei den neueren Varianten mit Partikelfilter plus Oxidationskatalysator und Abgasvorrohr oder mit Katalysator und Abgasvorrohr die Verbrennungsabgase und leitet sie mit geringem Gegendruck ins Abgasrohr mit Schalldämpfer und Endrohr am Fahrzeugheck (Bilder 1 und 2). Der Schalldämpfer reduziert die Verbrennungsgeräusche auf ein Minimum. Der Differenzdruckgeber und der Abgastemperaturgeber mit Regelsystem tragen dazu bei, die Motorleistung zu optimieren. Der Auspuff moderner Fahrzeuge ist für mehr als 60‘000 Kilometer gut, wobei die Lebensdauer natürlich auch von den Einsatzbedingungen des Fahrzeugs abhängt. Ist man überwiegend auf kurzen Strecken unterwegs, fallen mehr Kondensat, Ruß und aggressive Säuren im Innern der Anlage an als beim Langstreckenbetrieb mit voll durchgewärmtem Motor. Das Abgasvorrohr ist seltener als die anderen Teile vom Rost bedroht, weil dort die Verbrennungsgase noch mit Temperaturen zwischen 800 und 1000 °C einströmen. Danach verlieren die Abgase an Temperatur und sind am Endrohr nur noch 150 bis 300 °C heiß. Dort tritt das meiste Kondenswasser aus. Es mischt sich mit Verbrennungsrückständen zu aggressiven Säuren und lässt das Auspuffblech von innen nach außen durchrosten. Falls das Endrohr nicht aus besonders korrosionsbeständigem Material hergestellt wurde, ist Arbeit angesagt: Ausbau des alten und Einbau eines neuen Abgasrohrs mit Schalldämpfer.

Hinweise und Regeln für Arbeiten an der Auspuffanlage

Reparaturen an durchgerosteten Auspuffanlagen, z. B. mit Auspuffkitt und Bandagen, bringen nur kurzzeitig Erfolg. Das Blech bricht bald neben der Reparaturstelle. Werkstätten wechseln Auspuffanlagen meist komplett aus. Vor weiteren Arbeiten daher Zustand der Anlage genau prüfen und dann entscheiden, ob einzelne Teile oder das ganze System erneuert werden sollen. Die Abgasanlage hinten kann, bei der Demontage abgestützt, komplett mit Schalldämpfer ausgebaut werden.

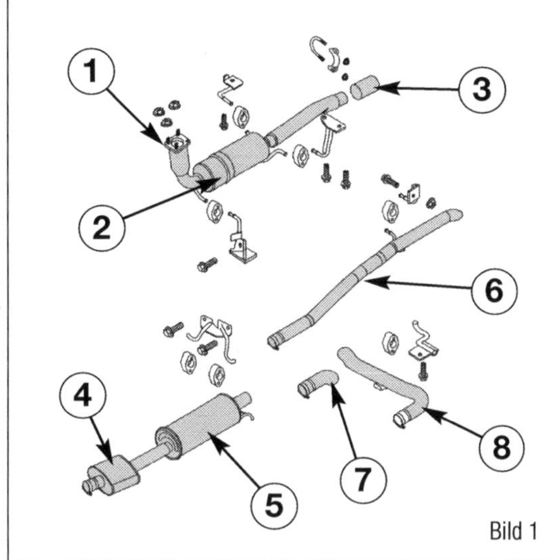

Bild 1
2,2-l-Motor mit Partikelfilter (die Nummerierung erfolgt in Abgasflussrichtung).
1 Flexibles Auspuffrohr
2 Katalysator und Partikelfilter
3 Verbindungsrohr
4 Vorschalldämpfer
5 Nachschalldämpfer
6 Auspuffrohr (Bus, Kombi)
7 Auspuffrohr
8 Auspuffrohr (Pritsche und Plattform)

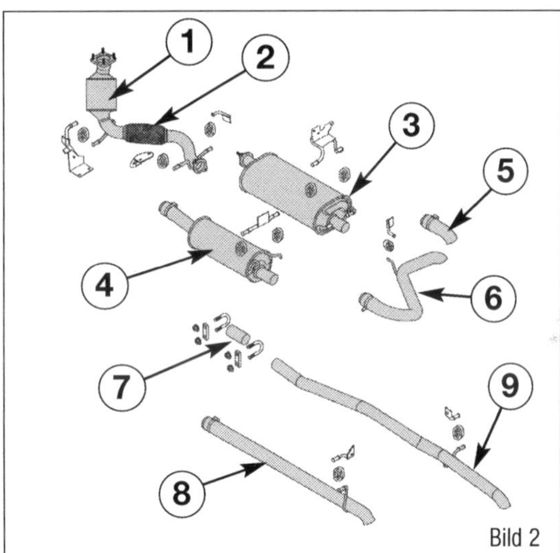

Bild 2
2,2-l-Motor ohne Partikelfilter (die Nummerierung erfolgt in Abgasflussrichtung).
1 Katalysator
2 Flexibles Auspuffrohr
3 Vorschalldämpfer (Bus, Kombi)
4 Vorschalldämpfer (Pritsche und Plattform)
5 Auspuffrohr
6 Auspuffrohr (Pritsche und Plattform)
7 Verbindungsrohr
8 Auspuffrohr (Doka)
9 Auspuffrohr (Bus, Kombi)

Wird nach gründlicher Prüfung an der Abgasanlage gearbeitet, sollten folgende Grundregeln beachtet werden:

- Bei einer Demontage darf die Abgasanlage keinesfalls herunterfallen. Dabei könnten wichtige Teile beschädigt werden.
- Dichtungen und selbstsichernde Muttern immer ersetzen.
- Verschraubungen der Auspuffanlage lassen sich beim nächsten Mal leichter lösen, wenn die Gewinde beim Einbau mit hochhitzefestem Kupferfett (Kupferpaste) bestrichen werden.

 Werden Partikelfilter oder Differenzdruckgeber gewechselt, muss der

Sichtprüfung  Messen

Differenzdruckgeber zwingend über den Fahrzeugdiagnosetester angepasst werden (Tester erforderlich).

■ Werden Partikelfilter ausgebaut und ersetzt, müssen die Altteile vorschriftsmäßig entsorgt werden. Sie dürfen nicht wie Schrott behandelt werden, weil sie wertvolles Edelmetall enthalten, das wieder in den Produktionsprozess eingebracht werden kann.

Für Arbeiten an Lambdasonden gilt: Nur das Gewinde mit Heißschraubenpaste wie VW »G 052 112 A3« fetten. Die Paste ist im Internet über die VW-Teilenummer schnell von mehreren Herstellern zu finden. Sie funktioniert auch sehr gut am Ford. An die Schlitze des Sondenkörpers darf kein Fett kommen. Aus- und Einbau am besten mit Ringschlüsselsatz für Lambdasonde (3337). Dichtring bei Undichtigkeit aufkneifen und ersetzen. Festziehen mit 50 bzw. 55 Nm.

■ Alle Schlauchverbindungen mit Schlauchschellen sichern, die dem Serienstand entsprechen.

■ Alle Kabelbinder, die beim Ausbau gelöst werden, sind beim Einbau an der gleichen Stelle wieder anzubringen.

■ Nach Montagearbeiten an der Abgasanlage darauf achten, dass die Anlage nicht verspannt wird und ausreichend Abstand zum Aufbau hat. Gegebenenfalls Doppelschelle lösen und Schalldämpfer und Abgasrohr so ausrichten, dass überall ausreichend Abstand zum Aufbau vorhanden ist und die Aufhängungen gleichmäßig belastet werden.

■ Nach getaner Arbeit immer Motorprobelauf durchführen und »Auspuffanlage auf Dichtheit prüfen« (Bild 3). Ansonsten gelten für Arbeiten an Abgasanlage und Abgasrückführung hinsichtlich Sauberkeit und Sicherheit die Vorschriften, die auch für Arbeiten an Motor, Kraftstoff- oder Einspritzsystem üblich sind.

Zustand der Auspuffanlage kontrollieren

■ Fahrzeug auf einer Hebebühne anheben oder absolut rüttelsicher aufbocken. Es darf nicht kippeln, wenn heftig an den Rohren der Auspuffanlage gedreht oder gezerrt wird. Die Aufhängungen und Gummiösen dürfen keine Schäden aufweisen.

■ Zur Kontrolle die Abgasanlage an den Schraubbefestigungen rütteln. Komponenten auf Brüchigkeit, Einrisse oder sonstige Schäden überprüfen, bei Bedarf ersetzen.

■ Wenn sich beim Demontieren eine Verschraubung nicht lösen lässt, mit rostlösendem Mittel behandeln oder durch Überdrehen abreißen. Beim Festziehen von Verschraubungen z. B. am Abgaskrümmer die Reihenfolge von innen nach außen und über Kreuz einhalten.

■ Wenn Teile der Anlage schon einmal ersetzt wurden, trennt man die Steckverbindung der Rohrenden am besten in erwärmtem Zustand. Schweißbrenner oder Propangasbrenner verwenden und Feuerlöscher bereithalten.

■ Schalldämpfer mit einem Hammer rundum gründlich abklopfen, auch an den Stirnseiten (Übergang von den Töpfen zu den Rohren). Nicht zu zaghaft hämmern! Klingt es bei jedem Schlag hell, ist das Blech noch gesund. Wird das Klopfgeräusch an manchen Stellen dumpfer, ist die Außenhaut bereits geschwächt und wird bald durchbrechen.

Ein sehr dumpfer Auspuffton und Knallen im Schiebebetrieb können auf einen durchgerosteten Auspuff hinweisen.

■ Dichtheit der Auspuffanlage prüfen (nachfolgende Anleitung).

Abgasanlage auf Dichtheit prüfen

■ Motor anlassen und im Leerlauf drehen lassen.

■ Auspuffendrohr für die Dauer der Dichtheitsprüfung verschließen (Lappen, Stöpsel

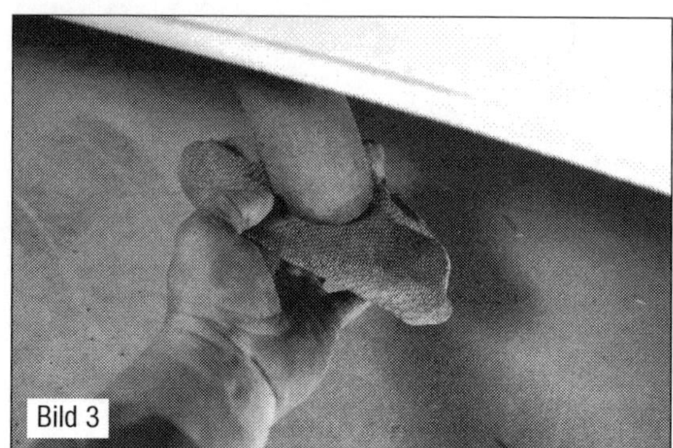
Bild 3

Bild 3
Zuhalten des Abgasrohres zur Dichtheitsprüfung.

im Bild 3). Der Motor kann ausgehen. Grundsätzlich sollten Sie keine lauten Zischgeräusche wahrnehmen können.

■ Verbindungsstellen Zylinderkopf/Abgaskrümmer, Abgasturbolader/ Abgasvorrohr usw. durch Abhören auf Dichtheit prüfen. Gibt es zischelnde Geräusche an Verbindungsstellen, ist die Anlage an der Geräuschstelle undicht.

■ Festgestellte Undichtigkeiten beseitigen.

Umgang mit dem flexiblen Auspuffrohr

Fixieren zu den Montagearbeiten
Das flexible Auspuffrohr (3 im Bild 4) ist nicht zur Aufnahme von Zuglasten oder für Überdehnung ausgerichtet. Um es bei den Montagearbeiten zu entlasten, sollten Sie es mit einigen Holzstäben (2) und stabilen Kabelbindern (2) stabilisieren.

Ersatz des flexiblen Auspuffrohrs
In den meisten Fällen ist das flexible Rohr Bestandteil des Auspuffbauteils »Katalysator«. Bei Beschädigungen soll nach den Herstellerangaben die komplette Komponente ersetzt werden. Im Zubehörmarkt oder auf Internetversteigerungsplattformen sind diese »Flexrohre« auch einzeln in unterschiedlichen Abmessungen meist unter 10 Euro erhältlich. Allerdings muss das defekte Rohrstück (siehe Bild 5) herausgetrennt und das Neuteil eingeschweißt werden.

Teile der Abgasanlage aus- und einbauen

⚠ Es besteht Gefahr durch Verbrennung. Teile der Abgasanlage können heiß sein. Vor dem Ausbau Abgasanlage abkühlen lassen. Bei allen Montagearbeiten, insbesondere im Motorraum aufgrund der engen Bauverhältnisse, ist Folgendes zu beachten:

■ Leitungen aller Art (z. B. für Kraftstoff, Hydraulik, Aktivkohlebehälteranlage, Kühl- und Kältemittel, Bremsflüssigkeit, Unterdruck) und elektrische Leitungen sind so zu verlegen, dass die ursprüngliche Leitungsführung wieder hergestellt wird.

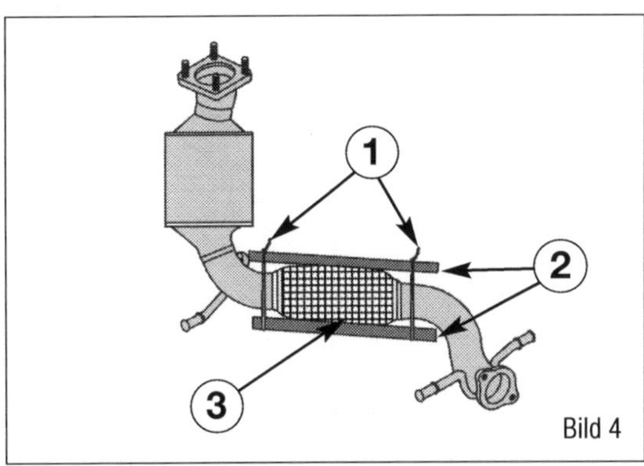
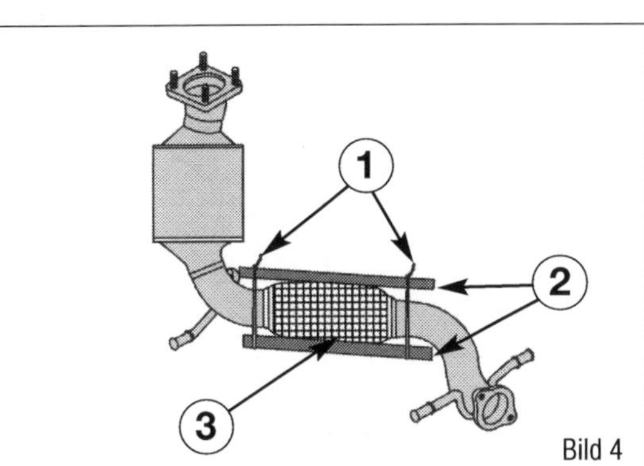

Bild 4
Abgaszwischenrohr (Flexrohr) sichern.
1 Kabelbinder
2 Holzstäbe
3 Flexrohr

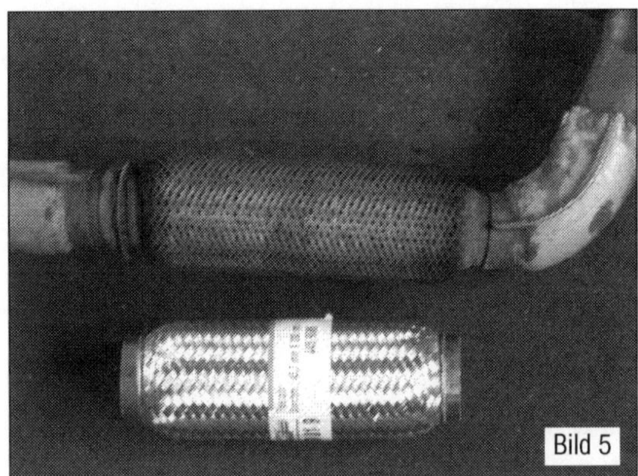

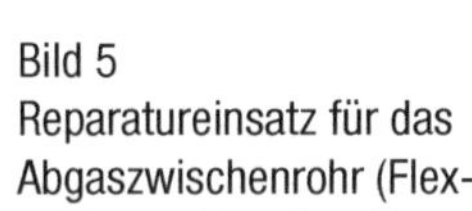

Bild 5
Reparatureinsatz für das Abgaszwischenrohr (Flexrohr) zum Einschweißen.

■ Um Beschädigungen an den Leitungen zu vermeiden, ist auf ausreichenden Freigang zu allen beweglichen oder heißen Bauteilen zu achten.

■ Kabelbinder vorsichtig durchtrennen und beim Einbau wieder an gleicher Stelle anbauen.

Hosenrohr zwischen Turbolader und Auspufftopf (mit Katalysator) aus- und einbauen
Abgasanlagen mit Partikelfilter sind ähnlich aufgebaut. Wir stellen Ihnen an dieser Stelle eine allgemeingültige Arbeitsbeschreibung zur Verfügung.

■ Motor und Auspuffanlage abkühlen lassen.

■ Sichern Sie das flexible Auspuffrohr wie bereits beschrieben.

■ Demontieren Sie die Befestigungsschrauben / Muttern am Katalysator.

■ Sichern Sie den Auspufftopf, soweit er nicht im vorderen Bereich durch einen Auspuffhalter bereits gesichert ist, mit Kabelbinder oder einem Spanngurt am Aufbau.

■ Lösen Sie die Schrauben des Halters zwischen Motorblock und Katalysator.

■ Nehmen Sie den Halter zwischen Motorblock und Katalysator heraus.

Bild 6
Endschalldämpfer und Hosenrohr.
1 Schrauben oder Bolzen am Turbolader
2 Auspuffgummis vorne
3 Auspuffdichtung
4 Auspufftopf
5 Auspuffgummis hinten
6 Verschraubungen
7 Flexrohr (flexibles Auspuffrohr)
8 Hosenrohr

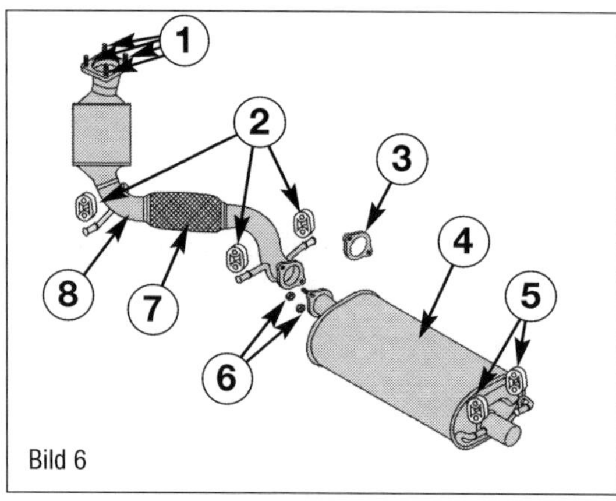

Bild 6

■ Drehen Sie die Verschraubungen (6 im Bild 6) zwischen Hosenrohr (8) und Auspufftopf (4) los.
■ Nehmen Sie die Schrauben (6) und die Dichtung (3) (soweit vorhanden) heraus.
■ Hängen Sie das Hosenrohr aus den Auspuffgummis (2) aus.
■ Nehmen Sie das Hosenrohr heraus.

Die Montage erfolgt sinngemäß in umgekehrter Reihenfolge.
■ Erneuern Sie die Dichtungen und die Schrauben und/oder Muttern grundsätzlich.
■ Bei verpressten Gewindebolzen prüfen Sie den Zustand der Bolzen und erneuern sie bei Bedarf.

Werden Schäden am Flexrohr festgestellt, muss es ersetzt werden. Es gibt im Zubehör universale Flexrohre zu kaufen, die dann eingeschweißt werden müssen und einen kostengünstigen Ersatz bieten.

Auspuffendrohr aus- und einbauen
Die Auspuffendrohre fallen je nach Fahrzeugvariante und Karosserielänge unterschiedlich aus. Auch dann, wenn Sie bei der Teilebestellung den Fahrzeugschein dabeihaben, sollten Sie vor der Bestellung einen Blick unter das Fahrzeug werfen und die angebotene Auspuffanlage so gut wie möglich mit der verbauten vergleichen. Ein Bild mit dem Handy kann hier sehr hilfreich sein.
■ Motor und Auspuffanlage abkühlen lassen.
■ Lösen Sie die Schellen zum Verbindungsrohr (7 im Bild 2).
■ Kontrollieren Sie, ob sich das Auspuffendrohr (9) im Verbindungsrohr (7) verdrehen lässt.
■ Hängen Sie das Auspuffendrohr (9) an den Haltegummis aus und ziehen Sie es unter leichter Drehbewegung aus dem Verbindungsrohr heraus.

Die Montage erfolgt sinngemäß in umgekehrter Reihenfolge
■ Prüfen Sie den Zustand der Schellen und des Verbindungsrohrs.
■ Setzen Sie die Teile der Auspuffanlage an den Verbindungsstellen mit wenig Montagepaste zusammen. So ist eine einwandfreie Abdichtung leichter zu erreichen.
■ Achten Sie auf den richtigen Sitz (Einbauposition) der Schelle.
■ Richten Sie die Abgasanlage spannungsfrei aus.
■ Prüfen Sie die Dichtheit der Auspuffanlage.

Schalldämpfer aus- und einbauen
Die meisten Fahrzeuge sind mit einem Schalldämpfer ausgeführt. Allerdings in vielen verschiedenen Varianten. Auch dann, wenn Sie bei der Teilebestellung den Fahrzeugschein dabeihaben, sollten Sie vor der Bestellung wie beim Auspuffrohr einen Blick unter das Fahrzeug werfen und die angebotene Auspuffanlage so gut wie möglich mit der verbauten vergleichen. Ein Bild mit dem Handy kann hier sehr hilfreich sein.

■ Motor und Auspuffanlage abkühlen lassen.
■ Muttern lösen und die Schelle (7 im Bild 2) etwas zurück auf das Abgasrohr (9) schieben.
■ Soweit erforderlich, das Auspuffrohr an der Karosserie mit Kabelbindern oder Spanngurten sichern.
■ Drehen Sie die Verschraubungen (6 im Bild 6) zwischen Hosenrohr (8) und Auspufftopf (4) los.
■ Nehmen Sie die Schrauben (6) und die Dichtung (3) (soweit vorhanden) heraus.
■ Den Schalldämpfer (1) aus den Haltegummis (5) ziehen.
■ Den Schalldämpfer (4) abnehmen.

Der Einbau erfolgt sinngemäß in umgekehrter Reihenfolge
■ Achten Sie auf den richtigen Sitz (Einbauposition) der Schelle.
■ Richten Sie die Abgasanlage spannungsfrei aus.
■ Prüfen Sie die Dichtheit der Auspuffanlage.

Abgasanlage spannungsfrei einrichten

- Der Motor muss kalt sein.
- Verschraubungen der vorderen Klemmschelle lösen.

Fahrzeuge mit Heckantrieb:

- Die vordere Schraube handfest anziehen.
- Die Abgasanlage so ausmitteln, dass diese nirgends gegenstößt und spannungsfrei sitzt.

Die Haltegummis der Abgasanlage sollten möglichst nicht in ihre Aufsteckrichtung gezogen werden.

- Die Verschraubungen der Schellen und Klemmhülsen sollten so ausgerichtet werden, dass sie möglichst nicht nach unten herausstehen.

Fahrzeuge mit langer Abgasanlage:

- Zusätzlich das hintere Abgasrohr ausmitteln, hierzu Schellen lösen und Abgasanlage anschließend ausrichten.

Alle Fahrzeuge:

- Nach dem Anziehen des Verbindungsrohrs die Freigängigkeit der Auspuffanlage prüfen und gegebenenfalls korrigieren.
- Prüfen Sie abschließend die Dichtheit der Auspuffanlage.

Partikelfilter

Die meisten der neueren Ford Transit in dieser Baureihe sind mit einem Partikelfilter ausgerüstet. Das ist eine der Voraussetzungen, um die geforderten Grenzwerte erreichen zu können. Ein Nachrüsten eines Fahrzeuges von Euro 3 auf Euro 4 (gelbe auf grüne Plakette) ist oftmals möglich. Derzeit kommen in Deutschland regelmäßig neue Systeme und Umbausätze auf den Markt, die das Abgasverhalten und vor allem auch den Feinstaub reduzieren sollen. Die Kosten für diese Systeme liegen zwischen 500 und 1500 Euro. Die Umrüstungen müssen von Betrieben durchgeführt werden, die auch berechtigt sind die Abgasuntersuchung durchzuführen. Der Einbau muss bestätigt werden und wird dann meist nach der TÜV-Abnahme in die Fahrzeugpapiere übernommen.

Unterscheidungen der Systeme

Wir wollen auch in diesem Band die Reparatur des Fahrzeuges in den Vordergrund stellen, möchten Ihnen aber einige Besonderheiten der beiden auf dem Markt befindlichen Systeme kurz vorstellen. Für die tiefergehenden Funktions- und Reaktionsabläufe möchten wir Sie auf die üblichen Quellen wie Fachbücher und auch das Internet verweisen.

Systeme mit Kraftstoffnacheinspritzung (Speicherkatalysatoren):

In der »Beladungsphase« erfolgt die Stickoxidanlagerung an der Katalysatorbeschichtung. Ist der Katalysator »Voll« werden durch die Nacheinspritzung in der »Regenerationsphase« von Kraftstoff die Stickoxide in Stickstoff und Wasser umgewandelt. Die Nacheinspritzung kann mit einer Temperatur über 650 °C über mehr als 5 Minuten auch zur Regenerierung der Schwefelanlagerungen genutzt werden. Für die Regeneration sind bestimmte Fahrzustände erforderlich. Werden diese nicht erreicht oder unterbrochen, kann die Regenerationsfahrt auch mit Hilfe des Diagnosetesters ausgelöst werden. Der Nachteil dieses Systems, das übrigens durchaus von mehreren Fahrzeugherstellern eingesetzt wird oder wurde, liegt im leicht erhöhten Kraftstoffverbrauch und dem erhöhten Dieselkraftstoffeintrag im Motoröl. Die Einspritzung des zusätzlich benötigten Kraftstoffs erfolgt über die Einspritzdüsen jeweils im Auslasstakt.

SCR-Katalysatoren (Adblue-Systeme):

Zwar findet sich dieses System serienmäßig nicht im Transit dieser Baujahre, eine Nachrüstung könnte aber durchaus möglich werden. Die Basis für sehr viele Wohnmobile ist der Ford Transit mit einem serienmäßigen Abgassystem. Der Wirkungsgrad dieses Systems ist deutlich höher. Allerdings ist eine Nachrüstung nur mit Nachrüstung von »Hardware« möglich.

Partikelfilter reinigen (lassen)

Die Partikelfilter sollten eigentlich je nach System in unterschiedlicher Art und Weise sich selbst reinigen. Diese Regenerationsphase wird alle paar Hundert Kilometer durch das Motorsteuergerät eingeleitet und brennt dann die Ablagerungen aus dem Filter ab.

Wird die Regenerationsphase oder besser die Bedingungen dazu nicht erreicht oder die Regeneration aufgrund der Fahrsituation abgebrochen, setzt sich der Partikelfilter zu. Einmal verstopft, muss er dann eigentlich ersetzt werden. Die Preise sind recht unterschiedlich und liegen oft zwischen 500 und 1500 Euro im Zubehörhandel. Aufgrund der Nach- und Umrüstsätze, die auch gleichzeitig eine andere Abgaseinstufung erlauben und Spezialfirmen, die sich auf die Reinigung verstopfter Filter spezialisiert haben, lässt sich hier durchaus sinnvoll Geld einsparen. Suchen Sie hier nach aktuellen Angeboten im Internet.

Differenzdruckgeber ausbauen

Der Differenzdruckgeber ist in der Regel rechts auf der Spritzwand im Motorraum befestigt. Auch bei nachgerüsteten Systemen finden Sie diesen Sensor, oft auch mit dem dazugehörigen Steuergerät, an dieser Einbauposition.

- Schalten Sie den Motor ab und lassen Sie ihn abkühlen.
- Demontieren Sie die Schlauchschellen an den Sondenröhrchen zum Partikelfilter.
- Ziehen Sie die elektrische Steckverbindung ab.
- Drehen Sie die Halterungsschrauben heraus und nehmen Sie den Sensor ab.

Die Montage erfolgt sinngemäß in umgekehrter Reihenfolge.

Wird ein neuer Partikelfilter eingebaut, schließen Sie nach dem Einbau den Fahrzeugdiagnosetester an.

- Führen Sie je nach Tester die Funktion »Dieselpartikelfiltertausch« durch. Der Differenzdruckgeber muss an das Abgassystem und die Steuergeräte angelernt werden.

Partikelfilter ausbauen

Der Partikelfilter ist in den meisten Fällen wie im Bild 1 dargestellt verbaut. Auch die nachgerüsteten Systeme bestehen aus einer Kombination aus Partikelfilter und Katalysator. Die Komponenten sind als Einzelteile nicht erhältlich oder zu ersetzen. Wir stellen Ihnen die Arbeitsschritte an der kurzen Auspuffanlage vor. Die Arbeiten an der langen Anlage verlaufen ähnlich.

- Schalten Sie den Motor ab und lassen Sie ihn abkühlen.
- Sichern Sie das flexible Auspuffrohr wie bereits beschrieben.

Das Entkopplungselement (Flexstück) des Partikelfilters darf nicht mehr als 10° geknickt werden, sonst kann es beschädigt werden.

- Demontieren Sie die Befestigungsschrauben/Muttern am Katalysator.
- Sichern Sie den Auspufftopf, soweit er nicht im vorderen Bereich durch einen Auspuffhalter bereits gesichert ist, mit Kabelbinder oder einem Spanngurt am Aufbau.
- Lösen Sie die Schrauben des Halters zwischen Motorblock und Katalysator.
- Nehmen Sie die Schrauben des Halters zwischen Motorblock und Katalysator heraus.
- Drehen Sie die Verschraubungen (6 im Bild 6) zwischen Hosenrohr mit Katalysator und Partikelfilter (8) und Auspufftopf (4) los.
- Nehmen Sie die Schrauben (6) und die Dichtung (3) (soweit vorhanden) heraus.
- Hängen Sie das Hosenrohr mit Katalysator und Partikelfilter aus den Auspuffgummis (2) aus.
- Nehmen Sie das Hosenrohr mit Katalysator und Partikelfilter heraus.

Der Einbau erfolgt sinngemäß in umgekehrter Reihenfolge.

- Ersetzen Sie die Dichtung am Flansch (6) und setzen Sie den Endschalldämpfer mit etwas Montagepaste ein.

Arbeiten am Abgasrückführungssystem

Ob nun die Abkürzung für das deutsche Wort »**A**b**G**as**R**ückführung« oder das englische »**E**xhaust**G**as**R**ecirculation«: gemeint ist das Gleiche. Ein Teil der bereits verbrannten Gase werden aus dem Abgaskrümmer (3 im Bild 7) erneut in den Ansaugtrakt des Motors (1) geleitet. Die Abgasrückführungssysteme sind auch im Ford Transit in unterschiedlichen Ausführungen verbaut worden. Wir stellen Ihnen beide Varianten an den Motorvarianten vor.

Klassische AGR(EGR)-Fehler

Die Abgasrückführung hängt trotz AGR-Kühler und viel Leitung immer zwischen den heißen Abgasen und der recht kühlen An-

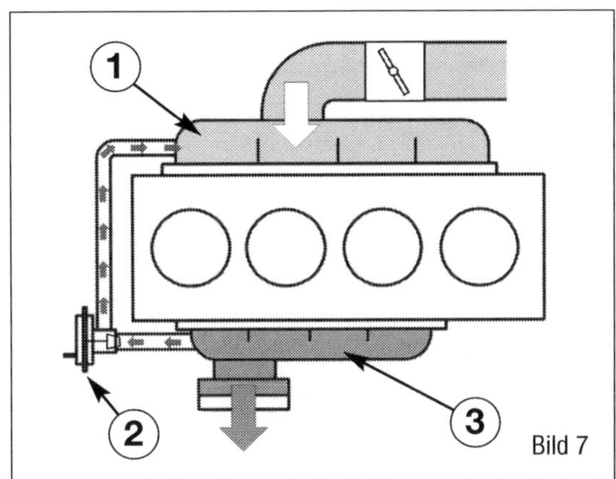

Bild 7

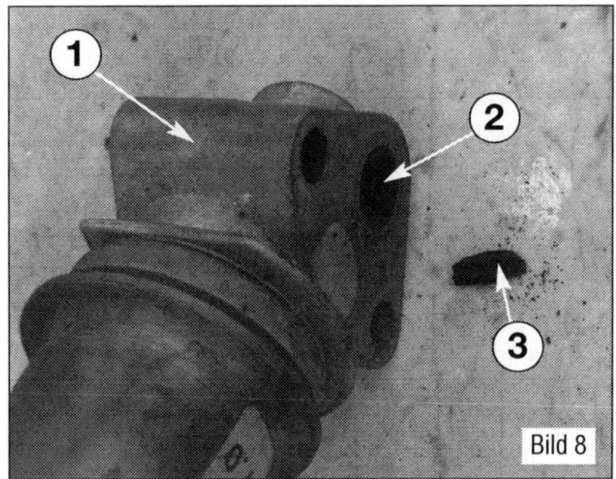

Bild 8

Bild 7
AGR(EGR)-System in der Übersicht.
1 Abgaskrümmer
2 AGR(EGR)-Ventil
3 Abgaskrümmer

Bild 8
AGR-Ventil mit Verkokung.
1 Elektrisches AGR-Ventil
2 Kanal zum Zylinderkopf
3 Ablagerungsbrocken (Ruß)

saugluft. Schon das allein kann zum Ablagern von Reststoffen, ob nun fest oder flüssig, führen.

Ablagerungen:
Im Laufe der Zeit sorgen die Ablagerungen für eine geringere Rückführungsrate durch zugesetzte Rohrverbindungen oder des AGR-Ventils (2), was dem Steuergerät anhand der angesaugten Luftmasse auffällt. Die Motorkontrolllampe geht an und es wird ein Fehler im Fehlerspeicher abgelegt.

Klemmen:
Die Ablagerungen können aber auch für ein Verklemmen des Ventils sorgen. Das AGR-Ventil (2) der 2,2-l-Motorvarianten liefert eine Lagerückmeldung des Ventils und kann so ein Verklemmen schnell erkennen, leider aber auch Schaden am Antrieb dabei erleiden. Auch hier geht die Motorkontrolllampe an und es wird ein Fehler im Fehlerspeicher abgelegt.

Innere Undichtigkeit:
Das Steuergerät steuert lediglich das Magnetventil an. Die eigentliche Ventilbewegung wird nur indirekt erfasst. Die 2,2-l-Variante fährt das Ventil in Stellung »ZU«. Ab einer gewissen Grenze erfolgt die Rückmeldung über eine »unplausible Luftmasse« wie schon bei den Ablagerungen beschrieben. Der Fehler ist durch eine geringere Luftmasse oder eine Meldung über eine fehlerhafte Ventilansteuerung erkennbar.

AGR(EGR)-Reinigung
Je nach Zustand des Ventils können Sie es erneuern aber auch mit »Hausmitteln« reinigen. Die Kosten für ein neues Ventil liegen zwischen 50 Euro und 300 Euro. Als Hausmittel eignet sich ein Backofenspray sehr gut.

- Bauen Sie das Ventil aus.
- Entfernen Sie vorsichtig die groben größeren Ablagerungen mit einem Schraubendreher oder einem anderen geeigneten Werkzeug.
- Sprühen Sie das Ventil, vor allem die Kanäle und Bohrungen im Inneren, ein.
- Lassen Sie den Backofenreiniger auf das Ventil etwa 15 bis 30 Minuten einwirken.
- Waschen Sie das Ventil mit klarem Wasser aus.
- Trocknen Sie das Ventil mit Druckluft.
- Untersuchen Sie das Ventil und den Ventilsitz auf Schäden.
- Bauen Sie das Ventil mit neuen Dichtungen wieder ein.

Bauteilprüfung über den Stellgliedtest (Antriebstest)
Gleichgültig, welche Variante in Ihrem Ford Transit verbaut ist, vor der Demontage sollten Sie das System über einen Diagnosetester ansteuern, um die Verkabelung und alle Anschlüsse zu prüfen.

- Schließen Sie den Tester wie schon beschrieben an die Diagnoseschnittstelle im Sicherungskasten an.
- Klicken Sie auf der Startseite des Diagnoseprogramms mit der Maus die Taste »ECU auswählen« an. Nach der Fahrzeuganwahl kontaktiert der Tester das Motorsteuergerät und öffnet die Maske des Motorsteuergerätes.
- Wählen Sie durch einen Mausklick die Taste »Antriebe Aktivierung« (1 im Bild 9) an. Das Programm öffnet nun eine Maske für die »Antriebe Aktivierung«.
- Wählen Sie hier »EGR-valve« (1 im Bild 10) aus. Je nach Ausführung wird nun das Stellelement angesteuert.

Die Ansteuerung können Sie fühlen oder durch den veränderten Motorlauf im Leerlauf hören. Bei demontiertem (und vielleicht gereinigtem Ventil) können Sie die Funktion optisch bewerten.

■ Wird der Motor für das Ventil nicht angesteuert, muss der Fehler in der Elektrik oder aber am Ventil selber gesucht werden.

Eine Reparatur des Ventils ist nicht vorgesehen. Bei einem Defekt muss es ersetzt werden.

Ausbau des AGR-Ventils beim 2,2-l-Motor
Das AGR-Ventil ist vorne links, unter dem Ansaugkrümmer am Zylinderkopf verbaut.

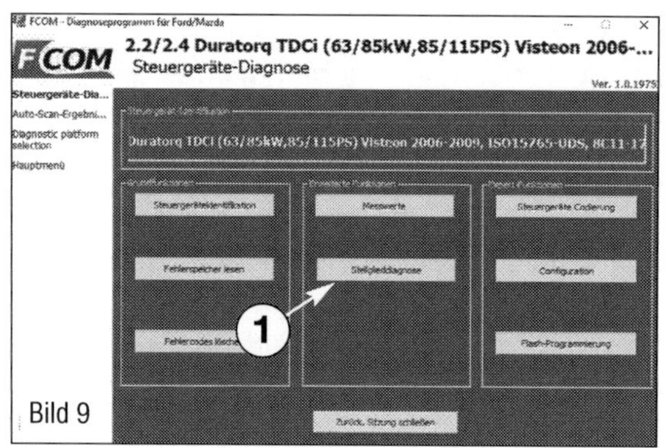

Bild 9
Anwahlmaske des Motorsteuergerätes.
1 Anwahl »Antriebe Ansteuerung«

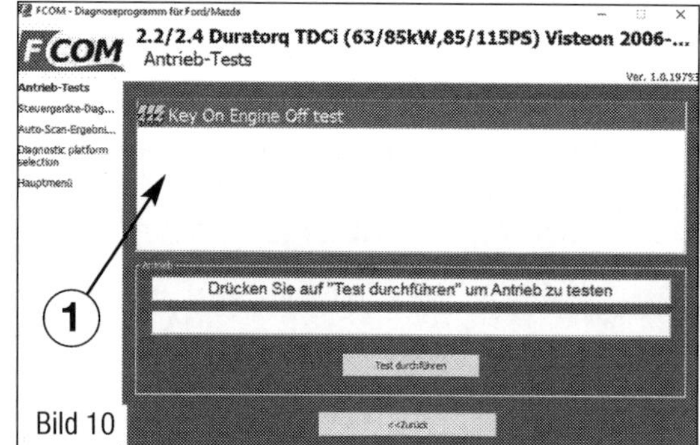

Bild 10
Auswahl der möglichen Stellgliedtests.
1 Anwahl »EGR Valve = AGR Ventil«

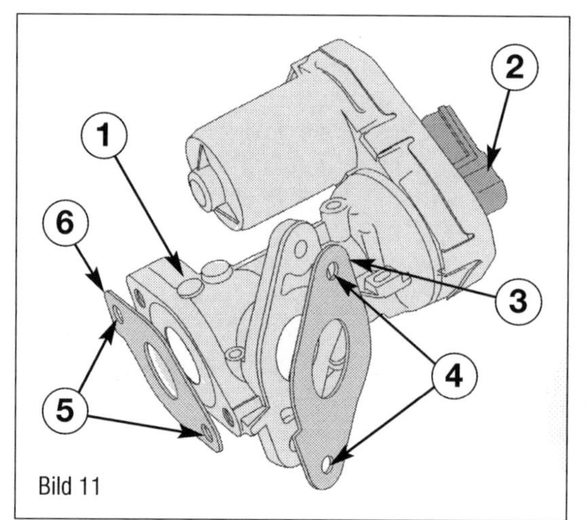

Bild 11
AGR-Ventil beim 2,2-l-Motor.
1 AGR-Ventil
2 elektrischer Anschluss
3 Dichtung zum Ansaugkrümmer
4 Schrauben zum Ansaugkrümmer
5 Schrauben zum Abgaskühler
6 Dichtung zum Abgaskühler

■ Lassen Sie den Motorabkühlen.
■ Lassen Sie das Kühlmittel wie schon auf Seite 82 beschrieben ab.
■ Demontieren Sie den oberen Kühlmittelschlauch.
■ Bauen Sie das Kühlmittelrohr zwischen Kühleranschluss und Thermostatgehäuse zusammen mit dem Schlauch aus.
■ Ziehen Sie den Steckkontakt (2 im Bild 11) zum AGR-Ventil ab.
■ Drehen Sie die Schrauben (5) zum Abgaskühler heraus.
■ Drehen Sie die Schrauben (4) zum Ansaugkrümmer heraus.
■ Nehmen Sie das AGR-Ventil ab.

Der Einbau erfolgt sinngemäß in umgekehrter Reihenfolge.
Prüfen Sie den Zustand der Dichtungen und ersetzen Sie diese.
■ Ziehen Sie die 8-mm-Schrauben mit 20 Nm und die 6-mm-Schrauben mit 10 Nm an.
■ Prüfen Sie die Dichtheit der Anlage nach der Montage.

Wird das AGR-Ventil ersetzt, muss mit dem Fahrzeugdiagnosetester das Motorsteuergerät an das Potenziometer für Abgasrückführung angepasst werden.

Arbeiten am Aufladesystem

Alle Modelle des Transits sind mit Aufladesystemen wie dem Turbolader ausgerüstet. Die sich ergebende Mehrleistung und das steigende Drehmoment erlauben den Einsatz von Motoren mit kleinerem Hubraum bei erstaunlichen Fahrleistungswerten. Im Laufe der Betriebszeit kann ein Schaden oder einfach normaler Verschleiß am Turbolader den Ausbau und oder Ersatz erforderlich machen. Auch wenn extrem günstige Preise mancher Händler im Netz locken, sollten Sie immer genau nachsehen und sich informieren, wie die Qualität der oftmals aufbereitenden Lader ist. Schließlich kann ein Schaden am Lader auch einen kapitalen Motorschaden zur Folge haben. Wenn es in einem solchen Fall um die Beweislasten geht, werden Sie als privater Schrauber kaum die Möglichkeit haben nachzuweisen, dass die Reparatur sachgemäß war und die Schadensursache im Bauteil zu finden ist. Fragen Sie deshalb auch in einer Fachwerkstatt nach, was eine Reparatur mit Garantie kosten würde. Das kann durchaus auch eine freie Werkstatt oder oft auch der Lieferant des Turboladers sein.

Sämtliche Schlauchverbindungen sind durch Schellen gesichert. Sichern Sie alle Schlauchverbindungen mit Schlauchschellen, die dem Serienstand entsprechen. Ladeluftsystem muss dicht sein. Selbstsichernde Muttern sind zu ersetzen. Motor nach dem Einbau des Turboladers ca. 1 Minute im Leerlauf laufen lassen und nicht gleich hochdrehen, damit die Ölversorgung des Abgasturboladers sichergestellt ist.

Arbeiten am Ladeluftsystem

Wird am Abgasturbolader ein mechanischer Schaden festgestellt, z. B. ein zerstörtes Verdichterrad, genügt es nicht nur den Turbolader zu ersetzen. Um Folgeschäden zu vermeiden, müssen:
a) Luftfiltergehäuse, der Luftfiltereinsatz und die Ansaugschläuche auf Verunreinigungen geprüft werden.
b) Die gesamte Ladeluftstrecke und der Ladeluftkühler auf Fremdkörper überprüft werden. Werden Fremdkörper im Ladeluftsystem festgestellt, muss die Ladeluftstrecke gereinigt und der Ladeluftkühler gegebenenfalls ersetzt werden.

Verschließen Sie die Zugänge zum Ladeluftsystem sowohl am Fahrzeug als auch bei den ausgebauten Teilen, um versehentliches Hineinfallen von Kleinteilen und Verschmutzungen zu verhindern.

Ausbau des Turboladers

Fahrzeuge mit quer eingebauten Motoren: Der Turbolader ist hinter dem Motor verbaut. Die Montagearbeiten erfolgen überwiegend von unten.

■ Sprühen Sie die Verschraubungen des Turboladers mit Rostlöser ein und lassen Sie ihn einwirken.

■ Stellen Sie das Fahrzeug auf eine Hebebühne oder unterbauen Sie es entsprechend.

■ Demontieren Sie die Motorabdeckungen unten Mitte und rechts.

■ Demontieren Sie den Antriebsriemen wie bereits im Kapitel 4 beschrieben.

■ Ziehen Sie den elektrischen Anschluss am Klimakompressor ab.

Bild 12

Bild 12
Ölverschmiertes Ladeluftsystem: Starke Öleinlagerungen können durch einen verschlissenen oder beschädigten Lader verursacht werden. Hier muss unbedingt nachgeforscht werden.

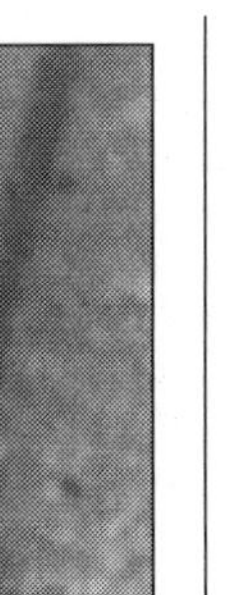

Bild 13

Bild 13
Verdichterrad lose: Nebengeräusche und Ölverlust sind die ersten Anzeichen. Gerade noch rechtzeitig wurde dieser Schaden entdeckt. Die Mutter des Verdichterrades ist aufgelaufen und fand sich im Ladeluftkühler. Lader Totalschaden!

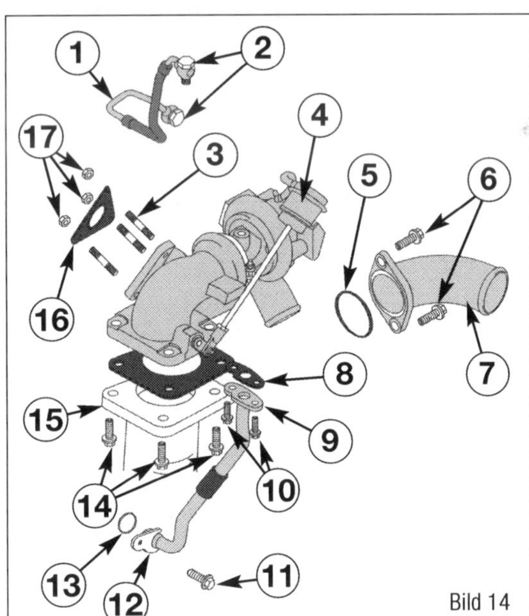

Bild 14

Bild 14
Turbolader und Anbauteile.
1 Öldruckleitung
2 Hohlschrauben
3 Krümmerbolzen
4 Turbolader
5 Dichtring
6 Schrauben
7 Anschlussstutzen zum Luftfilter
8 Dichtung Ölrücklauf
9 Ablaufrohr
10 Schrauben Ablaufrohr
11 Schraube Ablaufrohr
12 Halter Ablaufrohr
13 Dichtring Ablaufrohr
14 Schrauben Hosenrohr
15 Hosenrohr (zum Katalysator)
16 Dichtung zum Krümmer
17 Mutter zum Abgaskrümmer

■ Lösen Sie die Verschraubungen des Klimakompressors und legen Sie ihn vorsichtig mit den angeschlossenen Leitungen zur Seite.

■ Bauen Sie das Hosenrohr wie auf Seite 111 beschrieben aus.

■ Demontieren Sie, soweit verbaut, den Hitzeschutz am Abgaskrümmer.

■ Demontieren Sie den Ölablauf (9 im Bild 14) mit seiner Dichtung (8) und dem Dichtring (13).

Sichtprüfung Messen

Bild 15
1 Lagerungen Wasserkühler im Querträger unten
2 Ansicht Stoßfänger vorne aus Richtung Motorraum
3 Schrauben
4 Ladeluftkühler
5 Anschlüsse Ladeluftkühler
6 Quertraverse unten

■ Lösen Sie die Hohlschraube (2) und nehmen Sie die Ölversorgungsleitung ab. Achten Sie darauf, dass Sie die Dichtringe bewusst abnehmen.
■ Ziehen Sie die Anschlussstecker am Ansaugstutzen zum Luftfilter ab.
■ Ziehen Sie den Schlauch zum Ventildeckel (Motorentlüftung) ab.
■ Demontieren Sie den Ansaugstutzen zum Luftfilter.
■ Je nach Ausführung des Turboladers ziehen Sie die elektrischen Anschlüsse oder den Ansteueranschlussschlauch ab.
■ Drehen Sie die Befestigungsschrauben am Abgaskrümmer ab und nehmen Sie den Turbolader ab.

Der Einbau erfolgt sinngemäß in umgekehrter Reihenfolge.
■ Selbstsichernde Muttern sind zu ersetzen und mit einem Drehmoment von 25 Nm anzuziehen.
■ Die Dichtringe für Ölvorlaufleitung ersetzen und die Hohlschraube mit 20 Nm anziehen.
■ Die Dichtung für Ölrücklaufleitung ersetzen.

Fahrzeuge mit längs eingebauten Motoren:
Der Turbolader ist auf der rechten Seite des Motors verbaut. Die Montagearbeiten erfolgen überwiegend von oben.
■ Sprühen Sie die Verschraubungen des Turboladers mit Rostlöser ein und lassen Sie ihn einwirken.
■ Stellen Sie das Fahrzeug auf eine Hebebühne oder unterbauen Sie es entsprechend.
■ Demontieren Sie die Motorabdeckungen unten Mitte und rechts.
■ Bauen Sie den Luftfilterkastendeckel zusammen mit dem Ansaugschlauch zum Ansaugstutzen (7 im Bild 14) ab. Die Arbeiten am Luftfilter haben wir im Kapitel 8 unter »Luftfilterwechsel« bereits beschrieben.
■ Bauen Sie das Hosenrohr, wie auf Seite 111 beschrieben, aus. Beachten Sie den Umgang mit dem Flexrohr, den wir auch auf Seite 111 beschrieben haben.
■ Demontieren Sie, soweit verbaut, den Hitzeschutz am Abgaskrümmer.
■ Demontieren Sie den Ölablauf (9) mit seiner Dichtung (8) und dem Dichtring (13).
■ Lösen Sie die Hohlschraube (2) und nehmen Sie die Ölversorgungsleitung ab. Achten Sie darauf, dass Sie die Dichtringe bewusst abnehmen.
■ Demontieren Sie den Halter seitlich zum Abgaskrümmer.
■ Lösen Sie die Verschraubungen des Turboladers am Abgaskrümmer und nehmen Sie ihn ab.

Der Einbau erfolgt sinngemäß in umgekehrter Reihenfolge.
■ Selbstsichernde Muttern sind zu ersetzen und mit einem Drehmoment von 25 Nm anzuziehen.
■ Die Dichtringe für Ölvorlaufleitung ersetzen und die Hohlschraube mit 20 Nm anziehen.
■ Die Dichtung für Ölrücklaufleitung ersetzen.

Ausbau des Ladeluftkühlers
Der Ladeluftkühler ist unter der Quertraverse unter dem Wasserkühler verbaut. Es ist möglich den Ausbau ohne Hebebühne zu bewerkstelligen.

Vorbereitung:
■ Fixieren Sie den Wasserkühler mit Kabelbindern oder anderen geeigneten Befestigungsmittel an der oberen Fronttraverse.
■ Legen Sie eventuell verbaute Verkabelung vom unteren Fronträger weg.
■ Bauen Sie die Motorverkleidungen unten ab.
■ Demontieren Sie die Luftführung unter dem Ladeluftkühler.
■ Sprühen Sie die Verschraubung gründlich mit Rostlöser ein und lassen Sie ihn einwirken.

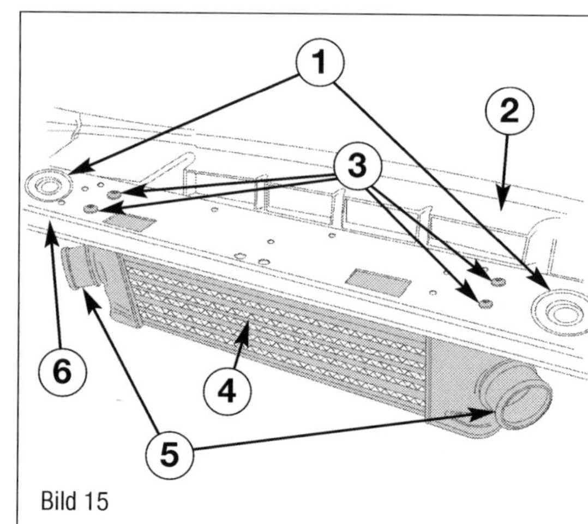

Bild 15

Demontage des Ladeluftkühlers:

⚠ Verwenden Sie einen genau passenden Schraubendreher und probieren Sie, ob Sie die Verschraubungen (3 im Bild 15) gelöst bekommen.

■ Bauen Sie die Ladeluftschläuche vom Ladeluftkühler ab.

⚠ Verschließen Sie die Öffnungen sofort mit geeigneten Stopfen oder fusselfreien Lappen.

■ Demontieren Sie die untere Quertraverse zusammen mit dem Ladeluftkühler. Achten Sie auf den Verbleib der Lagergummis des Wasserkühlers in der Quertraverse.

■ Drehen Sie die Schrauben (3 im Bild 15) zum Ladeluftkühler heraus.

■ Nehmen Sie den Ladeluftkühler (4) von der Quertraverse (6) ab.

■ Sollten die Schrauben im Ladeluftkühler festgerostet sein, gehen Sie sehr vorsichtig vor. Notfalls schneiden Sie die Schraube wie im Bild 16 gezeigt an.

Die Montage erfolgt sinngemäß in umgekehrter Reihenfolge.

■ Prüfen Sie die Anschlussschläuche und den Ladeluftkühler auf Rückstände und Beschädigungen.

■ Kontrollieren Sie den Zustand und den Sitz der Anschlussschläuche.

■ Kontrollieren Sie das Ladeluftsystem auf mögliche Undichtigkeiten.

Optische Prüfung

Oftmals lassen sich Fehler am Ladeluftsystem durch genaues Hinsehen lokalisieren.

■ Kontrollieren Sie den Sitz der Luftführungsrohre (1, 3, 4 und 6 im Bild 17) an den angeschlossenen Komponenten.

■ Achten Sie auf Rissbildungen in den Luftführungsschläuchen (4 und 6).

■ Achten Sie auf möglichen Ölaustritt an den Schlauchanschlüssen oder am Drosselklappenstück.

☞ Leichte Ölablagerungen können als »normal« betrachtet werden. Bei stärkeren Ablagerungen müssen neben dem Turbolader selbst auch der Ölrücklauf des Turboladers sowie die Kurbelgehäuseentlüftung auf Durchlässigkeit und Ablagerungen geprüft werden.

■ Kontrollieren Sie die Schlauchschellen und auch die Montagestellen der Schlauchschellen an den Luftführungsschläuchen.

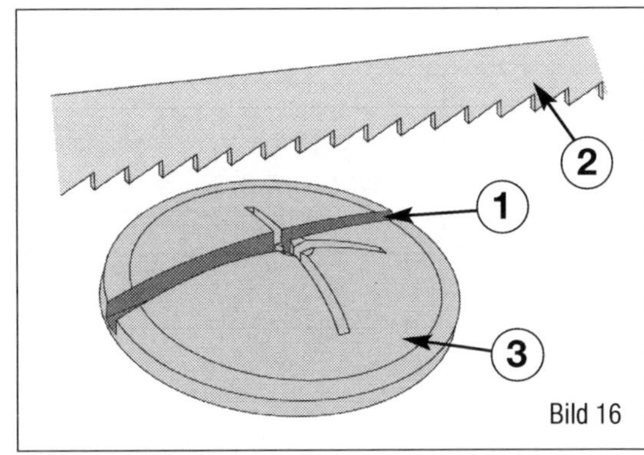

Bild 16

Bild 16
Schlitz als Lösehilfe.
1 gesägter Schlitz (kurz vor dem Durchsägen aufhören)
2 Sägeblatt
3 festgerostete Schraube

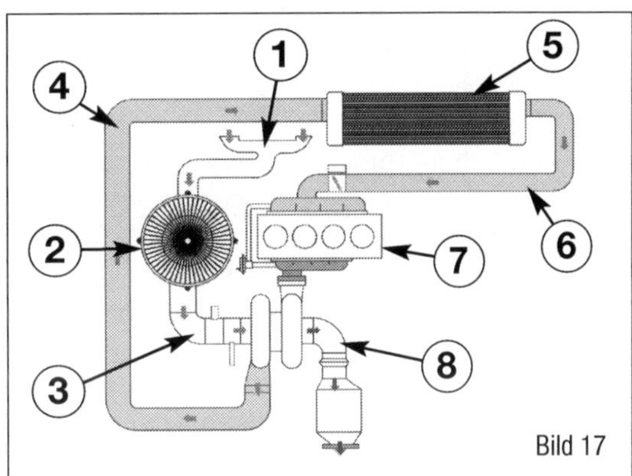

Bild 17

Bild 17
Ladeluftsystem in der Übersicht (Nummerierung in Richtung des Ansaugweges).
1 Ansaugbereich an der Fahrzeugfront
2 Luftfilter
3 Luftführung zwischen Luftfilter und Turbolader
4 Luftführung (Druck) vom Turbo zum Ladeluftkühler
5 Ladeluftkühler
6 Luftführung (Druck) vom Ladeluftkühler zum Drosselklappenstück am Motor
7 Motor
8 Abgasseite zum Katalysator

■ Kontrollieren Sie den Zustand des Luftfiltereinsatzes und des Luftfilters (2) und der Luftführung (1) in der Fahrzeugfront.

Prüfung des Ladedrucks

Der Ladedruck kann sowohl über die Istwerte des Diagnosetesters als auch über den Anschluss eines Manometers geprüft werden.

Druckmessung über ein Manometer:

Für den Anschluss eines Manometers (Druckmessuhr bis etwa 5 bar) muss allerdings bei den meisten Fahrzeugen ein Adapter für den Anschluss in das Ladeluftsystem eingebaut werden.

■ Demontieren Sie den Luftführungsschlauch (druckseitig) zwischen Turbolader und Ladeluftkühler (4) oder zwischen Ladeluftkühler und Drosselklappenstück (6).

■ Montieren Sie einen Anschlussadapter (passendes Rohrstück) (Bild 18) und schließen Sie das Manometer am Anschluss (2 im Bild 18) an. Der Anschlussschlauch sollte ausreichend lang sein, um das Manometer im Innenraum platzieren zu können.

■ Montieren Sie einen passenden Schlauch zusammen mit dem Adapter (1) anstatt des serienmäßigen Luftführungsschlauches.

Bild 18
Adapter mit Schlauchanschluss für die Ladedruckmessung mit dem Manometer.
1 Rohrstück Anschluss Luftführungsschlauch
2 Schlauchanschuss
3 Rohrstück Anschluss Schlauchstück

■ Schließen Sie den serienmäßigen Schlauch auf der verbleibenden Seite des Adapters (3) an.
■ Verlegen Sie den Schlauch zum Manometer bis in den Innenraum, sodass er nicht durch drehende oder heiße Teile im Motorraum beschädigt werden kann.
Fahren Sie das Fahrzeug Probe. Es sollte ein Ladedruck (Ladeüberdruck) von etwa 0,4 bis 0,8 bar abzulesen sein.

Druckmessung über den Motortester:
■ Schließen Sie den Motortester wie auf Seite 107 beschrieben an.
■ Klicken Sie mit der Maus die Taste »ECU auswählen« an. Nach der Fahrzeuganwahl kontaktiert der Tester das Motorsteuergerät und öffnet die Maske des Motorsteuergerätes.
■ Wählen Sie durch einen Mausklick die Taste »Messwerte« an. Das Programm öffnet nun eine Maske für die Messwertanwahl.
■ Wählen Sie in der linken Spalte den Sollwert für die Luftmasse »Krümmerluftdruck« an.
■ Wählen Sie in der rechten Spalte den Istwert für die Luftmasse »erforderlicher Krümmerluftdruck« an. Die Anzeige des Sollwertes ist nur dann möglich, wenn sie im Programm des Steuergerätes vorgesehen ist. Die Messwerte und die Sollwerte werden dann zusammen graphisch dargestellt.
■ Machen Sie mit einem Begleiter eine Probefahrt.
■ Lassen Sie den Begleiter mit der Maus die Taste »Graph-Pause« anklicken, sobald einige Messwertänderungen erkennbar sind. Die Messung wird nun angehalten.
■ Vergleichen Sie die beiden Verlaufskurven miteinander:
■ Die Messwertkurven sollten nur geringfügig voneinander abweichen.
■ Zeigt die Messwertkurve oder die Messwerte keine Reaktion, müssen die Spannungsversorgung aber auch der MAP-Sensor (Saugrohrdruckfühler) überprüft werden.

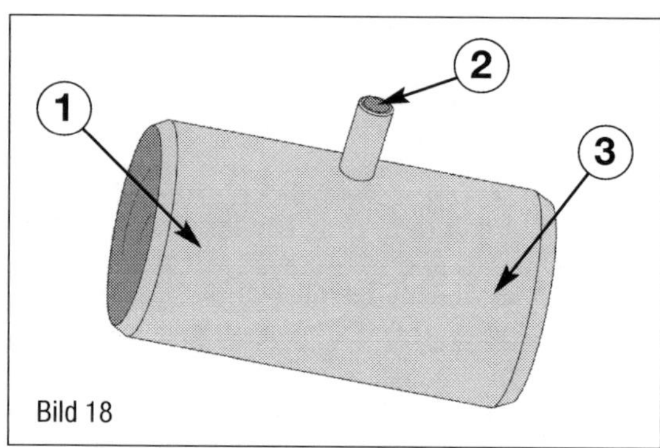

Bild 18

Reinigung des Ladeluftkühlers
Immer dann, wenn ein Schaden am Turbolader oder im Ansaugbereich vorliegt, sollten Sie den Ladeluftkühler ausbauen und gründlich reinigen.
■ Bauen Sie den Ladeluftkühler wie bereits beschrieben aus.

⚠ Achtung Tragen Sie beim Umgang mit Reinigungsmittel grundsätzlich Handschuhe und eine geeignete Schutzbrille.

■ Füllen Sie etwa einen halben Liter Reinigungsmittel (Kaltreiniger oder Bremsenreiniger) in den Ladeluftkühler ein.
■ Halten Sie beide Anschlüsse zu und kippen Sie den Ladeluftkühler hin und her um die Flüssigkeit gut zu verteilen.
■ Lassen Sie das Reinigungsmittel einwirken und kippen Sie den Ladeluftkühler erneut hin und her.
■ Lassen Sie das Reinigungsmittel ablaufen. Füllen Sie erneut frisches Reinigungsmittel ein und wiederholen Sie den beschriebenen Vorgang so lange, bis nur noch saubere Flüssigkeit beim Ablaufen austritt.
■ Kontrollieren Sie, dass keine Fremdteile wie Späne oder andere Verunreinigen sich noch im Ladeluftkühler befinden.
■ Trocknen Sie den Ladeluftkühler gründlich mit Druckluft und lassen Sie ihn über Nacht austrocknen.

☞ Achten Sie darauf, ihn so abzulegen, dass verbliebene Restflüssigkeit ablaufen kann.

10 Kraftübertragung

Getriebetypen beim Transit

Zum System der Kraftübertragung bei Fahrzeugen mit Schaltgetriebe gehören Getriebe, Kupplung und Achsantrieb. Damit alle Akteure perfekt zusammenarbeiten und die vom Motor produzierte Leistung an die Antriebsräder übertragen, sind sie durch Gelenke, Wellen und Zahnräder miteinander verbunden. Welche Kraft tatsächlich an den Rädern benötigt wird, hängt davon ab, was dem Fahrzeug während der Fahrt abverlangt wird. Der Motor bietet jedoch nur in einem begrenzten Drehzahlbereich eine verwertbare Leistung an. Damit der Wagen beim Beschleunigen und bei Bergfahrten trotzdem genügend Zugkraft entwickelt, ist das Getriebe nötig. Mit seinen verschiedenen Gängen gewährleistet es eine jeweils passende Übersetzung. Je nach Motor werden verschiedene Getriebe verbaut. Gerade beim Ersetzen des Getriebes aus dem Gebrauchtmarkt ist es wichtig, die Getriebe unterscheiden zu können.

Position der Getriebekennung

Zur genauen Identifizierung finden Sie auf dem Typenschild (Kapitel 2, Bild 13 Nr. 12) ein Kürzel für die verbaute Antriebsversion.

Code	Getriebebautyp
A6	6-Gang Schaltgetriebe für Allradfahrzeuge (MT82)
M6	6-Gang Schaltgetriebe für Heckantrieb (MT82)
V2	5-Gang Schaltgetriebe für Frontantrieb (VTX75)
W2	5-Gang Schaltgetriebe für Frontantrieb (MT75)
V6	6-Gang Schaltgetriebe für Frontantrieb (VMT6)

Im Normalfall ist die Getriebekennnummer, wie wir schon im Kapitel 2 erwähnt haben, im Getriebegehäuse (1 in den Bildern 1-3) des Getriebes eingeprägt oder eingeschlagen. Die Kennnummer ist je nach Alter und Verschmutzungsgrad schwer zu entziffern. Oftmals muss zuerst dieser Bereich mit einer Drahtbürste gereinigt werden. Werkseitig sind Kennungsaufkleber mit einem Strichcode angebracht worden (2 in den Bildern 1-3).

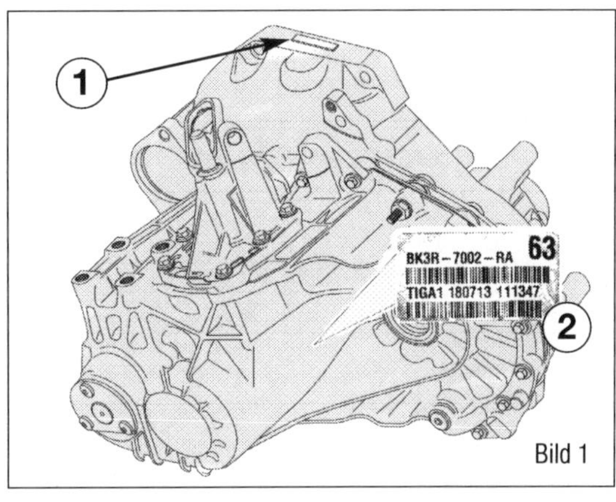

Bild 1
6-Gang-Schaltgetriebe bei quer eingebauten Motoren (VTX75, MT75, VMT6).
1 eingestanzte Kennnummer
2 Typenaufkleber mit Barcode

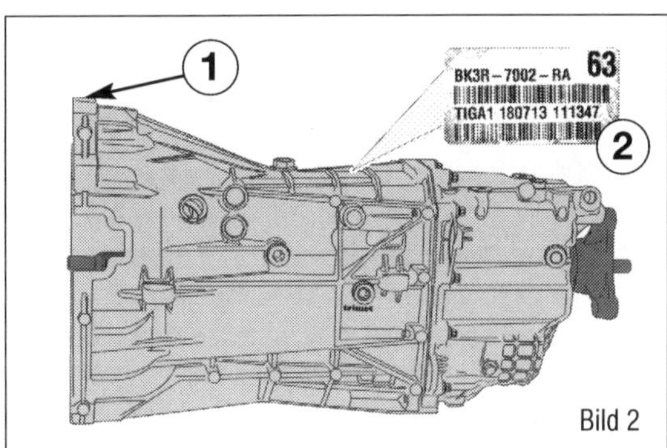

Bild 2
5-Gang-Schaltgetriebe bei längs eingebauten Motoren Heckantrieb (MT82).
1 eingestanzte Kennnummer
2 Typenaufkleber mit Barcode

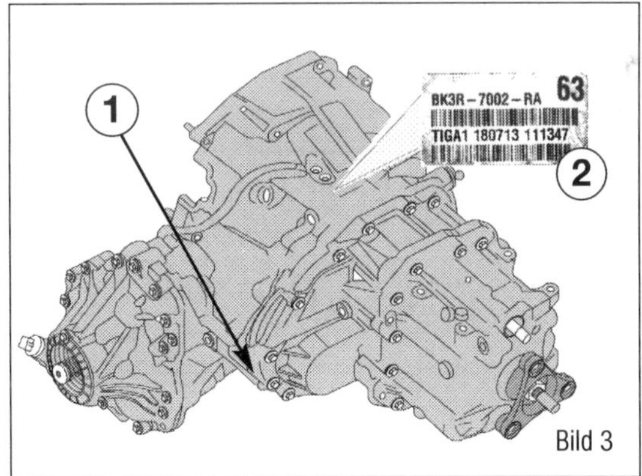

Bild 3
5-Gang-Schaltgetriebe bei Allrad-Fahrzeugen (MT82, TMT82x4).
1 eingestanzte Kennnummer
2 Typenaufkleber mit Barcode

Zuordnung Motoren und Getriebe

Bei gleicher Bezeichnung kann sich das Übersetzungsverhältnis für ein Getriebe in Abhängigkeit zur Motorvariante unterscheiden. Hieraus ergeben sich dann die Getriebekennbuchstaben. Wird ein Getriebe gebraucht verbaut, sollte die Verwendung nach Motortyp geprüft werden. Die Untergruppierungen der Getriebe lässt sich bestimmten Fahrzeugen und Bauzeiträumen zuordnen. Die Aufschlüsselung sollten Sie

Bild 4
Allradantrieb in der Übersicht.
1 Rad vorne links
2 Motor
3 Rad vorne rechts
4 Antriebswellen vorne
5 Kupplungen Vorderradantrieb
6 Schaltgetriebe
7 Hardyscheibe
8 Kreuzgelenk vorne
9 Kardanwelle vorne
10 Kreuzgelenk Mitte mit Lagerung
11 Kardanwelle hinten
12 Kreuzgelenk hinten
13 Rad hinten rechts
14 Achsdifferenzial hinten
15 Rad hinten links

aufgrund der Aktualität über einen Ford-Händler durchführen oder ein spezieller Getriebelieferant mit Reparaturwerkstatt kann Ihnen hierbei unter die Arme greifen.

Montagearbeiten am Getriebe

Die Arbeitsbeschreibungen zur Demontage des Getriebes erfordert einige spezielle Werkzeuge und auch Erfahrung in der Montage, dies wirkt sich auch auf die Preise der frei erhältlichen Austauschgetriebe aus. Der werkseitig aufgerufene Teilepreis ist oftmals nicht mit dem Fahrzeugwert zu vereinbaren. Speziell auf das Thema ausgerichtete Anbieter können oftmals die Getriebe schon um 1000 Euro liefern. Da die Einzelteile, sobald es über die Lager hinaus geht, in der Regel recht teuer sind, wird eine Reparatur in eigener Regie schnell unwirtschaftlich.
Im Rahmen dieses Buches gehen wir nur auf Arbeiten ein, die üblicherweise in privater Hand von Schraubern angegangen werden.
Hinzu kommt, dass der Umfang der Arbeitsbeschreibungen für die Demontage den Rahmen dieses Buches sprengen würde. Wir werden Ihnen im Rahmen dieses Buches einige Arbeiten vorstellen, die Sie durchaus in Eigenregie durchführen können.

Allradsystem von Ford

Das Antriebskonzept für den Ford Transit 4x4 möchte, wie auch die Konkurrenten, mit den Allradfahrzeugen eine »Traktionshilfe« anbieten. Das Antriebskonzept im Serienzustand macht das Fahren auf losem Untergrund deutlich leichter, aber das Fahrzeug noch nicht zum Offroader. Grundsätzlich wird der Allradler mit den Hinterrädern angetrieben. Stellt das ABS/ESP-System über die Radsensoren fest, dass die Hinterräder Schlupf aufbauen, werden die Vorderräder automatisch zugeschaltet. Der Allradantrieb kann auch über die Taste neben dem Lenkrad aktiviert werden. Der manuelle Betriebszustand wird ab etwa 100 km/h wieder abgeschaltet. Bis etwa 40 km/h greift das ESP-System über die jeweilige Radbremse ein. Wird das durchdrehende Rad mit der Bremse verzögert oder sogar festgehalten, wird das Drehmoment auf das stehende

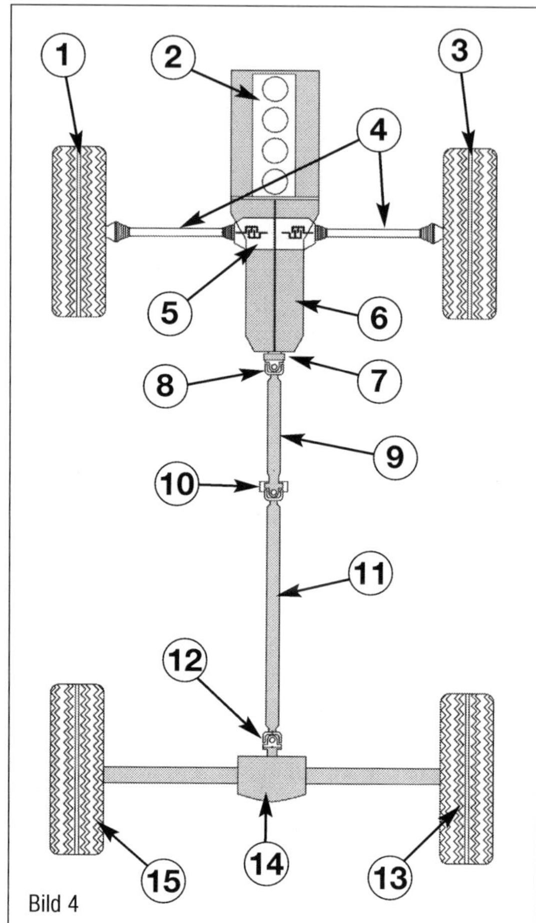

Bild 4

Rad weitergegeben. Über den Bremseingriff über den elektrohydraulischen Weg wird versucht, sich der Funktion eines Sperrdifferenzials anzunähern. Der Nachteil liegt allerdings darin, dass die Räder drehen müssen. Eine gleichmäßige Drehmomentverteilung aus dem Stand heraus ist recht schwierig. Eine Geländeuntersetzung ist wie bei den meisten Serien-Allrad-Transportern nicht vorgesehen.

Baukomponenten im System
Der Vorteil des Ford-Transit 4x4 liegt darin, dass es das Basisfahrzeug mit beiden Antriebskonzeptionen, also Frontantrieb und Heckantrieb, bereits gab. Einige Teile des Allrades finden sich zumindest ähnlich in den Baulisten von Front- oder Heckantrieb.

Die Vorderachsgetriebe (6 im Bild 4):
Der Motor und das Getriebe sind bei den Allradvarianten wie beim heckgetriebenen Transit längs eingebaut. Das Getriebe für die Allradvarianten unterscheidet sich deutlich zu den Varianten mit Heckantrieb. Zwar wird der

Hauptdrehmoment klassisch über Zahnräder und Wellen zum Kardanflach und über die Kardanwelle zur Hinterachse übertragen, der Antrieb für die Vorderachse wird hydraulisch eingekuppelt und ein Teil des Drehmomentes bei Bedarf (automatische Einkupplung) oder aus Anforderung (Tastenanwahl) auf die Vorderräder übertragen. Eine Besonderheit liegt allerdings schon darin, dass kein Differenzial zum Ausgleich der Raddrehzahl bei Kurvenfahrten verbaut ist. Je ein Lamellenkupplungssatz pro Radseite kuppelt das linke und rechte Rad bei Bedarf ein oder auch aus. Um die Lamellenkupplung nicht zu beschädigen, sollte das Fahrzeug entweder aufgeladen oder an Abschleppstange oder Abschleppseil gezogen werden.

Die Kupplungen (5 im Bild 4):
Zum Einsatz kommen zwei Lamellenkupplungen, die durch die an jeder Kupplung verbauten Pumpe und Arbeitskolben mit Öldruck eingekuppelt werden können. Die Pumpe erzeugt dann einen Öldruck, wenn das Elektromagnetventil geschlossen und ein Drehzahlunterschied zwischen Getriebewelle und Rad entsteht.

Die Magnetventile:
Die beiden Magnetventile lassen im geöffneten Zustand keinen Druckaufbau auf dem Arbeitskolben der Lamellenkupplung zu. Im geschlossenen Zustand ermöglichen sie den Druck im Zylinder zu halten, ihn teilweise aufzubauen oder auch teilweise abzubauen.

Die Hinterachse (14 im Bild 4):
Die Hinterachse entspricht im Aufbau der Hinterachse der heckgetriebenen Varianten. Im Achsgetriebe ist ein Differenzial verbaut. Bis etwa 40 km/h kann das ESP über die Betätigung der Bremse das schneller drehende Rad abbremsen und somit das Drehmoment auf das langsam drehende Rad weiterleiten. Im Nachfolgemodell können auch Differenziale mit Sperrfunktion nachgerüstet werden. In wieweit diese für die verbaute Hinterachse Ihres Transits verwendbar sind, müssen Sie im Einzelfall klären.

Funktionsbeispiele
Anhand einiger Beispiele möchten wir Ihnen das Zusammenspiel der Komponenten verständlicher machen. Wir unterscheiden hier nicht nach »automatischer Zuschaltung« und »manueller Anwahl« des Allradantriebes und beschreiben den Ablauf für den Kraftverlauf.

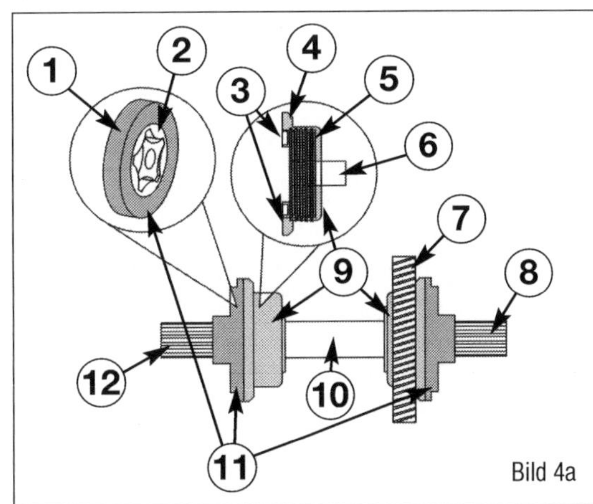

Bild 4a

Bild 4a
Kupplungen für die Vorderachse beim Allrad-Transit.
1 Außenrotor der Pumpe (kraftschlüssig zum Abtrieb)
2 Innenrotor der Pumpe (kraftschlüssig zum Getriebe)
3 Arbeitskolben für den Anpressdruck des Lamellenpaketes
4 Kupplungsgehäuse (kraftschlüssig zum Getriebe)
5 Lamellenpaket (Reibscheiben und Stahlscheiben)
6 Zwischenwelle vom Getriebe
7 Antriebszahnrad vom Getriebe
8 Anschluss Antrieb Achswelle zum Rad
9 Kupplungsgehäuse
10 Zwischenwelle
11 Pumpengehäuse
12 Anschluss Antrieb Achswelle zum Rad

Beispiel 1 (Bild 4a):
(Geradeausfahrt, Hinterachse und Vorderachse weisen keinen Drehzahlunterschied auf):
- Auch bei eingeschaltetem Allradantrieb und geschlossenen Magnetventilen erzeugen die Pumpeneinheiten keinen Druck.
- Die Lamellenkupplungen sind offen, der Vortrieb erfolgt über die Hinterräder.

Beispiel 2 (Bild 4a):
(Geradeausfahrt, Hinterachse und Vorderachse weisen einen Drehzahlunterschied auf, Schlupf auf der Hinterachse)
- Bei eingeschaltetem Allradantrieb und geschlossenen Magnetventilen erzeugen die Pumpeneinheiten Druck und kuppeln die Lamellenkupplungen ein.
- Die Kraft wird zusammen auf die Vorderachse und je nach Drehzahlunterschied zwischen Vorder- und Hinterachse auf die Vorderräder verteilt.

Ölwechsel am Getriebe

Ölfüllmengen und Anforderungen
Die hier angegebene Ölmenge soll lediglich als Richtmaß gelten. Fragen Sie die aktuellen Ölfüllmengen für Ihr Getriebe über Ihre Fahrgestellnummer beim Ford-Händler oder Ihrem Öllieferanten nach.

Bild 5
Ölservice beim 6-Gang-Schaltgetriebe bei quer eingebauten Motoren (VTX75, MT75, VMT6).
1 Öleinfüll- und Kontrollschraube
2 Ölablassschraube

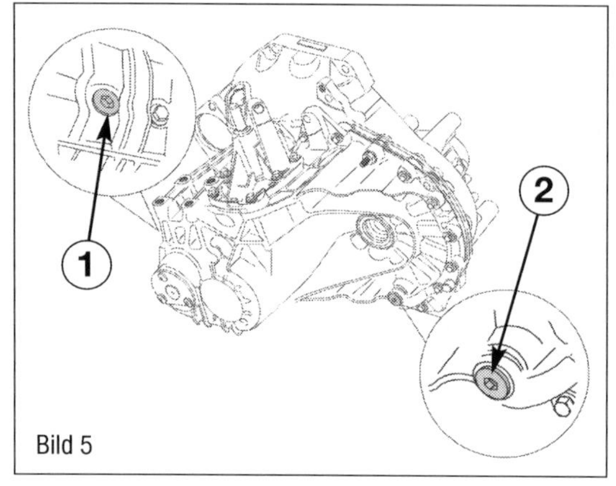

Bild 5

Schaltgetriebe (Quereinbau, Frontantrieb):

Getriebe	Öl-Freigabe	Menge
MT75 (5-Gang)	WSD-M2C200-C	1,3 l
VTX75 (5-Gang)	WSD-M2C200-C	2,15 l
VMT6 (6-Gang)	WSS-M2C200-D2	2,3 l bis 2,4 l

Schaltgetriebe (Längseinbau, Heckantrieb):

Getriebe	Öl-Freigabe	Menge
MT82 (6-Gang)	WSS-M2C200-D2	2,3 l bis 2,4 l

Schaltgetriebe (Längseinbau, Allradantrieb):

Getriebe	Öl-Freigabe	Menge
MT82 4WD (6-Gang) (Schaltgetriebe)	WSD-M2C200-C (97SX-M2C200-AA/BB/CB)	3,0 l bis 3,35 l
MT82 4WD (6-Gang) (Pumpe und Kupplung)*		0,35 l

* Die Kupplungseinheit und die Pumpe müssen gesondert entlüftet/gefüllt werden.

Hinterachsgetriebe:
Die Angaben unterscheiden sich für Heckantrieb und Allradfahrzeuge nicht.

Getriebe	Öl-Freigabe	Menge
Achsgetriebe hinten	WSL-M2C192-A	3,0 l

Kardangelenkwellen:
Einige Gelenkwellen sind mit Schmiernippel (je nach dem Kardanwelle-Modell) ausgerüstet.

Fett	Wartung
	1x im Jahr, bei intensiver Nutzung (Offroad) regelmäßige Abstände.

Ölwechsel Schaltgetriebe (Quereinbau, Frontantrieb):

- Fahrzeug anheben.
- Geräuschdämpfung unten in der Mitte abbauen (soweit verbaut).
- Reinigen Sie den Bereich um die Einfüllschraube (1 im Bild 5) und die Ablassschraube (2) gründlich.
- Die Öleinfüllschraube (1) herausschrauben.
- Die Ölablassschraube (2) herausschrauben.
- Nachdem das Getriebeöl ausgelaufen ist, Ölablassschraube (2) wieder hineinschrauben und mit 35 Nm anziehen.
- Getriebeöl auffüllen, die Füllmenge entnehmen Sie der Tabelle am Anfang dieses Kapitels. Die richtige Ölmenge erreicht die Unterkante der Bohrung für die Öleinfüllschraube.

⚠ Überfüllen des Getriebes unbedingt vermeiden, da es sonst zu Undichtigkeiten kommen kann.

- Ersetzen Sie die Dichtung der Ablassschraube.
- Öleinfüllschraube (1) hineinschrauben und mit 35 Nm anziehen oder den Stopfen wieder aufdrücken.
- Falls vorhanden, Geräuschdämpfung an das Getriebe und unterhalb Motor/Getriebe anbauen.

Ölwechsel Schaltgetriebe (Längseinbau, Heckantrieb):

- Fahrzeug anheben.
- Geräuschdämpfung unten in der Mitte abbauen (soweit verbaut).
- Luftfilterkasten komplett ausbauen.
- Reinigen Sie den Bereich um die Einfüllschraube und die Ablassschraube gründlich.
- Drehen Sie die Einfüllschraube (1 im Bild 6) heraus.
- Drehen Sie die Ablassschraube (2 im Bild 6) heraus.
- Nachdem das Getriebeöl ausgelaufen ist, Ölablassschraube (2) wieder hineinschrauben und mit 50 Nm anziehen.
- Getriebeöl auffüllen. Die Füllmenge entnehmen Sie der Tabelle am Anfang dieses Kapitels. Es gibt keine Kontroll-

bohrung und keinen Peilstab. Es muss genau die richtige Ölmenge eingefüllt werden.

Überfüllen des Getriebes unbedingt vermeiden, da es sonst zu Undichtigkeiten kommen kann.

- Öleinfüllschraube (1) hineinschrauben und mit 30 Nm anziehen oder den Stopfen wieder aufdrücken.
- Falls vorhanden, Geräuschdämpfung an das Getriebe und unterhalb Motor/Getriebe anbauen.

Ölwechsel beim Allrad-Fahrzeug:

Auch hier muss die angegebene Füllmenge des Herstellers genau beachtet werden. Die Füllschrauben sind auch die Ölstandskontrollschrauben. Bei Undichtigkeiten muss die Restflüssigkeit abgelassen werden und das entsprechende Getriebe neu befüllt werden. Grundsätzlich müssen das Öl für den vorderen und den hinteren Antriebsteil des Getriebes zusammen gewechselt werden.

Es sind unterschiedliche Getriebe verbaut. Die neuesten Varianten sind mit einem Entlüftungsnippel (Bild 8) ausgerüstet. Hier verläuft das Auffüllen beziehungsweise die Entlüftung etwas anders als bei den alten Varianten.

Je nach Ausrüstung können unter den Achsen oder Antriebselementen Schutzplatten für den Offroadeinsatz verbaut sein. Diese Platten sollten für die Wartung demontiert werden. Prüfen Sie die Aufhängungen und die Platten auf Schäden und Korrosion.

- Fahrzeug anheben.
- Demontieren Sie die verbauten Schutzplatten und Bügel unter den Achsgetrieben.
- Geräuschdämpfung unten in der Mitte abbauen (soweit verbaut).

Getriebeöl ablassen (alle Varianten):

- Reinigen Sie den Bereich um die Einfüllschraube und die Ablassschraube gründlich.
- Drehen Sie die Einfüllschrauben (1 und 2 im Bild 7) heraus.
- Drehen Sie die Ablassschrauben (3 und 4) heraus.
- Erneuern Sie den Dichtring.
- Nachdem das Getriebeöl ausgelaufen ist, Ölablassschraube (3 und 4) wieder hineinschrauben und mit 50 Nm anziehen.

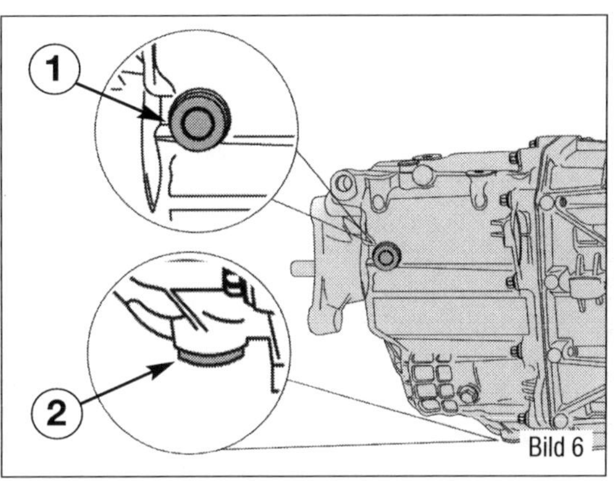

Bild 6
Ölservice beim 6-Gang-Schaltgetriebe bei längs eingebauten Motoren (MT82).
1 Öleinfüll- und Kontrollschraube
2 Ölablassschraube

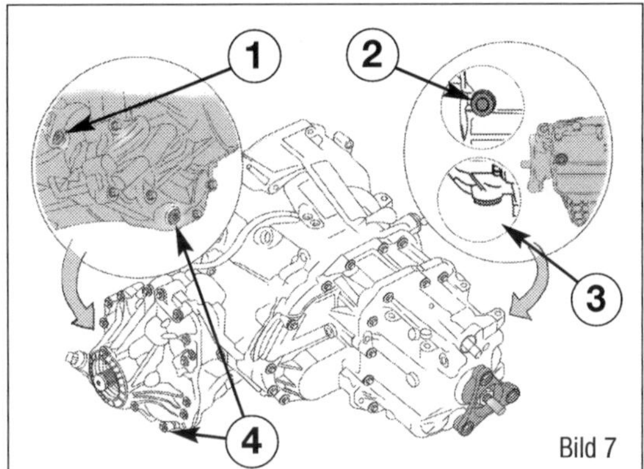

Bild 7
Ölservice beim 6-Gang-Allrad-Schaltgetriebe (MT82 4WD).
1 Öleinfüll- und Kontrollschraube Antrieb vorne
2 Öleinfüll- und Kontrollschraube Antrieb Hinterachse
3 Ölablassschraube Antrieb Hinterachse
4 Ölablassschraube Antrieb vorne

Getriebeöl am hinteren Antrieb auffüllen (alle Varianten):

- Füllen Sie durch die Einfüllbohrung (2 im Bild 7) etwa 3,0 l bis 3,35 l Getriebeöl ein. Die richtige Füllmenge ist erreicht, wenn der Ölstand die Unterkante der Bohrung erreicht und das Öl gerade so wieder abläuft.

Ein Ölstand von 5 mm unter der Unterkante der Bohrung bis zur Unterkannte der Bohrung ist ausreichend.

- Erneuern Sie den Dichtring (3).
- Drehen Sie die Einfüllschraube (2 im Bild 7) hinein.
- Ziehen Sie die Einfüllschraube mit 50 Nm an.
- Reinigen Sie den Bereich um die Einfüllschraube gründlich.
- Falls vorhanden, Geräuschdämpfung oder/und Unterfahrschutz an das Getriebe und unterhalb Motor/Getriebe anbauen.

Getriebeöl am vorderen Antrieb auffüllen (alle Varianten):

- Füllen Sie durch die Einfüllbohrung (1 im Bild 7) etwa 0,35 l Getriebeöl ein. Die richtige Füllmenge ist erreicht, wenn der Ölstand die Unterkante der Bohrung erreicht und das Öl gerade so wieder abläuft.

Ein Ölstand von 5 mm unter der Unterkante der Bohrung bis zur Unterkannte der Bohrung ist ausreichend.

- Entlüften Sie die Pumpe und das Kupplungspaket wie im Anschluss beschrieben.
- Erneuern Sie den Dichtring (3).
- Drehen Sie die Einfüllschraube (2 im Bild 7) hinein.
- Ziehen Sie die Einfüllschraube mit 50 Nm an.
- Reinigen Sie den Bereich um die Einfüllschraube gründlich.
- Falls vorhanden, Geräuschdämpfung oder/und Unterfahrschutz an das Getriebe und unterhalb Motor/Getriebe anbauen.

Entlüften der Kupplung und der Pumpe für den vorderen Antrieb

Wenn das Getriebeöl abgelassen wurde, müssen die Kupplungseinheiten am Rad entlüftet werden. Die Arbeitsschritte unterscheiden sich für die einzelnen Bauvarianten im Detail.

- Befüllen Sie den vorderen Antrieb wie bereits beschrieben.
- Lassen Sie die Einfüllschraube aber weiterhin ausgebaut.
- Schalten Sie die Zündung ein.

Fahrzeuge bis Baujahr 03/2009:

- Drehen Sie beide Räder vorne nacheinander 20 Umdrehungen oder bis Sie einen deutlichen Widerstand feststellen können.

Fahrzeuge ab Baujahr 03/2009:

- Betätigen Sie die manuelle Allradtaste.
- Drehen Sie beide Räder vorne nacheinander 20 Umdrehungen oder bis Sie einen deutlichen Widerstand feststellen können.

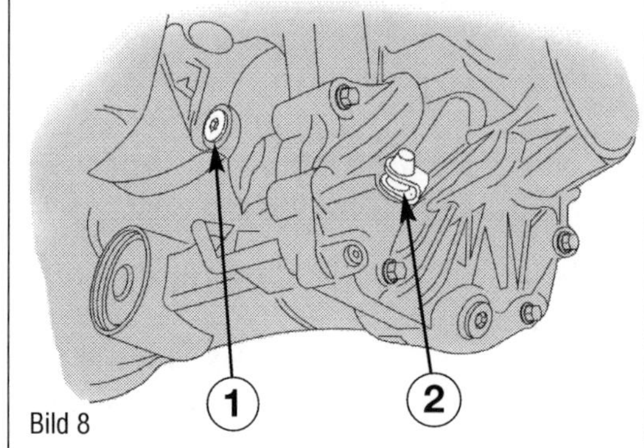

Bild 8
Besonderheit beim Allradgetriebe mit Entlüftungsnippel: Einfachere Entlüftung von Kupplungsset und Pumpe.
1 Öleinfüll- und Kontrollschraube Antrieb vorne
2 Entlüftungsnippel

Fahrzeuge mit Entlüftungsnippel:

- Ziehen Sie den Staubschutz vom Entlüftungsnippel (2 im Bild 8) ab und stecken Sie einen Schlauch auf.
- Stecken Sie das andere Ende des Schlauches in die Einfüll- und Kontrollbohrung (1) hinein.
- Betätigen Sie die manuelle Allradtaste.
- Lösen Sie die Entlüftungsschraube (2) eine halbe Umdrehung gegen den Uhrzeigersinn.
- Drehen Sie beide Räder vorne nacheinander 1 Umdrehungen.
- Verschließen Sie die Entlüftungsschraube (8-10 Nm) und nehmen Sie den Schlauch ab.

Weiter für alle Fahrzeuge:

- Kontrollieren Sie den Ölstand erneut.

Ein Ölstand von 5 mm unter der Unterkante der Bohrung bis zur Unterkannte der Bohrung ist ausreichend.

- Drehen Sie die Einfüllschraube hinein.
- Ziehen Sie die Einfüllschraube mit 50 Nm an.
- Reinigen Sie den Bereich um die Einfüllschraube gründlich.

Kontrolle des Getriebeölstandes bei allen Getriebetypen

Die angegebene Füllmenge des Herstellers muss genau beachtet werden. Die Füllschrauben sind auch die Ölstandskontrollschrauben. Bei Undichtigkeiten muss die Restflüssigkeit abgelassen werden und das entsprechende Getriebe neu befüllt werden.

Fahrzeuge mit Heck- und Frontantrieb:

Die Kontrolle des Füllstandes ist nur bei den Getriebetypen für Heckantrieb und für Allradantrieb vorgesehen. Bei den Getrieben der frontgetriebenen Fahrzeuge wird das Öl abgelassen und durch neues Öl in der vorgeschriebenen Menge ersetzt.

Fahrzeuge mit Heck- und Allradantrieb:

- Reinigen Sie den Bereich um die Einfüllschraube(n) gründlich.
- Drehen Sie die Einfüllschraube(n) (2 im Bild 9) heraus.
- Kontrollieren Sie den Ölstand mit Hilfe eines Drahtes (3).

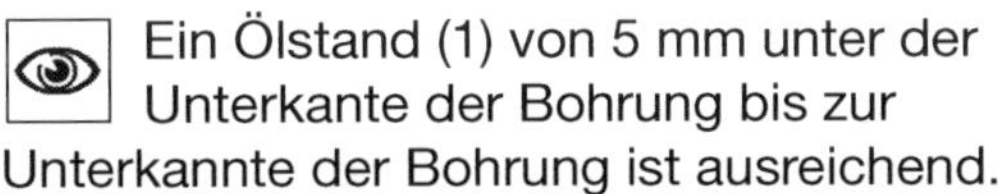

Ein Ölstand (1) von 5 mm unter der Unterkante der Bohrung bis zur Unterkannte der Bohrung ist ausreichend.

- Drehen Sie die Einfüllschraube hinein.
- Ziehen Sie die Einfüllschraube mit 50 Nm an.
- Reinigen Sie den Bereich um die Einfüllschraube gründlich.

Die Kupplung

Der Kraftfluss vom Motor zum Achsantrieb muss nach Wunsch hergestellt und unterbrochen werden können. Das ist erforderlich, wenn Sie das Fahrzeug starten, mit laufendem Motor fahrbereit stehen oder die Gänge wechseln wollen. Dieses Ankoppeln und Trennen übernimmt bei Fahrzeugen mit Schaltgetriebe die Kupplung. Sie ermöglicht auch ruckfreies Anfahren, indem sie die unterschiedlichen Drehzahlen von Kurbelwelle und Antriebswelle des Getriebes ausgleicht. Kernstück des hydraulischen Systems Kupplung ist die Mitnehmerscheibe. Transporter mit Schaltgetriebe haben eine hydraulisch betätigte Einscheiben-Trockenkupplung mit asbestfreien Belägen und Zweimassen-Schwungrad. Kupplungen sind komplizierte Konstruktionen. Ihr Verschleißteil Mitnehmerscheibe ist nicht ohne Weiteres zugänglich. Dazu muss das Getriebe vom Motor getrennt und ausgebaut werden. Diese Arbeit erfordert Know-how und Spezialwerkzeuge. Nun ist aber auch jede Kupplung so gut wie wartungsfrei, weil das System den Verschleiß selbsttätig ausgleicht. Die Mitnehmerscheibe ist gewöhnlich erst nach mehr als 200‘000 bis 300‘000 Kilometern zu erneuern. Allerdings hängt ihr Verschleiß von Belastung (zum Beispiel Anhängerbetrieb) und sehr wesentlich von der Fahrweise ab.

Die wichtigsten Teile der Kupplung

Je nach Getriebebauweise und Motorisierung weichen die Kupplungen in konstruktiven Details voneinander ab. Im Wesentlichen aber arbeitet jede Kupplung mit den gleichen Komponenten:

- Das Schwungrad (Motorschwungscheibe) ist fest mit der Kurbelwelle verbunden. Das Zweimassen-Schwungrad reduziert mit seinem Feder- und Dämpfer-

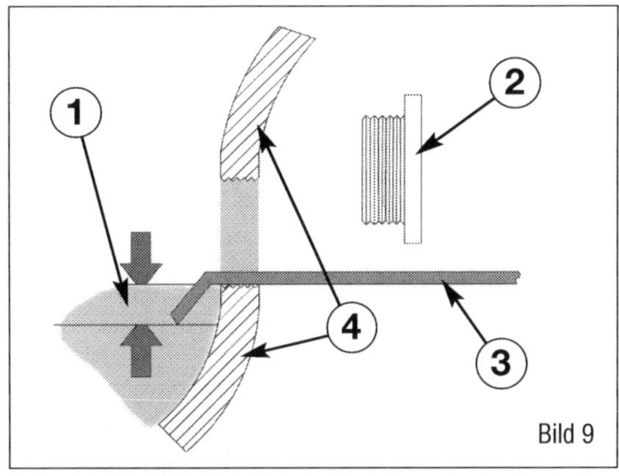

Bild 9

Bild 9
Füllstand bei Allrad und Heckantrieb.
1 Getriebeölfüllstand (5 mm zwischen den Pfeilen sind OK)
2 Einfüllschraube
3 Draht als Hilfsmittel zum Ölstandspeilen
4 Getriebegehäuse

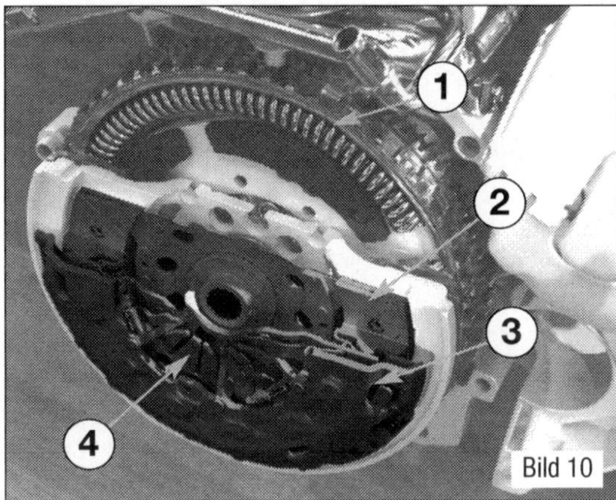

Bild 10

Bild 10
Kupplung.
1 Zweimassenschwungrad
2 Kupplungsscheibe
3 Druckplatte
4 Membranfeder

system die Weitergabe von Motorschwingungen an das Getriebe.

- Die Kupplungsscheibe (Mitnehmerscheibe) sitzt auf der Getriebe-Eingangswelle. Auf beiden Seiten sind Beläge aufgenietet.
- Die Druckplatte ist mit dem Schwungrad fest verschraubt. Beim Tritt aufs Kupplungspedal löst sich über Kupplungshydraulik und Ausrückplatte die Kupplungsscheibe gegen die Kraft der Tellerfeder (Membranfeder) von der Schwungscheibe. Druckplatten sind korrosionsgeschützt und gefettet. Sie dürfen nur an der Anlauffläche gereinigt werden, sonst wird die Lebensdauer der Kupplung verringert.

Das hydraulische System

Geberzylinder am Kupplungspedal und Nehmerzylinder am Getriebe sind über eine hydraulische Leitung verbunden. In ihr fließt Bremsflüssigkeit. Ein Defekt in der Kupplungsbetätigung kann daher einen sinkenden Pegel im Bremsflüssigkeitsbehälter verursachen. Ein ausreichender Flüssigkeitsrest für die Bremse ist allerdings immer garantiert. Beim Einkuppeln drückt

die Tellerfeder der Druckplatte die Mitnehmerscheibe langsam gegen das Motorschwungrad, bis sie sich mit der gleichen Drehzahl dreht. So werden die Kräfte sanft übertragen. Dabei schleifen die Anlageflächen kurze Zeit aufeinander, ehe die Reibung wieder so groß ist, dass die Motorleistung vollständig auf das Getriebe übertragen wird. Wenn Sie das Kupplungspedal treten, überwindet das Ausrücklager die Kraft der Tellerfeder. Die Druckplatte wird entlastet und bei völlig durchgetretenem Pedal zurückgezogen. Die Mitnehmerscheibe kann nun im Raum dazwischen frei umlaufen. Das Kupplungsspiel sorgt dafür, dass das Ausrücklager nicht ständig unter Druck steht. Es verringert sich mit der Abnutzung der Beläge. Die Druckplatte nähert sich dem Ausrücklager. Liegt das Lager ohne Spiel am Ausrückhebel an, stützt sich die Tellerfeder der Druckplatte gegen das Ausrücklager ab. Die Feder wird entlastet und die Kupplung rutscht durch.

Kupplung prüfen

- Schleift nach Ihrem Eindruck die Kupplung, wenn Sie Ihr Fahrzeug im höchsten Gang beschleunigen, dreht der Motor also hoch, ohne dass die Fahrgeschwindigkeit zunimmt, sollten Sie einmal kurz die Funktion der Kupplung prüfen. Unternehmen Sie diese Probe allerdings wirklich nur gelegentlich!
- Ziehen Sie die Handbremse an, die natürlich in Ordnung sein muss.
- Starten Sie den Motor.
- Legen Sie den 3. Gang ein; dann langsam einkuppeln und Gas geben.
- Bei einwandfreier Kupplung wird der Motor dadurch abgewürgt.

Trennen der Kupplung prüfen

- Treten kratzende oder krachende Geräusche beim Schalten auf, trennt meistens die Kupplung nicht mehr richtig. Machen Sie deshalb eine Probe, und zwar mit dem nicht synchronisierten Rückwärtsgang, damit Sie die mögliche Ursache der Geräusche durch ein defektes Getriebe ausschließen.

- Lassen Sie den Motor im Leerlauf drehen.
- Kupplungspedal voll durchtreten, etwa drei Sekunden warten, dann Rückwärtsgang einlegen. Wenn Sie jetzt das kratzende Geräusch hören, läuft die Mitnehmerscheibe nicht ganz frei. Dann trennt die Kupplung nicht sauber.
- Kontrollieren Sie die Funktion der hydraulischen Übertragungselemente. Eventuell muss die Kupplungsbetätigung entlüftet werden.
- Teile der Kupplungsbetätigung auf Undichtigkeiten untersuchen.
- Prüfen Sie, ob das Zweimassenschwungrad in Ordnung ist. Zu viel Spiel verursacht schnell ein zu hohes Arbeitsspiel und damit reicht der Betätigungsweg der Kupplungshydraulik nicht mehr aus.

Montagearbeiten am Kupplungspedal

Demontage des Kupplungspedals

Aufgrund der Platzverhältnisse demontieren Sie das Kupplungspedal komplett mit dem Pedalwerk, welches aus Kupplungspedal und Bremspedal besteht.

⚠ Für die Demontage ist es erforderlich, die Airbageinheit des Lenkrades abzuziehen. Für diese Arbeiten ist die Airbagsachkunde erforderlich. Aus Sicherheitsgründen verzichten wir auf Details für diese Arbeitsschritte und verweisen Sie an einen Mechaniker mit ausgewiesener Sachkunde.

- Klemmen Sie die Batterie ab.
- Lösen Sie die Verkleidung der Armaturentafel unten im Kniebereich und legen Sie sie zur Seite.
- Stellen Sie das Lenkrad auf die Geradeausstellung, ziehen Sie den Zündschlüssel ab und lassen Sie in dieser Stellung das Zündschloss einrasten.
- Drehen Sie die Verschraubungen des Faltenbalgs im Fußraum zum Lenkgetriebe heraus und ziehen Sie den Faltenbalg nach oben.
- Drehen Sie die obere Schraube (1 im Bild 11) am Kreuzgelenk vor der Lenkung heraus.
- Ziehen Sie die Lenksäule aus dem Kreuzgelenk (2) heraus.
- Ziehen Sie die Steckkontakte zu dem Schalter und zur Airbagwickelfeder ab.

■ Drehen Sie die vier Schrauben der Lenksäule heraus und bauen Sie die Lenksäule aus.
■ Legen Sie die Lenksäule sicher ab.
■ Ziehen Sie die Steckkontakte zu Kupplungsschalter (2 im Bild 12) und Bremslichtschalter (1) ab.
■ Drehen Sie den Kupplungsschalter gegen den Uhrzeigersinn und nehmen Sie ihn heraus.
■ Drehen Sie den Bremslichtschalter gegen den Uhrzeigersinn und nehmen Sie ihn heraus.
■ Legen Sie die Anschlusskabel aus dem Arbeitsbereich heraus.
■ Clipsen Sie den Kupplungsgeberzylinder vom Kupplungspedal ab.
■ Drehen Sie die Halterungsschrauben am Pedalträger (5 im Bild 12) los und nehmen Sie den Kupplungsgeberzylinder ab.
■ Clipsen Sie den Druckstab des Bremskraftverstärkers vom Bremspedal ab.

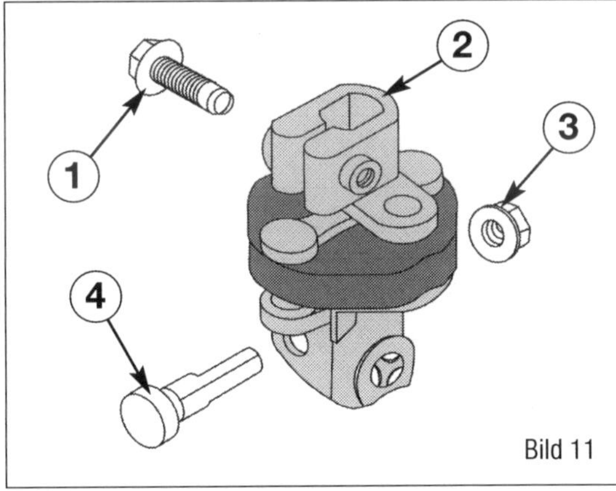

Bild 11

Bild 11
Kreuzgelenk vor dem Lenkgetriebe.
1 Schraube
2 Kreuzgelenk
3 Mutter
4 Sicherungsschraube

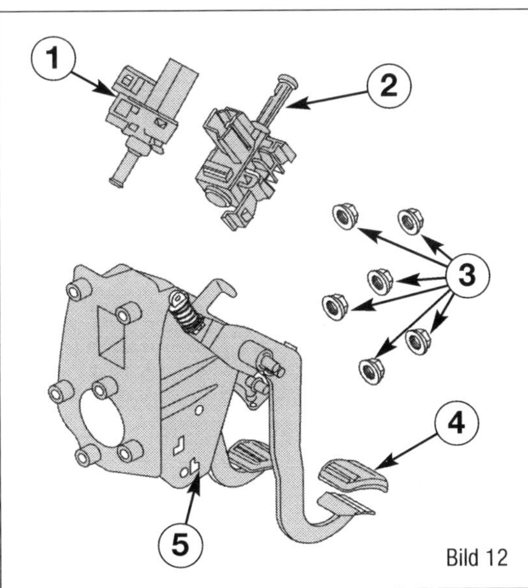

Bild 12

Bild 12
Pedalträger im Fußraum.
1 Bremsschalter
2 Kupplungsschalter
3 Muttern
4 Pedalgummi
5 Pedalträger mit Brems- und Kupplungspedal

■ Drehen Sie die Muttern (3) ab und nehmen Sie den Pedalträger zusammen mit den Pedalen ab.

Die Montage erfolgt sinngemäß in umgekehrter Reihenfolge.
■ Prüfen Sie vor der Montage der Verkleidung die Funktion von Bremslichtschalter und Kupplungsschalter.
■ Befestigen Sie Anschlussleitungen an denselben original vorgesehenen Stellen.

Zylinder der Kupplungshydraulik aus-/einbauen

Die hydraulische Anlage zur Kupplungsbetätigung besteht aus einem Geber- und einem Nehmerzylinder und den dazugehörigen Leitungen und Schläuchen. Wir beschreiben das prinzipielle Vorgehen beim Aus- und Einbau der Zylinder.

Kupplungsgeberzylinder aus und einbauen

⚠ Vermeiden Sie Augen- und Hautkontakt. Tragen Sie Schutzhandschuhe und geeigneten Augenschutz.
■ Die Bremsflüssigkeit aus dem Vorratsbehälter so weit absaugen, dass keine Bremsflüssigkeit mehr in den Schlauch nachlaufen kann.
■ Legen Sie ausreichend Lappen unter den Hauptbremszylinder, um eventuell abtropfende Restflüssigkeit auffangen zu können.
■ Lösen Sie die Schelle zum Ausgleichsbehälter (1 im Bild 13) und ziehen Sie den Schlauch (6) vom Vorratsbehälter des Hauptbremszylinders ab.
■ Entsichern Sie das Anschlussstück (7), indem Sie den Drahtbügel herausziehen, und ziehen Sie das Anschlussstück (7) vom Kupplungsgeberzylinder (2) ab.
■ Demontieren Sie die Verkleidung unter der Lenksäule und legen Sie sie zur Seite.
■ Ziehen Sie den Sicherungsclips (2 im Bild 14) ab.
■ Drehen Sie die Schrauben (6) heraus.
■ Legen Sie ausreichend Lappen im Fußraum aus, um eventuell abtropfende Restflüssigkeit auffangen zu können.
■ Drücken Sie das Dichtgummi des Kupplungsgeberzylinders von außen in Richtung

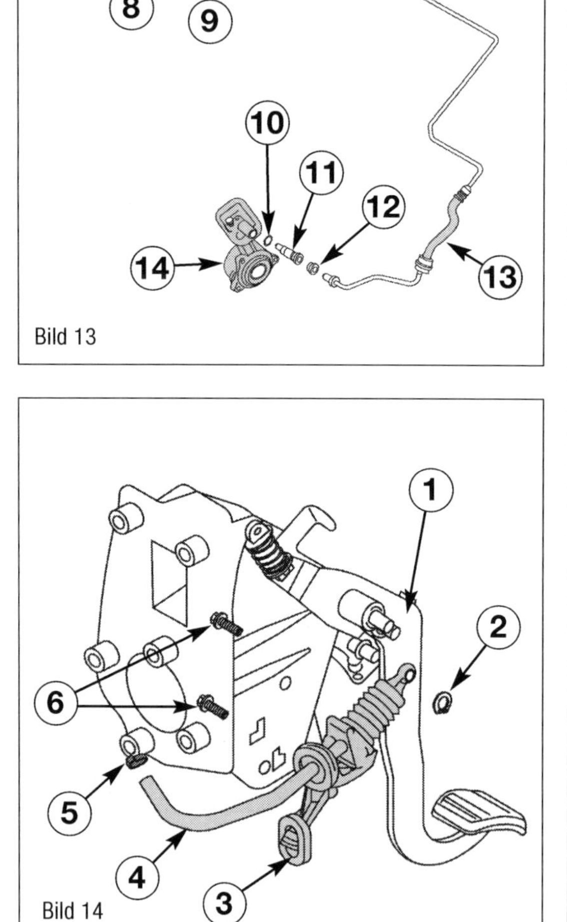

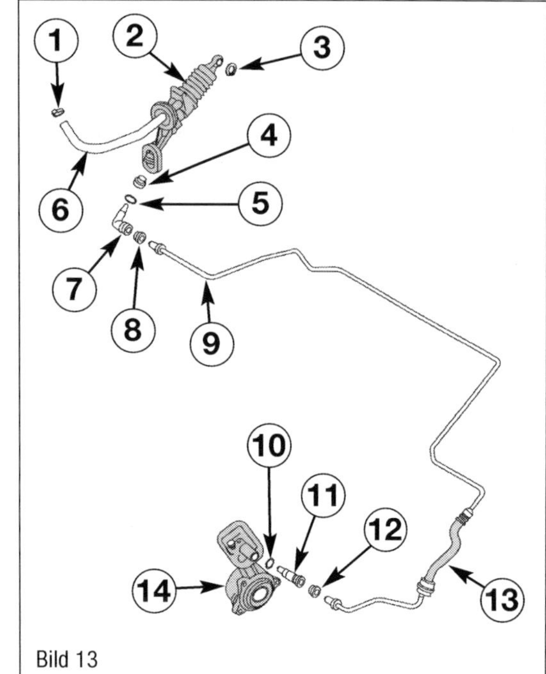

Bild 13
Kupplungsbetätigung in der Übersicht.
1 Schelle
2 Kupplungsgeberzylinder
3 Schlauch vom Ausgleichsbehälter
4 Stopfen
5 O-Ring
6 Zulaufschlauch vom Bremsvorratsbehälter
7 Anschlussstück
8 Stopfen
9 Hydraulikleitung zum Getriebe
10 O-Ring
11 Anschlussstück
12 Stopfen
13 Schlauchstück
14 Kupplungsnehmerzylinder

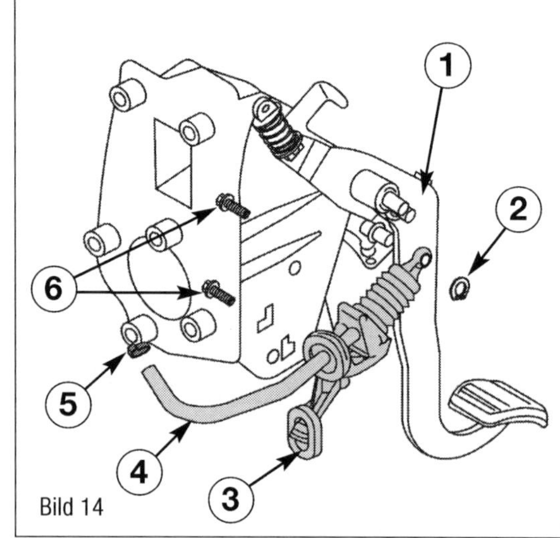

Bild 14
Kupplungsgeberzylinder am Pedalträger.
1 Kupplungspedal
2 Sicherungsring
3 Druckanschluss Geberzylinder
4 Zulaufschlauch Geberzylinder
5 Schelle
6 Schrauben Kupplungsgeberzylinder

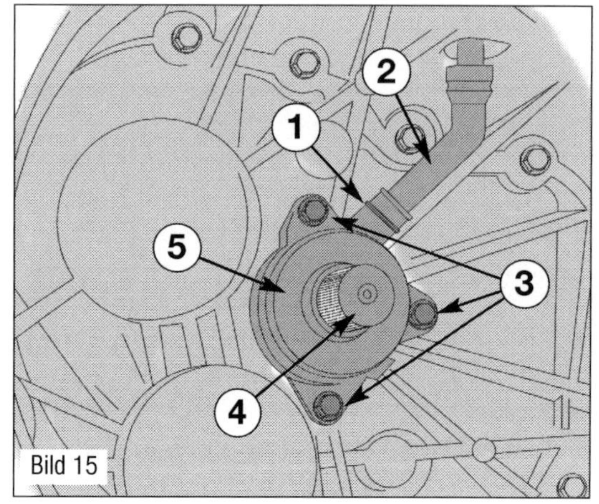

Bild 15
Kupplungsnehmerzylinder bei Frontantrieb.
1 Clip
2 Anschlussrohr
3 Schrauben
4 Eingangswelle
5 Ausrücklager

Fußraum und nehmen Sie den Kupplungsgeberzylinder nach innen heraus.

Kupplungsnehmerzylinder aus- und einbauen
Die eigentlichem Arbeitsschritte am Kupplungsnehmerzylinder unterscheiden sich nicht wesentlich. Wir stellen hier eine allgemeingültige Anleitung zur Verfügung.

⚠ Vermeiden Sie Augen- und Hautkontakt. Tragen Sie Schutzhandschuhe und geeigneten Augenschutz.

■ Legen Sie ausreichend Lappen um den Kupplungsnehmerzylinder aus, um eventuell abtropfende Restflüssigkeit auffangen zu können.

☞ Öffnen Sie den Deckel des Bremsflüssigkeitsvorratsbehälters und verschließen Sie den Behälter luftdicht, um bei der Demontage das Nachlaufen der Bremsflüssigkeit zu verhindern.

■ Klemmen Sie die Druckleitung zum Kupplungsnehmerzylinder ab.
■ Verschließen Sie die Druckleitung und den Anschluss am Nehmerzylinder.
■ Bauen Sie das Getriebe aus. Die Arbeitsschritte hierzu im Detail werden wir am Ende dieses Kapitels vorstellen.
■ Entriegeln Sie den Clip am Rohrstück des Kupplungsnehmerzylinders (1 im Bild 15).
■ Legen Sie einen nicht fasernden Lappen unter den Nehmerzylinder, um damit die austropfende Bremsflüssigkeit aufzufangen.
■ Hebeln Sie mit einem kleinen Schraubendreher den Clip (1) heraus.
■ Ziehen Sie das Anschlussrohr (2) gerade aus dem Kupplungsnehmerzylinder (5) heraus.
■ Drehen Sie die drei Schrauben (3) heraus und nehmen Sie den Kupplungsnehmerzylinder heraus.

Der Einbau erfolgt sinngemäß in umgekehrter Reihenfolge.
■ Die Führungshülse wird im Bereich des Ausrücklagers, der Ausrückhebel im Bereich der Anlagestelle am Kugelzapfen und das Lager im Bereich der Anlagestellen an den Ausrückhebel mit Molybdänsulfid-Schmierfett gefettet.
■ Bauen Sie das Getriebe ein.
■ Entlüften Sie die Kupplungsbetätigung.

Kupplungshydraulik entlüften

Ausgetretene Bremsflüssigkeit sofort aufnehmen und mit Bremsenreiniger abspülen.

Vermeiden Sie Augen- und Hautkontakt. Tragen Sie Schutzhandschuhe und geeigneten Augenschutz.

Das Entlüften der Anlage ohne ein Entlüftungsgerät ist nicht zu empfehlen. Die Leitungsführung und das geringe Fördervolumen der Zylinder machen eine Druckentlüftung oder ein Absaugen über den Entlüftungsnippel erforderlich. Beim Absaugen muss dringend darauf geachtet werden, dass der Vorratsbehälter nicht leergesaugt wird und der Geberzylinder keine Luft zieht.

- Geeignetes Bremsenfüll- und Entlüftungsgerät anschließen. Zum Entlüften ist ein Entlüfterschlauch zu verwenden.
- Entlüfterschlauch dann mit der Auffangflasche des Bremsenentlüftungsgeräts verbinden.
- Abdeckung des Entlüftungsnippels entfernen.
- Entlüfterschlauch auf den Entlüfter des Nehmerzylinders stecken.
- System mit dem Entlüftungsgerät am Vorratsbehälter mit einem Druck von 1-2 bar beaufschlagen.
- Entlüftungsventil ca. 1/4 Umdrehung öffnen.
- Ca. 100 cm^3 Bremsflüssigkeit ausströmen lassen.
- Entlüftungsventil schließen.
- Kupplungspedal 15- bis 20-mal sehr schnell von Anschlag zu Anschlag bewegen.
- Entlüftungsventil ca. 1/4 Umdrehung öffnen.
- Erneut 50 cm^3 Bremsflüssigkeit ausströmen lassen.
- Entlüftungsventil schließen.
- Nach Beendigung des Entlüftungsvorgangs, wenn der Druck von 1-2 bar abgebaut ist, das Kupplungspedal bitte noch 10-mal mit dem Fuß treten.
- Prüfen Sie die Funktion der Kupplung.
- Machen Sie eine Probefahrt.

Kupplung demontieren

Im Transit finden sich zwei unterschiedliche Kupplungssysteme. Eine konventionelle Einscheiben-Trockenkupplung mit Tellerfeder und eine SAC-Kupplung (**S**elf-**A**djust-**C**lutch). Wir beschreiben die Vorgehensweise für beide Systeme. Selbstnachstellende Kupplungssysteme sind von LUC und auch von Sachs erhältlich. Weiterhin findet sich, wie bei allen modernen Dieseln, ein Zweimassenschwungrad zur Schwingungsdämpfung auf der Kurbelwelle. Betrachten wir die Prüfung und den Wechsel etwas genauer.

Prüfung des Zweimassenschwungrades
Bei jedem Kupplungswechsel sollten Sie das Zweimassenschwungrad überprüfen, um es als Ursache für den Kupplungsschaden oder für einen erneuten Kupplungsschaden auszuschließen.

Optische Prüfung:

- Untersuchen Sie die Reibflächen des Zweimassenschwungrades auf Verfärbungen oder Rissbildung.
- Achten Sie auf austretendes Fett oder sogar Rostspuren.
- Kontrollieren Sie auch die Getriebeglocke auf metallischen Abrieb und herausstehende Teile.

Verdrehung:
Der Arbeitsweg kann am eingebauten Schwungrad überprüft werden.

- Der Leerhub sollte auch bei gebrauchten Zweimassenrädern etwa 2-3 Zähne betragen.
- Von der Ruhelage in der Mitte sollte sich das Zweimassenschwungrad mit dem gleichen Kraftaufwand nach links oder rechts zum jeweiligen Anschlag bewegen lassen.
- Geräusche, Klemmen und/oder unterschiedlicher Kraftaufwand weisen auf Schäden in der Mechanik hin.
- Ein sehr kleiner Bewegungsspielraum könnte auch auf eine Fettverhärtung im Inneren hinweisen.

Kippen:

- Um den Zustand der Lagerung zu prüfen, kippen Sie das Schwungrad radial mit etwa 10 Nm seitlich an.

■ Das Kippspiel darf bis etwa 0,25 mm betragen. Wiederholen Sie die Messung zweimal, jeweils um 120° versetzt.

Ausbau des Zweimassenschwungrades

■ Bauen Sie das Getriebe wie bereits beschrieben aus.
■ Prüfen Sie den Zustand des Zweimassenrades wie bereits beschrieben.
■ Demontieren Sie die Kupplung.
■ Fixieren Sie das Zweimassenschwungrades mit einem Feststeller/Gegenhalter.
■ Lösen Sie die Befestigungsschrauben.
■ Demontieren Sie den Feststeller/Gegenhalter.
■ Nehmen Sie die Befestigungsschrauben heraus und nehmen Sie die Schwungscheibe ab.

Der Einbau erfolgt sinngemäß in umgekehrter Reihenfolge.
■ Prüfen Sie den Zustand des Kurbelwellensimmerrings.
■ Setzen Sie das Schwungrad an und richten Sie es entsprechend der Bohrungen aus.

Das Schwungrad passt nur in einer Stellung auf die Gewinde der Kurbelwelle.

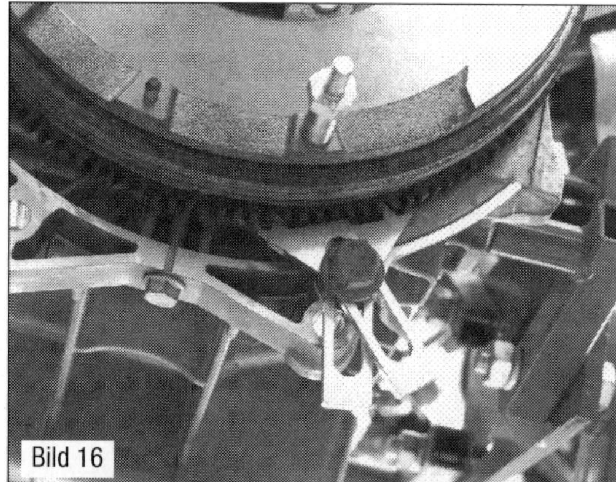

Bild 16
Ausbau des Zweimassenschwungrades: Die Fixierung über den Zahnkranz ist sehr wichtig, um Schäden am Geberrad oder am Zweimassenschwungrad (CMS) zu vermeiden.

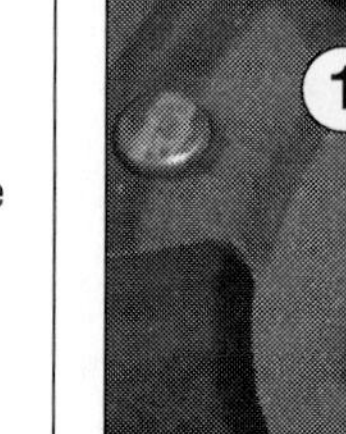

Bild 17
Ansetzen des Zentrierdorns.
1 Klemmstück Mitnehmerscheibe
2 Klemmstück Schwungscheibe
3 Annahme Schwungscheibe

■ Drehen Sie die Schrauben handfest ein.
■ Fixieren Sie das Zweimassenschwungrades mit einem Feststeller/Gegenhalter.
■ Ziehen Sie die Schrauben der Schwungscheibe in der ersten Stufe mit 30 Nm an und im zweiten Schritt mit 90° nach.
■ Demontieren Sie den Feststeller/Gegenhalter.

De- und Montage einer selbstnachstellenden Kupplung

Die selbstnachstellende Kupplung gleicht die dünner werdende Kupplungsreibbeläge durch einen Nachtstellmechanismus nach. Für die Demontage und die Montage muss die Druckplatte vorgespannt werden, um eine Beschädigung des Verstellmechanismus durch ungleichmäßige Belastung zu vermeiden.
■ Bauen Sie das Getriebe wie bereits beschrieben aus.
■ Drehen Sie drei der sechs Befestigungsschrauben (2 im Bild 18) der Druckplatte heraus.
■ Montieren Sie die Stehbolzen (1) der Spannvorrichtung in den nun freien Bohrungen.
■ Montieren Sie einen passenden Zentrierdorn (Bild 18) und spannen Sie ihn in der Verzahnung der Kupplungsscheibe ein.
■ Setzen Sie das Druckstück (2 im Bild 20) mit dem Spindelträger (3) auf die Stehbolzen auf.
■ Setzen Sie die Rändelmuttern (3 im Bild 19) auf und drehen Sie sie so weit ein, dass die Rändelmutter (3) bündig mit dem Stehbolzen (2) sitzt.
■ Drehen Sie die Spindel (2) des Druckstückes so weit an, bis die Druckplatte spürbar von der Kupplungsscheibe abhebt.
■ Demontieren Sie die drei verbliebenen Befestigungsschrauben (2 im Bild 18) der Druckplatte im Zweimassenschwungrad.
■ Drehen Sie die Spindel des Druckstückes los, um die Tellerfeder wieder zu entspannen.
■ Wenn die Tellerfeder komplett entspannt ist, die Rändelmuttern und das Druckstück entfernen.
■ Die Stehbolzen herausschrauben und Kupplungsdruckplatte abnehmen.
■ Ziehen Sie den Zentrierdorn mit Kupplungsscheibe aus der Schwungscheibe heraus.
■ Demontieren Sie den Zentrierdorn aus der Schwungscheibe.

Bild 18
Ansetzen des Spannwerkzeuges.
1 Stehbolzen
2 Schrauben Kupplungsautomat

Bild 19
Ausrichten des Spannwerkzeuges.
1 Spindelträger
2 Stehbolzen
3 Rändelmutter

Bild 20
Vorspannen des Kupplungsautomaten.
1 Schlüssel
2 Druckstück mit Spindel
3 Spindelträger

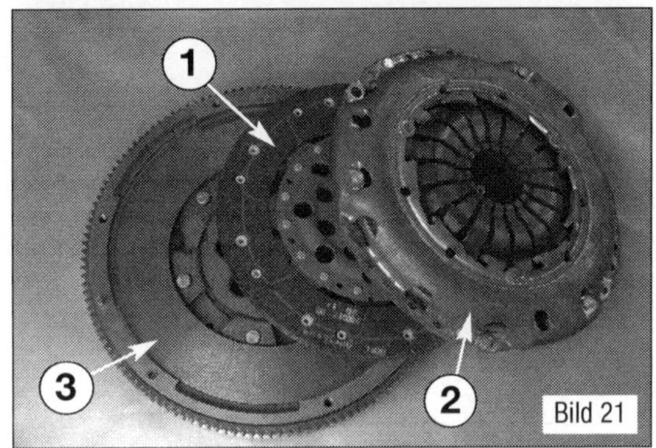

Bild 21
Konventionelles Kupplungsset.
1 Mitnehmerscheibe
2 Druckplatte
3 CMS (Zwei-Massen-Schwungscheibe)

Die Montage erfolgt sinngemäß in umgekehrter Reihenfolge.

- Prüfen Sie vor der Montage der Kupplung den Zustand des Zweimassenschwungrades.
- Reinigen Sie die Reibflächen mit einem fettlösenden Reiniger und etwas Schleifpapier.
- Ziehen Sie die Schrauben des Kupplungsautomaten an der Schwungscheibe (G8) mit 25 Nm fest.
- Bei allen Ausrücksystemen mit konventionellen Ausrücklager fetten Sie die Lagerstellen des Ausrückhebels und die Führungshülse.
- Reinigen Sie die Getriebewelle vor der Montage und fetten Sie sie leicht ein.

De- und Montage einer konventionellen Kupplung

- Bauen Sie das Getriebe wie bereits beschrieben aus.
- Setzen Sie einen passenden Zentrierdorn in die Zahnung der Kupplungsscheibe (Bild 23) ein.
- Drehen Sie die sechs Befestigungsschrauben (2) der Druckplatte gleichmäßig in mehreren Schritten heraus.
- Nehmen Sie die Druckplatte (2 im Bild 21) und die Kupplungsscheibe (1) ab.

Die Montage erfolgt sinngemäß in umgekehrter Reihenfolge.

- Prüfen Sie vor der Montage der Kupplung den Zustand des Zweimassenschwungrades.
- Reinigen Sie die Reibflächen mit einem fettlösenden Reiniger und etwas Schleifpapier.

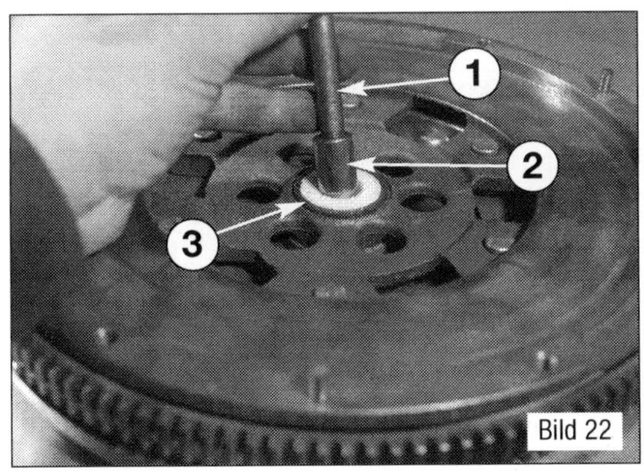

Bild 22
Zentrierwerkzeug.
1 Pilotstab
2 Passstück im Schwungrad
3 Kurbelwelle

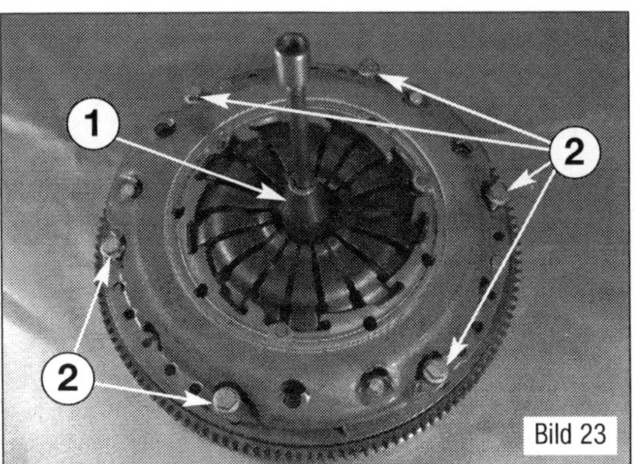

Bild 23
Kupplungsmontage.
1 Zentrierhülse für die Mitnehmerscheibe
2 Schrauben der Druckplatte

Sichtprüfung  Messen

■ Ziehen Sie die Schrauben des Kupplungsautomaten an der Schwungscheibe (G8) mit 25 Nm fest.

■ Bei allen Ausrücksystemen mit konventionellen Ausrücklager fetten Sie die Lagerstellen des Ausrückhebels und die Führungshülse.

■ Reinigen Sie die Getriebewelle vor der Montage und fetten Sie sie leicht ein.

Schaltzüge und Betätigung

Die gewünschten Gänge des Schaltgetriebes werden über die Schaltbetätigung gewählt und eingelegt. Mit dem Schalthebel wählen Sie bei den verschiedenen Getrieben den gewünschten Gang. Knopf und Manschette des Schalthebels sollten nicht voneinander getrennt und im Reparaturfall immer gemeinsam ersetzt werden. Zwei Gestängeteile im Getriebe, die Schaltstange und die Schubstange, übertragen die Bewegung des Schalthebels.

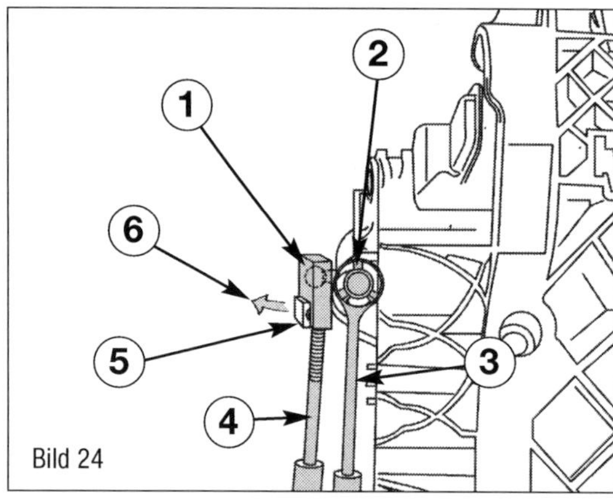
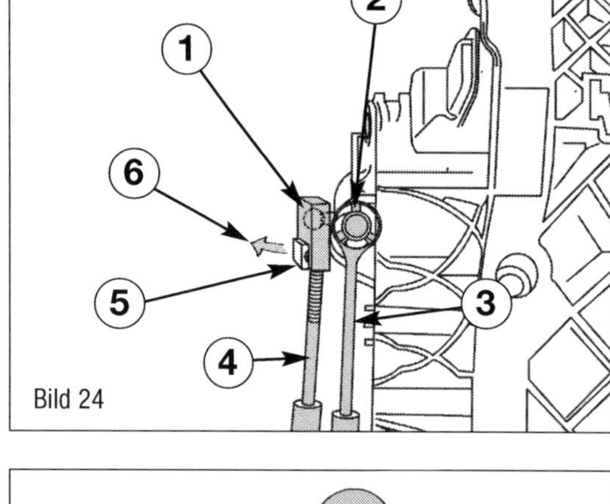

Bild 24
Schaltzüge am Schalthebelwerk.
1 Gelenkkopf
2 Gelenkkopf mit Raste
3 Schaltzug
4 Schaltzug
5 Schaltzugverstellung
6 Bewegungsrichtung zum Entsichern der Schaltzugverstellung

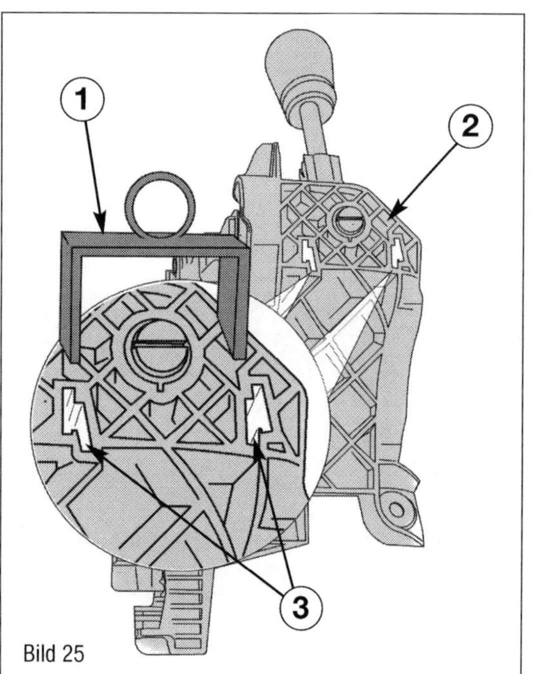

Bild 25
Fixieren des Schalthebels.
1 Fixierwerkzeug (Ford 308-650)
2 Schalthebelwerk
3 Aussparungen zum Fixieren

Einstellen der Schaltzüge an Getriebetypen MT 75, MT82 und VMT6

■ Bauen Sie die Verkleidung um den Schalthebel ab.

■ Entsichern Sie die Schaltzugverstellung (5 im Bild 24) mit einem kleinen Schraubendreher.

Fahrzeuge mit 5-Gang-Getriebe:

■ Schieben Sie den Schalthebel in die Position des 4. Ganges.

■ Fixieren Sie den Schalthebel in der Position mit dem Ford Werkzeug 308-650 (1 im Bild 25) in den Aussparungen (3) des Schaltwerks (2).

■ Stellen Sie den Schalthebel am Getriebe auch in die Position des 4. Gangs.

Fahrzeuge mit 6-Gang-Getriebe:

■ Schieben Sie den Schalthebel in die Position des 2. Gang.

■ Fixieren Sie den Schalthebel in der Position mit dem Ford Werkzeug 308-650 (1 im Bild 25) in den Aussparungen (3) des Schaltwerks (2).

■ Stellen Sie den Schalthebel am Getriebe auch in die Position des 2. Gangs.

Weiter für beide Getriebe:

■ Drücken Sie die Schaltzugverstellung (5 im Bild 24) wieder hinein.

■ Nehmen Sie das Spezialwerkzeug (1 im Bild 25) heraus.

■ Prüfen Sie die Einstellung der Schaltung.

■ Montieren Sie die Verkleidung um den Schalthebel wieder.

Schaltzüge wechseln

☞ Es gibt unterschiedliche Schaltseilausführungen. Achten Sie darauf, dass Sie die aufgedruckten Ersatzteilnummern auf den Schaltseilen bei der Bestellung der neuen Schaltzüge vergleichen können.

Fahrzeug von oben:

■ Bauen Sie die Verkleidung um den Schalthebel ab.

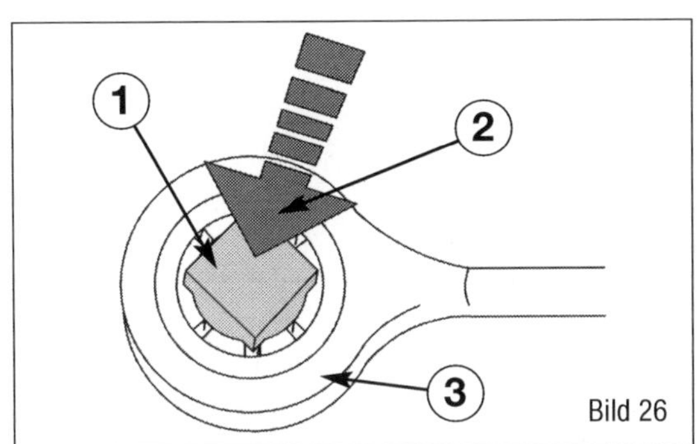

Bild 26

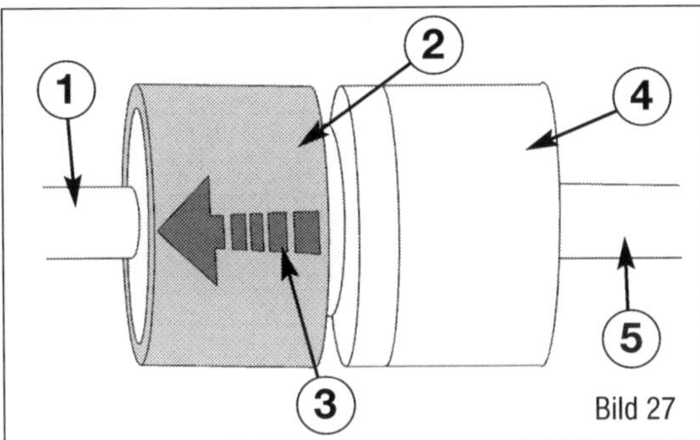

Bild 27

■ Drücken Sie die Verriegelung (1 im Bild 26) in der Mitte der Gelenkkupplung (3) des Schaltzuges und nehmen Sie die Gelenkkupplung von der Gelenkkugel ab.
■ Ziehen Sie die Sicherungshülse des Schaltzuges zurück (3 im Bild 27) und nehmen Sie den Schaltzug von der Halterung ab.
■ Schneiden Sie die Schalldämmung um die Schaltzüge so weit ein, dass Sie die Schaltzugmanschette erreichen können.
■ Drehen Sie die beiden Verschraubungen heraus.

Fahrzeug von unten:
■ Demontieren Sie Unterbodenverkleidung.
■ Lösen Sie die Schaltzüge am Getriebe auf die gleiche Art und Weise.
■ Nehmen Sie die Schaltzüge nach unten heraus.

Die Montage erfolgt sinngemäß in umgekehrter Reihenfolge.
■ Prüfen Sie die Einstellung der Schaltzüge und führen Sie wenn erforderlich eine neue Einstellung wie zuvor beschrieben durch.

Achs- und Achsgelenkwellen

Der Ford Transit ist eines der wenigen Fahrzeuge für die zwischen allen Antriebsarten schon in der Fahrzeugserie gewählt werden kann. Entsprechend fallen auch im Antriebsstrang sehr unterschiedliche Antriebs- und Gelenkwellen an.

Achswellen prüfen
Es gibt eigentlich nur drei Gründe eine Achsgelenkwelle zu zerlegen. Zuerst einmal möchten wir den Hintergrund für diese Arbeiten genauer beleuchten:

Spiel an den Gelenken (Bild 28):
Halten Sie den Lageraußenring (2) mit der Hand fest und verdrehen Sie die Achswelle (1). Sie sollten möglichst kurze schnelle Bewegungen machen (einfach schnell hin- und herdrehen). So bemerken Sie ein mögliches Lagerspiel in den Achswellen sehr schnell. Spiel an den Gelenken sollte immer nachgegangen werden.
Denken Sie daran, dass Ihr Fahrzeug beim Anheben einen anderen Winkel der Achswelle bewirkt. Die Prüfungen sollten immer am Boden stattfinden. Eine Grube in der Garage oder eine Mutterbühne ist hier sehr hilfreich. Stellen Sie übermäßiges Spiel fest, sollte die Gelenkwelle erneuert oder zerlegt und repariert werden. Zumeist zeigen sich bei der Demontage erhebliche Schäden an Lagerflächen oder Kugeln. Wird das Spiel zu groß (mehr als 2 mm Spiel in der Verdrehung), kann die Antriebswelle »auseinanderfliegen« und sorgt dann im günstigsten Fall für eine Panne. Im schlimmsten Fall kann die Achswelle weitere Schäden verursachen, wenn sie aus den Führungen herausrutscht.

Geräusche:
Die Prüfung der Achsgelenkwellen auf diese Schäden erfolgt in der Regel bei einer Probefahrt. Es sollten hier enge Radien gefahren werden können (sonntags auf dem Supermarktparkplatz) und auch der Lastwechsel vom Beschleunigen zum Schiebebetrieb (Gefahren vermeiden! Auf den Verkehr achten!) simuliert werden. Geräusche an den Achswellen lassen sich leider nur für das radseitige Gelenk sicher orten. Die Getriebeseite wird oftmals als »Getriebeschaden« wahrgenommen. Sollten also Geräusche beim Lastwechsel entstehen, nehmen Sie auch die Antriebswellen einmal genauer unter die Lupe. Ein deutliches »Klackern« oder durchaus schon »Schläge« gerade beim Kurvenfahren in engen Radien

Bild 26
Anschluss am Kugelgelenk.
1 Taste zum Lösen
2 Bewegungsrichtung zum Lösen
3 Gelenkkupplung

Bild 27
Befestigung des Schaltzuges am Gehäuse.
1 Schaltinnenzug
2 Sicherungshülse
3 Bewegungsrichtung zum Lösen
4 Lagerhülse am Halter
5 Schaltaußenzug

Sichtprüfung

Messen

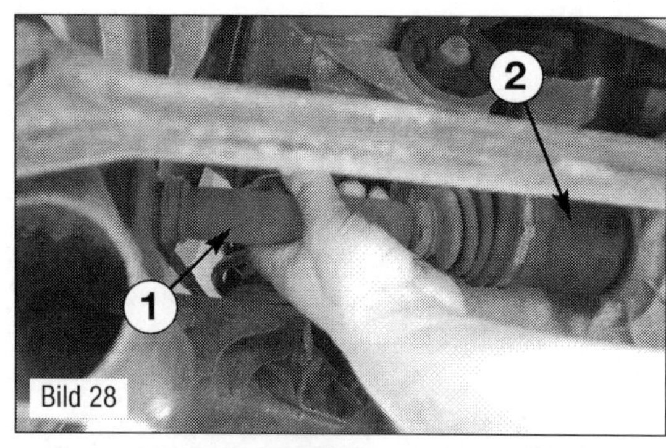
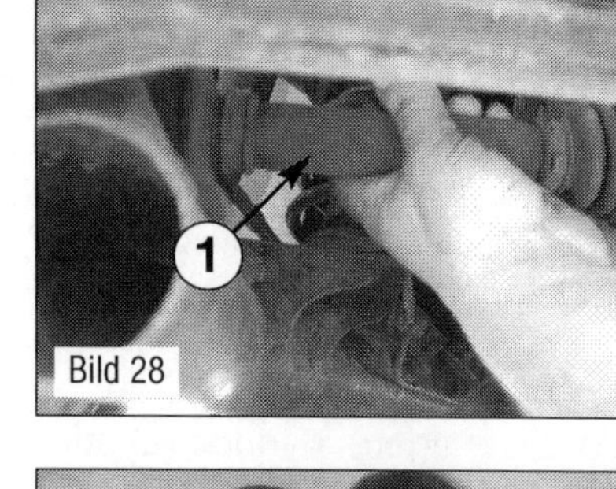

Bild 28
Spiel an den Gelenken der Achswellen prüfen.
1 Gelenkwelle
2 Gelenkwellentopf (Lageraußenring)

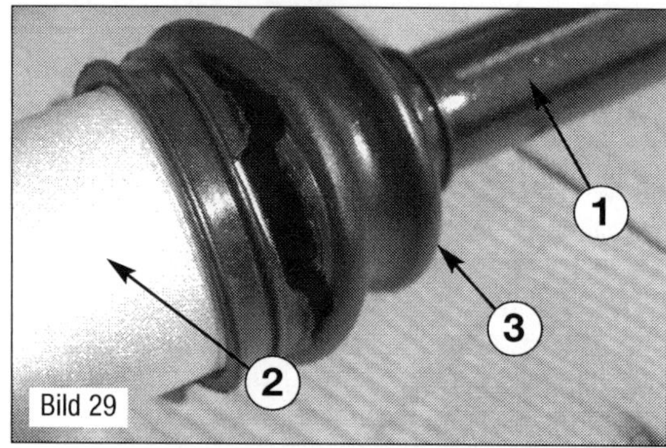

Bild 29
Beschädigte Achswellenmanschette.
1 Gelenkwelle
2 Gelenkwellentopf
3 Achswellenmanschette

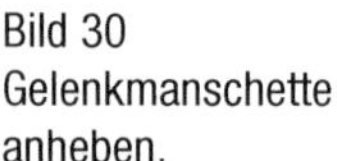

Bild 30
Gelenkmanschette anheben.
1 Manschette
2 Innenring des Gelenks
3 Gelenktopf

weisen auf einen Achswellenschaden hin. Je lauter diese Geräusche werden, umso dringender besteht Handlungsbedarf. Auch hier sind oft an den zerlegten Wellen sehr gut sichtbare Schäden vorhanden.

Manschette beschädigt (Bild 29):
Das Ende der Lagerungen einer Achswelle wird natürlich schneller erreicht, wenn Schmutz, Wasser und Straßendreck durch eine defekte Manschette eindringen können. Kontrollieren Sie die Lenkmanschetten und die Gelenkmanschette regelmäßig. Bei Schäden führt an einer Reinigung des Gelenkes und dem Ersatz der Manschette kein Weg vorbei. Achten Sie auch auf kleine Fettspritzer im Radlaufbereich oder an den Bremsteilen. Oftmals zeichnen schon kleinste Schäden an der Manschette deutliche Spuren. Durch die hohe Drehzahl wird das Fett im Gelenk sehr schnell in der Landschaft verteilt. Daraufhin läuft das Gelenk trocken und wird mit der Unterstützung des eindringenden Schmutzes ein erhebliches Verschleißverhalten entwickeln.

Achswellen überholen
Die Antriebswellen beim Transit unterliegen natürlich auch dem Verschleiß, und auch die Manschetten können beschädigt werden. Grundsätzlich sollten Sie beim Zerlegen von Achsgelenken die Übertragungsteile wie die Kugeln oder Lager wieder in die gleiche Position einbauen, in der sie vor der Demontage gewesen sind. Sie können die Bauteile mit einem Lackstift oder wasserfesten Filzstift markieren. Hilfreich ist es aber auch eine Pappe zur Ablage der Einzelteile vorzubereiten.

Wechsel der radseitigen Manschette:
Die beiden radseitigen Gelenke sind Kugelgelenkwellen. Die Montagearbeit ist identisch.

- Bauen Sie die entsprechende Antriebswelle wie bereits beschrieben aus.
- Entfernen Sie die beiden Klemmbänder auf der entsprechenden Manschette.
- Schneiden Sie die Achsmanschette (1 im Bild 30) mit einem Cuttermesser auf und nehmen Sie sie ab.
- Wischen Sie das Fett am Rand des Gelenktopfes (3) ab, damit Sie den Innenring (2) des Gelenks erkennen können.
- Klappen Sie den Gelenkinnenring von der Achswelle ab und schlagen Sie das Gelenk von der Achswelle herunter (Bild 32).
- Nehmen Sie das Gelenk von der Achswelle ab.
- Kippen Sie den Innenring zur Seite und nehmen Sie eine Kugel nach der anderen, wie im Bild 38 gezeigt heraus.
- Verdrehen Sie den Gelenkinnenring so weit, dass Sie ihn wie im Bild 36 gezeigt herausnehmen können.
- Verdrehen Sie den Kugelkäfig so weit, dass Sie ihn über die Aussparungen (Bild 35) vom Gelenkwellenkopf abnehmen können.
- Achten Sie darauf, dass die Kugeln nicht auf den Boden fallen.
- Reinigen Sie alle Bauteile gründlich und untersuchen Sie sie nach Schäden oder Verschleißspuren.

Bild 31
Gelenk abwischen, um es besser erkennen zu können.

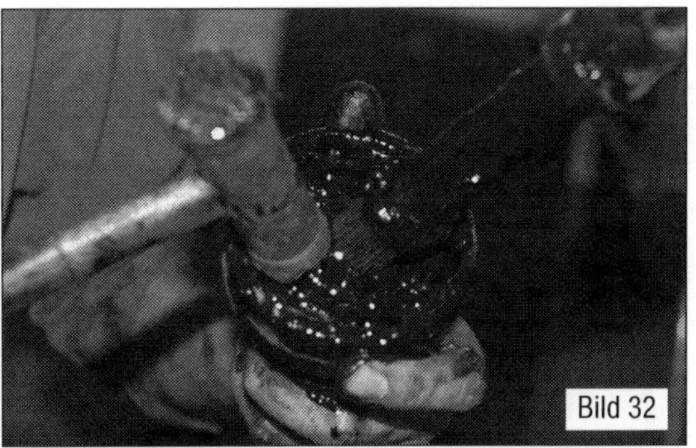

Bild 32
Gelenk von der Welle mit einem Kunststoffhammer abschlagen.

Bild 33
Teile einer Gelenkwelle mit Hilfe eines Stück Pappe vertauschsicher ablegen.

Bild 34
Radseitiges Gelenk der Achswelle.
1 Gelenktopf
2 Kugelkäfig
3 Kugeln
4 Innenring

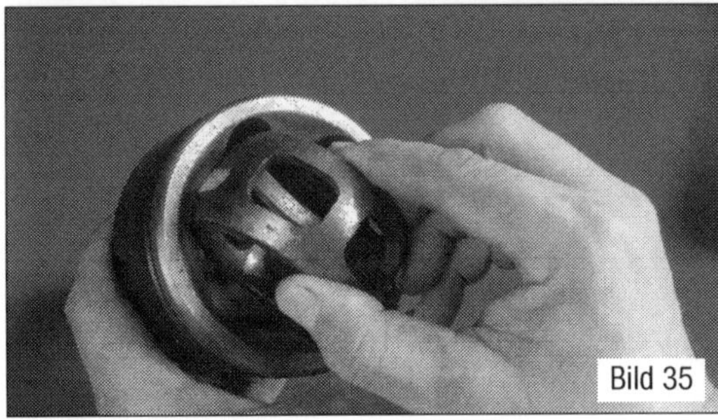

Bild 35
Kugelkäfig hochkant in den Gelenktopf einsetzen.

Bild 36
Zusammenbau: Gelenkinnenring in den Kugelkäfig einfädeln.

Sind Schäden oder Verschleiß erkennbar, muss das Gelenk erneuert werden. Es sind beide Gelenke als Ersatzteil lieferbar.

Die Montage erfolgt sinngemäß in umgekehrter Reihenfolge.

- Stecken Sie die kleine Schelle auf die Manschette auf.
- Stecken Sie die neue Manschette auf die Achswelle auf.
- Tragen Sie etwas Fett auf die Laufbahnen der Kugeln und auf die Kugeln auf.
- Montieren Sie das Kugelgelenk.
- Geben Sie den Rest des Fettes in das Kugelgelenk hinein.
- Stecken Sie die Achswelle in das Innengelenk ein.
- Schlagen Sie das Gelenk mit einem Kunststoffhammer auf die Welle auf.
- Positionieren Sie die Achswellenmanschette so, dass sie beim Bewegen des Gelenkes nicht zu straff gespannt wird. Sie könnte sonst vom Gelenktopf rutschen.
- Montieren Sie die beiden neuen Klemmbänder (Schellen) auf der entsprechenden Manschette.
- Die Klemmbänder werden mit einer speziellen Zange zugebogen. Mit etwas Geschick gelingt das auch mit einer Beißzange (1 im Bild 39).

Biegen Sie die Klemmbänder (1 im Bild 40) über einer Spraydose (2) vor. So lassen sie sich leichter montieren.

Wechsel der getriebeseitigen Manschette:
Der Aufbau der Antriebswelle ist nicht bei allen Wellenherstellern genau gleich. Die folgende Montageanweisung lässt sich aber durchaus universell verwenden.

- Bauen Sie die entsprechende Antriebswelle wie bereits beschrieben aus.

Bild 37
Im Detail: Gelenkinnenring in den Kugelkäfig einfädeln.

Bild 38
Kugeln in den angekippten Kugelkäfig und den noch etwas stärker angekippten Innenring einlegen.

Bild 39
Klemmbänder montieren.
1 Beißzange
2 Klemmband
3 Spannblock auf dem Klemmband
4 Gelenkwellenmanschette

Bild 40
Klemmband vorbiegen.
1 Spraydose
2 Klemmband

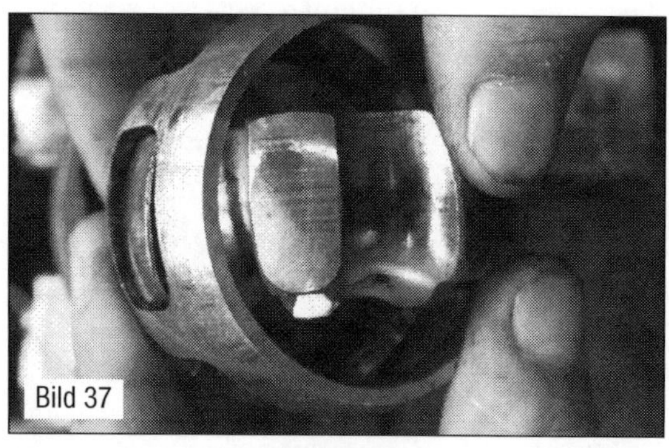

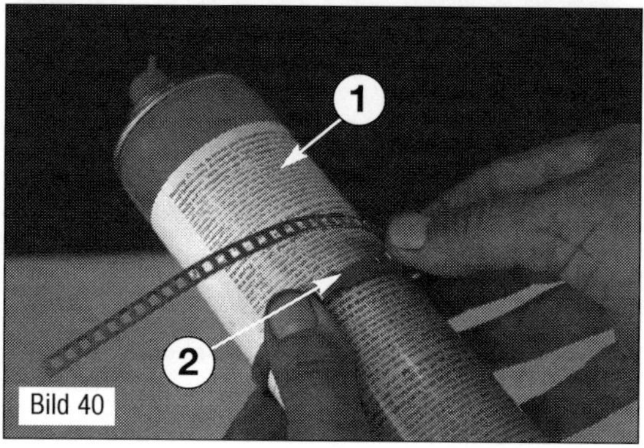

■ Entfernen Sie die beiden Klemmbänder (6 und 7 im Bild 41) auf der entsprechenden Manschette (4).
■ Schneiden Sie die Achsmanschette (4) mit einem Cuttermesser auf und nehmen Sie sie ab.
■ Ziehen Sie die Achswelle (5) zusammen mit dem Tripoidlagerträger (8) aus dem Gelenktopf heraus.
■ Demontieren Sie den vorderen Sicherungsring (3).
■ Ziehen Sie den Tripoidlagerträger (8) ab.
■ Demontieren Sie den hinteren Sicherungsring (3).

■ Ziehen Sie den Ausgleichsring vom Lagertopf ab.
■ Reinigen Sie alle Bauteile des Gelenkes gründlich.
■ Prüfen Sie die Bauteile auf eventuelle Schäden.

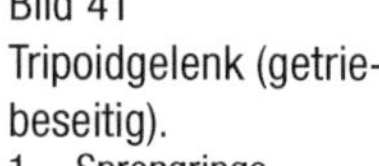

⚠ Sind Schäden oder Verschleiß erkennbar, muss das Gelenk erneuert werden. Es sind beide Gelenke als Ersatzteil lieferbar.

Die Montage erfolgt sinngemäß in umgekehrter Reihenfolge.
■ Stecken Sie die kleine Schelle auf die Manschette auf.

Bild 41
Tripoidgelenk (getriebeseitig).
1 Sprengringe
2 Lagertopf
3 Sicherungsring
4 Manschette
5 Antriebswelle
6 Klemmschelle
7 Klemmschelle
8 Tripoidlagerträger
9 Ausgleichsring

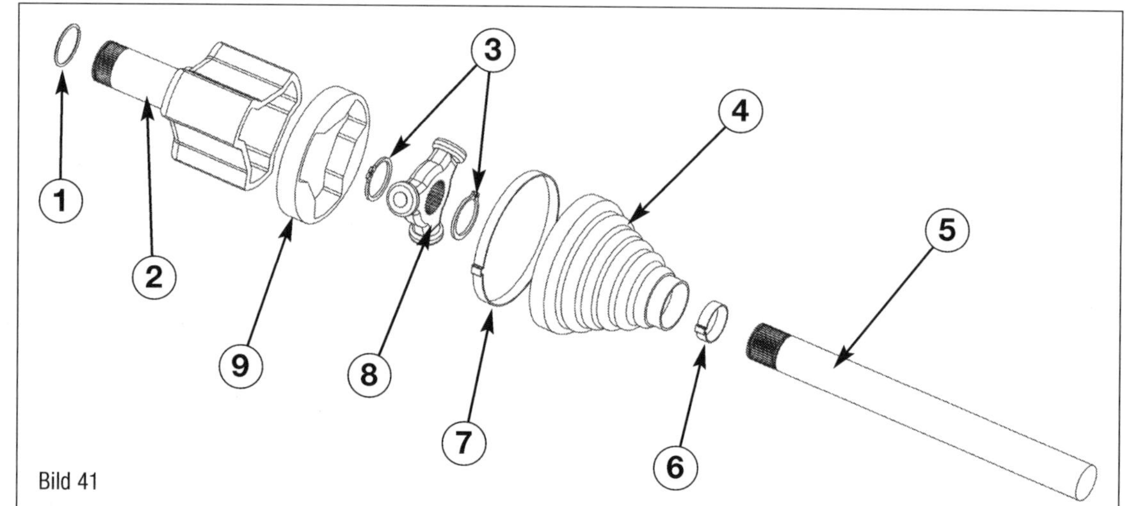

■ Stecken Sie die neue Manschette auf die Achswelle auf.
■ Montieren Sie den hinteren Sicherungsring (3).
■ Schieben Sie den Tripoidlagerträger (8) auf und montieren Sie den vorderen Sicherungsring (3).
■ Montieren Sie den Ausgleichsring (9) auf dem Lagertopf.
■ Tragen Sie etwas Fett auf die Laufbahnen auf.
■ Geben Sie den Rest des Fettes in das Tripoidgelenk (Gelenktopf) hinein.
■ Schieben Sie den Tripoidlagerträger etwa mittig in den Lagertopf ein.
■ Befestigen Sie die vordere Klemmschelle (7).
■ Verrutschen Sie die Manschette (4) auf der Achswelle (5) so weit, dass sie im mittleren Bereich entspannt und kurz vor dem Auseinanderziehen des Gelenkes straff sitzt.
■ Befestigen Sie die hintere Klemmschelle (6).

Biegen Sie die Klemmbänder (1) im Bild 39) über einer Spraydose (2) vor. So lassen sie sich leichter montieren.

■ Reinigen Sie die Achsgelenkwelle und bauen Sie sie wieder ein.

Kardan und Gelenke

Für Heck- und Allradantrieb kommt der Achsantrieb zur Hinterachse zum Tragen. Die Bauart der Wellen unterscheidet sich hier recht deutlich.

Grundregeln zum Umgang mit Kardanwellen und mehrteiligen Wellen

Kardanwelle mit einem zweiten Monteur aus- und einbauen. Vor dem Ausbauen die Position aller Teile zueinander kennzeichnen. Alle Teile in gleicher Stellung zusammenbauen, anderenfalls können Unwuchten entstehen, die Schäden an der Lagerung und Brummgeräusche verursachen.

Kardanwelle nicht knicken, sondern nur gestreckt lagern und transportieren.

Je nach Ausstattung ist eine Gelenkscheibe an der Kardanwelle verbaut, die beim Ausbau an der Kardanwelle verbleibt.

Prüfen der Kardanwellen und Lager

Natürlich unterliegen auch Kardanwellen und Zwischenwellen dem Verschleiß. Entsprechend sollten Sie die Wellen regelmäßig genauer unter die Lupe nehmen. Die Kontrolle kann durch Drücken und Ziehen von Hand aber auch vorsichtig mit einem Schraubendreher (1 im Bild 43) erfolgen.

■ Heben Sie alle Räder frei (auf einer Hebebühne) und drehen Sie die Kardanwelle langsam durch.
■ Achten Sie auf Beschädigungen und einen runden Lauf.
■ Achten Sie auf den Zustand des Zwischenlagers (12 im Bild 42).
■ Längenausgleichselemente müssen spiel- und kippelfrei arbeiten. Die Manschette muss unbeschädigt sein. Es darf kein Fett austreten.

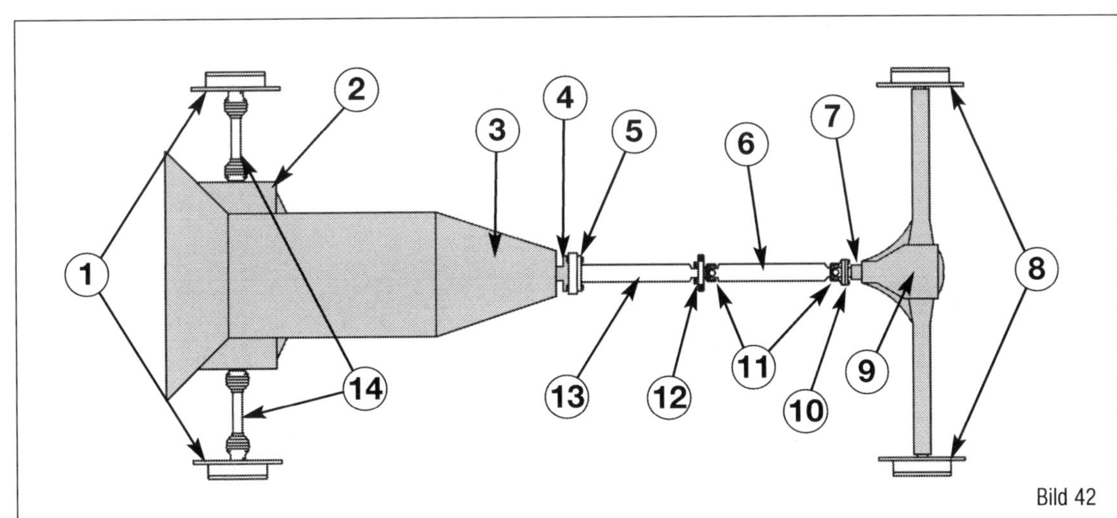

Bild 42
Kardanantrieb beim Allradler (beim Heckantrieb entfallen Positionen 1, 2 und 14).
1 Radlagereinheit vorne
2 Abtrieb Vorderradachse (nur beim Allrad)
3 Getriebe
4 Getriebeflansch
5 Hardyscheibe
6 Kardanwelle hinten
7 Kardanflansch Hinterachse
8 Radlagereinheit hinten
9 Hinterachsdifferenzial
10 Kardanflansch
11 Kardangelenk
12 Zwischenlager
13 Kardan vorne
14 Antriebswellen vorne (nur beim Allrad)

Sichtprüfung Messen

Bild 43
Kreuzgelenk am Kardan.
1 Bewegungsrichtung mit dem Schraubendreher
2 Kreuzgelenk
3 Flansch
4 Lagerbuchse mit Dichtring
5 Welle

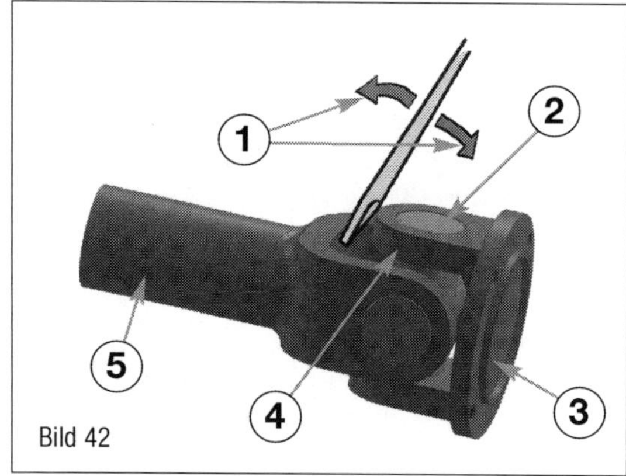

Bild 42

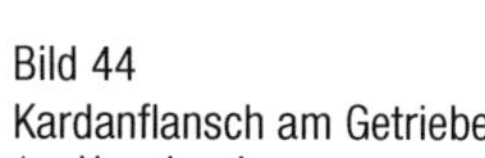

Bild 44
Kardanflansch am Getriebe.
1 Verschraubung am Kardanflansch
2 Hardyscheibe
3 Getriebeflansch
4 Verschraubung am Getriebeflansch

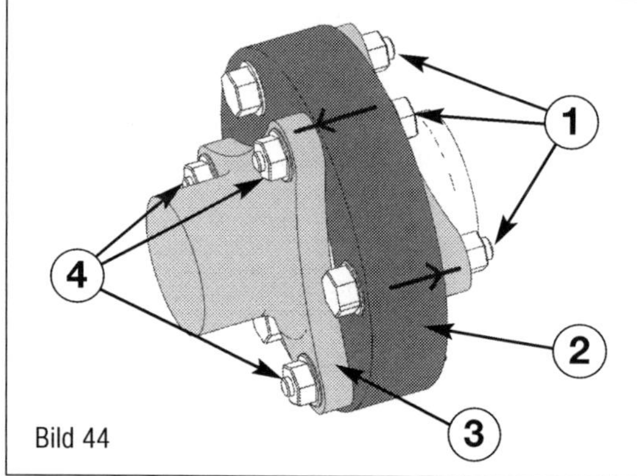

Bild 44

■ Achten Sie auf spielfreie Kreuzgelenke (10 und 11 im Bild 42). Die Dichtringe zu den Lagern (2) innen müssen intakt sein, Rostspuren oder Verfärbungen weisen auf einen Lagerschaden hin.
■ Kontrollieren Sie, ob die Verschraubungen an den Flanschen und den Getriebehalterungen noch fest angezogen sind.

Gelenkwellen ausbauen

Antriebswellen vorne

Die Gelenkwellen für die frontgetriebenen und die allradgetriebenen Fahrzeuge sind grundsätzlich unterschiedlich. Die Montagearbeiten sind sich aber sehr ähnlich. Wir werden Ihnen an dieser Stelle eine allgemeingültige Beschreibung zur Verfügung zu stellen.

Montagearbeiten radseitig:

⚠ Beachten Sie, dass das äußere Antriebswellengelenk nicht mehr als 45° geschwenkt werden darf.
■ Heben Sie das Fahrzeug auf einer Hebebühne an. Es muss zur Montage wieder geradestehen, da sonst eventuell die Füllstände nicht korrekt aufgefüllt werden können.
■ Demontieren Sie die Vorderräder.
■ Lassen Sie das Getriebeöl wie bereits beschrieben ablaufen.
■ Ziehen Sie den Sicherungssplint (5 im Bild 46) aus der jeweiligen Achsgelenkwelle (1) heraus und nehmen Sie die Sicherungskappe (6) ab.
■ Sichern Sie die Radnabe gegen Verdrehen (Bild 45) und lösen Sie die Zentralmutter (7 im Bild 46) der Antriebswelle (1).
■ Nehmen Sie die Mutter und die darunterliegende Scheibe (4) ab.
■ Lösen Sie die Verschraubung der Spurstange (3) der Lenkung am Achsschenkel und drücken Sie den Spurstangenkopf (2) mit einem Abdrücker ab.
■ Lösen Sie die Verschraubung des Traggelenkbolzens (8) am Achsschenkel und drücken Sie den Traggelenkbolzen mit einem Abdrücker ab.
■ Drücken Sie den Querlenker so weit nach unten, dass Sie den Traggelenkbolzen aus dem Querlenker herausziehen können.
■ Ziehen Sie den Querlenker etwas nach außen und ziehen Sie die Achsgelenkwelle etwas aus der Radnabe heraus.

Montagearbeiten getriebeseitig (linke Achswelle und Allradfahrzeuge linke und rechte):

⚠ Beachten Sie, dass das innere Antriebswellengelenk nicht mehr als 21° geschwenkt werden darf.

⚠ Gelegentlich kommt es vor, dass die Achswelle im Differenzial festklemmt oder angerostet ist. Hebeln Sie zwischen Lagertopf und Getriebegehäuse beziehungsweise zwischen Lagertopf und Zwischenlagerbock die Achswelle heraus.

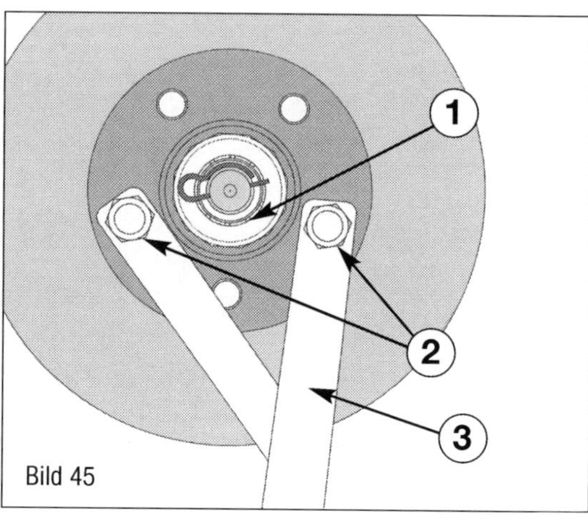

Bild 45

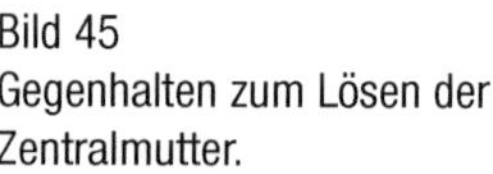

Bild 45
Gegenhalten zum Lösen der Zentralmutter.
1 Zentralmutter
2 Radschrauben
3 Gegenhalter

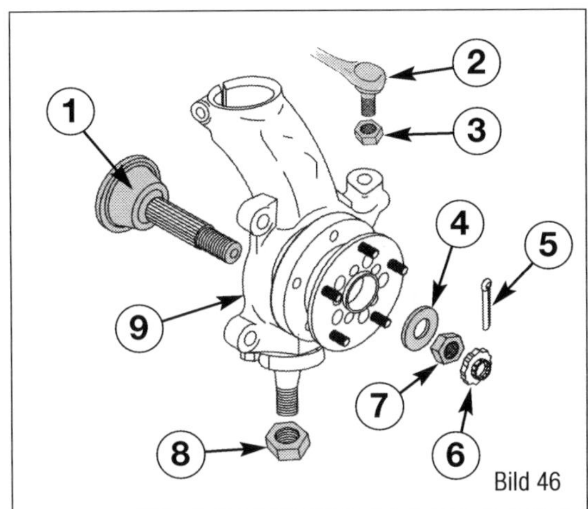

Bild 46

Bild 46
Antriebswelle radseitig auf der Vorderachse.
1 Achsgelenkwelle (Achsstummel beim Heckantrieb)
2 Spurstangenkopf
3 Stoppmutter Spurstangenkopf
4 Scheibe
5 Splint
6 Sicherungsblech (Sicherungskappe)
7 Mutter
8 Mutter Traggelenkbolzen
9 Achsschenkel

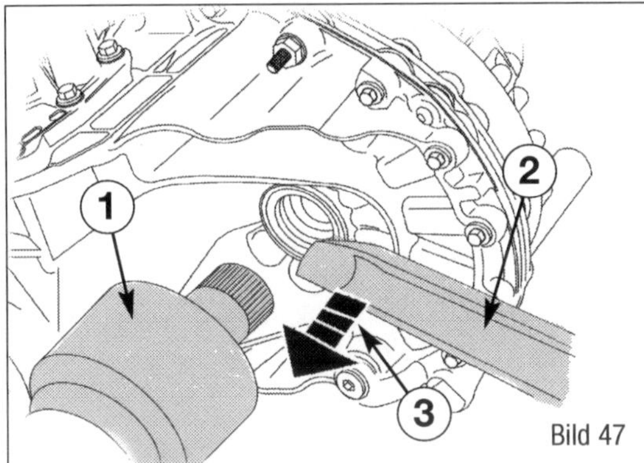

Bild 47

Bild 47
Aushebeln der Antriebswelle.
1 Antriebswelle
2 Montierhebel
3 Bewegungsrichtung zur Demontage

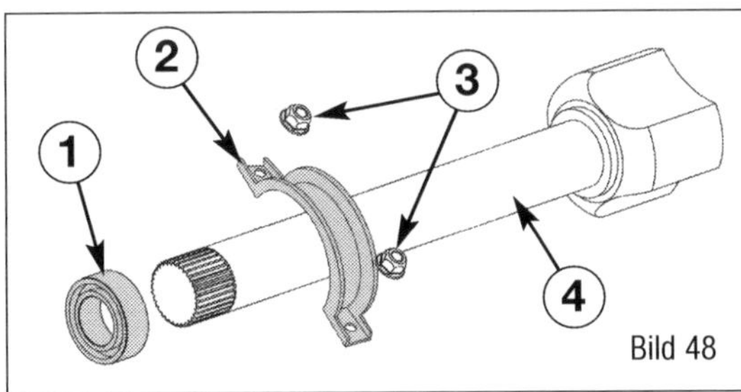

Bild 48

Bild 48
Rechte Achswelle
1 Lager
2 Schelle
3 Muttern
4 Achswelle

- Demontieren Sie die Antriebswelle radseitig wie bereits beschrieben.
- Setzen Sie den Montagehebel (2) am Getriebeblock und der Achswelle an und hebeln Sie die Achswelle heraus.
- Erneuern Sie den Dichtring und ziehen Sie die Ablassschraube wieder an.
- Nehmen Sie die Achswelle (4) heraus.

Die Montage erfolgt sinngemäß in umgekehrter Reihenfolge.

- Reinigen Sie die Anlagestelle der Wellendichtringe und die Anlagestellen an der Achswelle gründlich.
- Reinigen Sie die Verzahnungen von Achswelle und Radnabe gründlich und fetten Sie sie leicht ein.
- Achten Sie darauf, dass die Achswelle beim Einschieben in das Differenzial vollständig einsitzt und einrastet.
- Füllen Sie das Getriebeöl wieder auf.

Montagearbeiten getriebeseitig (rechte Achswelle):

- Demontieren Sie die Antriebswelle radseitig wie bereits beschrieben.
- Lösen Sie die Muttern (3 im Bild 48) und nehmen Sie die Schelle (2) vom Motorblock ab.
- Hebeln Sie die Achswelle gerade aus dem Differenzial heraus.
- Nehmen Sie die Achswelle (4) heraus.

⚠ Achten Sie darauf, die Achswelle nicht auseinanderzuziehen oder zu überstrecken. Sie kann leicht beschädigt werden.

Die Montage erfolgt sinngemäß in umgekehrter Reihenfolge.

- Reinigen Sie die Anlagestelle der Wellendichtringe und die Anlagestellen an der Achswelle gründlich.
- Reinigen Sie die Verzahnungen von Achswelle und Radnabe gründlich und fetten Sie sie leicht ein.
- Achten Sie darauf, dass die Achswelle beim Einschieben in das Differenzial vollständig einsitzt und einrastet.
- Füllen Sie das Getriebeöl wieder auf.
- Ziehen Sie die Mutter an der Zwischenlagerschelle zum Motorblock mit dem richtigen Anzugsdrehmoment (Kapitel 17) an.
- Ziehen Sie die Achsmutter je nach Ausführung mit dem richtigen Drehmoment (Kapitel 17) an.

Zwischenlager auf der Achswelle demontieren:

- Bauen Sie die rechte Achswelle wie bereits beschrieben aus.
- Schlagen Sie das Lager vorsichtig mit einem Kunststoffhammer von der Achswelle oder dem Zwischenlager (je nachdem was sich löst) herunter.
- Reinigen Sie die Anlageflächen auf der Achswelle und im Lagerträger gründlich.
- Montieren Sie das neue Zwischenlager vorsichtig mit einem Rohr, welches über die Achswelle passt.

Die Montage erfolgt sinngemäß in umgekehrter Reihenfolge.

Sichtprüfung Messen

Arbeiten an der Hinterachse

Für Heck- und Allradantrieb kommt der Achsantrieb zur Hinterachse zum Tragen. Wir stellen Ihnen hier einige typische Arbeiten an der sehr robusten Achskonstruktion vor. Es sind grundsätzlich zwei unterschiedliche Achssysteme verbaut. Sie unterscheiden sich aber für die Montage der Steckachsen nicht wesentlich. Die Steckachsen der Hinterachse sind an der Radnabe verschraubt und in das hintere Differenzial eingeschoben.

Ölwechsel am Achsgetriebe

Ein Ölwechsel ist nach den Wartungsunterlagen für das Achsgetriebe hinten nicht erforderlich. Es ist somit bei beiden Bautypen keine Ablassschraube vorhanden.

- Heben Sie das Fahrzeug auf einer Hebebühne an. Es muss zur Montage wieder geradestehen, da sonst eventuell die Füllstände nicht korrekt aufgefüllt werden können.
- Lösen Sie die Kontrollschraube für den Getriebeölstand und drehen Sie sie heraus.
- Demontieren Sie den Achsgehäusedeckel und fangen Sie das ablaufende Öl ab.
- Demontieren Sie die Dichtung des Achsgehäusedeckels.
- Reinigen Sie das Achsgehäuse mit Bremsenreiniger und einigen fusselfreien Lappen.
- Montieren Sie den Achsgehäusedeckel mit einer neuen Dichtung oder je nach Ausführung mit einer Silikondichtmasse.
- Füllen Sie so viel Achsgetriebeöl ein, bis es wie bei der Ölkontrolle am Schaltgetriebe gerade so an der Bohrung der Einfüllschraube austritt.

Ein Ölstand (1 im Bild 9) von 5 mm unter der Unterkante der Bohrung bis zur Unterkante der Bohrung ist ausreichend.

- Drehen Sie die Einfüllschraube hinein.

Antriebswellen hinten ausbauen

Die Demontage ist bei folgenden Arbeiten erforderlich:

- Radlagerwechsel,
- Wechsel der Dichtringe,
- Wechsel der Bremsscheiben.

Es ist nicht erforderlich, das Getriebeöl ablaufen zu lassen. Der Ölstand sollte aber kontrolliert werden.

- Heben Sie das Fahrzeug auf einer Hebebühne an. Es muss zur Montage wieder geradestehen, da sonst eventuell die Füllstände nicht korrekt aufgefüllt werden können.

Nur Fahrzeuge mit einfacher Bereifung (ein Rad je Seite):

- Demontieren Sie die Hinterräder. Die Steckachse ist über die Schrauben (2 im Bild 50) und den Radbolzen (5) gesichert.

Weiter für alle Fahrzeuge:

Grundsätzlich sollen die Differenziale/Kardanwellen nicht verdreht

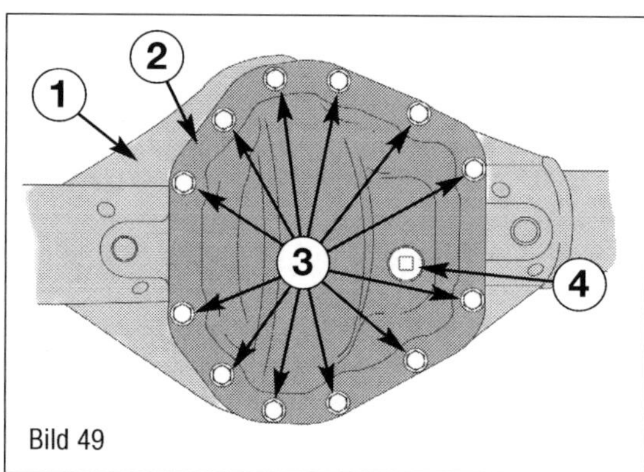

Bild 49
Gelenkwelle rechts.
1 Achsgehäuse
2 Gehäusedeckel
3 Schrauben
4 Ölkontrollschraube

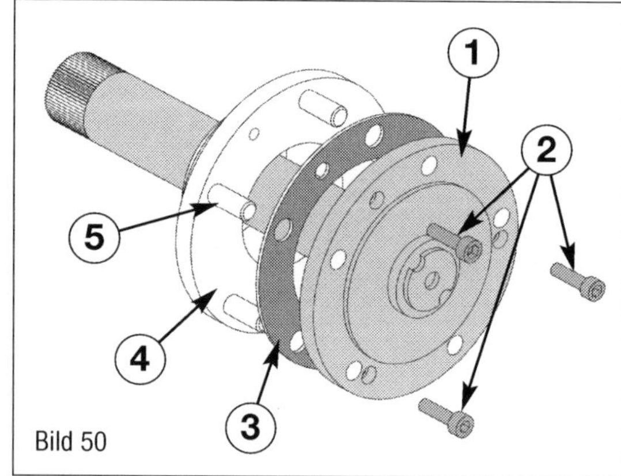

Bild 50
Steckachse und Lagereinheit (Beispiel einfache Bereifung).
1 Steckachse
2 Schrauben an der Radlagereinheit
3 Dichtung
4 Radlagereinheit
5 Radbolzen

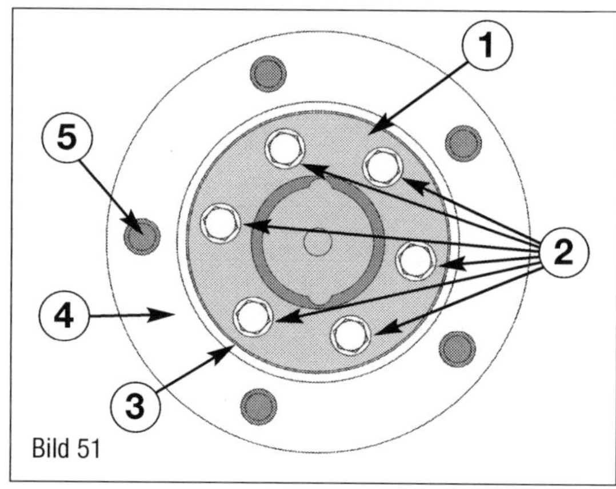

Bild 51
Steckachse und Lagereinheit (Beispiel Zwillingsbereifung).
1 Steckachse
2 Schrauben an der Radlagereinheit
3 Dichtung
4 Radlagereinheit
5 Radbolzen

werden, wenn die Steckachse herausgezogen ist.

■ Drehen Sie die Schrauben (2 im Bild 50 beziehungsweise 51) heraus.

■ Ziehen Sie die Steckachse (1) heraus.

■ Fangen Sie eventuell austretendes Öl auf.

Die Montage erfolgt sinngemäß in umgekehrter Reihenfolge.

■ Kontrollieren Sie den Ölstand im Achsgetriebe wie bereits beschrieben.

■ Nehmen Sie die Dichtung zur Steckachse ab und ersetzen Sie diese.

Kardanwelle ausbauen

Die Bauart der Wellen unterscheidet sich hier recht deutlich. Auch der Kardan wird für die Langversion des Transit leicht verändert ausgeführt, hier sind dann zwei Zwischenlager verbaut.

Kardanwelle mit einem zweiten Monteur aus- und einbauen. Vor dem Ausbauen die Position aller Teile zueinander kennzeichnen. Alle Teile in gleicher Stellung zusammenbauen. Andernfalls können Unwuchten entstehen, die Schäden an der Lagerung und Brummgeräusche verursachen.

Kardanwelle nicht knicken, sondern nur gestreckt lagern und transportieren.

De- und Montage der Kardanwelle vorne

■ Markieren Sie die Einbauposition (1) der Kardanwelle (4) zum Anschlussflansch an der Hardyscheibe (14).

■ Markieren Sie die Einbauposition (8) der Kardanwelle (11) zum Anschlussflansch am Achsgetriebe (9).

■ Markieren Sie die Einbauposition (7) der Kardanwelle vorne zur Kardanwelle hinten am Längenausgleichselement (6).

■ Kardanwelle bzw. die Hardyscheibe am Kardanwellenflansch des Getriebes (16) bzw. der Kardanwelle (2) vorn abschrauben. Belassen Sie aber eine Schraube eingesteckt und die Mutter einige Gewindegänge aufgedreht, um ein unbeabsichtigtes Abrutschen der Kardanwelle zu verhindern.

■ Die Kardanwelle (11) am Hinterachsflansch (9) abschrauben. Belassen Sie aber eine Schraube eingesteckt und die Mutter einige Gewindegänge aufgedreht, um ein unbeabsichtigtes Abrutschen der Kardanwelle zu verhindern.

■ Die Befestigungsschrauben des Zwischenlagers (bei den langen Karosserieformen gilt das für beide Zwischenlager) so weit lösen, dass sie sich von Hand drehen lassen, aber noch nicht herausdrehen.

■ Mit Hilfe eines zweiten Mechanikers die Verschraubungen herausdrehen und die Kardanwelle abnehmen und sicher lagern.

Der Einbau erfolgt sinngemäß in umgekehrter Reihenfolge.

■ Prüfen Sie den Zustand der Kardangelenke auf Leichtgängigkeit, Spielfreiheit und Korrosionsspuren.

■ Achten Sie darauf, das Zwischenlager spannungsfrei ausrichten.

■ Erneuern Sie die Verschraubungen an den Anschlussflanschen der Kardanwelle.

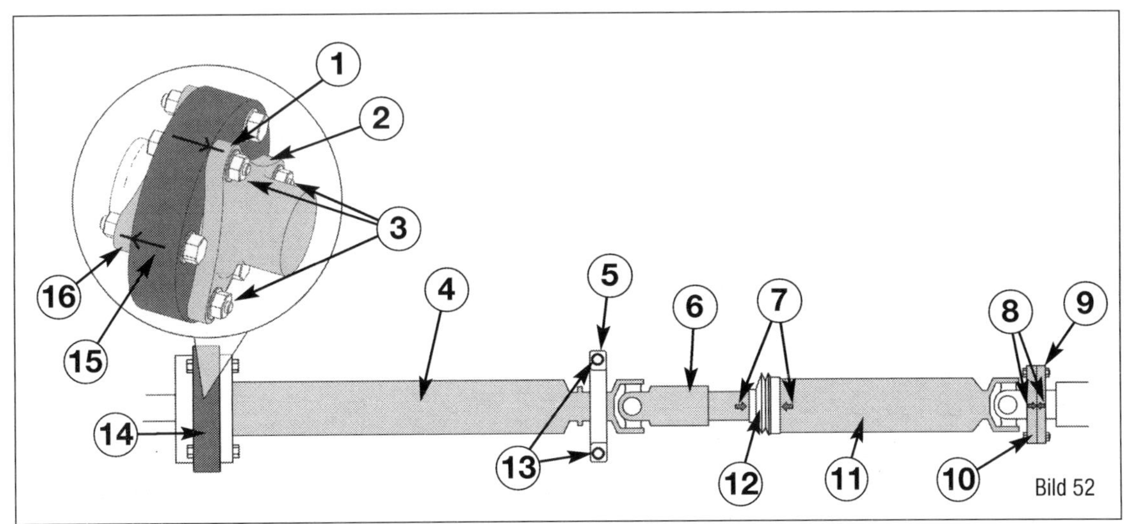

Bild 52
Markierungen an der Kardanwelle.
1 Markierung Kardanflansch zur Hardyscheibe
2 Kardanflansch
3 Verschraubungen
4 Kardanwelle vorne
5 Kardanmittellager
6 Längenausgleichselement
7 Markierungen am Schiebestück
8 Markierungen am Achsgetriebeflansch
9 Achsgetriebeflansch
10 Kardanflansch
11 Kardanwelle hinten
12 Staubmanschette
13 Schrauben Mittellager
14 Hardyscheibe
15 Markierung Hardyscheibe zum Getriebeflansch
16 Getriebeflansch

Bild 53
Traverse zur Aufnahme des Motors beim Fronttriebler.
1 Stützen zum Motorblock
2 Aufhängehaken mit Gewinde
3 Träger zum Achsträger
4 Träger zu den Rahmenträgern am Vorderbau

Bild 54
Pendelstütze hinten am Getriebe beim 2,2-l-Motor.
1 Pendelstütze
2 Schrauben
3 Schraube

Getriebe aus- und einbauen

Die Getriebe werden prinzipiell nach unten ausgebaut. Benötigt werden Abfangvorrichtung, Motor- und Getriebeheber, diverse Adapter und Zusatzhaken für die Anhängevorrichtung. Für den Ausbau des Getriebes muss der Motor mit ausgebaut oder zumindest so weit abgesenkt werden, dass der Ausbau kaum Mehrarbeit verursacht. Reparaturen an ausgebauten Getrieben gehören allerdings in die darauf spezialisierte Fachwerkstatt.

Getriebeausbau beim Frontantrieb
Der Ausbau des Getriebes erfolgt nach unten. Da der Motor zusammen mit dem Getriebe die Antriebseinheit bildet und das Getriebe den linken Halter aufnimmt, muss der Motor mit geeigneten Mitteln abgefangen werden. Die Aufnahme muss in der Lage sein das Gewicht des Motors zu tragen. Ford hat eine Traverse (Bild 53) im Spezialwerkzeugsortiment, die den Motor von unten stützt und die Montagearbeiten nur minimal einschränkt.

- Unterbauen Sie das Fahrzeug auf einer Hebebühne und sichern Sie es gegen Abrutschen mit Spanngurten.
- Klemmen Sie die Batterie ab.
- Lassen Sie das Getriebeöl ablaufen.
- Demontieren Sie die Antriebswellen wie bereits beschrieben.
- Ziehen Sie den Steckkontakt des Geschwindigkeitsgebers (soweit verbaut) am Differenzialgehäuse ab.
- Ziehen Sie den Steckkontakt des Rückwärtsgangschalters ab.
- Ziehen Sie den Steckkontakt zum Kurbelwellenpositionsgeber zwischen Motor und Getriebe ab.
- Demontieren Sie den Starter (Anlasser).
- Lösen Sie die Auspuffanlage (siehe auch Kapitel 9) hinter dem flexiblen Auspuffrohr um Schäden durch Verspannungen zu vermeiden.
- Bauen Sie die Schaltzüge vom Getriebe wie in diesem Kapitel bereits beschrieben ab.
- Demontieren Sie den Halter für Kühlmittelschläuche und Kabel von oben am Getriebe.
- Legen Sie die Anschlusskabel und Schaltzüge aus dem Arbeitsbereich heraus

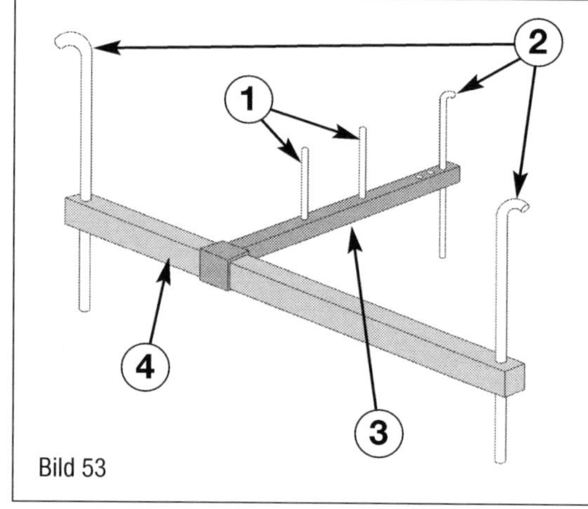

Bild 53

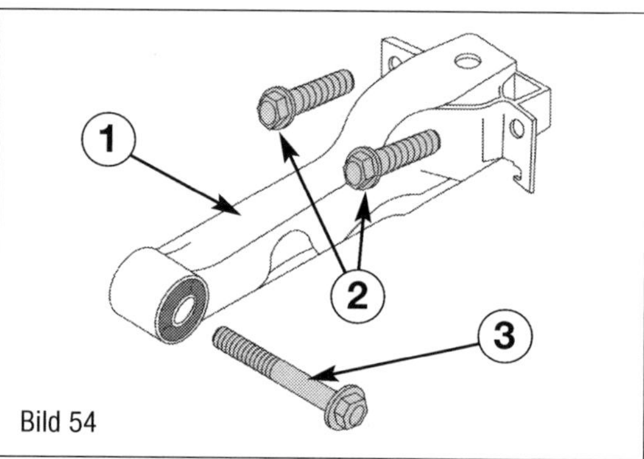

Bild 54

und befestigen Sie sie mit Kabelbindern an der Karosserie.
- Montieren Sie die Stütztraverse (Bild 53) oder fangen Sie den Motor auf eine andere, geeignete Art und Weise ab.
- Demontieren Sie die Pendelstütze hinten am Getriebe (Bild 54) und nehmen Sie sie heraus.
- Demontieren Sie die Aggregateaufhängung links (Lagerung und Halter) vom Getriebe und vom Rahmenträger und nehmen Sie sie heraus.
- Lassen Sie Motor und Getriebe etwas ab, um das Getriebe vom Motor abziehen zu können.
- Unterbauen Sie das Getriebe mit einem Getriebeheber oder einem anderen geeigneten Werkzeug.
- Drehen Sie die Befestigungsschrauben zwischen Motor und Getriebe heraus.
- Ziehen Sie das Getriebe aus der Kupplungsscheibe heraus und lassen Sie es so weit ab, dass Sie es aus dem Fahrzeug herausnehmen können.

Der Einbau erfolgt sinngemäß in umgekehrter Reihenfolge.

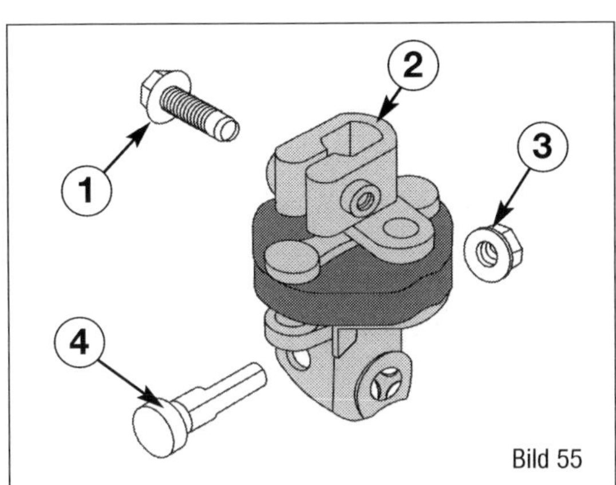

Bild 55

- Prüfen Sie den Zustand des Drucklagers und des Kupplungsnehmerzylinders.
- Reinigen Sie die Getriebeeingangswelle, die in die Kupplungsscheibe eingeführt wird, gründlich und tragen Sie etwas Langzeitfett oder Montagepaste auf.

Getriebeausbau beim Heckantrieb und beim Allradantrieb

Der Getriebeausbau bei Heck- und Allradantrieb unterscheidet sich recht deutlich von den frontgetriebenen Varianten. Die Arbeiten zwischen Allrad- und Heckantrieb sind zumindest in einigen Arbeitsabläufen ähnlich.

Vorbereitungsarbeiten:

- Unterbauen Sie das Fahrzeug auf einer Hebebühne und sichern Sie es gegen Abrutschen mit Spanngurten.
- Demontieren Sie (soweit verbaut) den Unterfahrschutz oder die Geräuschdämmung unten.
- Klemmen Sie die Batterie ab.
- Markieren Sie die Einbauposition der Kardanwelle.
- Lösen Sie die Verschraubungen der Kardanwelle an der Hardyscheibe zum Getriebeflansch. Belassen Sie die Schrauben noch eingesteckt und die Muttern noch lose auf die Schraube aufgedreht.
- Markieren Sie die Einbauposition der Kardanwelle zum Getriebeflansch und zur Hinterachse mit einem wasserfesten Stift. Die Markierungen haben wir unter »Kardanwelle ausbauen« in diesem Kapitel bereits beschrieben.
- Bauen Sie die Kardanwelle mit einem Helfer aus und legen Sie sie sicher ab.
- Demontieren Sie die Auspuffanlage (siehe auch Kapitel 9) hinter dem flexiblen Auspuffrohr, um Schäden zu vermeiden.

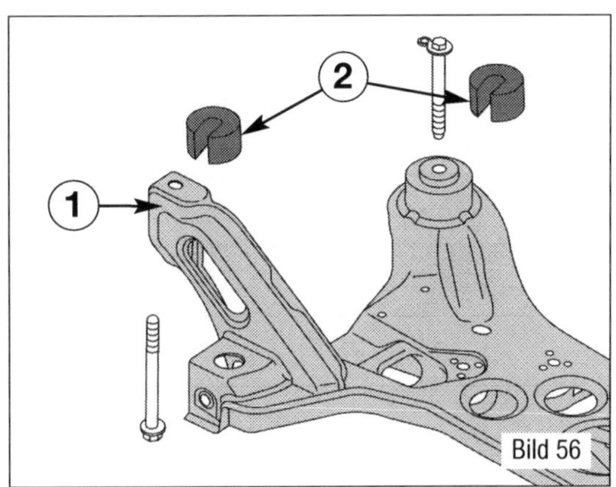

Bild 56

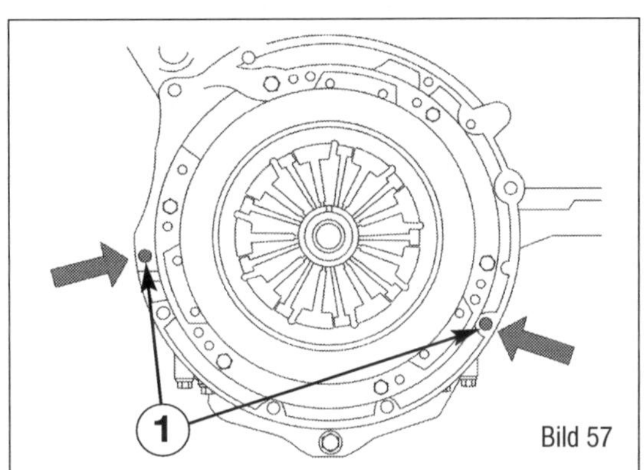

Bild 57

- Bauen Sie die Anschlüsse zum Differenzdruckgeber (soweit verbaut) ab.
- Demontieren Sie das Hitzeschutzblech am Unterboden. Die Vernietungen können mit einem 8-mm-Bohrer aufgebohrt werden.
- Ziehen Sie den Steckkontakt des Geschwindigkeitsgebers (soweit verbaut) am Getriebe ab.
- Ziehen Sie den Steckkontakt des Rückwärtsgangschalters ab.
- Ziehen Sie den Steckkontakt zum Kurbelwellenpositionsgeber zwischen Motor und Getriebe ab.
- Bauen Sie den Anschluss zum Kupplungsgeberzylinder ab, verschließen Sie ihn und legen Sie ihn aus dem Arbeitsbereich heraus.
- Drehen Sie die Lenkung in Geradeausstellung und ziehen Sie den Zündschlüssel ab.
- Lassen Sie das Lenkradschloss einrasten.
- Drehen Sie die untere Schraube (4 im Bild 55) am Kreuzgelenk (2) der Lenkung heraus.
- Demontieren Sie die Leitungen am Rahmen zur Lenkung.
- Unterbauen Sie das Getriebe und heben Sie es etwas an.
- Demontieren Sie den Getriebehalter am Achsträger, am Getriebe bleibt der Halter noch verschraubt.

Bild 55
Kreuzgelenk vor dem Lenkgetriebe.
1 Schraube
2 Kreuzgelenk
3 Mutter
4 Sicherungsschraube

Bild 56
Absenken des Achsträgers vorne.
1 Achsträger
2 Abstandshalter 204-606

Bild 57
Einbauposition der Gewindebolzen M10x60 (1) zur Führung des Getriebes bei De- und Montage.

Bild 58
Achsträger mit Querlenkern und Lenkung.
1 Spurstangenkopf
2 Befestigungspunkte am Rahmen
3 Lenkgetriebe
4 Querlenker
5 Verschraubung Traggelenkbolzen

Fahrzeuge mit Heckantrieb:
Eine Besonderheit liegt darin, dass der Achsträger vorne etwas abgesenkt werden muss. Hierfür können in den üblichen Versteigerungsplattformen Spezialwerkzeuge (Ford 204-606) erworben werden, die das Absenken des Achsträgers um einige Zentimeter erlauben.

■ Unterbauen Sie den Achsträger vorne (1 im Bild 56) auf einem Montagetisch.

■ Drehen Sie die Schrauben (3) und die Muttern auf den Bolzen (2) heraus und lassen Sie den Achsträger um etwa 10 cm ab.

■ Montieren Sie die Abstandhalter (Ford 204-606) (2 im Bild 56) und verschrauben Sie den Achsträger mit den Spezialwerkzeugen und den längeren Bolzen wieder an den Befestigungspunkten.

Fahrzeuge mit Allradantrieb:
Beim Allrad muss der Achsträger zusammen mit der Lenkung und den Querlenkern ausgebaut werden. Das Getriebe passt nicht über den Achsträger vorne.

■ Lassen Sie das Getriebeöl wie bereits beschrieben ablaufen.

■ Ziehen Sie den Steckkontakt zu den Steuerventilen und dem Drucksensor der Kupplungen für den vorderen Antrieb ab.

■ Lösen Sie die Traggelenkbolzen (5 im Bild 58).

■ Lösen Sie die Spurstangenköpfe (1) links und rechts.

■ Demontieren Sie die vorderen Antriebswellen wie bereits beschrieben.

■ Demontieren Sie die Verschraubungen der Koppelstangen (soweit verbaut) am Stabilisator vorne.

■ Demontieren Sie die Anschlussleitungen an der Servolenkung und verschließen Sie sie.

■ Legen Sie die Leitungen aus dem Arbeitsbereich heraus.

■ Unterbauen Sie den Achsträger vorne (4) auf einem Montagetisch.

■ Drehen Sie die Schrauben und die Muttern auf den Bolzen heraus.

■ Lassen Sie den Achsträger ab und nehmen Sie ihn unter dem Fahrzeug heraus.

■ Demontieren Sie das Getriebelager mit Halter.

Weiter für Heck- und Allradantrieb:

■ Unterlegen Sie die Ölwanne zum Achsträger mit Holzklötzchen oder Keilen um ein Abkippen des Motors zu vermeiden.

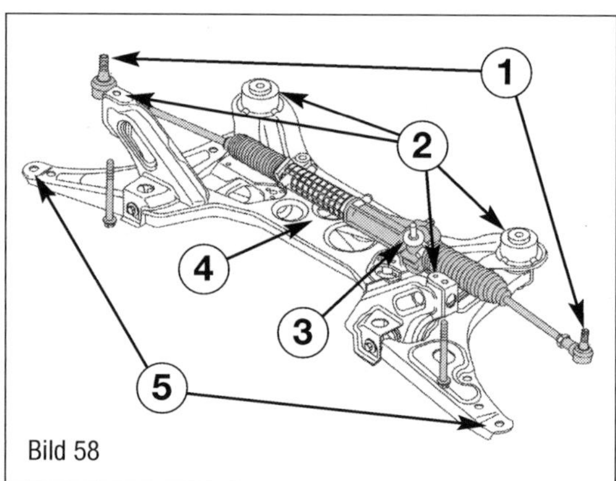

Bild 58

■ Ersetzen Sie die Schrauben zwischen Getriebe und Motor (1 im Bild 57) gegen Bolzen M10x60 um das Getriebe möglichst gerade vom Motorblock abziehen zu können.

⚠ Es besteht die Gefahr, dass das Pilotlager in der Schwungscheibe beschädigt wird.

■ Unterbauen Sie das Getriebe mit einem Getriebeheber oder einem anderen geeigneten Werkzeug.

■ Drehen Sie die Befestigungsschrauben zwischen Motor und Getriebe heraus.

■ Ziehen Sie das Getriebe aus der Kupplungsscheibe heraus und lassen Sie es so weit ab, dass Sie es aus dem Fahrzeug nach unten herausnehmen können.

Der Einbau erfolgt sinngemäß in umgekehrter Reihenfolge.

■ Prüfen Sie den Zustand des Drucklagers und des Kupplungsnehmerzylinders.

■ Reinigen Sie die Getriebeeingangswelle, die in die Kupplungsscheibe eingeführt wird, gründlich und tragen Sie etwas Langzeitfett oder Montagepaste auf.

 Selbstsichernde Schrauben und Muttern sind immer zu ersetzen.

■ Kontrollieren Sie den Ölstand im Getriebe wie bereits in diesem Kapitel beschrieben.

Fahrzeuge mit Allradantrieb:

■ Entlüften Sie das Antriebssystem für die vorderen Räder wie bereits beschrieben.

■ Kontrollieren Sie den Zustand der Lenkmanschetten und reinigen Sie Achsträger und Lenkung von eventuell vorhandenen Ölrückständen.

11 Fahrwerk

Arbeiten am Fahrwerk

Bei der Instandsetzung von tragenden und radführenden Bauteilen, zum Beispiel an Unfall-Fahrzeugen, können Schäden am Fahrwerk unentdeckt bleiben. Diese unentdeckten Schäden führen unter Umständen im späteren Fahrbetrieb zu schweren Folgeschäden. Bei Unfall-Fahrzeugen auf jeden Fall müssen deshalb die im Folgenden aufgeführten Bauteile in der beschriebenen Weise und Reihenfolge kontrolliert werden. Wichtig ist immer auch eine Vermessung des Fahrwerks. Werden dabei keine Abweichungen von den Sollwerten festgestellt, liegen auch keine Verformungen am Fahrwerk vor.

Sicht und Funktionsprüfung für das Lenksystem

- Sichtprüfung auf Verformung und Risse.
- Spielprüfung der Spurstangengelenke und des Lenkgetriebes.
- Sichtprüfung auf defekte Falten- und Fettbälge.
- Elektrische und hydraulische Leitungen, Schläuche auf Scheuer-, Schnitt- und Knickstellen untersuchen.
- Hydraulische Leitungen, Verschraubungen und Lenkgetriebe auf Dichtheit kontrollieren.
- Lenkgetriebe und Leitungen auf Festsitz überprüfen.
- Einwandfreie Funktion über den gesamten Lenkeinschlag prüfen, indem die Lenkung von Anschlag zu Anschlag betätigt wird. Dabei muss das Lenkrad mit gleichbleibender Betätigungskraft, ohne zu haken, drehbar sein.

Sicht- und Funktionsprüfung für das Fahrwerk

- Alle in den Montageübersichten dargestellten Bauteile auf Verformung, Risse und sonstige Beschädigungen überprüfen.
- Beschädigte Teile ersetzen.
- Fahrzeug auf einem von Ford freigegebenen Achsmessstand vermessen lassen.
- Räder und Reifen auf Rundlauf und Unwucht untersuchen.
- Reifen auf Einschnitte und Stoßverletzungen im Profil und an den Flanken überprüfen.
- Bereifung auf Fülldruck (Angaben in der Tankklappe), Zustand, Reifenlaufbild und Profiltiefe prüfen.
- Bei Beschädigungen am Scheibenrad und/oder am Reifen ist der Reifen zu ersetzen. Dies gilt auch, wenn ein Unfallhergang und Schäden am Fahrzeug auf eine mögliche, wenngleich nicht sichtbare Beschädigung schließen lassen.
- Reifen sollten nicht älter als 6 Jahre sein.

Elektronische Fahrzeugsysteme

Sicherheitsrelevante Systeme wie zum Beispiel ABS/ESP, Airbag, elektromechanische Lenk- und sonstige Fahrerassistenzsysteme müssen mit einem Fahrzeugdiagnose-, Mess- und Informationssystem (F-COM) auf eventuell gespeicherte Fehlermeldungen abgefragt werden. Wurden in den Fehlerspeichern der genannten Systeme Fehler gespeichert, sind diese entsprechend den Vorgaben von Ford instand zu setzen. Nach erfolgter Reparatur sind die jeweils betroffenen Systeme nochmals auf Fehlerspeichereinträge zu prüfen, um sicher zu sein, dass die Funktion wieder gewährleistet ist.

Die Regelsysteme ESP und ABS

Alle Ford Transit erhalten ab der ersten Stunde serienmäßig die neueste ESP-Generation. Dass die Bremse nicht nur zum Anhalten gedacht ist, wird in den heutigen Systemen eigentlich schon erwartet. Als Überblick möchten wir Ihnen die Nebenfunktionen vorstellen, die in dieses Thema »das Fahrwerk« eingreifen. Die Details zu diesen Systemen werden wir im Kapitel 13 genauer betrachten.

EBD:

Die Integration des elektronischen Bremskraftverteilers EBD (Elektronik-Brakeforce Distribition) ist im ABS-System integriert und optimiert die Bremskraftverteilung im Vergleich zu den alten mechanischen Systemen des Typs Ventil- und Bremskraftregelung. Die Systemfunktion basiert auf der Schlupfmessung der Vorder- und Hinterräder und passt die Bremskraft so an, dass der hintere Schlupf immer niedriger als der vordere Schlupf ist. Basierend auf der unterschiedlichen Raddrehzahl kann das System

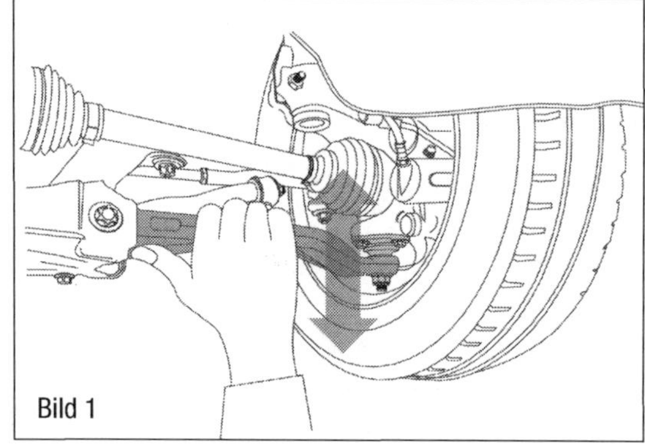
Bild 1
Axialspiel prüfen.

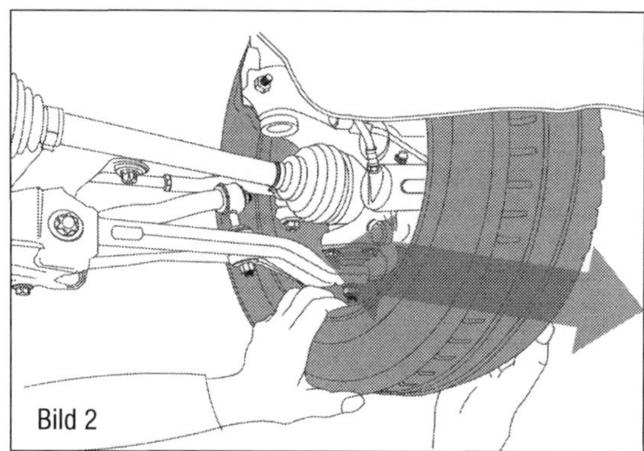
Bild 2
Radialspiel des Traggelenkbolzens prüfen.

die tatsächliche Bodenhaftung automatisch zur Druckanpassung infolge veränderter Ladezustände, Straßenneigung und Effizienzschwankungen durch den Straßenbelag (Reibung) des Reibungsmaterials des Fahrzeuges nutzen.

Hinweise und Vorschriften

⚠ Schweiß- und Richtarbeiten an tragenden und radführenden Bauteilen der Radaufhängung sind nicht zulässig.

■ Selbstsichernde Muttern sowie korrodierte Schrauben und Muttern müssen immer ersetzt werden.

■ Gummimetalllager haben einen begrenzten Verdrehbereich. Ziehen Sie deshalb die Schraubverbindungen an den Bauteilen mit Gummimetalllagern erst dann fest, wenn das Radlagergehäuse angehoben ist (siehe »Radlagerung in Leergewichtslage heben«).

Prüfungen an der Achslagerung

Achsgelenke und Achslager: Sichtprüfung

■ Bitte prüfen Sie die Dichtungsbälge der Achsgelenke auf Undichtigkeiten und Beschädigungen.

■ Weiterhin prüfen Sie die Achslager: Es darf kein Spiel vorhanden sein, das vulkanisierte Gummilager darf keine Risse und poröse Stellen aufweisen.

Achsgelenk prüfen

Es darf bei beiden Prüfungen kein fühl- oder sichtbares »Spiel« vorhanden sein. Während der Prüfungen das Achsgelenk beobachten. Eventuell vorhandenes Radlagerspiel oder »Spiel« im Federbeinlager oben berücksichtigen. Gummibalg auf Beschädigung prüfen, ggf. Achsgelenk ersetzen.

Axialspiel prüfen:

■ Achslenker kräftig in Pfeilrichtung (Bild 1) nach unten ziehen und wieder hochdrücken.

Radialspiel prüfen:

■ Rad unten kräftig in (Pfeilrichtung) nach innen und außen drücken (Bild 2).

Radlagerung in Leergewichtslage heben

Alle Schrauben an Fahrwerksteilen mit Gummimetalllagern müssen grundsätzlich in Leergewichtslage (unbeladener Zustand) festgezogen werden. Gummimetalllager haben einen begrenzten Verdrehbereich. Achsbauteile mit Gummimetalllagern müssen deshalb vor dem Festziehen in eine Position gebracht werden, die der Position im Fahrbetrieb entspricht (Leergewichtslage). Anderenfalls wird das Gummimetalllager verspannt, eine geringere Lebensdauer wäre dann die Folge. Durch Anheben der entsprechenden Radaufhängung mit einem Motor- und Getriebeheber und einer passenden Aufnahme (2 im Bild 3) kann diese Position auf der Hebebühne simuliert werden. Bevor die entsprechende Radaufhängung angehoben wird, muss das Fahrzeug auf beiden Fahrzeugseiten an den Tragarmen der Hebebühne mit Spanngurten verzurrt werden.

⚠ Wird das Fahrzeug nicht verzurrt, besteht die Gefahr, dass das Fahrzeug von der Hebebühne abrutschen kann!

■ Radnabe so weit drehen, bis eine der Bohrungen für Radschrauben oben steht.

■ Aufnahme (2 im Bild 3) mit Radschraube an die Radnabe anbauen.

■ Das Festziehen der betroffenen Schrauben/Muttern darf nur dann erfolgen, wenn das Maß (1) zwischen der Radnabenmitte und der Unterkante Radhaus erreicht ist.

■ Das Maß (1) ist abhängig von der Standhöhe des eingebauten Fahrwerks. Aufgrund der Vielfältigkeit von Nutzung, Ausrüstung gibt es kein sinnvoll vorgegebenes Maß.
■ Messen Sie vor Beginn der Arbeiten, wenn das Fahrzeug noch auf den Rädern steht, das Maß (1) von Radmitte bis Unterkante am Radhaus. Das Messen muss in Leergewichtslage (unbeladener Zustand) erfolgen.
■ Notieren Sie sich den gemessenen Wert. Dieser wird zum Festziehen der Schrauben/Muttern benötigt.
■ Radlagergehäuse mit einem Motor- und Getriebeheber oder einem anderen geeigneten Heber so weit anheben, bis das eben gemessene Maß erreicht ist.

⚠ Fahrzeug nicht anheben oder ablassen, wenn der Motor/Getriebeheber unter dem Fahrzeug steht. Den Motor -und Getriebeheber nicht länger als erforderlich unter dem Fahrzeug stehen lassen.

■ Betroffene Schrauben/Muttern festziehen.
■ Radlagergehäuse ablassen.
■ Den Motor -und Getriebeheber unter dem Fahrzeug wegziehen.
■ Aufnahme auf der Radnabe abbauen. Die weitere Montage erfolgt sinngemäß in umgekehrter Reihenfolge zur Demontage.

Achsgelenk aus- und einbauen

Das Achsgelenk/Traggelenk ist in den Achsschenkel eingesetzt und mit drei Schrauben verschraubt. Es kann einzeln ersetzt werden. Der Preis im Zubehörhandel liegt bei unter 30 Euro.
■ Lösen Sie die Achswellenmutter auf der entsprechenden Seite.
■ Bocken Sie das Fahrzeug vorne komplett auf.

☞ Bei Fahrzeugen mit verbauten Querstabilisator erschweren Sie sich die Montage erheblich, wenn Sie lediglich eine Seite des Fahrzeugs anheben.

■ Fahrzeug anheben und verzurren.

⚠ Wird das Fahrzeug nicht verzurrt, besteht die Gefahr, dass das Fahrzeug von der Hebebühne abrutschen kann!

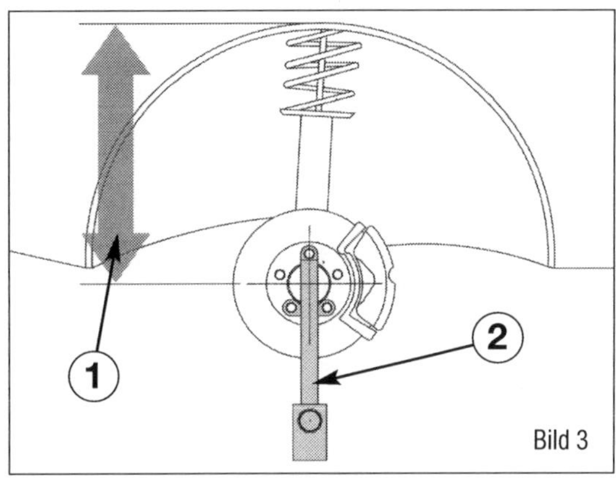

Bild 3
Leergewichtslage herstellen.
1 Abstand von Radmitte zum Radlauf als Ruhemaß
2 Adapter auf einem Getriebeheber

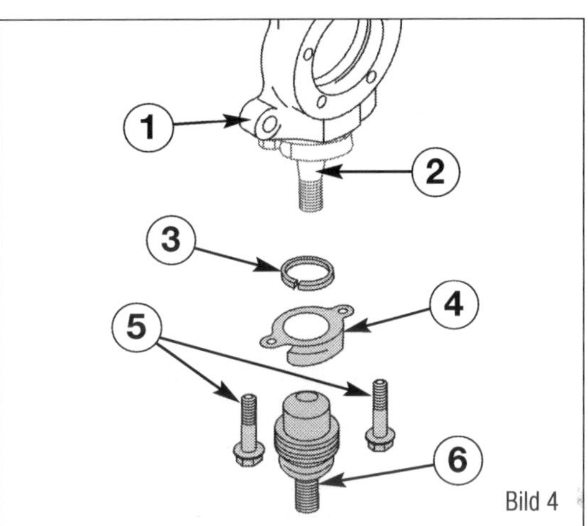

Bild 4
Traggelenkbolzen vorne.
1 Achsschenkel
2 Traggelenkbolzen in Einbauposition
3 Anlagering
4 Schutzblech
5 Schrauben
6 Traggelenkbolzen ausgebaut

■ Demontieren Sie das Rad auf der entsprechenden Seite.
■ Lösen Sie die Verschraubung am Traggelenkbolzen (8 im Bild 5) und am Stabilisator (soweit verbaut).
■ Drücken Sie den Traggelenkbolzen (6 im Bild 4) vom Querlenker ab.
■ Ziehen Sie die Querlenker vorsichtig nach unten und nehmen Sie das Achsgelenk (Traggelenkbolzen) aus dem Querlenker heraus.

⚠ Bei Fahrzeugen mit Frontantrieb und Allradantrieb, verhindern Sie unbedingt, dass die Achswelle auseinandergezogen wird. Bewegen Sie den Achsschenkel bei der Montage nicht nach außen.

■ Lösen Sie die Schrauben (5) und drehen Sie sie heraus.
■ Schlagen Sie den Traggelenkbolzen (Achsgelenk) (6) mit einem großen Schraubendreher oder einem Meißel aus dem Achsschenkel (1) heraus.

Der Einbau erfolgt sinngemäß in umgekehrter Reihenfolge.

Bild 5
Antriebswelle radseitig auf der Vorderachse.
1 Achsgelenkwelle (Achsstummel beim Heckantrieb)
2 Spurstangenkopf
3 Stoppmutter Spurstangenkopf
4 Scheibe
5 Splint
6 Sicherungsblech (Sicherungskappe)
7 Mutter
8 Mutter Traggelenkbolzen
9 Achsschenkel

Bild 6
Querlenker Vorderachse.
1 Schraube mit Mutter von unten
2 Querlenker
3 Schraube von vorne

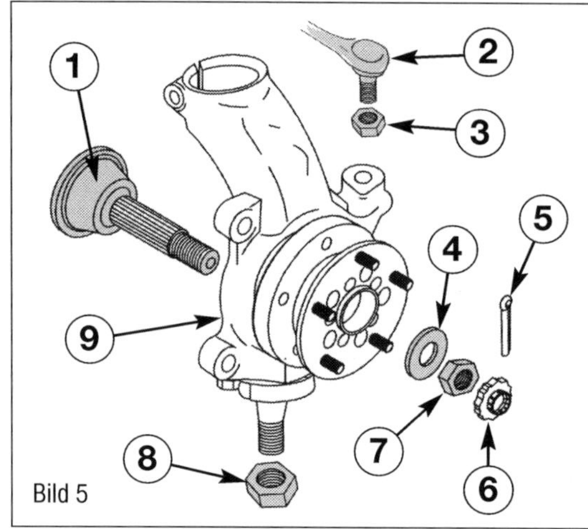

Bild 5

- Reinigen Sie die Anlagebereiche des Traggelenkbolzens (Achsgelenk) gründlich und fetten Sie ihn leicht ein.
- Montieren Sie die Schrauben (2) und ziehen Sie sie mit 120 Nm an.
- Montieren Sie den neuen Traggelenkbolzen (Achsgelenk) im Querlenker und ziehen Sie die Schrauben mit 80 Nm an.

Auf beschädigungsfreien und nicht verdrillten Dichtbalg achten.

- Setzen Sie die Zugstrebe des Stabilisators wieder ein und ziehen Sie die Schrauben mit 50 Nm (12 mm) an.

Querlenker aus- und einbauen

Gummimetalllager haben einen begrenzten Verdrehbereich. Deshalb die Schraubverbindungen an den Bauteilen mit Gummimetalllagern erst dann festziehen, wenn das Radlagergehäuse in Leergewichtslage wie beschrieben angehoben ist.

Der Wechsel der Gummi-Metalllager
Es ist zwar grundsätzlich möglich, die Gummi-Metalllager im Querlenker zu tauschen, wirtschaftlich ist das aber nicht wirklich sinnvoll. Hierfür ist ein Pressensatz erforderlich. Die Gummi-Metalllager sind im Zubehör erhältlich und kosten etwa 30 Euro. Der Preis im Zubehörhandel für einen kompletten Querlenker liegt bei etwa 180 Euro. Es sollte der komplette Achslenker ersetzt werden. Aufgrund der unterschiedlichen Gummihärten zwischen altem und neuen Achslenker besser sogar auf beiden Seiten. Wir beschreiben Ihnen im Folgenden den Austausch der Achslenker.

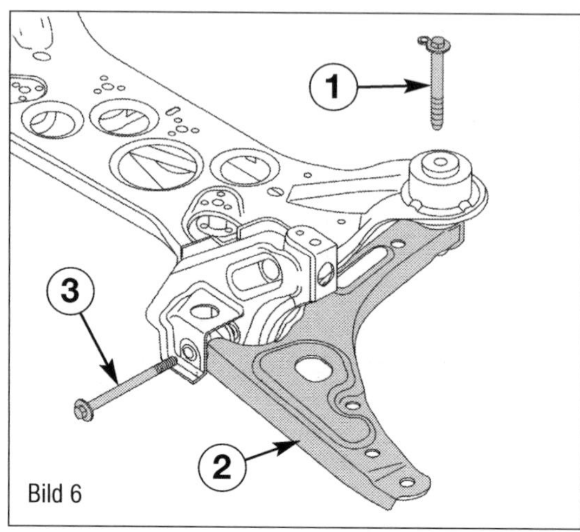

Bild 6

Aus- und Einbau des Achslenkers (Querlenkers):

- Leergewichtslage feststellen und notieren.
- Fahrzeug anheben und verzurren.

⚠ Wird das Fahrzeug nicht verzurrt, besteht die Gefahr, dass das Fahrzeug von der Hebebühne abrutschen kann!

- Bocken Sie das Fahrzeug vorne komplett auf.

☞ Durch den verbauten Querstabilisator erschweren Sie sich die Montage erheblich, wenn Sie lediglich eine Seite des Fahrzeugs anheben.

- Das entsprechende Rad abbauen.
- Geräuschdämpfung ausbauen.
- Die Schraubverbindungen (1 und 3 im Bild 6) des Querlenkers (Achslenkers) am Aggregateträger nur lösen, um die Vorspannung aus den Gummilagern des Achslenkers zu nehmen.
- Lösen Sie die Verschraubung (6 und 8 in Bild 5) und am Stabilisator (6 in Bild 7).
- Drücken Sie den Traggelenkbolzen vom Querlenker ab.
- Ziehen Sie die Querlenker vorsichtig nach unten und nehmen Sie das Achsgelenk (Traggelenkbolzen) aus dem Querlenker heraus.

☞ Drücken Sie die Achswelle aus dem Radlager heraus. So verhindern Sie, dass die Achswelle versehentlich auseinandergezogen wird.

- Nehmen Sie die Schrauben (1 und 3 in Bild 6) des Querlenkers (Achslenkers) am Aggregateträger heraus.
- Nehmen Sie den Querlenker (Achslenker) aus dem Achsträger heraus.

Der Einbau erfolgt sinngemäß in umgekehrter Reihenfolge.

Auf beschädigungsfreien und nicht verdrillten Dichtbalg achten.

■ Rad anbauen und festziehen.

■ Montieren Sie den neuen Traggelenkbolzen (Achsgelenk) im Querlenker und ziehen Sie die Schrauben mit 150 Nm (16 mm) an.

Aus- und Einbau der Zugstrebe (Koppelstange) des Stabilisators

Der Ausbau der Koppelstange ist problemlos auch auf einem Wagenheber zu bewerkstelligen. Für die Montage auf einer Hebebühne muss ein Getriebeheber eingesetzt werden, um den Stabilisator zu entlasten.

■ Fahrzeug anheben und verzurren.

Wird das Fahrzeug nicht verzurrt, besteht die Gefahr, dass das Fahrzeug von der Hebebühne abrutschen kann!

■ Das entsprechende Rad abbauen.

■ Den Getriebeheber unter den Querlenker (am besten unter den Bolzen des Traggelenkes/Achsgelenkes) stellen und gerade so weit anheben, dass die Zugstrebe (Koppelstange) (1 im Bild 7) entlastet wird.

■ Die Mutter (6) an der entsprechenden Seite abbauen.

■ Lassen Sie den Getriebeheber so weit ab, bis die Koppelstange frei hängt.

■ Drehen Sie die Mutter (6) ab.

■ Nehmen Sie die Koppelstange vom Stabilisator ab.

■ Drehen Sie die Mutter am Stoßdämpfer ab.

■ Nehmen Sie die Koppelstange (1) heraus.

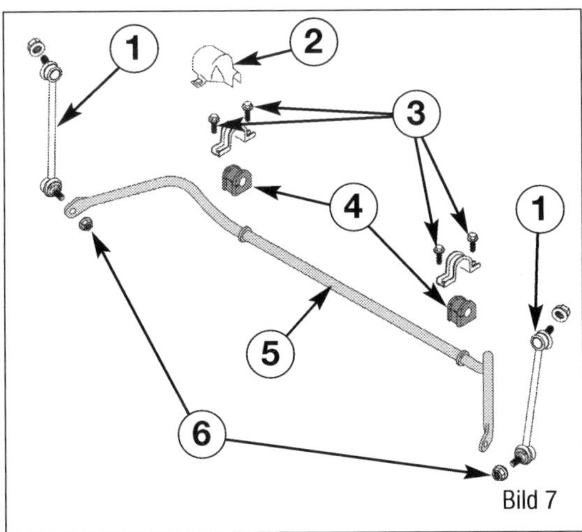

Der Einbau erfolgt sinngemäß in umgekehrter Reihenfolge.

■ Setzen Sie die Koppelstange am Stoßdämpfer an und verschrauben Sie sie.

■ Setzen Sie die Koppelstange auf den Stabilisator auf und verschrauben Sie sie.

■ Heben Sie den Getriebeheber so weit an, bis Sie die Koppelstange (1) und die Mutter (6) am Stabilisator aufsetzen können.

■ Ziehen Sie die Muttern der Koppelstange mit 55 Nm an.

Radlagereinheit aus- und einbauen

Radlagereinheit der Vorderachse

Verbaut sind beim Transit Radlagereinheiten, die im Achsschenkel verschraubt sind. Die Bremsscheibe (4 im Bild 8) ist von hinten an die Radnabe (11) geschraubt. Die hier beschriebenen Arbeiten fallen auch beim Wechsel der Bremsscheiben an. Die Radnabe muss nicht aus dem Radlager gezogen werden.

■ Fahrzeug anheben und verzurren.

Wird das Fahrzeug nicht verzurrt, besteht die Gefahr, dass das Fahrzeug von der Hebebühne abrutschen kann!

Demontage von Radlager und Radnabe:

■ Demontieren Sie den Splint (7 im Bild 8).

■ Nehmen Sie das Sicherungsblech (9) ab.

■ Lösen Sie die Zentralmutter (10) der Radnabe, ohne einen Schlagschrauber zu verwenden.

■ Demontieren Sie das entsprechende Vorderrad.

■ Nehmen Sie die Mutter (10) ab.

■ Nehmen Sie die Scheibe (6) ab.

■ Demontieren Sie den Bremssattel zusammen mit dem Bremssattelträger vom Achsschenkel.

Binden Sie den Bremssattel an der Karosserie fest, um den Bremsschlauch nicht zu belasten.

■ Lösen Sie die Achswelle oder den Achsstummel (12) aus der Radnabe.

■ Lösen Sie die Schrauben der Radlagereinheit am Achsschenkel (1) durch die Bohrungen in der Radnabe.

■ Lösen Sie die Schrauben (8) der Bremsscheibe an der Radnabe (11).

Bild 7
Querstabilisator vorne.
1 Koppelstange
2 Hitzeschutzblech
3 Schrauben
4 Lagergummi
5 Querstabilisator vorne
6 Muttern

Sichtprüfung Messen

Bild 8
Radlagereinheit und Achsschenkel vorne.
1 Achsschenkel vorne
2 Radlagereinheit
3 Schrauben Radlagereinheit
4 Bremsscheibe vorne
5 Radbolzen vorne
6 Scheibe
7 Sicherungssplint
8 Schrauben Bremsscheibe
9 Sicherungsblech
10 Mutter
11 Radnabe
12 Achswelle (Front- und Allradfahrzeuge) oder Achsstummel (Heckantrieb)

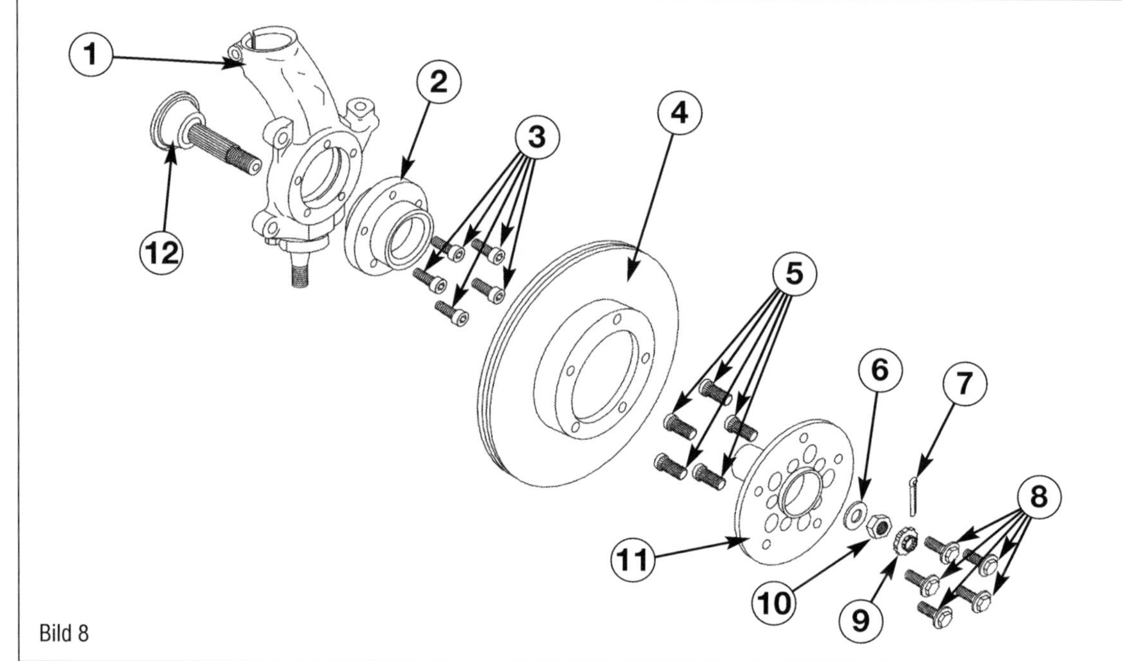

Bild 8

Bild 9
Radlagereinheit und Achsschenkel (im Schnitt) vorne auspressen.
1 Achsschenkel
2 Bremsscheibe
3 Druckstifte
4 Druckscheibe
5 Spannscheibe
6 Spindel
7 Spannschraube
8 Radnabe
9 Radlager
10 Radlagergehäuse

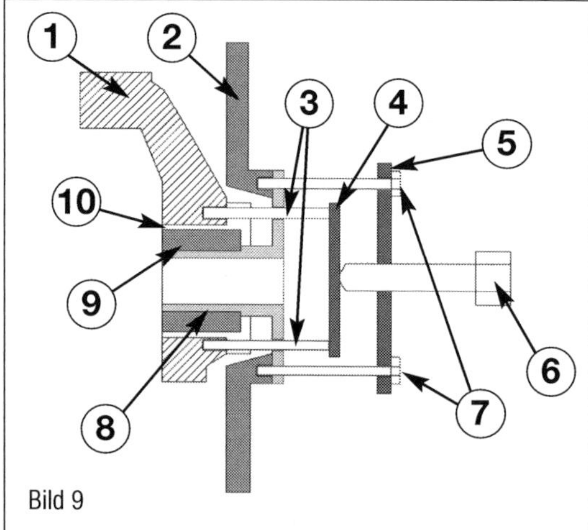

Bild 9

■ Verschrauben Sie die Druckstifte (3) (5 Stück) in den Befestigungsgewinden des Radlagergehäuses.
■ Verschrauben Sie die Spannschrauben (7) (5 Stück) mit der Spannscheibe (5) in den Befestigungsgewinden der Bremsscheibe.
■ Setzen Sie die Druckscheibe (5) ein.
■ Drehen Sie die Spindel (6) ein.
■ Drehen Sie die Spindel langsam und gleichmäßig ein. Die Radlagereinheit wird zusammen mit der Bremsscheibe abgezogen.

Demontage der Radnabe:
Die Radnabe kann aus dem Radlager ausgepresst werden. Sie wird beim Radlagerwechsel, soweit sie unbeschädigt ist, wiederverwendet.

■ Demontieren Sie Radlager und Radnabe wie bereits beschrieben.
■ Demontieren Sie die Bremsscheibe.
■ Verschrauben Sie die Radlagereinheit (5 im Bild 9a) mit der Spannscheibe (2).
■ Legen Sie von der Rückseite das Druckstück (6) in die Radnabe (4) ein.
■ Drehen Sie die Spindel (7) langsam und gleichmäßig ein. Die Radnabe (4) wird aus der Radlagereinheit herausgedrückt.
■ Verbleibt ein Lagerring auf der Radnabe, muss dieser mit einem Lagerabzieher (Bild 10) abgezogen werden.

Montage der Radnabe:
■ Reinigen Sie die Aufnahmefläche der Radnabe gründlich.
■ Setzen Sie die Radnabe (2 im Bild 11) wie gezeigt an der Lagereinheit (1) an.
■ Montieren Sie wie gezeigt das Druckstück (5), die Scheibe (3), die Mutter (4) und die Schraube (6).
■ Drehen Sie die Schraube (6) langsam und gleichmäßig ein. Die Radnabe (2) wird in die Radlagereinheit (1) mit dem Radlager (7) hineingedrückt.

Montage von Radlager und Radnabe:
Die Montage der Radnabe mit dem Radlager muss sehr genau ausgerichtet erfolgen. Ein nachträgliches Verdrehen ist nicht möglich.

Achten Sie darauf, dass die Radlagereinheit exakt gerade in die Bohrung des Achsschenkels hineinrutscht. Beim Verkanten können Radlager und Achsschenkel beschädigt werden.

- Reinigen Sie die Aufnahmefläche des Radlagers im Achsschenkel gründlich.
- Montieren Sie die Bremsscheibe (4 im Bild 8) auf der Radnabe (11).
- Drehen Sie die Schrauben (3) von Hand so weit an, dass die Lagereinheit gleichmäßig anliegt.
- Drehen Sie die Schrauben (3) gleichmäßig an, bis die Radlagereinheit wieder anliegt.

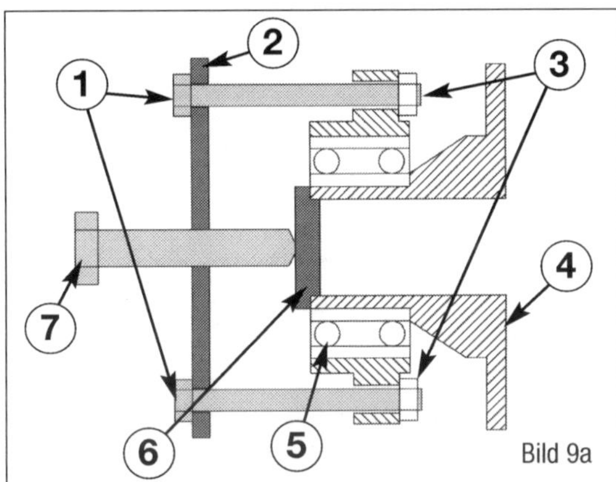

Bild 9a
Radnabe aus der Lagereinheit drücken (Schnittbild).
1 Schrauben
2 Spannscheibe
3 Muttern
4 Radnabe
5 Radlagereinheit
6 Druckstück
7 Spindel

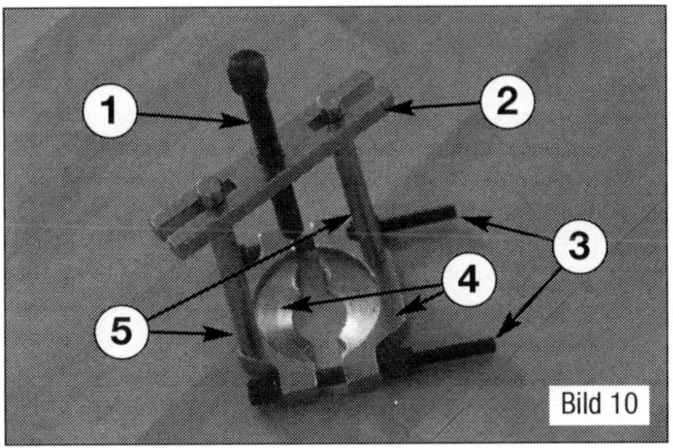

Bild 10
Lagerabzieher.
1 Spindel
2 Halter
3 Spannschrauben
4 Schneiden
5 Zugstreben

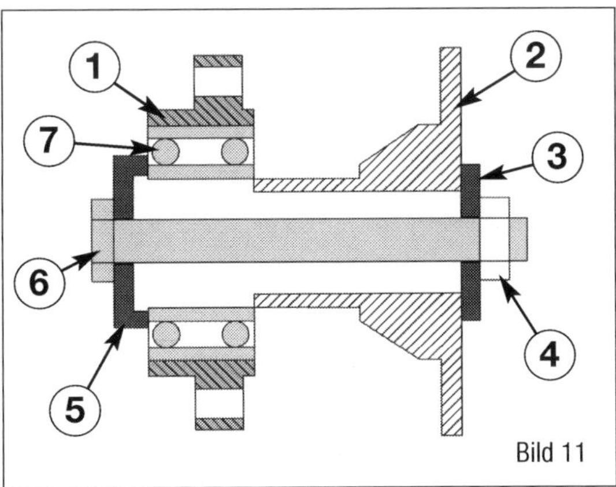

Bild 11
Radnabe und Lagereinheit verpressen (Schnittbild).
1 Radlagereinheit
2 Radnabe
3 Scheibe
4 Mutter
5 Druckstück
6 Schraube
7 Radlager

- Ziehen Sie die Schrauben (3) mit 53 Nm an.
- Montieren Sie den Bremssattel zusammen mit dem Bremssattelträger am Achsschenkel.
- Stecken Sie die Scheibe (6) auf die Achswelle oder den Achsstummel (12) auf.
- Ziehen Sie die Zentralmutter (10) der Radnabe von Hand an.
- Drehen Sie die Radnabe fünf Umdrehungen in eine Richtung.
- Ziehen Sie die Zentralmutter (10) der Radnabe auf 250 Nm an.
- Drehen Sie die Radnabe fünf Umdrehungen in eine Richtung.
- Ziehen Sie die Zentralmutter (10) der Radnabe auf 500 Nm an.
- Drehen Sie die Radnabe fünf Umdrehungen in eine Richtung.
- Montieren Sie das Sicherungsblech (9 in Bild 8).
- Stecken Sie den Splint (7 in Bild 8) in die Achswelle oder den Achsstummel (12) ein und biegen Sie ihn um, sodass er nicht hinausrutschen kann.
- Bauen Sie das entsprechende Vorderrad wieder an.

Radlagereinheit der Hinterachse
Die Vielfalt der Antriebskonzepte am Ford Transit ergeben auch für die Radlagerung der Hinterachse unterschiedliche Konzepte, die wir im Folgenden darstellen werden.

Frontantrieb:
Ob das Fahrzeug mit Trommelbremse oder mit Scheibenbremse ausgerüstet ist, ergibt für die Montagearbeiten keinen wesentlichen Unterschied. Radlager und Radnabe sind auch als Einheit lieferbar. Die Kosten hierfür liegen nur geringfügig höher. Sie sparen sich hierbei das Aus- und Einpressen des Radlagers. Allerdings muss die Bremsscheibe umgebaut werden.

- Demontieren Sie bei Fahrzeugen mit Scheibenbremse hinten den Bremssattel mit dem Träger und den Bremsbelägen.

Bei Fahrzeugen mit Trommelbremse entfernen Sie den Sicherungsring auf einem Radbolzen und nehmen die Bremstrommel ab.

- Hängen Sie bei Fahrzeugen mit Scheibenbremse hinten den Bremssattel mit einem Draht an der Karosserie auf, um den Bremsschlauch zu entlasten.

Bild 12
Radlager der Hinterachse beim frontgetriebenen Fahrzeug.
1 Schrauben Achsstummel
2 Sicherungsring
3 Radlagereinheit
4 Bremsscheibe
5 Radnabe
6 Zentralmutter Radlager
7 Schrauben Bremsscheibe
8 Radbolzen
9 Achsstummel

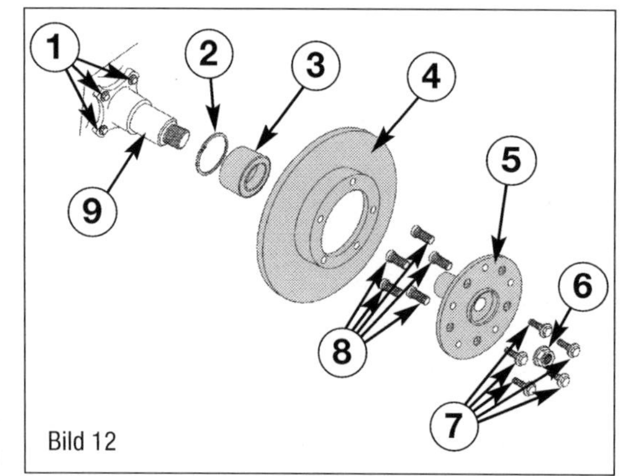

Bild 12

■ Ziehen Sie die Staubschutzkappe über der Zentralschraube ab (soweit verbaut).
■ Lösen Sie die Zentralschraube (6 im Bild 12) und drehen Sie sie ab.
■ Nehmen Sie die Radnabe (5) vom Achsstummel (9) ab.

⚠ Wenn die Radnabe abgezogen werden muss und dabei das Radlager auseinandergezogen wird, muss das Radlager erneuert werden. Die verbliebene Lagerschale kann dann mit einem Lagerabzieher (Bild 10) abgezogen werden.

■ Demontieren Sie den Sicherungsring (2) und drücken Sie das Radlager (3) auf einer hydraulischen Presse heraus.

Die Montage erfolgt sinngemäß in umgekehrter Reihenfolge.
■ Reinigen Sie den Lagersitz gründlich und fetten Sie ihn mit Montagepaste leicht ein.
■ Verwenden Sie eine neue Zentralmutter.

☞ Die Zentralmutter wurde in zwei verschiedenen Ausführungen der Anlagefläche ausgeführt (44 mm oder 51 mm).

■ Ziehen Sie die Zentralmutter (6) im ersten Schritt leicht an.
■ Drehen Sie die Radnabe fünf Umdrehungen in eine Richtung.
■ Ziehen Sie die Zentralmutter (6) der Radnabe auf 200 Nm an.
■ Drehen Sie die Radnabe fünf Umdrehungen in eine Richtung.
■ Ziehen Sie die Zentralmutter (6) der Radnabe auf 300 Nm (51 mm auf 450 Nm) an.
■ Montieren Sie eine neue Staubschutzkappe über der Zentralschraube ab (soweit verbaut).

Heck- und Allradantrieb:
Ob das Fahrzeug mit Trommelbremse oder mit Scheibenbremse ausgerüstet ist, ergibt für die Montagearbeiten keinen wesentlichen Unterschied.
■ Demontieren Sie die Antriebswelle hinten wie bereits im Kapitel 10 beschrieben.
■ Fangen Sie austretendes Restöl mit Lappen auf.
■ Demontieren Sie bei Fahrzeugen mit Scheibenbremse hinten den Bremssattel mit dem Träger und den Bremsbelägen. Bei Fahrzeugen mit Trommelbremse entfernen Sie den Sicherungsring auf einem Radbolzen und nehmen die Bremstrommel ab.
■ Hängen Sie bei Fahrzeugen mit Scheibenbremse hinten den Bremssattel mit einem Draht an der Karosserie auf, um den Bremsschlauch zu entlasten.
■ Drehen Sie die Zentralmutter (6 im Bild 13) los und nehmen Sie sie ab.
■ Nehmen Sie die Scheibe (5) ab.
■ Kippeln Sie die Radnabe (4) etwas und nehmen das äußere Schrägschulterlager (8) heraus.
■ Nehmen Sie die Spannhülse (9) heraus.
■ Ziehen die Radnabe (4) vom Achsrohr ab.
■ Hebeln Sie von der Rückseite mit einem Schraubendreher den Wellendichtring (2) heraus.
■ Nehmen Sie das innere Schrägschulterlager (12) heraus.
■ Legen Sie die Radnabe (4) auf zwei Holzklötzen ab und schlagen Sie mit einem Durchschlag den Laufring des äußeren Schrägschulterlagers (10) gleichmäßig heraus.
■ Legen Sie die Rückseite der Radnabe (4) auf zwei Holzklötzen ab und schlagen Sie mit einem Durchschlag den Laufring des inneren Schrägschulterlagers (11) gleichmäßig heraus.
■ Reinigen Sie die Radnabe gründlich. Bestreichen Sie die Lagersitzflächen der Lagerlaufringe mit etwas Montagepaste,
■ Treiben Sie die neuen Lagerlaufringe mit einem Durchschlag oder der hydraulischen Presse gleichmäßig in die Radnabe ein.

⚠ Achten Sie darauf, dass der Lagerlaufring genau und gerade in die Bohrung der Radnabe hineinrutscht. Bei Verkanten können Radlager und Radnabe beschädigt werden.

■ Tragen Sie etwas Lagerfett auf die Laufflächen der Lagerlaufringe auf.
■ Fetten Sie die Schrägschulterlager (8 und 12) gründlich ein.

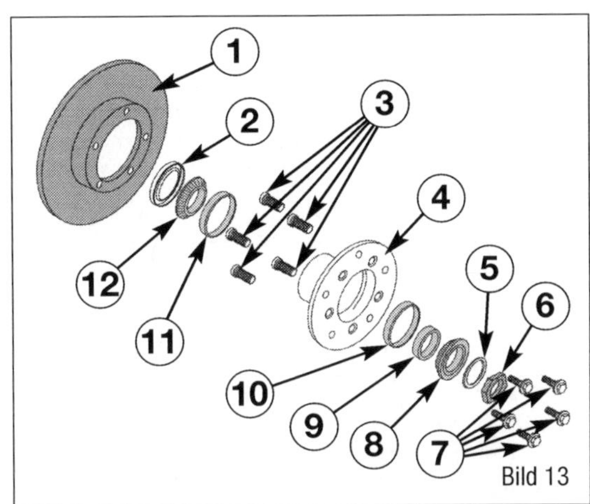

Bild 13

Bild 13
Radlager der Hinterachse bei Heck- und Allradantrieb.
1 Bremsscheibe
2 Wellendichtring
3 Radbolzen
4 Radnabe
5 Scheibe
6 Zentralmutter Radlager
7 Schrauben Bremsscheibe
8 Schrägschulterlager außen
9 Spannhülse
10 Laufring Lager außen
11 Laufring Lager innen
12 Schrägschulterlager außen

- Setzen Sie die innere Schrägschulterlage in den Lagerlaufring ein.
- Montieren Sie den neuen Wellendichtring (2).
- Stecken Sie die Radnabe vorsichtig wieder auf den Achsstummel auf.
- Setzen Sie das äußere Lager (8) ein.
- Montieren Sie die Scheibe (5) wieder.
- Ziehen Sie die Zentralmutter (10) der Radnabe von Hand an.
- Drehen Sie die Radnabe fünf Umdrehungen in eine Richtung.
- Ziehen Sie die Zentralmutter (6) der Radnabe auf 200 Nm an.
- Drehen Sie die Radnabe fünf Umdrehungen in eine Richtung.
- Ziehen Sie die Zentralmutter (6) der Radnabe auf 425 Nm an.
- Drehen Sie die Radnabe fünf Umdrehungen in eine Richtung.

Die weitere Montage erfolgt in umgekehrter Reihenfolge zur beschriebenen Demontage.
- Kontrollieren Sie den Ölstand der Hinterachse.

Dämpfer vorne aus- und einbauen

Ob Allrad- oder Frontantrieb: die Federsysteme sind identisch. Allerdings sollten Sie darauf achten, ob Ihr Fahrzeug höher gelegt wurde und ob eventuell verstärkte Federn verbaut wurden. Neben den Maxi-Fahrzeugen gibt es auch Federn und Dämpfersysteme, die sowohl in der Höhenlage als auch Federrate anders ausgelegt sind.

(Tipp) Aufgrund des Verschleißes macht es keinen Sinn einen Dämpfer einzeln auszutauschen. Tauschen Sie die Stoßdämpfer immer paarweise aus.

Da auf dem Montageweg sowohl die Feder als auch das Domlager und der Faltenbalg (Protection-Kit) demontiert werden, stellen wir die Arbeiten in genau diesen Einzelschritten vor.

Ausbau des Federbeins vorne
- Fahrzeug anheben und verzurren.

(Achtung) Wird das Fahrzeug nicht verzurrt, besteht die Gefahr, dass das Fahrzeug von der Hebebühne abrutschen kann!
- Bocken Sie das Fahrzeug vorne komplett auf.

(Tipp) Durch den verbauten Querstabilisator erschweren Sie sich die Montage erheblich, wenn Sie lediglich eine Seite des Fahrzeugs anheben.
- Beide Räder vorne abbauen.
- Drehen Sie die Befestigungsschrauben an beiden Radseiten des Stabilisators ab und nehmen Sie sie vom Stoßdämpfer ab.

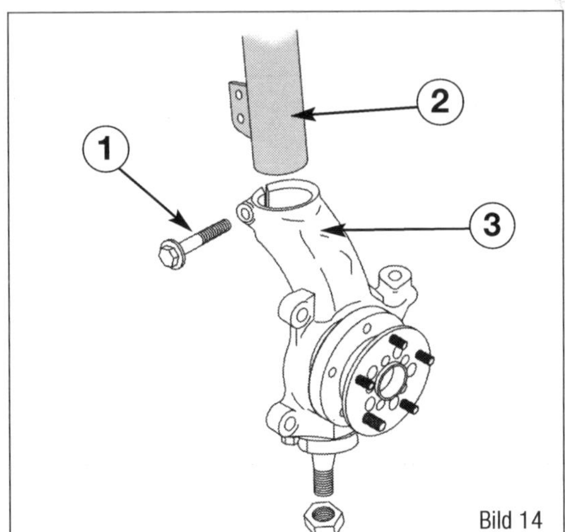

Bild 14

Bild 14
Stoßdämpfer vorne.
1 Schraube zum Achsschenkel
2 Stoßdämpfer
3 Achsschenkel

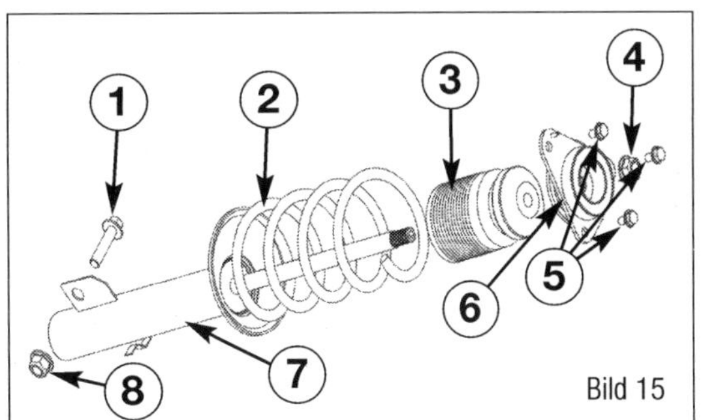

Bild 15

Bild 15
Stoßdämpfer vorne.
1 Schraube zum Achsschenkel
2 Feder
3 Staubschutz mit Anschlagpuffer
4 Mutter
5 Schrauben zum Dämpferdom
6 Domlager
7 Stoßdämpfer
8 Mutter

Sichtprüfung  Messen

Bild 16

Bild 16
Fahrwerksfeder mit Gewindespannern spannen.
1 Feder
2 Gewindestange
3 Halteklaue
4 Ratsche mit passender Stecknuss

■ Schneiden Sie die Dämmung im Fußraum über dem Domlager U-förmig ein und klappen Sie den so entstandenen Deckel zur A-Säule hin auf.
■ Lösen Sie die Schrauben (5 im Bild 15) des Federbeins und drehen Sie zwei Schrauben heraus. Die dritte muss noch eingedreht bleiben.
■ Demontieren Sie den Kabelhalter am Federbein.
■ Drehen Sie die Befestigungsschraube (1 im Bild 14) am Achsschenkel (3) heraus.
■ Stellen Sie einen Getriebeheber oder einen geeigneten Arbeitstisch unter den jeweiligen Dämpfer.
■ Ziehen Sie den Stoßdämpfer (2) aus dem Achsschenkel (3) heraus.
■ Legen Sie den Querlenker auf dem Arbeitstisch ab und sichern Sie ihn an der Karosserie, damit er nicht unbeabsichtigt nach außen klappt.
■ Öffnen Sie die Tür zum Fahrgastraum auf der jeweiligen Seite und drehen Sie die verbliebene Schraube (5 im Bild 15) heraus.
■ Nehmen Sie das jeweilige Federbein heraus.
■ Demontieren Sie den Bremssattel mit dem Träger und den Bremsbelägen.
■ Hängen Sie den Bremssattel mit einem Draht an der Karosserie auf, um den Bremsschlauch zu entlasten.

Die Montage erfolgt in umgekehrter Reihenfolge zur beschriebenen Demontage.
■ Kontrollieren Sie den Zustand der Stoßdämpfer, des Domlagers und des Protectionkits.

Demontage des Domlagers
■ Demontieren Sie das Federbein wie bereits beschrieben.
■ Spannen Sie die Feder mit einem Federspanner (Bild 16) soweit vor, dass das Domlager entlastet ist.
■ Lösen Sie die Mutter (4 im Bild 15) mit einer Hohlratsche oder einem passenden gekröpften Ringschlüssel und einem Innensechskantschlüssel.
■ Nehmen Sie die Mutter, das Domlager und, soweit verbaut, die Scheibe darunter ab.

Demontage der Feder
■ Demontieren Sie das Federbein wie bereits beschrieben.
■ Bauen Sie das Domlager (6 im Bild 15) wie bereits beschrieben ab.
■ Entspannen Sie die Federspanner (2 im Bild 16).
Nehmen Sie die Feder vom Dämpfer ab.

Demontage des Staubschutzsatzes (Protection Kit)
■ Demontieren Sie das Federbein wie bereits beschrieben.
■ Bauen Sie das Domlager wie bereits beschrieben ab.

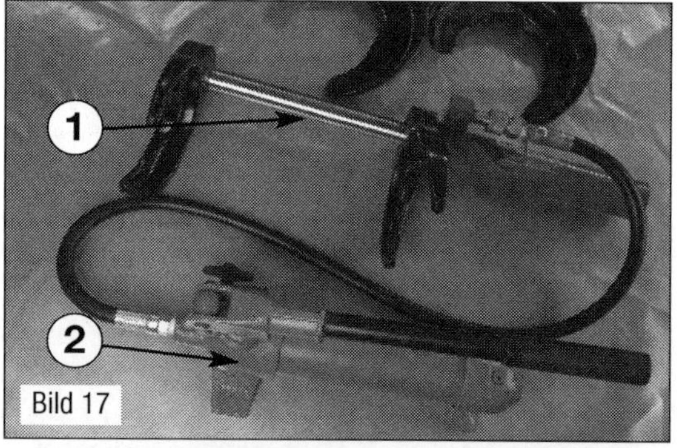

Bild 17

Bild 17
Hydraulischer Federspanner.
1 Zylinder mit Spannbacken
2 Handpumpe

Bild 18

Bild 18
Stoßdämpferaufnahme hinten.
1 Stoßdämpferschraube oben
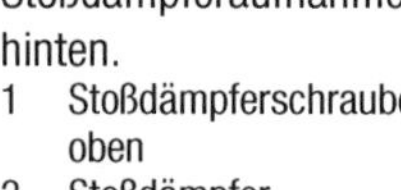
2 Stoßdämpfer
3 Stoßdämpferschraube unten

■ Entspannen Sie die Federspanner.
■ Nehmen Sie die Feder vom Dämpfer ab.
■ Ziehen Sie den Staubschutz mit Anschlagpuffer von der Kolbenstange des Dämpfers ab.

Demontage des Stoßdämpfers

Der Stoßdämpfer hat auch Radführungsaufgaben. Es ist sehr wichtig, auf seinen Zustand zu achten.

 Stoßdämpfer sollten aufgrund des sich im Laufe der Zeit veränderten Dämpfungsverhaltens nur paarweise ersetzt werden.

■ Demontieren Sie das Federbein wie bereits beschrieben.
■ Bauen Sie das Domlager wie bereits beschrieben ab.
■ Demontieren Sie den Staubschutz mit Anschlagpuffer wie bereits beschrieben.

Die Stoßdämpfereinheit steht unter Druck. Sie darf nicht angebohrt oder gesägt werden. Sie wird über den Metallschrott entsorgt.

Die Montage erfolgt in umgekehrter Reihenfolge zur beschriebenen Demontage.
■ Kontrollieren Sie den Zustand der Stoßdämpfer, des Domlagers und des Protectionkits.

Stoßdämpfer hinten aus- und einbauen

■ Unterbauen Sie das Fahrzeug zumindest unter der hinteren Wagenheberaufnahme (siehe Kapitel 1 auf Bild 14) der entsprechenden Seite.
■ Heben Sie das Fahrzeug so weit an, dass die Blattfeder gerade so entlastet ist. Die Räder sollten weiterhin am Boden stehen bleiben.
■ Drehen Sie die beiden Befestigungsschrauben (1 im Bild 18) des Stoßdämpfers heraus.
■ Nehmen Sie den Stoßdämpfer (2) heraus.
■ Montieren Sie den neuen Stoßdämpfer am Rahmen und an der Hinterachse. Ziehen Sie die Schrauben aber noch nicht an.

Gummimetalllager haben einen begrenzten Verdrehbereich, deshalb die Schraubverbindungen an den Bauteilen mit Gummimetalllagern erst dann festziehen, wenn die Höhenlage erreicht oder das Fahrzeug eingefedert auf dem Boden steht.

■ Lassen Sie den Wagenheber ab, wenn er entlastet ist.
■ Ziehen Sie die oberen Schrauben des Stoßdämpfers mit 150 Nm an.
■ Ziehen Sie die unteren Schrauben des Stoßdämpfers mit 80 Nm an.

Blattfeder an der Hinterachse

Einfederhöhe feststellen

■ Stellen Sie das Fahrzeug auf einer geraden Fläche ab.
■ Lösen Sie die Bremsen.
■ Federn Sie das Fahrzeug ein.
■ Messen Sie den Abstand (2) zwischen der Radlaufkante (1 im Bild 19) und der Radmitte (3).
■ Notieren Sie das Maß für beide Seiten.

Blattfeder hinten ausbauen

■ Stellen Sie die Fahrzeughöhe fest.
■ Fahrzeug anheben und verzurren.

Wird das Fahrzeug nicht verzurrt, besteht die Gefahr, dass das Fahrzeug von der Hebebühne abrutschen kann!

■ Räder hinten abbauen.
■ Mit einem Wagenheber die Achse, auf der die Blattfeder ausgebaut werden soll, so weit anheben, dass der Stoßdämpfer entlastet wird.
■ Die untere Stoßdämpferschraube (3 im Bild 18) herausdrehen.
■ Drehen Sie die Muttern (9 im Bild 20) der hinteren unteren Verschraubung der Federlasche ab. Lassen Sie die Schraube aber noch stecken.
■ Lösen Sie die obere Schraube der Federlasche (10).

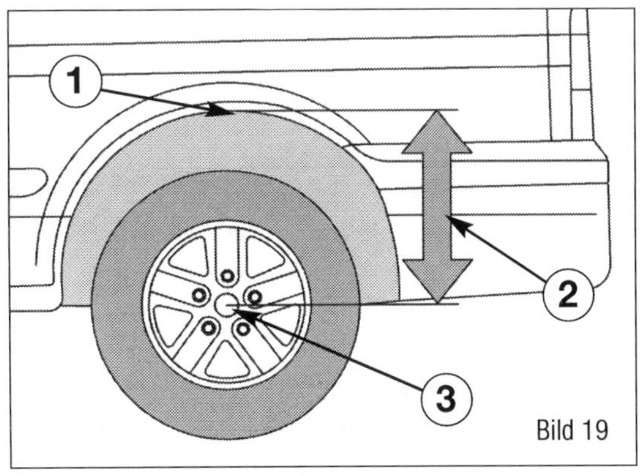

Bild 19
Fahrzeughöhe festlegen.
1 Radlaufkante
2 Höhenmaß
3 Radmitte

Bild 20
Blattfeder hinten.
1 Schraube
2 Lagerhülsen
3 Mutter
4 Blattfeder
5 Haltebügel
6 Mutter
7 Lagerhülsen
8 Schraube
9 Muttern
10 Laschen oder Schwinggabel

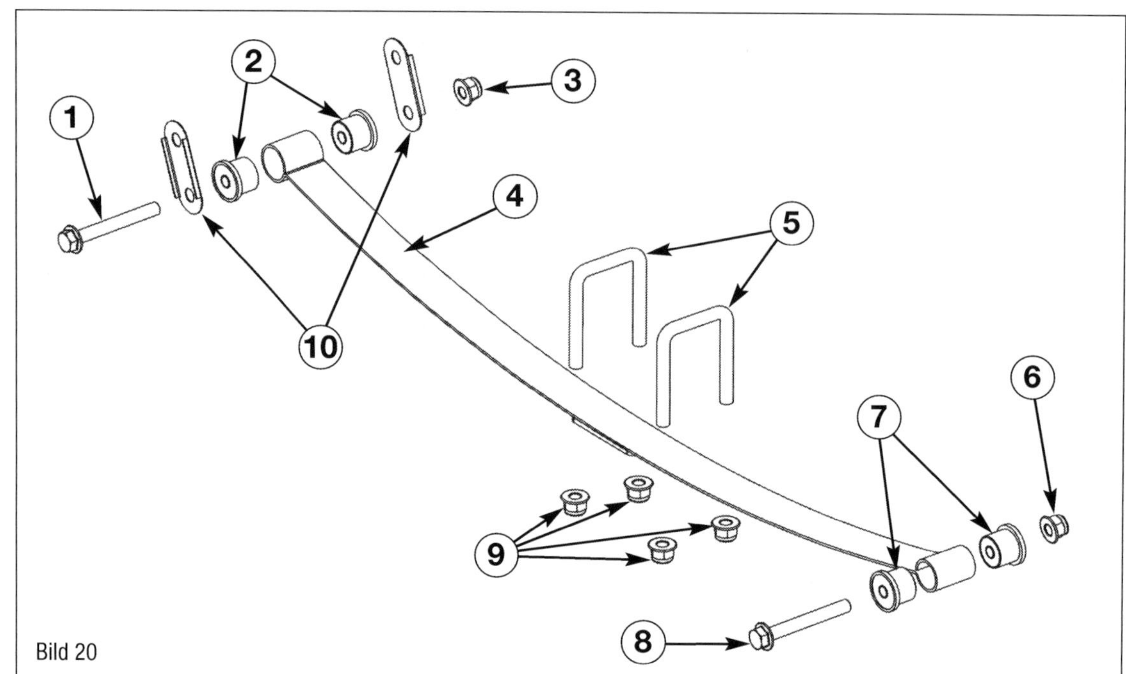

Bild 20

■ Drehen Sie die Mutter (6) der vorderen Verschraubung der Feder ab. Lassen Sie die Schraube (8) aber noch stecken.
■ Drehen Sie die Muttern (9) der Haltebügel (5) ab.
■ Nehmen Sie die Haltebügel (5) heraus.
■ Nehmen Sie die Schraube (8) vorne heraus.
■ Nehmen Sie die Schraube (1) heraus.
■ Clipsen Sie die Halteklammer für das Bremsseil von der Blattfeder ab (soweit verbaut).

Nehmen Sie die Blattfeder (4) heraus. Achten Sie darauf, dass Sie keine Bremsleitungen, Handbremszüge oder elektrische Leitungen beschädigen.

Blattfeder und Lagerungen prüfen

Auch die Blattfeder unterliegt dem Verschleiß. Nicht nur, dass sie im Laufe der Zeit in der Federkraft nachlassen wird, die Lagerungen in den Augen können wie alle Gelenkverbindungen am Fahrzeug verschleißen. Die Lagerhülsen sind im Zubehörhandel einzeln lieferbar.
■ Prüfen Sie, ob die Lagergummis in den Blattfederaugen Risse aufweisen.
■ Prüfen Sie, ob die Lagergummis ausgeschlagen sind.

Lagerungen der Blattfedern wechseln

Grundsätzlich ist der Wechsel der Lagerung auch im eingebauten Zustand möglich, allerdings müssen Sie dann auch hier alle Verschraubungen lösen und für die Montage die Höhenlage der Achsen, die wir zum Blattfedereinbau beschrieben haben, beachten.
■ Bauen Sie die Blattfeder aus.
■ Schlagen Sie mit einem Meißel seitlich die Lagerbuchsen (2 und 7 im Bild 19) aus den Federaugen heraus.
■ Reinigen Sie die Anlageflächen der Buchsen (2 und 7) gründlich und fetten Sie sie leicht ein.
■ Setzen Sie ein passendes Rohrstück auf den äußeren Rand der Lagerbuchse auf.
■ Pressen Sie die Lagerbuchse in das Federauge wieder ein.

Achten Sie darauf, dass Sie beim Einpressen der zweiten Buchse eine Unterlage schaffen, damit die Buchse innen auf der anderen Seite nicht aufliegt.

Blattfeder hinten einbauen

Gummimetalllager haben einen begrenzten Verdrehbereich. Das gilt auch für Blattfedern, deshalb die Schraubverbindungen an den Bauteilen mit Gummimetalllagern erst dann festziehen, wenn die Hinterachse auf das vorgesehene Niveau ausgerichtet ist.

■ Führen Sie die Blattfeder vorsichtig ein.
■ Stecken Sie zuerst die Schraube (8 im Bild 20) in die Rahmenaufhängung und das vordere Federauge ein.

■ Stecken Sie die Schraube (1) in die Laschen und das hintere Federauge ein.
■ Montieren Sie die Haltebügel (5) und positionieren Sie die Achse genau.
■ Verwenden Sie neue Muttern für die Aufhängungen (3 und 6) und ziehen Sie sie handfest an.
■ Verwenden Sie neue Muttern für die Aufhängungen (9) und ziehen Sie sie handfest an.
■ Stellen Sie zwei Böcke unter die Hinterachse und lassen Sie das Fahrzeug so weit auf die Böcke ab, dass das Einfedermaß erreicht wird.
■ Verwenden Sie neue Muttern für die vordere Aufhängung (6) und ziehen Sie sie mit 225 Nm an.
■ Verwenden Sie neue Muttern für die hintere Aufhängung (6) und ziehen Sie sie mit 115 Nm an.

Anschlagpuffer wechseln

Der Anschlagpuffer verhindert das Durchschlagen der Federung. Er ist nicht als Ergänzung der Federkraft gedacht. Wenn Sie Ihr Fahrzeug überladen, wird dieser Kunststoffschaumanschlag schnell kaputt gehen.

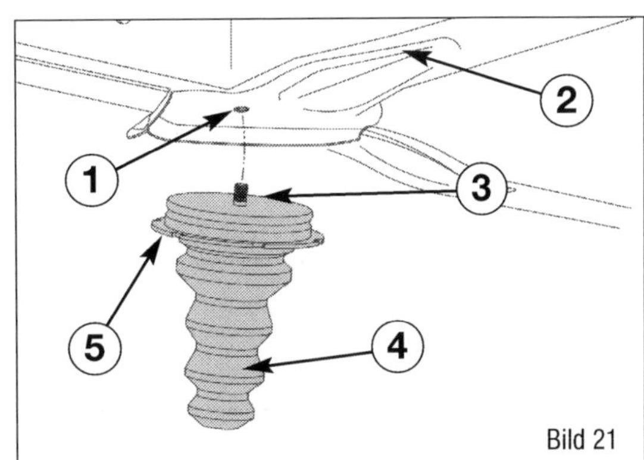

Bild 21
Anschlagpuffer hinten.
1 Gewinde im Rahmen
2 Rahmen
3 Gewindestück am Puffer
4 Anschlagpuffer
5 Metallring zum Verdrehen mit einem Hakenschlüssel oder zum Losschlagen mit einem Schraubendreher

■ Heben Sie das Fahrzeug hinten so weit an, dass die Räder geradeso entlastet sind.
■ Drehen Sie mit einem Hakenschlüssel den Anschlagpuffer gegen den Uhrzeigersinn heraus. Sie können den Metallring mit einem Meißel oder Schraubendreher losschlagen. Bei einigen Fahrzeugen ist der Puffer mit einer Schraube befestigt.
■ Drehen Sie den Anschlagpuffer ab.

Die Montage erfolgt sinngemäß in umgekehrter Reihenfolge.
■ Ziehen Sie den Anschlagpuffer mit 30 Nm an.

12 Servolenkung

Die servounterstützte Zahnstangenlenkung Ihres Transporters zeichnet sich durch besonders geringe Bedienungskräfte bei hoher Lenkpräzision aus. Servolenkungen erleichtern durch Hilfskraft erheblich die Lenkarbeit. Sie sorgen für größtmöglichen Komfort beim Rangieren und für präzises Lenkgefühl bei schnellen Autobahnfahrten. Die Möglichkeit, mit geringem Kraftaufwand am Lenkrad eine relativ direkte Lenkung zu erreichen, guten Kontakt zur Fahrbahn zu halten und dennoch den Fahrer relativ unbehelligt von den Fahrbahnstößen zu lassen, wird mithilfe eines hydraulischen Systems aus Pumpe, Ölvorratsbehälter und Hydraulikleitungen realisiert. Als Hochdruck-Ölpumpe findet wegen ihrer gleichmäßig hohen und kontinuierlichen Förderrate eine doppelt wirkende Flügelpumpe Verwendung. Sie wird über den Keilrippenriemen vom Fahrzeugmotor angetrieben.

Das Drucköl wirkt auf Arbeitszylinder zu beiden Seiten der Zahnstange. Diese unterstützen mit ihrem Druck über ein Steuerteil die Lenkbewegung. Je nach Drehrichtung des Lenkrads wird jeweils der Arbeitszylinder angesteuert, der die Lenkung unterstützt.

Eine Besonderheit ist das verbaute Regelsystem von TRW, das eine geschwindigkeitsabhängige Lenkkraftunterstützung realisiert. Bis etwa 70 km/h wird durch ein pulsweites moduliertes Signal am Steuerventil der Strom von 0,65 bis zu 0 Ampere linear abgeregelt.

Prüfungen an der Lenkung

Bei den Einstell- und Wartungsarbeiten ist die wohl häufigste Tätigkeit die regelmäßige Kontrolle des Ölstandes im Vorratsbehälter. Umfangreiche Reparaturen an der Servolenkung sind eine Sache für die Werkstatt. Nur so lassen sich Schäden an den Bauteilen und Folgeschäden mit dann erst recht teuren Reparaturen verhindern. Denn bei fehlerhafter Instandsetzung kann die Servounterstützung beim Lenken ausfallen. Die Lenkung ist aber eine Baugruppe, von der die Fahrsicherheit besonders stark abhängt. Defekte, falsche Einstellungen und fehlerhafte Reparaturarbeiten können fatale Auswirkungen haben. Nach einem Unfall und bei Beschädigung der Vorderachse können verschiedene Lenkungsteile ersetzt werden. Als Instandsetzung an der Servolenkung ist aber nur das Ersetzen der Faltenbälge sowie der Spurstangen und Spurstangenköpfe üblich. Für bestimmte Arbeiten kann es nötig sein, die Lenkzwischenwelle aus- und einzubauen, die das Kreuzgelenk unten an der Lenksäule mit dem Kreuzgelenk des Lenkritzels am Lenkgetriebe verbindet.

Lenkungsspiel prüfen

■ Die Räder geradeaus stellen. Von außen durchs geöffnete Fenster greifen und das Lenkrad kurz hin und her drehen.

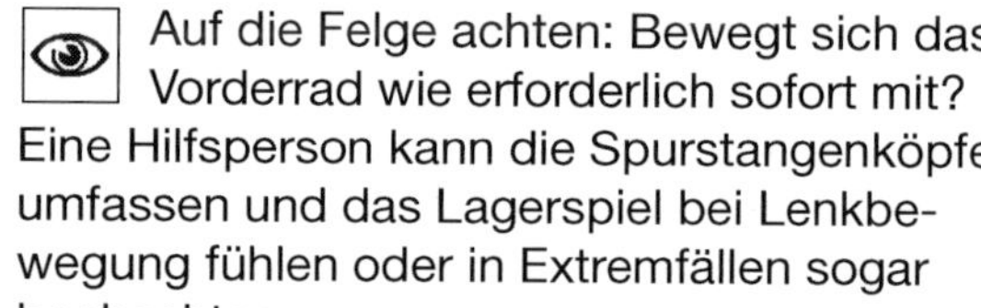

Auf die Felge achten: Bewegt sich das Vorderrad wie erforderlich sofort mit? Eine Hilfsperson kann die Spurstangenköpfe umfassen und das Lagerspiel bei Lenkbewegung fühlen oder in Extremfällen sogar beobachten.

■ Falls Spiel bemerkt wird, muss das Nachstellen in der Werkstatt erfolgen. Wenn die Lenkung um die Geradeausstellung kein Spiel hat, aber bei stärkerem Einschlag spürbar klemmt, ist die Zahnstange verschlissen. Das dürfte zwar erst nach einer gehörigen Fahrstrecke der Fall sein, aber dann muss das Lenkgetriebe ausgetauscht werden!

Manschetten der Lenkzahnstange prüfen

Mit einer Taschenlampe die Gummimanschetten ableuchten, mit denen die aus ihrem Gehäuse austretende Zahnstange links und rechts geschützt wird. Gründlich auch auf kleinste Verschleißspuren prüfen. Dringen durch einen rissigen oder beschädigten Faltenbalg Schmutz und Feuchtigkeit ein, verbinden sie sich mit dem Fett des Lenkgetriebes zu einer zerstörerischen Schleifpaste.

■ Die Lenkung voll nach rechts oder links einschlagen. Um Risse in den Falten zu erkennen, muss der Faltenbalg Stück um Stück auseinandergezogen werden. Eine verschlissene Manschette sollte man sofort austauschen. Sie kann bei eingebautem Lenkgetriebe ersetzt werden.

■ Klemmschellen müssen fest auf der Manschette sitzen. Zum Wechseln des Faltenbalgs wird daher eine spezielle Schlauchbinderzange empfohlen.

Lenksäule überprüfen

Wenn an der Lenksäule gearbeitet wurde, muss danach auf sichtbare Schäden und Funktion geprüft werden. Lässt sich die Säule ohne zu haken und ohne Schwergängigkeit drehen? Lässt sie sich in Längsrichtung und in der Höhe leicht verstellen?

Lässt sich das Rohr der Säule deutlich nach vorn und hinten oder seitlich bewegen? Dann ist etwas faul, die Lenksäule muss ausgetauscht werden.

Arbeiten an der Lenkung

Spurstangenkopf aus- und einbauen

■ Fahrzeug anheben und verzurren.

⚠ Wird das Fahrzeug nicht verzurrt, besteht die Gefahr, dass das Fahrzeug von der Hebebühne abrutschen kann!

■ Das entsprechende Vorderrad abbauen.

■ Mutter von Spurstangenkopf (Kugelgelenkkopf, 3 in Bild 1) lösen, aber noch nicht abschrauben. Die Mutter zum Schutz des Gewindes einige Umdrehungen auf dem Zapfen lassen.

■ Den Spurstangenkopf vom Radlagergehäuse mit einem Kugelgelenkabzieher abdrücken. Die Mutter jetzt abschrauben.

⚠ Beim Abdrücken die Gummitülle und das Gewinde nicht beschädigen.

■ Die Kontermutter (4) lösen.

■ Die Position vom Spurstangenkopf (3) auf der Spurstange kennzeichnen.

■ Den Spurstangenkopf von der Spurstange abdrehen. Hierzu die Schlüsselflächen am Spurstangenkopf (3) und an der Spurstange (4) nutzen.

Der Einbau erfolgt sinngemäß in umgekehrter Reihenfolge.

■ Den Spurstangenkopf bis zur angebrachten Markierung auf die Spurstange drehen.

■ Spurstangenkopf mit der Kontermutter sichern.

■ Spurstangenkopf mit neuer Mutter (3 in Bild 1) verschrauben.

■ Rad anbauen und mit Anzugsdrehmoment festziehen.

Fahrzeugvermessung durchführen (lassen).

Ausbau und Einbau der Spurstangen

■ Fahrzeug anheben und verzurren.

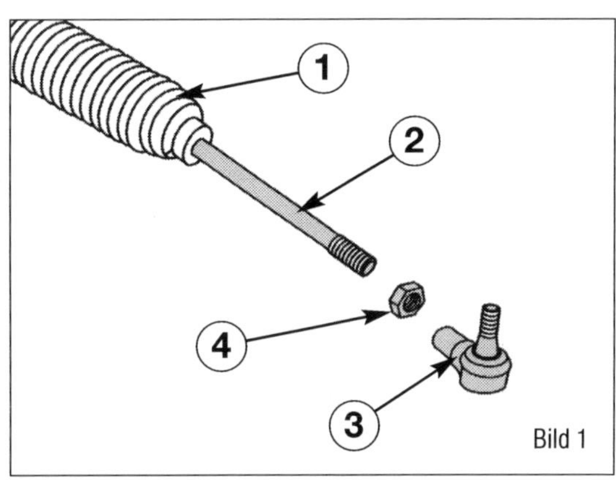

Bild 1
Spurstange in Teilen.
1 Faltenbalg
2 Spurstange
3 Kugelgelenkkopf
4 Kontermutter

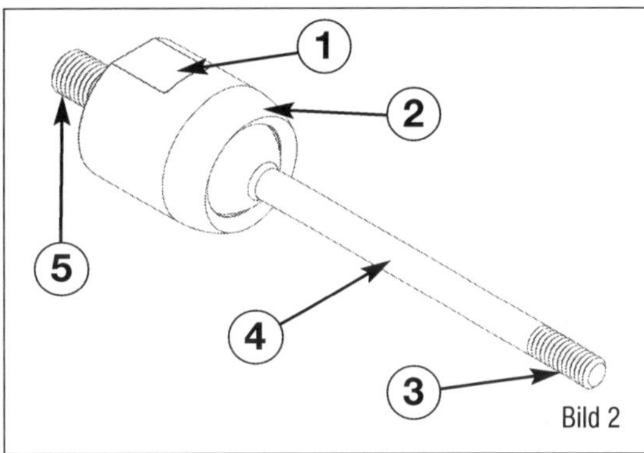

Bild 2
Spurstange ausgebaut.
1 Abflachung für Schraubenschlüssel
2 Gelenkpfanne
3 Spurstangengewinde
4 Spurstange
5 Spurstangenkopf

⚠ Wird das Fahrzeug nicht verzurrt, besteht die Gefahr, dass das Fahrzeug von der Hebebühne abrutschen kann!

■ Das Vorderrad abbauen.

■ Geräuschdämpfung ausbauen.

■ Die Mutter vom Spurstangenkopf (3 im Bild 1) lösen, diese aber noch nicht ganz abschrauben. Die Mutter zum Schutz des Gewindes noch einige Umdrehungen auf dem Gewinde des Spurstangenkopfs lassen.

■ Den Spurstangenkopf vom Radlagergehäuse mit einem Kugelgelenkabzieher abdrücken.

■ Die Mutter abschrauben.

⚠ Beim Abdrücken des Spurstangenkopfs die Gummitülle nicht beschädigen.

■ Die Klemmschelle an der Manschette an der Lenkung öffnen. Den Faltenbalg vom Lenkgetriebegehäuse herunterschieben.

■ Die Federbandschelle vom Faltenbalg lösen und auf die Spurstange schieben.

Linke Spurstange:

■ Das Lenkgetriebe in Fahrtrichtung gesehen bis zum Anschlag nach rechts drehen.

Rechte Spurstange:
■ Das Lenkgetriebe in Fahrtrichtung gesehen bis zum Anschlag nach links drehen.

Fortsetzung für beide Seiten:
⚠ Die Schlüsselweite (1 im Bild 2) an der Spurstange wurde von SW 41 auf SW 40 geändert. Bitte das entsprechende Maul-Einsteckwerkzeug auswählen und verwenden.
■ Die Spurstange von der Zahnstange der Lenkung abschrauben.

Der Einbau erfolgt in umgekehrter Reihenfolge.
■ Die Spurstange an der Zahnstange festziehen.
■ Den Faltenbalg (1 im Bild 1) mit neuer Klemmschelle auf das Lenkgetriebegehäuse aufschieben.
■ Klemmschelle mit einer speziellen Klemmzange befestigen.
■ Die Federbandschelle auf die Manschette aufsetzen.

Spurstange ersetzen:
Wird die Spurstange ersetzt, sollten Sie die Einbaulänge der alten Spurstange mit verschraubtem Spurstangenkopf messen und dieses Maß dann wieder durch das Einschrauben des Spurstangengewindes erreichen.
■ Den Spurstangenkopf mit neuer Mutter auf der Spurstange verschrauben.
■ Den Spurstangenkopf mit neuer Mutter am Radlagergehäuse anschrauben.
☞ Wurde der Spurstangenkopf von der Spurstange gelöst, muss nach dem Einbau das Fahrzeug vermessen werden.

Faltenbalg aus- und einbauen
Bei defektem Faltenbalg dringen Feuchtigkeit und Schmutz in das Lenkgetriebe. Im Bereich der Verzahnung auf der Zahnstange muss ein fühlbarer Schmierfilm vorhanden sein. Ist der Schmierfilm nicht vorhanden, muss das Lenkgetriebe ersetzt werden. Auch bei Korrosion, einer Beschädigung oder Abnutzung der Zahnstange ist das Lenkgetriebe zu ersetzen.

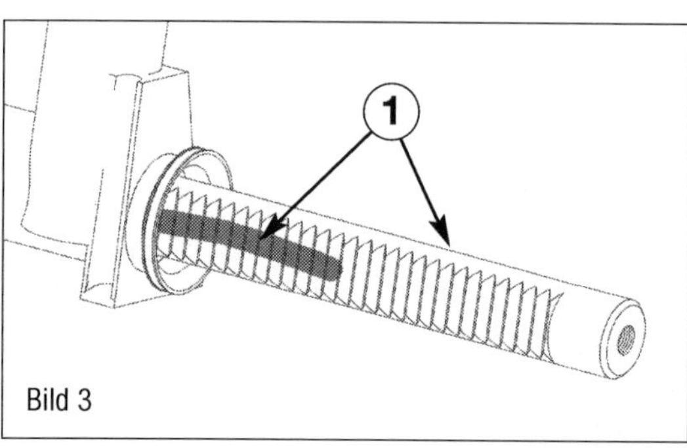

Bild 3

Bild 3
1 Bereiche an denen auf der Zahnstange der Lenkung Fett aufgetragen werden muss.

■ Das Lenkrad in Geradeausfahrt drehen.
■ Das entsprechende Rad abbauen.
■ Das Lenkgetriebe außen im Bereich vom Faltenbalg reinigen.
⚠ Dabei darf kein Schmutz durch den defekten Faltenbalg in das Lenkgetriebe gelangen.
■ Den Spurstangenkopf wie bereits beschrieben ausbauen.
■ Federbandschelle von Faltenbalg auf der Lenkung lösen und auf die Spurstange schieben.
■ Schelle öffnen, und Faltenbalg von der Spurstange abziehen.
■ Klemmschelle abbauen und Faltenbalg vom Lenkgetriebegehäuse abziehen.
■ Den Faltenbalg mit Federbandschelle von der Spurstange abziehen.

Der Einbau erfolgt sinngemäß in umgekehrter Reihenfolge.
■ Die Zahnstange im Bereich (1 im Bild 3) mit dem Fett bestreichen. Dazu die Lenkung nacheinander zu beiden Seiten bis zum Anschlag drehen.
⚠ Nur das im Reparatursatz beiliegende Fett verwenden.

■ Lenkrad in Geradeausfahrt drehen.
■ Faltenbalg auf die Spurstange und das Lenkgetriebe schieben. Den Faltenbalg mit neuer Schelle befestigen.
■ Federbandschelle auf Faltenbalg setzen.
■ Den Spurstangenkopf wie beschrieben einbauen.
■ Die Kontermutter (4 in Bild 1) wieder anziehen.
■ Das Rad wieder anbauen und mit Anzugsdrehmoment festziehen.
■ Eine Fahrzeugvermessung durchführen (lassen).

Instandsetzen des Lenkgetriebes
Eine Instandsetzung des Lenkgetriebes ist nicht vorgesehen. Es muss bei Beanstandungen komplett ausgetauscht werden.

Ausbau des Lenkgetriebes

Folgende Hinweise sind bei Arbeiten am Lenkgetriebe zu beachten:

- Bei Arbeiten an der Servolenkung ist größte Sauberkeit erforderlich. Die Verbindungsstellen und deren Umgebung ist vor dem Lösen gründlich zu reinigen.
- Ausgebaute Teile auf einer sauberen Unterlage ablegen und abdecken, wenn die Reparatur nicht umgehend weiter ausgeführt wird.
- Keine fasernden Lappen verwenden.
- Geöffnete Bauteile sorgfältig abdecken bzw. verschließen, wenn die Reparatur nicht umgehend weiter ausgeführt wird.
- Ersatzteile erst unmittelbar vor dem Einbau aus der Verpackung entnehmen.
- Nur originalverpackte Teile verwenden.
- Bei geöffneter Anlage nicht mit Druckluft arbeiten.
- Das Fahrzeug nicht bewegen.
- Fahrzeug anheben und verzurren.

Wird das Fahrzeug nicht verzurrt, besteht die Gefahr, dass das Fahrzeug von der Hebebühne abrutschen kann!

- Räder vorn abbauen.
- Batterie abklemmen.

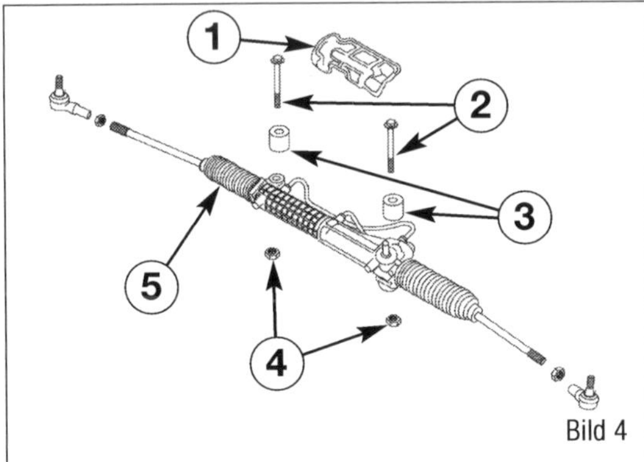

Bild 4
Lenkgetriebe am Transit.
1 Hitzeschild
2 Schraube
3 Hülse
4 Mutter
5 Lenkgetriebe

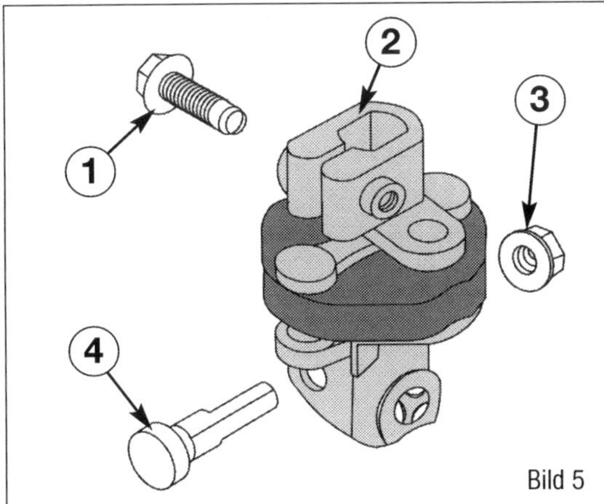

Bild 5
Kreuzgelenk vor dem Lenkgetriebe.
1 Schraube
2 Kreuzgelenk
3 Mutter
4 Sicherungsschraube

- Geräuschdämpfung unter dem Motor rechts, links und in der Mitte ausbauen.
- Lösen Sie die Koppelstangen am Stabilisator vorne.
- Demontieren Sie das Wärmeschutzblech über der Lenkung.
- Stellen Sie das Lenkrad gerade und blockieren Sie es gegen Verdrehen durch Einrasten der Lenkradsperre.

Darauf achten, dass während der Montagearbeiten das Lenkrad in dieser Stellung bleibt. Dadurch wird gewährleistet, dass sich die Wickelfeder für Airbag und Rückstellring mit Schleifring nicht verdreht.

- Demontieren Sie beide Spurstangenköpfe, wie bereits beschrieben.
- Lösen Sie die Befestigungsschraube (1 im Bild 5) im Kreuzgelenk der Lenksäule unten.
- Nehmen Sie die Schutzmanschette über dem Lenkgetriebe ab.

Reinigen Sie den Bereich um den Schnellverschluss zum Vorratsbehälter für Servoflüssigkeit und den Bereich um den Hochdruckanschluss an der Servopumpe gründlich.

- Lösen Sie den Anschluss des Rücklaufschlauches (4 im Bild 6) zum Servoflüssigkeitsbehälter und lassen Sie die Servoflüssigkeit ablaufen.
- Demontieren Sie die Hochdruckleitung (5) an der Servopumpe (3) zur Servolenkung.

Bei einigen Fahrzeugen ist in der Rücklaufleitung (4 im Bild 6) ein Kühler (eine Kühlschleife) eingebaut, die sich an der Fahrzeugfront befindet.

Bei wenigen Fahrzeugen befindet sich in der Hochdruckleitung (5 im Bild 6) ein Drucksensor.

- Lösen Sie die Befestigung der Anschlussleitungen am Achsträger.

Legen Sie immer Lappen unter die Verschraubungen der Leitungen aus, um austretendes Restöl aufzufangen.

- Offene Leitungen/Anschlüsse verschließen oder abdecken.
- Lösen Sie die Befestigungsschrauben des Lenkgetriebes (2 und 4 im Bild 4)
- Führen Sie das Lenkgetriebe zur Seite heraus.
- Legen Sie das Lenkgetriebe auf der Werkbank ab.

Der Einbau erfolgt in umgekehrter Reihenfolge. Dabei ist Folgendes zu beachten:

- Das Lenkgetriebe in den Aggregateträger einsetzen.
- Das Kreuzgelenk auf das Lenkritzel stecken (2 in Bild 5).
- Lenkgetriebe am Aggregateträger festschrauben (Schrauben 2 und 4 in Bild 4).
- Schraube für das Kreuzgelenk (1 im Bild 5) anbauen und festziehen.
- Dichtringe an der Druckleitung (Servopumpe) ersetzen.
- Rücklaufleitung am Vorratsbehälter anschließen.
- Spurstangenköpfe wieder einbauen.
- Die Koppelstangen am Stabilisator vorne wieder montieren.
- Geräuschdämpfung einbauen.
- Servolenkungsanlage wie nachfolgend beschrieben entlüften und den Ölstand der Servolenkung prüfen.
- Räder vorn anbauen.
- Die Radschrauben mit dem Drehmomentschlüssel anziehen.
- Das Fahrzeug vermessen (lassen) und den Lenkwinkelsensor eventuell neu anlernen.

Servolenkung entleeren, befüllen und entlüften

Das System muss entlüftet werden, wenn Teile der Hydraulik demontiert wurden.

- Zuerst den Hydraulikölstand prüfen, ggf. muss Hydrauliköl nachgefüllt werden.

⚠ Es wurden zwei unterschiedliche Öle verfüllt, die nicht miteinander vermischt werden dürfen. Das rote Lenkgetriebeöl entspricht der Ford-Freigabe WSA-M2C195-A. Das grüne Lenkgetriebeöl entspricht der Ford-Freigabe WSS-M2C 204-A2

- Motor nicht laufen lassen. Heben Sie das Fahrzeug so weit an, dass beide Vorderräder frei sind. Bringen Sie die Vorderräder in Geradeausstellung.
- Eine Auffangwanne für Hydrauliköl unterstellen.
- Öffnen Sie den Schraubdeckel des Vorratsbehälters für Hydrauliköl.
- Die Hydraulikleitungen unten vom Vorratsbehälter abziehen und Öl anschließend auslaufen lassen.
- Die Restmenge des Hydrauliköls herausdrücken, indem die Lenkung zehnmal von Anschlag zu Anschlag gedreht wird.
- Schließen Sie die Hydraulikleitungen wieder an und senken Sie das Fahrzeug ab. Das abgelassene Öl wird nicht wieder verwendet, sondern den Vorschriften entsprechend wie Altöl entsorgt.

☞ Befüllt wird ein leeres Hydrauliksystem nur bei kaltem Motor. Füllen Sie den Vorratsbehälter mit dem entsprechenden Lenkgetriebeöl bis zum Erreichen der MIN-Markierung auf. Das gesamte System ist mit etwa 1,5 Liter befüllt.

Bild 6
Aufbau der Servolenkung.
1 Vorratsbehälter
2 Anschluss
3 Servopumpe
4 Rücklaufleitung
5 Hochdruckleitung
6 Magnetventil
7 Servosteuerung
8 Steuerleitungen
9 Servolenkung
10 Zulaufleitung

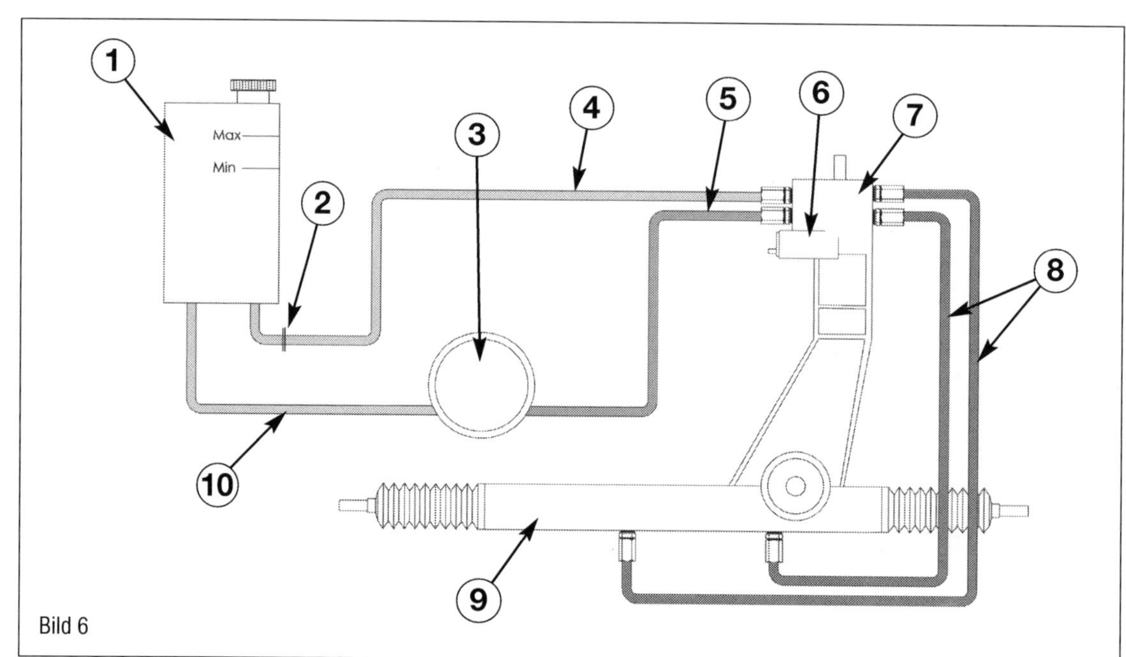

Bild 6

■ Fahrzeug wieder so weit anheben, bis die Vorderräder frei sind. Stellen Sie die Räder geradeaus.
■ Drehen Sie bei abgestelltem Motor das Lenkrad zehnmal von Anschlag zu Anschlag durch. Prüfen Sie den Ölstand und füllen Sie ggf. nach.
■ Schrauben Sie den Deckel des Vorratsbehälters für Lenkgetriebeöl auf. Senken Sie das Fahrzeug ab.
■ Starten Sie den Motor. Das Lenkrad zehnmal von Anschlag zu Anschlag drehen.
■ Den Motor abstellen. Wieder den Lenkgetriebeölstand prüfen und ggf. nachfüllen.
■ Deckel des Vorratsbehälters handfest zuschrauben.
■ Drücken Sie die Schutzkappe auf den Ausgleichsbehälter auf.

Tipp: Jetzt eventuell noch im System verbliebene Restluft entweicht im Fahrbetrieb nach 10 bis 20 Kilometern von selbst.

Ölstand der Servolenkung prüfen

Wenn das Hydraulik-Öl kalt ist, nicht den Motor laufen lassen. Sie können die Prüfung auch bei kaltem Öl vornehmen.
■ Die Räder in Geradeausstellung bringen.

Den Hydraulikölstand mit dem Ölmessstab des Verschlussdeckels (Schraubdeckel) prüfen:
■ Deckel abschrauben, Messstab mit einem sauberen Lappen abwischen und den Deckel wieder handfest einschrauben. Es gilt nur der Ölstand bei vorher voll eingeschraubtem Verschlussdeckel.

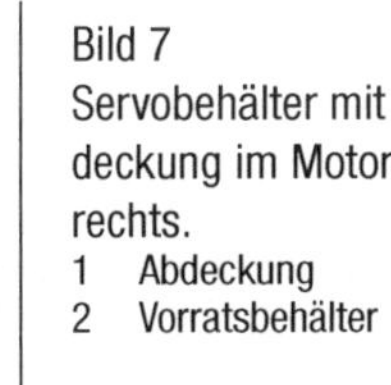
Bild 7
Servobehälter mit Abdeckung im Motorraum rechts.
1 Abdeckung
2 Vorratsbehälter

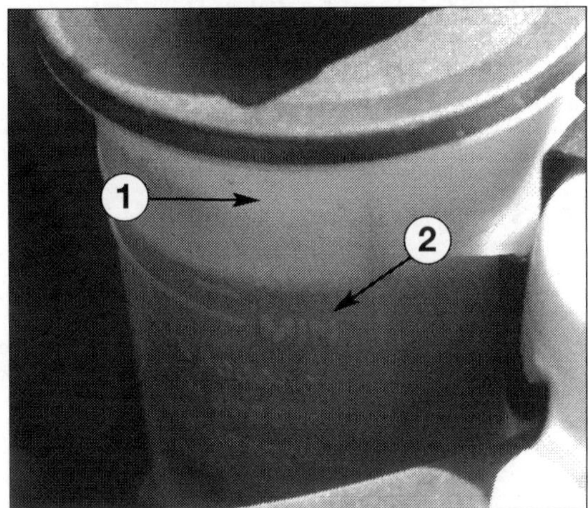

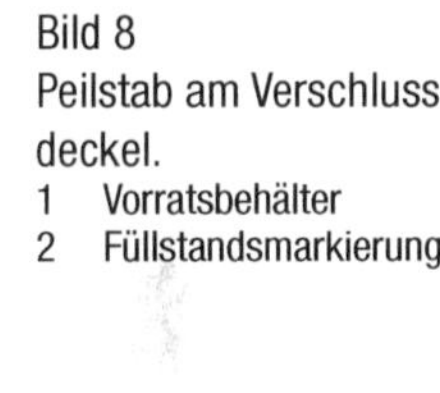
Bild 8
Peilstab am Verschlussdeckel.
1 Vorratsbehälter
2 Füllstandsmarkierungen

■ Ölstand prüfen: Er muss 2 mm über oder unter der MIN-Markierung liegen. Ist das Hydrauliköl betriebswarm (ab 50 °C), soll sich der Ölstand zwischen den MIN- und MAX-Markierungen befinden.
■ Wenn das System kontrolliert oder das Lenkgetriebe aus- und eingebaut wurde, muss ggf. Öl nachgefüllt werden.

13 Bremsanlage

Die Bremsen des Ford Transit

Der Bus wird kraftvoll und sicher über ein Hydraulik-Zweikreis-Bremssystem mit rundum Scheibenbremsen verzögert. Die vorderen Scheibenbremsen sind innenbelüftet, die Bremsscheiben hinten sind derzeit durchwegs für alle Motorisierungen massiv.

Die als Trommelbremse ausgeführte Feststellbremse wirkt im Topf der Scheibenbremse auf die Hinterräder. Die Bremsunterstützung erfolgt pneumatisch durch Vakuumbremskraftverstärker. In ihnen wird der hydraulische Druck, der dann an den Bremsen wirkt, mehr als verdoppelt. Auf diese Weise werden etwa 60% der wirkenden Bremskraft aufgebracht. Das Vakuum für den Unterdruck im Bremskraftverstärker wird dem Saugrohr entnommen oder mit einer Vakuumpumpe erzeugt.

Bremsscheiben und Bremstrommeln
Beim Transit wurden Bremsscheiben auf der Vorderachse und neben den Trommelbremsvarianten auch auf der Hinterachse verbaut. Die Aufschlüsselung nach Ausstattung oder Motorcodierung war nicht sinnvoll möglich. Für die Aufschlüsselung bei der Teilebestellung ist das Typenschild, das wir im Kapitel 2 beschrieben haben, hilfreich (Position 17 im Bild 15).

Bremsscheiben vorne:

Durchmesser [mm]	280 mm	300 mm
Höhe [mm]	54,5 mm	54,5 mm
Bremsscheibendicke [mm]	28 mm (innenbelüftet)	28 mm (innenbelüftet)
Mindestdicke [mm]	25 mm	25 mm
Lochanzahl	5	5
Lochkreis	111 mm	113,5 mm
Zentrierungsdurchmesser [mm]	93 mm	93 mm
Gewinde (Befestigung)	M10 x 1,5	M10 x 1,5
Mindest-Bremsbelagstärke*	1,5 mm	1,5 mm

Bremsscheiben hinten:

Durchmesser [mm]	280 mm	284 mm
Höhe [mm]	69 mm	43,9 mm
Bremsscheibendicke [mm]	16 mm (Vollmaterial)	16 mm (Vollmaterial)
Mindestdicke [mm]	14 mm	13 mm
Lochanzahl	5	10
Lochkreis	160 mm	160 mm
Zentrierungsdurchmesser [mm]	96 mm	107,1 mm
Bohrung (Befestigung)	M10 x 1,5	10,7 mm
Mindest-Bremsbelagstärke*	1,5 mm	1,5 mm

*ohne Belagträgerplatte

Trommelbremsen hinten:

Durchmesser [mm]	254 mm	280 mm
Durchmesser maximal	256 mm	282 mm
Innenhöhe	56 mm	60 mm
Lochkreis	160 mm	160 mm
Lochanzahl	5	5
Mindest-Bremsbelagstärke*	1,0 mm	1,0 mm

Bremsbeläge für Betriebs- und Handbremse
Auch hier wird das Heraussuchen über ein Teilesuchsystem nicht automatisch zum Erfolg führen. Wie schon bei den Bremsscheiben, sollten Sie die Belagsstärke erfassen und im Serviceheft oder unter den technischen Daten in diesem Buch entsprechend vermerken. So entfällt bei Bedarf der erneute Kampf mit den genauen Abmessungen und eventuell nicht passenden Teilen.

Antiblockiersystem (ABS)
Der Transit verfügt serienmäßig über ein Antiblockiersystem. Die Bremsanlage des ABS ist diagonal aufgeteilt. Die Bremskraftverstärkung erfolgt pneumatisch durch den Vakuumbremskraftverstärker. Fahrzeuge mit dem ABS haben keinen mechanischen Bremskraftregler. Eine speziell abgestimmte Software im Steuergerät übernimmt die Bremskraftverteilung für die Hinterachse. Störungen am ABS haben Einfluss auf die Bremsanlage und die Verstärkung. Es muss mit einem veränderten Bremsverhalten gerechnet werden. Nach Aufleuchten der Kontrollleuchte für ABS und Kontrollleuchte für Bremsanlage können die Hinterräder beim Bremsen frühzeitig blockieren! Hydraulikeinheit und Steuergerät (47-polig) bilden eine Einheit. Eine Trennung ist nur im ausgebauten Zustand möglich. Neue Steuergeräte aus dem Ersatzteilbereich sind nicht codiert. Sie sind nach dem Einbau zu codieren. Die Kontrollleuchte für ABS und die Kontrollleuchte für ESP und ASR blinken, solange das Steuergerät für ABS nicht codiert ist.

Informationen zum Bremssystem
Die im Hydrauliksystem zirkulierende Flüssigkeit ist auch bei Ford eine Bremsflüssigkeit nach dem Standard »FMVSS 116 DOT 4«, wovon auch die Weiterentwicklung »DOT 4 plus« erhältlich ist.

Bremsflüssigkeit auf keinen Fall mit mineralölhaltigen Flüssigkeiten (Öl, Benzin, Reinigungsmittel) in Verbindung bringen. Mineralöle beschädigen die Dichtungen und Gummitüllen der Bremsanlage!

- Bremsflüssigkeit ist giftig. Sie darf wegen ihrer ätzenden Wirkung auch nicht mit Lack in Berührung kommen. Eventuell ausgetretene Bremsflüssigkeit mit viel Wasser abspülen!
- Bremsflüssigkeit ist hygroskopisch, das heißt, sie nimmt aus der umgebenden Luft Feuchtigkeit auf und ist darum stets in luftdicht verschlossenen Behältern aufzubewahren.

Störungen am ABS haben keinen Einfluss auf Bremsanlage und Bremskraftverstärkung. Die herkömmliche Bremsanlage bleibt auch ohne ABS funktionsfähig. Es muss jedoch mit einem veränderten Bremsverhalten gerechnet werden. Nach Aufleuchten der ABS-Kontrollleuchte können die Hinterräder beim Bremsen frühzeitig blockieren.

Bremsflüssigkeitsstand (abhängig vom Belagverschleiß) prüfen

Der Stand der Bremsflüssigkeit ist an den Markierungen des Bremsflüssigkeitsbehälters abzulesen.

- Der Bremsflüssigkeitsstand (Menge) ist stets in Abhängigkeit vom Bremsbelagverschleiß zu beurteilen. Im Fahrbetrieb sinkt durch Abnutzung und automatische Nachstellung der Bremsbeläge der Flüssigkeitsstand geringfügig ab.
- Bei einem Flüssigkeitsstand an der »MIN«-Markierung und etwas darüber ist kein Nachfüllen erforderlich, wenn die Bremsbelagverschleißgrenze nahezu erreicht ist.
- Sind die Bremsbeläge neu bzw. weit von der Belagverschleißgrenze entfernt, muss der Flüssigkeitsstand zwischen der »MIN«- und der »MAX«-Markierung liegen.
- Die »MAX«-Markierung darf jedoch nicht überschritten werden, damit die Flüssigkeit nicht aus dem Bremsflüssigkeitsbehälter austritt.
- Ist der Flüssigkeitsstand unter die »MIN«-Markierung abgesunken, muss, bevor Bremsflüssigkeit ergänzt wird, das ganze Bremssystem überprüft werden, ggf. sind Reparaturen einzuleiten.

Bremsanlage auf Undichtigkeiten und Beschädigungen prüfen

Sichtprüfung
Folgende Bauteile müssen auf Undichtigkeiten und Beschädigungen überprüft werden:

- Hauptbremszylinder,
- Bremskraftverstärker,
- Hydraulikeinheit,
- Bremssättel.

Weiterhin sind zu prüfen:

- Das Vorhandensein der Staubkappen an den Entlüftungsventilen für Bremsflüssigkeit,
- dass die Bremsschläuche nicht verdreht sind und dass sie beim maximalen Lenkeinschlag keine Fahrzeugbauteile berühren,
- dass Bremsschläuche nicht porös und brüchig sind,
- dass Bremsschläuche und Bremsleitungen keine Scheuerstellen aufweisen,
- dass Bremsanschlüsse und Befestigungen richtig sitzen, nicht undicht und frei von Korrosion sind.

Festgestellte Mängel sind unbedingt durch entsprechende Reparaturmaßnahmen zu beseitigen.

Dichtigkeitsprüfung unter Druck
Diese Prüfung erfordert ein Prüfgerät für Bremssysteme mit Adapter. Prüfvoraussetzung ist, dass Funktion und Dichtheit der Bremsanlage gewährleistet sind.

- Entlüftungsventil an einem der vorderen Bremssättel herausschrauben. Das Prüfgerät für Bremssysteme anschließen und entlüften.

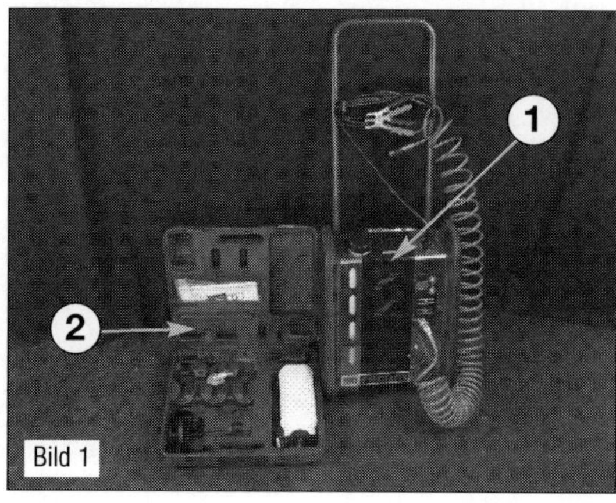

Bild 1
Automatisches Entlüftungsgerät.
1 Entlüftungsgerät mit Batterieanschlüssen und Vorratstank
2 Adapterset für unterschiedliche Vorratsbehälter am Fahrzeug

- Bremspedal belasten, bis das Druckmanometer 50 bar Überdruck anzeigt. Während der Prüfdauer von 45 Sekunden darf der Druckabfall nicht mehr als 4 bar betragen. Bei größerem Druckabfall Hauptbremszylinder ersetzen.

Bremsanlage mit Gerät entlüften

Normale Entlüftung
Den Arbeitsablauf zum Entlüften der Bremsanlage genau einhalten.

- Bremsenfüll- und Entlüftungsgerät anschließen, d. h. Adapter statt Verschlussdeckel auf Bremsflüssigkeitsbehälter aufschrauben, Druck einstellen und Befüllschlauch des Gerätes an den Adapter anschließen.
- Abdeckkappen von den Entlüftungsventilen abziehen (Bild 3), Schlauch der Entlüfterflasche aufstecken und dann Entlüftungsventile mit einem passenden Schlüssel in folgender Reihenfolge öffnen und jeweiligen Radbremszylinder/Bremssättel entlüften:

1. Bremssattel hinten links
2. Bremssattel vorn links
3. Bremssattel vorn rechts
4. Bremssattel hinten rechts

- Entlüftungsventil bei aufgestecktem Schlauch der Entlüfterflasche so lange geöffnet lassen, bis blasenfreie Bremsflüssigkeit ausströmt.

☞ Geeigneten Entlüfterschlauch verwenden. Er muss straff auf dem Entlüftungsventil sitzen, damit keine Luft in die Bremsanlage gelangen kann!

Vorentlüftung
Wenn bei Fahrzeugen mit EDS, EDS/ASR oder EDS/ASR/ESP eine Kammer des Bremsflüssigkeitsbehälters komplett leergelaufen ist (z. B. bei Undichtigkeiten der Bremsanlage), muss zuerst eine Vorentlüftung erfolgen.

- Bremssattel vorn links und vorn rechts gleichzeitig zusammen entlüften.
- Bremssattel hinten links und hinten rechts gleichzeitig zusammen entlüften.
- Entlüftungsventile bei aufgesteckten Schläuchen der Entlüfterflasche so lange geöffnet lassen, bis blasenfreie Bremsflüssigkeit ausströmt.

■ Anschließend muss über die Funktion »Grundeinstellung« mit dem Diagnosetester F-COM die Hydraulikeinheit nochmals entlüftet werden. Grundeinstellung einleiten (zum Entlüften der Bremsanlage):

■ F-COM anschließen und Funktion anwählen. Zum Entlüften der Hydraulikeinheit ist ein Vordruck von 2 bar nötig.

■ Danach die Bremsanlage normal entlüften (siehe oben).

Bremsanlage ohne Gerät entlüften

Steht kein Bremsenfüll- und Entlüftungsgerät zur Verfügung, muss die Bremsanlage mit einfachen Mitteln entlüftet werden. Nötig dafür sind neue Bremsflüssigkeit und ein geeigneter, möglichst durchsichtiger Kunststoffschlauch, wie ihn Baumärkte im Sortiment haben. Er muss straff auf der Entlüfterschraube Radbremszylinder/Bremssattel sitzen, damit keine Luft in die Bremsanlage gelangen kann.

■ Wenn erforderlich, die Entlüftungsventile einige Stunden vor der Arbeit mit Rostlöser einsprühen. Das mindert das Risiko, dass die Ventile beim Lösen abgerissen werden.

■ Entlüftungsreihenfolge wie bei »Entlüftung normal«.

■ Staubkappe vom Entlüftungsventil abziehen, Ventilnippel säubern, den Kunststoffschlauch auf den Nippel schieben und das freie Schlauchende in einen teilweise mit Bremsflüssigkeit gefüllten Auffangbehälter stecken.

■ Entlüftungsschraube mit einem Ringschlüssel maximal eine Umdrehung lösen. Ein Helfer tritt das Bremspedal langsam bis zum Boden, damit die Bremsflüssigkeit und die darin eingeschlossene Luft herausgepumpt werden.

Auf Schlauch und Auffangbehälter achten: die Luftbläschen müssen zu sehen sein.

■ Das Bremspedal am Boden halten. Nun die Entlüftungsschraube schließen, erst dann das Bremspedal zurücknehmen.

■ Diesen Vorgang so lange wiederholen, bis keine Luftbläschen mehr aufsteigen, es ist dann keine Luft mehr im System. Dabei aber ständig den Stand der Bremsflüssigkeit im Ausgleichsbehälter beobachten. Bei Bedarf nachfüllen, aber nur so viel, dass der vorherige Stand im Bremsflüssigkeitsbehälter nicht überschritten wird. Dadurch wird verhindert, dass bei einem späteren Wechsel der Bremsbeläge zu viel Bremsflüssigkeit im System ist und der Behälter beim Zurückdrücken der Bremskolben überläuft.

Bild 2
Entlüftungsventil am Bremssattel vorne.
1 Entlüftungsventil
2 Bremssattel

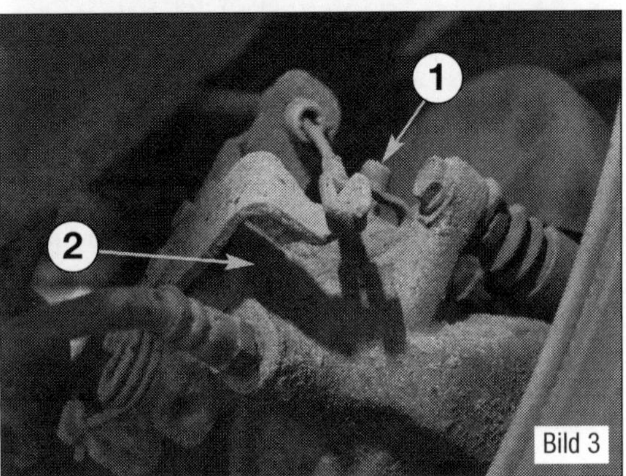

Bild 3
Entlüftungsventil am Bremssattel hinten.
1 Entlüftungsventil
2 Bremssattel

■ Nach dem letzten Durchgang muss der Helfer das Bremspedal wieder am Boden halten, bis das Entlüftungsventil endgültig geschlossen ist (Schraube nicht anknallen).

■ Die Arbeit an den anderen Entlüftungsventilen wiederholen.

■ Lässt sich die Bremse nach vorgenannter Methode nicht vollständig entlüften, alle Entlüftungsventile schließen, den Motor starten und mehrfach die Bremse betätigen. Dann nochmals einen Entlüftungsdurchgang vornehmen.

■ Zum Schluss noch einmal alle Bremsleitungen, Entlüftungsventile (angezogen?), den Stand im Bremsflüssigkeitsbehälter und die Funktion der Bremsen bei einer (vorsichtigen) Probefahrt prüfen. Dabei einmal so stark bremsen, dass die ABS-Regelung greift.

Bremsflüssigkeit wechseln

■ Verschlussdeckel vom Bremsflüssigkeits-Vorratsbehälter abschrauben. Das Sieb darf nicht aus dem Behälter entfernt werden!

Bild 4
Pedalträger im Fußraum.
1 Bremsschalter
2 Kupplungsschalter
3 Muttern
4 Pedalgummi
5 Pedalträger mit Brems- und Kupplungspedal

■ Mit dem Saugschlauch vom Bremsenfüll- und Entlüftungsgerät so viel Bremsflüssigkeit wie möglich absaugen. Abgesaugte Bremsflüssigkeit darf nicht wieder verwendet werden.
■ Adapter (aus dem Bremsenentlüftungswerkzeug) auf den Bremsflüssigkeits-Vorratsbehälter schrauben, den richtigen Druck am Bremsenfüll- und Entlüftungsgerät einstellen (Bedienungsanleitung des Gerätes beachten) und den Befüllschlauch des Geräts an den Adapter anschließen.
■ Abdeckkappe des Entlüftungsventils am Bremssattel vorn links abziehen und Entlüfterschlauch der Auffangflasche auf das Ventil stecken, Entlüftungsventil öffnen und die entsprechende Bremsflüssigkeitsmenge (siehe folgende Tabelle) ausfließen lassen. Entlüftungsventil mit 10 Nm schließen. Abdeckkappe am Entlüftungsventil des Bremssattels vorn links wieder aufstecken.
■ Diesen Arbeitsablauf an der rechten Fahrzeugseite vorn wiederholen.
■ Schrauben Sie ggf. beide Räder an der Hinterachse ab, um nun dort an die Entlüftungsventile zu gelangen. Abdeckkappe am Entlüftungsventil des Bremssattels hinten links abziehen und Entlüfterschlauch der Auffangflasche auf das Entlüftungsventil hinten links stecken, Entlüftungsventil öffnen und die entsprechende Bremsflüssigkeitsmenge (siehe folgende Tabelle) ausfließen lassen. Entlüftungsventil mit 10 Nm schließen. Abdeckkappe am Entlüftungsventil des Bremssattels hinten links wieder aufstecken.
■ Diesen Arbeitsablauf an der rechten Fahrzeugseite hinten wiederholen.

Ausfließende Bremsflüssigkeitsmengen	
Reihenfolge Entlüftungsventile	Bremsflüssigkeitsmengen
Bremssattel vorn links	0,20 Liter
Bremssattel vorn rechts	0,20 Liter
Bremssattel hinten links	0,30 Liter
Bremssattel hinten rechts	0,30 Liter
Kupplungsnehmerzylinder	0,15 Liter

Bremslichtschalter aus- und einbauen

Der Bremslichtschalter ist unter der Armaturenbrettverkleidung mittig über dem Bremspedal verbaut. Er ist ohne die Demontage weiterer Bauteile erreichbar. Der Schalter über dem Kupplungspedal ist der Kupplungsschalter.

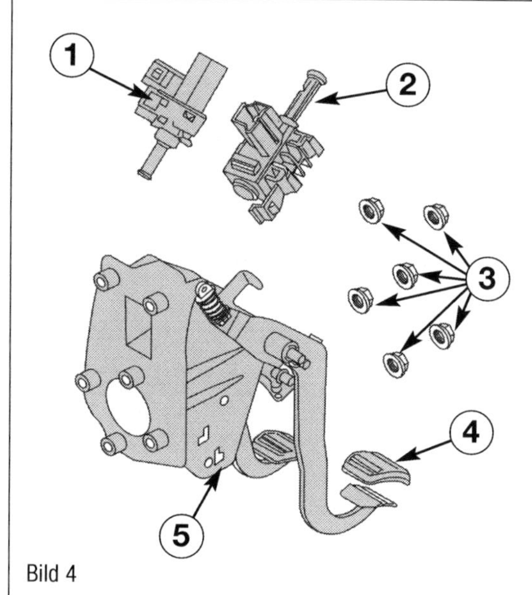

Bild 4

■ Die Steckerraste entsichern und Stecker vom Bremslichtschalter (1 im Bild 4) abziehen.
■ Bremslichtschalter (1) gegen den Uhrzeigersinn drehen und herausziehen.

Der Einbau erfolgt sinngemäß in umgekehrter Reihenfolge.
■ Weitere Einstellarbeiten sind nicht notwendig.

Hauptbremszylinder aus- und einbauen

■ Ausreichend nicht fasernde Lappen im Bereich des Hauptbremszylinders legen.
■ So viel Bremsflüssigkeit wie möglich mit dem Bremsen-Füll- und Entlüftungsgerät oder einer Absaugvorrichtung aus dem Bremsflüssigkeitsbehälter absaugen.
■ Nachlaufschlauch für Kupplungsgeberzylinder vom Bremsflüssigkeitsbehälter abziehen und hochbinden.
■ Die Steckerraste entsichern und Stecker vom Bremsflüssigkeitssensor abziehen.
■ Bremsleitungen am Hauptbremszylinder abschrauben.
■ Die Bremsleitungen mit Verschlussstopfen aus verschließen.

■ Muttern vom Hauptbremszylinder abschrauben.
■ Hauptbremszylinder vorsichtig aus dem Bremskraftverstärker herausnehmen.

Der Einbau erfolgt sinngemäß in umgekehrter Reihenfolge.

Beim Zusammensetzen des Hauptbremszylinders mit dem Bremskraftverstärker auf richtigen Sitz der Druckstange im Hauptbremszylinder achten. Darauf achten, dass der Dichtring zwischen Hauptbremszylinder und Bremskraftverstärker ordnungsgemäß eingebaut ist.
■ Bremsanlage entlüften. Eventuell den Kupplungsgeberzylinder entlüften.

Funktion des Bremskraftverstärkers prüfen

■ Bremspedal bei stehendem Motor mehrere Male kräftig durchtreten (dadurch wird der im Gerät vorhandene Unterdruck abgebaut).
■ Bremspedal jetzt mit mittlerer Fußkraft in Bremsstellung halten und Motor starten. Bei einem einwandfrei funktionierenden Bremskraftverstärker gibt das Bremspedal dabei unter dem Fuß spürbar nach (Verstärkung wird wirksam). Senkt sich das Pedal nicht, liegt eine Störung vor.

Diese kann in der Unterdruckversorgung (Leitung, Pumpe, Anschluss) oder am Bremskraftverstärker selbst zu finden sein. In diesem Fall muss er ersetzt werden. Reparaturen an diesem Bauteil sind nicht vorgesehen.

Bremskraftverstärker aus- und einbauen

■ Bei Fahrzeugen mit codiertem Radio die Codierung beachten, ggf. erfragen.
■ Batterie abklemme.
■ Bauen Sie den Kühlmittelausgleichbehälter ab und legen Sie ihn mit angeschlossenen Leitungen aus dem Arbeitsbereich heraus.
■ Klemmen Sie die Bremsleitungen am Hauptbremszylinder ab.
■ Die Bremsleitungen mit Verschlussstopfen aus verschließen.

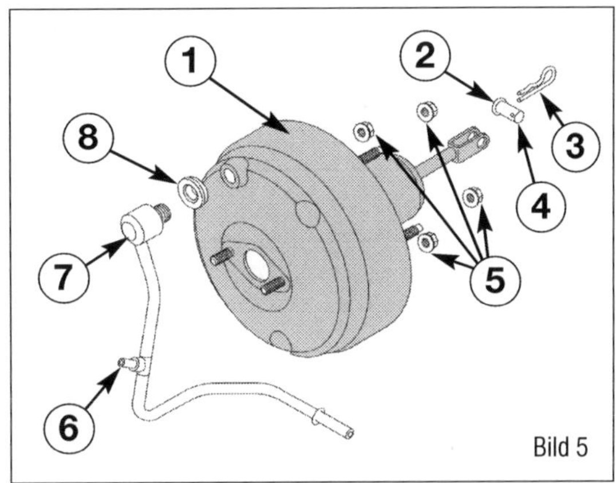

Bild 5
Bremskraftverstärker mit Anbauteilen.
1 Bremskraftverstärker
2 Aufnahme am Bremspedal
3 Sicherungssplint
4 Bolzen
5 Muttern (4 Stück)
6 Anschluss Unterdruckleitung
7 Rückschlagventil
8 Dichtgummi

■ Die Steckerraste entsichern und Stecker vom Bremsflüssigkeitssensor abziehen.
■ Nachlaufschlauch für Kupplungsgeberzylinder vom Bremsflüssigkeitsbehälter abziehen und hochbinden.
■ Die Unterdruckleitung (7 im Bild 5) zum Bremskraftverstärker am Bremskraftverstärker abziehen.
■ Ziehen Sie den Splint (3) und den darüber gesteckten Clip heraus.
■ Ziehen Sie den Bolzen (4) heraus.
■ Drehen Sie die Befestigungsmuttern (5) vom Innenraum aus ab.
■ Nehmen Sie den Bremskraftverstärker zusammen mit dem Hauptbremszylinder aus dem Motorraum heraus.
■ Wenn erforderlich, demontieren Sie den Hauptbremszylinder vom Bremskraftverstärker ab.

Der Einbau erfolgt sinngemäß in umgekehrter Reihenfolge.
■ Hauptbremszylinder einbauen.
■ Bremskraftverstärker einbauen.
■ Bremspedal mit Bremskraftverstärker verclipsen.
■ Bremsanlage entlüften. Eventuell den Kupplungsgeberzylinder entlüften.
■ Wenn erforderlich Radio codieren.

Bremspedal aus- und einbauen

Demontage des Bremspedals
Aufgrund der Platzverhältnisse demontieren Sie das Bremspedal komplett mit dem Pedalwerk, welches aus Kupplungspedal und Bremspedal besteht.

Für die Demontage ist es erforderlich die Airbageinheit des Lenkrades abzuziehen. Für diese Arbeiten ist die Airbag-

sachkunde erforderlich. Aus Sicherheitsgründen verzichten wir auf Details für diese Arbeitsschritte und verweisen Sie an einen Mechaniker mit ausgewiesener Sachkunde.

■ Der Ausbau der Pedaleinheit und auch des Bremspedals erfolgt wie bereits beim Kupplungspedal beschrieben.

Bremsscheiben und Beläge

Bremsbelagdicke und Bremsscheiben prüfen

Bremsbeläge vorn

■ Zur besseren Beurteilung der Restbelagdicke einen Prüfspiegel benutzen und das Rad auf der Seite abnehmen, auf der die Bremsbelagverschleißanzeige verbaut ist, ggf. Radschraubenkappen abziehen und die Stellung des Rades zur Bremsscheibe kennzeichnen.

■ Radschrauben herausdrehen und Rad abnehmen.

■ Dicke des äußeren und inneren Belages messen. Bei der Belagdicke 1,5 mm (ohne Rückenplatte) haben die Bremsbeläge ihre Verschleißgrenze erreicht und sind zu ersetzen.

■ Rad in der gekennzeichneten Position wieder anschrauben. Radbefestigungsschrauben über Kreuz mit 120 Nm anziehen, ggf. Radschrauben und -kappen aufstecken.

Bremsbeläge hinten

Mit einer Taschenlampe durch einen Durchbruch in der Felge leuchten. Die Stärke des äußeren Belages durch Sichtprüfung ermitteln. Mit einer Taschenlampe inneren Belag anleuchten und Spiegel anhalten. Dicke des inneren Belages durch Sichtprüfung ermitteln. Auch diese Bremsbeläge haben bei einer Dicke von 1,5 mm ohne Rückenplatte ihre Verschleißgrenze erreicht und sind dann zu ersetzen.

■ Die Bremssysteme mit innen liegender Trommelbremse müssen zur Kontrolle der Beläge für die Handbremse zerlegt werden.

Bremsscheiben prüfen

Wenn die Scheibenbremsbeläge ersetzt werden müssen, sind unbedingt auch die Bremsscheiben auf Ver-

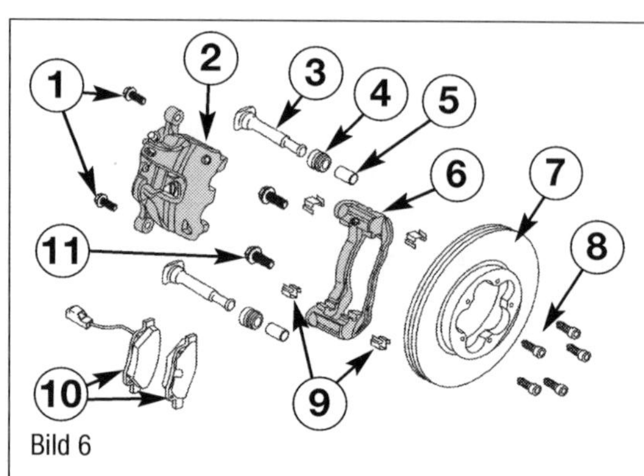

Bild 6

Bild 6
Bremse vorne.
1 Schrauben Bremssattel
2 Bremssattel vorne
3 Schwimmlagerbolzen
4 Manschette
5 Schwimmlager
6 Sattelträger
7 Bremsscheibe
8 Schrauben Bremsscheibe
9 Belaghalteblech
10 Bremsbeläge
11 Schrauben Sattelträger

schleiß zu prüfen. Fehlerbilder sind: Risse, Riefen, Rost und Grat am Bremsscheibenrand.

■ Ggf. Bremsscheiben ersetzen (grundsätzlich achsweise).

Vorderradbremse

Bremsbeläge vorne wechseln

Weiter zu verwendende Bremsbeläge beim Ausbau kennzeichnen. Die Beläge an gleicher Stelle wieder einbauen, sonst kann ungleichmäßige Bremswirkung entstehen! Die Montagearbeit unterscheidet sich für die unterschiedlichen Bremssysteme nur unwesentlich.

■ Fahrzeug anheben und verzurren.

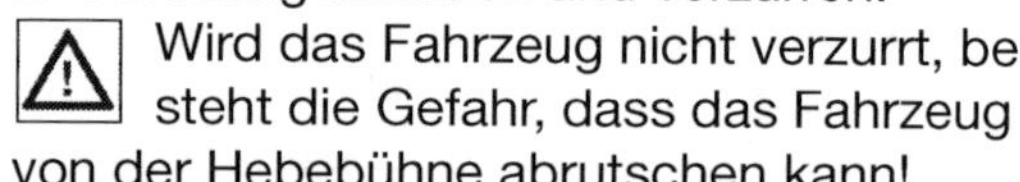

Wird das Fahrzeug nicht verzurrt, besteht die Gefahr, dass das Fahrzeug von der Hebebühne abrutschen kann!

■ Räder abbauen.

■ Steckverbindung für Bremsbelagverschleißanzeige trennen.

■ Mit dem Schraubendrehen den Bremssattel etwas zurückdrücken.

■ Schrauben für Bremssattelbefestigung (1 im Bild 6) herausschrauben.

■ Bremssattel (2) abnehmen, dabei Leitung für Bremsbelagverschleißanzeige durch die Öffnung im Bremssattel führen.

■ Bremssattel (2) so mit Draht an der Karosserie befestigen, dass das Gewicht des Bremssattels den Bremsschlauch nicht belastet, bzw. beschädigt.

■ Bremsbeläge (10) seitlich aus dem Bremssattelträger (6) herausnehmen.

■ Bremssattelgehäuse reinigen.

Für das Reinigen des Bremssattelgehäuses ist ausschließlich Spiritus zu verwenden.

Einbauen:

Vor dem Zurückdrücken mit einer Entlüfterflasche Bremsflüssigkeit aus dem Bremsflüssigkeitsbehälter absaugen. Es kann sonst, wenn zwischenzeitlich Bremsflüssigkeit nachgefüllt wurde, Bremsflüssigkeit auslaufen und zu Schäden führen.

■ Vor Einsetzen neuer Bremsbeläge müssen die Kolben mit einer Kolbenrücksetzvorrichtung (1 im Bild 7) in den Zylinder gedrückt werden.

■ Bremsbeläge (10 im Bild 6) einsetzen.

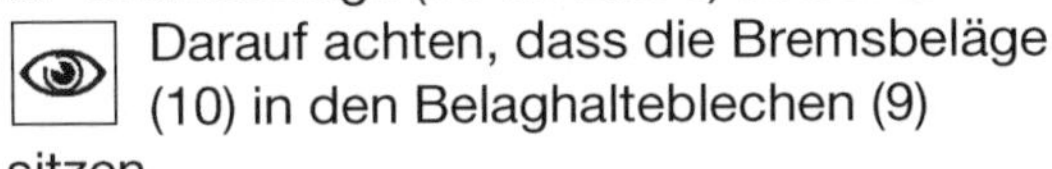

Darauf achten, dass die Bremsbeläge (10) in den Belaghalteblechen (9) sitzen.

■ Prüfen Sie, ob die Schwimmlager der Bremssättel sich leichtgängig und spielfrei verschieben lassen.

■ Bremssattelgehäuse einsetzen.

■ Neue Befestigungsschrauben (1) mit vorgeschriebenem Anzugsdrehmoment festziehen.

■ Steckverbindung für Bremsbelagverschleißanzeige (4) verbinden.

■ Räder anbauen.

Nach Ersetzen von Bremsbelägen Bremspedal im Stand mehrmals kräftig durchtreten, damit die Bremsbeläge ihren dem Betriebszustand entsprechenden Sitz einnehmen.

Nach dem Bremsbelagwechsel den Bremsflüssigkeitsstand prüfen.

Bremsscheiben vorne wechseln

Weiter zu verwendende Bremsscheiben und Bremsbeläge beim Ausbau kennzeichnen. Die Beläge und Scheiben an gleicher Stelle wieder einbauen, sonst kann ungleichmäßige Bremswirkung entstehen.

■ Fahrzeug anheben und verzurren.

Wird das Fahrzeug nicht verzurrt, besteht die Gefahr, dass das Fahrzeug von der Hebebühne abrutschen kann!

■ Räder abbauen.

■ Steckverbindung für Bremsbelagverschleißanzeige trennen.

■ Schrauben für Bremssattelbefestigung (1 im Bild 6) herausschrauben.

■ Mit dem Schraubendrehen den Bremssattel etwas zurückdrücken.

■ Bremssattel abnehmen, dabei Leitung für Bremsbelagverschleißanzeige durch die Öffnung im Bremssattel führen.

■ Bremssattel (2) so mit Draht befestigen,

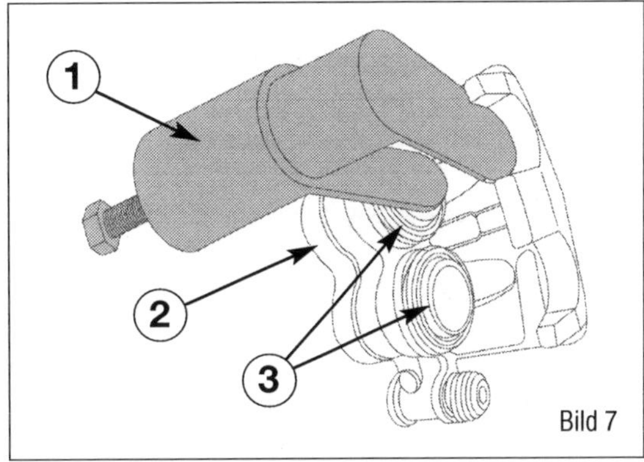

Bild 7

Bild 7
Rückstellwerkzeug am vorderen Bremssattel.
1 Kolbenrücksetzvorrichtung
2 Bremssattel
3 Bremskolben

dass das Gewicht des Bremssattels den Bremsschlauch nicht belastet, bzw. beschädigt.

■ Bremsbeläge (10) seitlich aus dem Bremsträger (6) herausnehmen.

■ Drehen Sie die beiden Schrauben (11) heraus und nehmen Sie den Sattelträger (6) ab.

■ Lösen Sie Schrauben der Bremsscheibe (8) an der Radnabe, belassen sie aber noch eingedreht.

■ Demontieren Sie das Radlager mit der Radnabe vom Achsschenkel wie bereits beschrieben.

Die Montage erfolgt sinngemäß in umgekehrter Reihenfolge.

■ Reinigen Sie den Sattelträger gründlich.

■ Reinigen Sie die Anlagefläche der Bremsscheibe auf der Radnabe gründlich.

■ Reinigen Sie die Sitzfläche des Radlagers im Achsschenkel gründlich.

Die Anlagefläche muss metallisch blank sein. Ablagerungsreste können zu rubbelnden Bremsscheiben führen.

■ Bestreichen Sie die Anlageflächen auf der Radnabe dünn mit Kupferpaste, um die erneute Korrosionsbildung etwas zu verzögern.

■ Bestreichen Sie die Anlageflächen im Achsschenkel für das Radlagergehäuse dünn mit Montagepaste, um die erneute Korrosionsbildung etwas zu verzögern und die Montage zu erleichtern.

Hinterradbremse

Die Hinterradbremse ist ähnlich aufgebaut wie schon die Bremse bei vielen Van-Modellen von Volkswagen und anderen Herstellern. Die Handbremse arbeitet über eine

Spindel auf der Scheibenbremse oder bei der Trommelbremse über ein Hebelwerk. Sie muss nicht nachgestellt werden. Die Nachstellung erfolgt automatisch.

Bremsbeläge hinten wechseln Scheibenbremse
Die Bremssysteme unterscheiden sich für den Wechsel der Betriebsbremsbeläge nur unwesentlich.

Weiter zu verwendende Bremsbeläge beim Ausbau kennzeichnen. Die Beläge an gleicher Stelle wieder einbauen, sonst kann ungleichmäßige Bremswirkung entstehen!

- Räder abbauen.
- Steckverbindung für Bremsbelagverschleißanzeige (12 im Bild 8) trennen.
- Schrauben für Bremssattelbefestigung (1) herausschrauben.
- Bremssattel abnehmen, dabei die Leitung für die Bremsbelagverschleißanzeige durch die Öffnung im Bremssattel führen.
- Den Bremssattel so mit Draht befestigen, dass das Gewicht des Bremssattels den Bremsschlauch nicht belastet bzw. beschädigt.
- Bremsbeläge (11) seitlich aus dem Bremsträger herausnehmen.
- Sattelträger (7) und Bremssattel (2) reinigen.

Für das Reinigen des Bremssattelgehäuses ist ausschließlich Spiritus zu verwenden.

Der Einbau erfolgt sinngemäß in umgekehrter Reihenfolge.

Vor Einsetzen neuer Bremsbeläge müssen die Kolben mit der Kolbenrücksetzvorrichtung in den Zylinder gedrückt werden (siehe Bild 9). Dabei wird der Bremskolben gegen den Uhrzeigersinn gedreht, um die Spindel für die Handbremsbetätigung zurückzudrehen.

Vor dem Zurückdrücken mit einer Entlüfterflasche Bremsflüssigkeit aus dem Bremsflüssigkeitsbehälter absaugen. Wenn zwischenzeitlich Bremsflüssigkeit nachgefüllt wurde, kann Bremsflüssigkeit auslaufen und zu Schäden führen.

- Kolben mit der Kolbenrücksetzvorrichtung (2 im Bild 9) zurückdrücken.
- Bremsbeläge (9 im Bild 10) einsetzen. Darauf achten, dass die Bremsbeläge in den Belaghalteblechen (11 im Bild 8) sitzen.
- Bremssattel (2) in den Sattelträger (7) einsetzen.
- Neue Befestigungsschrauben (1 im Bild 8) mit dem vorgeschriebenen Anzugsdrehmoment festziehen.
- Steckverbindung für Bremsbelagverschleißanzeige (12) verbinden.
- Räder anbauen.

Bremsscheiben hinten wechseln

Weiter zu verwendende Bremsscheiben und Bremsbeläge beim Ausbau kennzeichnen. Die Beläge und Scheiben an gleicher Stelle wieder einbauen, sonst kann ungleichmäßige Bremswirkung entstehen.

- Fahrzeug anheben und verzurren.

Wird das Fahrzeug nicht verzurrt, besteht die Gefahr, dass das Fahrzeug von der Hebebühne abrutschen kann!

- Räder abbauen.
- Steckverbindung für Bremsbelagverschleißanzeige (8 im Bild 10) trennen.
- Schrauben für Bremssattelbefestigung (1) herausschrauben.

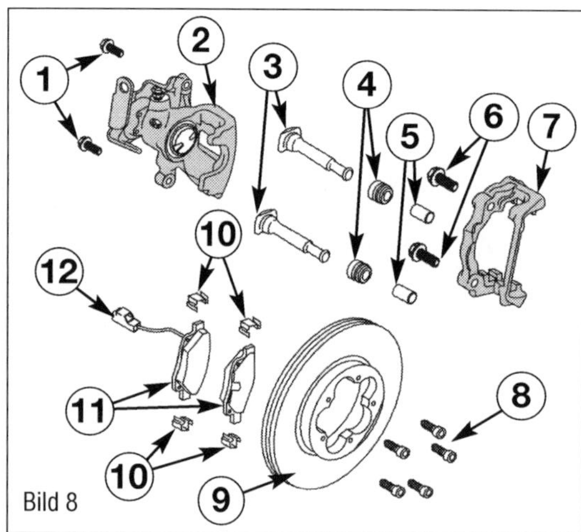
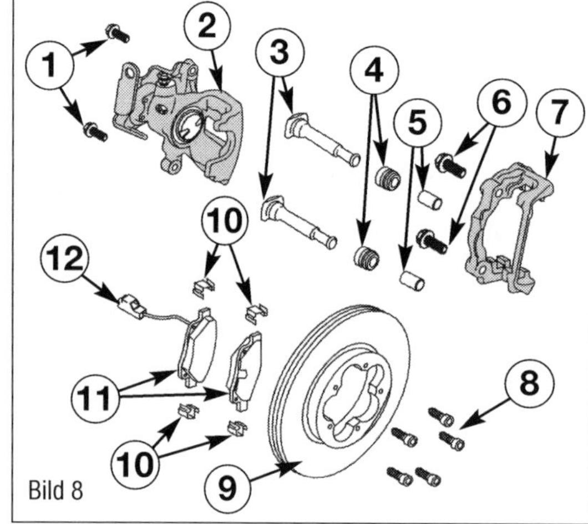

Bild 8
Scheibenbremse hinten.
1 Schrauben Bremssattel
2 Bremssattel hinten
3 Schwimmlagerbolzen
4 Manschette
5 Schwimmlager
6 Schrauben Sattelträger
7 Sattelträger
8 Schrauben Bremsscheibe
9 Bremsscheibe
10 Belaghaltebleche
11 Bremsbeläge
12 Belagverschleißanzeige

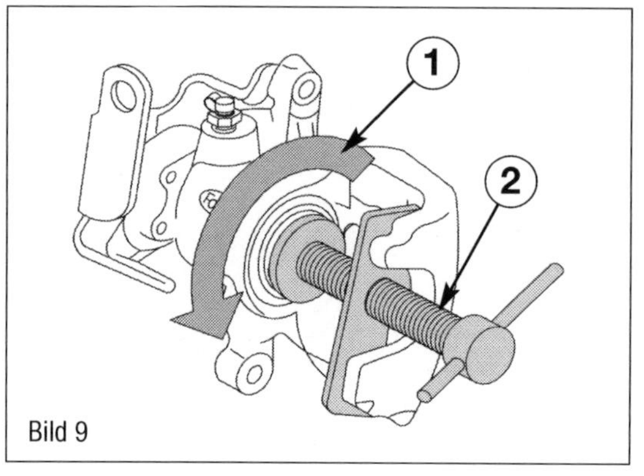

Bild 9
Bremssattel hinten zurückstellen.
1 Drehrichtung des Bremskolbens zum Rückstellen
2 Rückstellwerkzeug für hydraulisch-mechanische Bremssättel

■ Bremssattel abnehmen, dabei die Leitung für die Bremsbelagverschleißanzeige durch die Öffnung im Bremssattel führen.

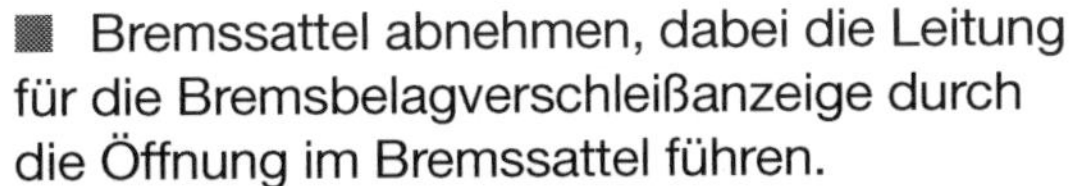

■ Den Bremssattel so mit Draht befestigen, dass das Gewicht des Bremssattels den Bremsschlauch nicht belastet bzw. beschädigt.
■ Bremsbeläge seitlich aus dem Bremsträger herausnehmen.
■ Demontieren Sie die Haltebleche (6).
■ Drehen Sie die Schrauben (3) heraus und nehmen Sie den Sattelträger (7) ab.
■ Bremssattel zurückstellen (Bild 11), um später die neuen Bremsbeläge einbauen zu können.
■ Demontieren Sie die Radnabe, wie im Kapitel 11 unter »Radlagereinheit der Hinterachse« beschrieben.

■ Drehen Sie die Schrauben (8 im Bild 8) der Bremsscheibe (9) vorsichtig heraus (sie rostet gerne fest) und nehmen Sie die Bremsscheibe von der Radnabe ab.

Gerade bei älteren Scheiben kann Rostbildung das Abnehmen der Scheibe erschweren. Hier wird die Bremsscheibe dann durch wechselnde Schläge mit einem Hammer entfernt und muss anschließend zwingend ersetzt werden.

Der Einbau erfolgt sinngemäß in umgekehrter Reihenfolge.
■ Reinigen Sie den Sattelträger (7) gründlich.
■ Reinigen Sie die Anlagefläche der Bremsscheibe (4) auf der Radnabe gründlich.

Die Anlagefläche muss metallisch blank sein. Ablagerungsreste können zu rubbelnden Bremsscheiben führen.

■ Bestreichen Sie die Anlagefläche auf der Radnabe dünn mit Kupferpaste, um die erneute Korrosionsbildung etwas zu verzögern.

Bremstrommel hinten wechseln Trommelbremse

Weiter zu verwendende Bremstrommeln und Bremsbeläge beim Ausbau kennzeichnen. Die Beläge und Trommeln an gleicher Stelle wieder einbauen, sonst kann ungleichmäßige Bremswirkung entstehen.

■ Fahrzeug anheben und verzurren.

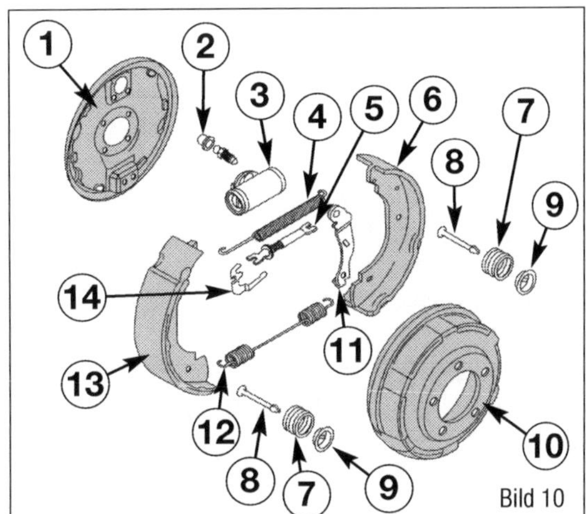

Bild 10

Bild 10
Trommelbremse hinten.
1 Ankerplatte
2 Entlüftungsnippel mit Staubschutzkappe
3 Radbremszylinder
4 Rückstellfeder oben
5 Versteller
6 Bremsbacke
7 Feder
8 Haltestift
9 Federteller
10 Bremstrommel
11 Bremshebel
12 Rückstellfeder unten
13 Bremsbacke
14 Nachstellplättchen

Wird das Fahrzeug nicht verzurrt, besteht die Gefahr, dass das Fahrzeug von der Hebebühne abrutschen kann!

■ Bauen Sie die Hinterräder ab.
■ Lösen Sie die Handbremse.
■ Stellen Sie den Versteller durch einen Stopfen von hinten durch die Ankerplatte (1) zurück.
■ Ziehen Sie den Sicherungsring (soweit verbaut) vom Radbolzen ab.
■ Nehmen Sie die Bremstrommel von der Radnabe ab.

Bremsbeläge hinten wechseln Trommelbremse

■ Demontieren Sie die Bremstrommel hinten wie bereits beschrieben.
■ Hängen Sie mit einer Federzange die Rückstellfedern oben (4 im Bild 10) und unten (12) aus.
■ Ziehen Sie die Bremsbacken (6 und 13) etwas nach außen.
■ Hängen Sie das Bremsseil am Bremshebel (11) aus und ziehen Sie es aus der Ankerplatte heraus.
■ Nehmen Sie den Versteller (5) und das Nachstellplättchen (14) heraus.
■ Greifen Sie den Federteller wie im Bild 11 gezeigt mit einer Zange, halten Sie von der Ankerplatte aus den Haltestift gegen und drücken Sie die Feder (7) mit dem Federteller zusammen.
■ Verdrehen Sie entweder den Federteller oder den Stift um 90°.
■ Entspannen Sie die Feder und nehmen Sie den Federteller, die Feder und den Bremsbelag ab.

Der Einbau erfolgt sinngemäß in umgekehrter Reihenfolge.

- Kontrollieren Sie durch Anheben der Manschetten, ob die Radzylinder noch dicht sind.
- Die Anlageflächen der Bremsbacken an der Ankerplatte müssen sauber sein und werden mit etwas Kupferpaste bestrichen.
- Achten Sie darauf, dass der Versteller (5) leichtgängig ist.
- Kontrollieren Sie, dass das Nachstellplättchen (14) nicht verzogen ist.
- Stellen Sie den Versteller (5) vollständig zurück.
- Phasen Sie den Belag (6 und 13) auf den Bremsbacken am Anfang und am Ende etwas an, um ein Ausfasern und Quietschgeräusche zu vermindern.
- Reinigen Sie die Bremsbeläge nach der Montage mit etwas Schleifpapier.

Radbremszylinder hinten wechseln Trommelbremse

Die Radbremszylinder können im Laufe der Betriebszeit undicht werden. In einem solchen Fall sollten Sie die Radbremszylinder auf beiden Seiten sowie die Bremsbeläge erneuern.

- Demontieren Sie die Bremstrommel hinten wie bereits beschrieben.
- Demontieren Sie die Bremsbeläge wie bereits beschrieben.
- Demontieren Sie den Entlüftungsnippel (2 im Bild 10).
- Lösen Sie die Bremsleitung am Radbremszylinder und nehmen Sie sie aus dem Radbremszylinder heraus.
- Verschließen Sie die Bremsleitung mit der Staubschutzkappe des Entlüftungsnippels.
- Drehen Sie die beiden Schrauben des Radbremszylinders von hinten heraus und nehmen Sie den Radbremszylinder (3) aus der Ankerplatte (1) heraus.

Bild 11

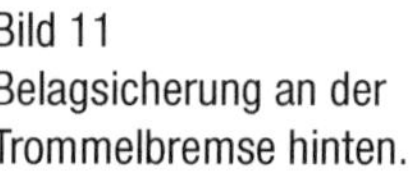
Bild 11
Belagsicherung an der Trommelbremse hinten.

Der Einbau erfolgt sinngemäß in umgekehrter Reihenfolge.

- Reinigen Sie die Ankerplatte und die Anbauteile gründlich mit Bremsenreiniger.
- Prüfen Sie den Zustand der Ankerplatte.
- Entlüften Sie die Bremsanlage wie bereits in diesem Kapitel beschrieben.
- Kontrollieren Sie nach der Montage die Bremsanlage auf Dichtheit.

Einstellen des Lüftspiels (Trommelbremse)

Das Lüftspiel der Trommelbremse stellt sich automatisch nach. Immer dann, wenn der Versteller (5) lose zwischen den Bremsbacken liegt, wird bei Betätigung der Handbremse (Bewegung des Bremshebels 11) über das Nachstellplättchen (14) die Einstellschraube des Verstellers verdreht und so der Versteller über das Gewinde im Inneren verlängert und das Spiel ausgeglichen.

- Treten Sie kräftig auf die Fußbremse.
- Ziehen Sie die Handbremse 3-4-mal an und lassen Sie wieder los.

Wenn der Versteller (5 im Bild 10) wirksam arbeitet, können Sie (ob die Handbremse angezogen ist oder nicht) keinen Unterschied im Pedalweg für die Fußbremse feststellen.

Ist das jedoch der Fall, prüfen Sie die Leichtgängigkeit des Gewindes im Versteller und den Zustand des Einstellplättchens (14).

Handbremse am Ford Transit

Auch in Sachen Handbremse finden sich beim Ford Transit einige Besonderheiten. Neben der Betätigung für Scheiben und Trommelbremse ist bei einigen Fahrzeugen ein elektrischer Parkbremsassistent verbaut. Für die Einstellung ist das Ford Spezialwerkzeug 206-082 zur Rückstellung des Moduls erforderlich. Diese Arbeiten sollten Sie an eine Ford-Werkstatt vergeben.

Vorderes Handbremsseil ausbauen (4 im Bild 12)

Die Bremsbetätigung der Handbremse beim Ford Transit erfolgt über den

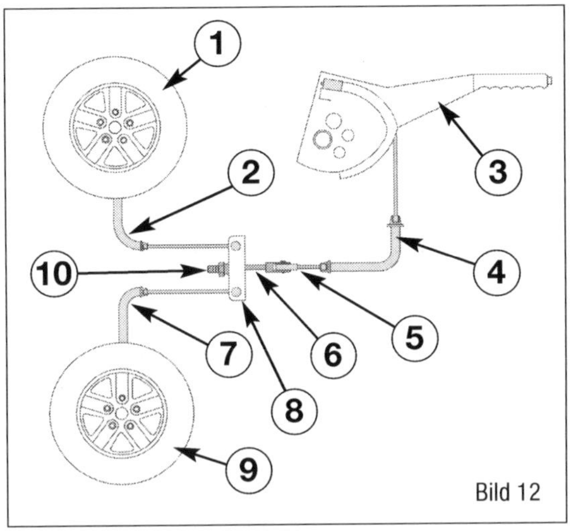

Bild 12

Bild 12
Bremsseile in der Übersicht.
1 Rad und Bremse hinten links
2 Handbremsseil hinten links
3 Handbremshebel
4 Handbremsseil vorne
5 Verbindungsgabel
6 Handbremszug oder Handbremsgestänge Mitte
7 Handbremsseil hinten rechts
8 Seilwaage
9 Rad und Bremse hinten rechts
10 Einstellmutter Seilwaage

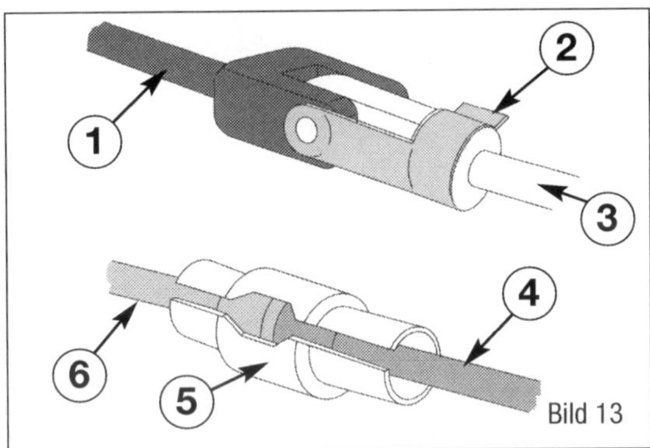

Bild 13

Bild 13
Kopplungsstelle am mittleren Bremsseil (oder Zugstange).
Fahrzeuge mit Scheibenbremse:
1 Zugstange zur Seilwaage
2 Clip mit Bolzen
3 vorderer Handbremszug
Fahrzeuge mit Trommelbremse:
4 mittleres Bremsseil zur Seilwaage
5 Koppelstück
6 vorderer Handbremszug

Handbremshebel (3 im Bild 12), das vordere Bremsseil (4), den Handbremszug (je nach Ausführung auch als Gestänge ausgeführt) und die beiden hinteren Bremszüge (2 und 7).

■ Bauen Sie die Verkleidung vom Handbremshebel ab.
■ Den Handbremshebel in die unterste Stellung stellen (Handbremse lösen).
■ Das Fahrzeug anheben und verzurren.

Wird das Fahrzeug nicht verzurrt, besteht die Gefahr, dass das Fahrzeug von der Hebebühne abrutschen kann!

■ Die Einstellverschraubung (10) lösen.
■ Den Splint und den Bolzen an der Verbindungsgabel entfernen.
■ Die Verbindungsgabel vom Handbremszug (oder Gestänge) trennen.
■ Den Handbremszug am Handbremshebel aushängen.
■ Den Handbremszug am Halter des Handbremshebels aushängen.
■ Den Handbremszug aus der Bodentülle herausziehen.
■ Den Handbremszug herausnehmen.

Der Einbau erfolgt sinngemäß in umgekehrter Reihenfolge.

■ Überprüfen Sie die Einstellung der Bremsen hinten.
■ Prüfen Sie nach erfolgter Einstellung, ob beide Räder frei drehen.

Mittleres Handbremsseil ausbauen (6 im Bild 12)

Das mittlere Handbremsseil ist bei Fahrzeugen mit Trommelbremse als Stahlseil ausgelegt und bei Fahrzeugen mit Scheibenbremsen als Bremsgestänge.

■ Den Handbremshebel in die unterste Stellung stellen (Handbremse lösen).
■ Das Fahrzeug anheben und verzurren.

Wird das Fahrzeug nicht verzurrt, besteht die Gefahr, dass das Fahrzeug von der Hebebühne abrutschen kann!

■ Die Einstellverschraubung (10) lösen.
■ Den Clip und den Bolzen (2 im Bild 13) an der Verbindungsgabel entfernen.
■ Die Verbindungsgabel vom Handbremszug (oder Gestänge) trennen.
■ Die Einstellverschraubung (10) abdrehen und den mittleren Bremszug an der Seilwaage (8) aushängen.
■ Den mittleren Bremszug (6) herausnehmen.

Der Einbau erfolgt sinngemäß in umgekehrter Reihenfolge.

■ Überprüfen Sie die Einstellung der Bremsen hinten.
■ Prüfen Sie, ob nach erfolgter Einstellung beide Räder frei drehen.

Hintere Handbremsseile ausbauen (2 und 7 im Bild 12)

Die hinteren Bremsseile betätigen bei Fahrzeugen mit Scheibenbremse die mechanische Betätigung am Bremssattel und bei Fahrzeugen mit Trommelbremse die Bremsbacken über den Bremshebel und den Versteller. Die Bremsseile unterscheiden grundsätzlich.

■ Der Handbremshebel in die unterste Stellung stellen (Handbremse lösen).
■ Das Fahrzeug anheben und verzurren.

Wird das Fahrzeug nicht verzurrt, besteht die Gefahr, dass das Fahrzeug von der Hebebühne abrutschen kann!

Die Einstellverschraubung (10) lösen.

Fahrzeuge mit Scheibenbremse:

■ Hängen Sie den Handbremszug am Bremssattel aus.

Fahrzeuge mit Trommelbremse:

■ Demontieren Sie die Bremstrommel wie bereits in diesem Kapitel beschrieben.

■ Hängen Sie mit einer Federzange die Rückstellfedern oben (4 im Bild 10) und unten (12) aus.

■ Ziehen Sie die Bremsbacken (6 und 13) etwas nach außen.

■ Hängen Sie das Bremsseil am Bremshebel (11) aus und ziehen Sie es aus der Ankerplatte (1) heraus.

Weiter für alle Fahrzeuge:

■ Clipsen Sie den Handbremszug am Bremssattelhalter aus.

■ Lösen Sie den Halter an der Hinterachse und am Rahmen.

■ Clipsen Sie den Handbremszug am Halter zur Seilwaage aus.

■ Nehmen Sie den Handbremszug heraus.

Der Einbau erfolgt sinngemäß in umgekehrter Reihenfolge.

■ Überprüfen Sie die Einstellung der Bremsen hinten.

■ Prüfen Sie, ob nach erfolgter Einstellung beide Räder frei drehen.

Grundeinstellung der Handbremse

☞ Für beide Bremssysteme gilt, dass der Spielausgleich für den Verschleiß nicht über die Seilvorspannung ausgeglichen werden darf. Die Einstellmutter dient zur Grundeinstellung der Seilspannung.

■ Den Handbremshebel in die unterste Stellung stellen (Handbremse lösen).

■ Das Fahrzeug anheben und verzurren.

⚠ Wird das Fahrzeug nicht verzurrt, besteht die Gefahr, dass das Fahrzeug von der Hebebühne abrutschen kann!

■ Treten Sie die Fußbremse 10-mal fest und lassen Sie sie wieder los.

Fahrzeuge mit Scheibenbremse:

■ Die Kontermutter der Einstellverschraubung (10 im Bild 12) lösen.

■ Die Einstellverschraubung (10) handfest anziehen.

■ Ziehen Sie den Handbremshebel drei- bis viermal fest an.

■ Lösen Sie die Einstellschraube so weit, dass die Bremshebel am Bremssattel am Anschlag (gelöst) anliegen.

■ Kontrollieren Sie die Einstellung nochmals.

☞ Liegt der Bremshebel des Bremssattels in der Ruhestellung nicht am Anschlag an, wird die Nachstellung zum Verschleißausgleich nicht erfolgen.

Fahrzeuge mit Trommelbremse:

■ Prüfen Sie die Einstellung des Lüftspieles der Trommelbremse wie bereits in diesem Kapitel beschrieben.

■ Die Einstellverschraubung (10) handfest anziehen.

■ Lösen Sie die Einstellschraube so weit, dass die Räder hinten frei drehen.

■ Ziehen Sie den Handbremshebel drei bis viermal fest nach oben (Handbremse betätigen).

Weiter für alle Fahrzeuge:

■ Kontrollieren Sie die Einstellung nochmals.

■ Ziehen Sie die Kontermutter wieder fest und fetten Sie das Gewinde zum Korrosionsschutz mit etwas säurefreiem Fett oder Montagepaste ein.

Handbremshebel aus- und einbauen

Auch der Handbremshebel kann beim Ford Transit in unterschiedlichen Varianten verbaut worden sein. Für den deutschen Markt entfallen zumindest die beiden Varianten für die rechtsgelenkten Fahrzeugvarianten. Betrachten wir beide Varianten zum Ausbau des Handbremshebels.

☞ Der Handbremshebel bildet mit dem Halter eine Einheit und kann werkseitig nur komplett gewechselt werden.

Beide Varianten:

■ Demontieren Sie die Verkleidung des Handbremshebels.

■ Den Handbremshebel in die unterste Stellung stellen (Handbremse lösen).

■ Das Fahrzeug anheben und verzurren.

⚠ Wird das Fahrzeug nicht verzurrt, besteht die Gefahr, dass das Fahrzeug von der Hebebühne abrutschen kann!

- Lösen Sie die Kontermutter und die Einstellschraube des Handbremsseiles vorne.
- Hängen Sie das Handbremsseil aus dem Handbremshebel aus.
- Clipsen Sie das Handbremsseil aus dem Halter aus.

Einbauort Mitteltunnel:
Der Handbremshebel ist am Sitzkasten verschraubt.

- Ziehen Sie die Manschette des Handbremshebels ab.
- Demontieren Sie die Handbremshebelverkleidung darunter.
- Steckverbindung am Schalter für Handbremskontrolle trennen.
- Drehen Sie die Befestigungsschrauben an der Sitzkonsole los.
- Nehmen Sie die Handbremse ab.

Einbauort zwischen Fahrersitz und Tür:
Der Handbremshebel ist am Sitzkasten auf einem Halter verschraubt.

- Ziehen Sie die Manschette des Handbremshebels ab.
- Demontieren Sie die Handbremshebelverkleidung darunter.
- Steckverbindung am Schalter für Handbremskontrolle trennen.
- Drehen Sie die Befestigungsschrauben am Halter an der Sitzkonsole los.
- Nehmen Sie die Handbremse ab.

Der Einbau erfolgt sinngemäß in umgekehrter Reihenfolge.

- Fetten Sie die Lagerstellen, die Bolzen und die Raste mit säurefreiem Fett.
- Stellen Sie das Handbremsseil wie bereits beschrieben ein.

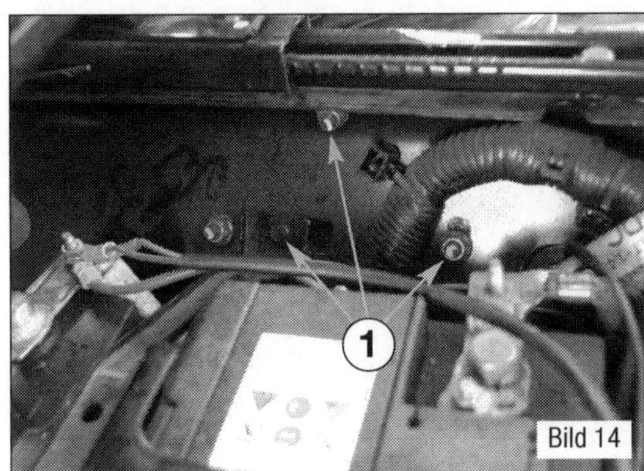

Bild 14
Handbremshebel demontieren.
1 Verschraubung im Sitzkasten

14 Elektrische Anlage

Schon im Stand, aber erst recht während der Fahrt benötigt der Ford Transit elektrischen Strom. Motorsteuerung, Lenkung und Kraftstoffeinspritzung müssen mit Elektroenergie versorgt werden. Alle weiteren unbedingt erforderlichen oder für die Sicherheit und Bequemlichkeit eingebauten automatischen Systeme sowie natürlich die gesamte Lichtanlage sind ohne elektrische Energie arbeitsunfähig. Viele Störungen und Funktionsprüfungen gerade in diesem Bereich gehören, ähnlich wie bei anderen Baugruppen, in die Fachwerkstatt. Denn zum genauen Erkennen und Beseitigen der Mängel muss häufig das auch in anderen Kapiteln schon mehrfach erwähnte Fahrzeugdiagnosegerät (F-COM) angeschlossen und der Fehlerspeicher abgefragt werden. Der Diagnoseanschluss im Fahrzeug (Steckkontakt für das Werkstattsystem) befindet sich, wie inzwischen international festgelegt, im Fußraum Fahrerseite über dem Bremspedal. Nun sind die meisten Innovationen im Kraftfahrzeug heute zwar von immer komplizierterer Elektronik geprägt, Reparaturen an der elektrischen Anlage sind aber durchaus nicht in jedem Fall von ihr verursacht. Oft sitzt nur ein Kabel lose, sind Sicherungen durchgebrannt oder Kontakte korrodiert, oder messtechnisch zu ermittelnde Bauteile sind defekt. Nicht wenige Störungen an der Elektrik lassen sich mit einfachen Mitteln beheben. Natürlich muss man sich etwas auskennen und die Grundbegriffe verstehen.

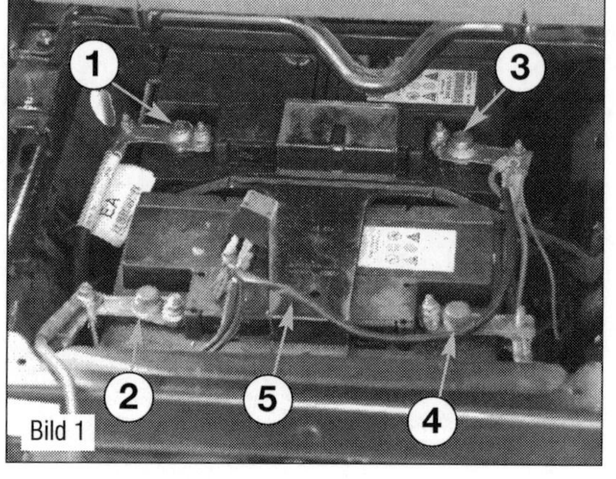

Bild 1
Blick in den Batteriekasten von hinten (Fahrersitz).
1 Plusanschluss Bordnetzbatterie
2 Plusanschluss Startbatterie
3 Masseanschluss Bordnetzbatterie
4 Masseanschluss Startbatterie
5 Batteriebefestigung

Arbeiten an der Spannungsversorgung

Zu allererst haben wir es im Ford Transit noch immer mit elektrischen Bauteilen zu tun, die schon die gesamte Entwicklungsgeschichte des Automobils begleiten: Batterie, Anlasser (Starter) und Lichtmaschine (Drehstromgenerator). Sie sind zusammen für die Arbeitsaufnahme des Motors verantwortlich. Um seine Aufgabe zu erfüllen, ist jedes dieser drei Bauteile auf das andere angewiesen. Wir wenden uns hauptsächlich ihnen zu.

Batterie

Batterie an- und abklemmen

Auf das Prüfen (Sichtprüfung, Batterietester) und Laden sowie auf Warnhinweise und allgemeine Sicherheitsregeln bei Arbeiten an der Batterie (Kennzeichnungen auf der Batterie selbst) gehen wir in diesem Ratgeber nur begrenzt ein. Sie sind ausführlich in der Bedienungsanleitung des Fahrzeugs behandelt. Um Beschädigungen der Batteriepolklemmen und der Batteriepole zu vermeiden, schreibt Ford vor:

- Die Batteriepolklemmen dürfen nur gewaltfrei von Hand aufgesteckt werden.
- Die Batteriepole dürfen nicht gefettet werden.
- Die Batteriepolklemmen sind so zu montieren, dass der Batteriepol bündig mit der Klemme abschließt oder aus ihr herausragt.
- Nach dem Anziehen der Batteriepolklemmen mit dem vorgeschriebenen Anzugsdrehmoment von 6 Nm dürfen die Verschraubungen nicht nochmals nachgezogen werden.
- Durch das Abschrauben der Batterie-Minuspolklemme (Stromunterbrechung) wird das sichere Arbeiten an der elektrischen Anlage gewährleistet. Das Abschrauben der Batterie-Pluspolklemme ist nur für den Ausbau der Batterie erforderlich. In jedem Fall müssen die Hinweise zum Anklemmen der Batterie beachtet werden.

Abklemmen

- Zündung und alle elektrischen Verbraucher ausschalten, Zündschlüssel abziehen.

■ Den Deckel des Batteriekastens im Fußraum öffnen.
■ Die Befestigungsmutter Batteriepolklemme lösen.
■ Masseleitung lösen und die Minuspolklemme von der Batterie abnehmen.
Falls wie beim Batterieausbau die Pluspolklemme auch abgenommen wird: Immer zuerst die Minusklemme abnehmen!

Anklemmen
■ Die Batteriepolklemme Masseleitung in der richtigen Stellung auf den Minuspol der Batterie stecken und den Schnellverschluss umlegen. Dabei auf festen Sitz der Batterieklemme achten.
Falls wie beim Batterieausbau die Pluspolklemme auch abgenommen wird: Immer zuerst die Pluspolklemme wieder anklemmen! Erst danach die Masseleitung wie beschrieben anklemmen.
Nach Anklemmen der Batterie und Einschalten der Zündung, kann die Kontrollleuchte für ESP und ASR dauerhaft leuchten. Die Kontrollleuchte erlischt automatisch, wenn mit 15 bis 20 km/h eine Wegstrecke geradeaus gefahren wird. Dadurch wird der Geber für Lenkwinkel wieder aktiviert.

Arbeitsschritte nach Anklemmen der Batterie
■ Zündung mit dem Zündschlüssel einschalten und wieder ausschalten.
■ Fehlerspeicher auslesen: »Geführte Fehlersuche« mit dem Fahrzeugdiagnosegerät.
■ Uhrzeiteinstellung prüfen ggf. nach Bedienungsanleitung neu einstellen.
■ Zündung einschalten und mit Fensterheberschalter alle Fenster bis Endanschlag öffnen und wieder vollständig schließen.
■ Die Taster für die Fensterheber nach oben ziehen und mindestens eine Sekunde lang in dieser Stellung halten.
■ Anschließend bei geschlossenen Fenstern den Fensterheberschalter ziehen, bis das Relais hörbar schaltet.
■ Die Komfortschaltung der Fensterheber prüfen: Das Fenster muss bei betätigter Komfortschaltung ohne Halten des Schalters schließen.
■ Alle elektrischen Verbraucher auf Funktion prüfen.

Batterie aus- und einbauen
■ Batterie wie beschrieben abklemmen.
■ Die Masseleitung an der Verschraubung am Bodenblech abbauen.
■ Die Befestigungsschraube abschrauben und den Befestigungsbügel herausnehmen.
■ Die Griffe nach oben klappen und die Batterie herausnehmen.

Der Einbau erfolgt sinngemäß in umgekehrter Reihenfolge.

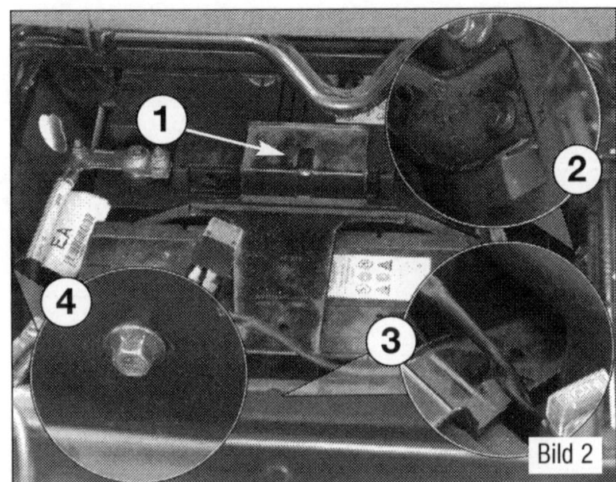

Bild 2
Batteriebefestigung im Batteriekasten.
1 Halter
2 Schraube vom Batteriekasten aus erreichbar rechts
3 Mutter vom Batteriekasten aus erreichbar hinten
4 Schraube vom Einstieg aus erreichbar links

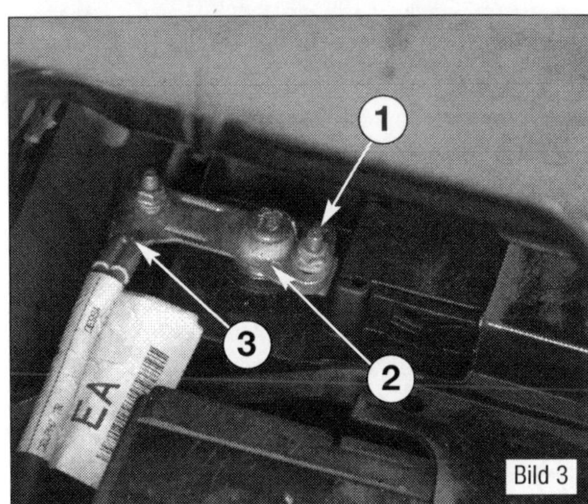

Bild 3
Batterieanschluss Masse.
1 Klemmschraube mit Mutter für den Batteriepol
2 Polanschluss
3 Anschlusskabel (verschraubt)

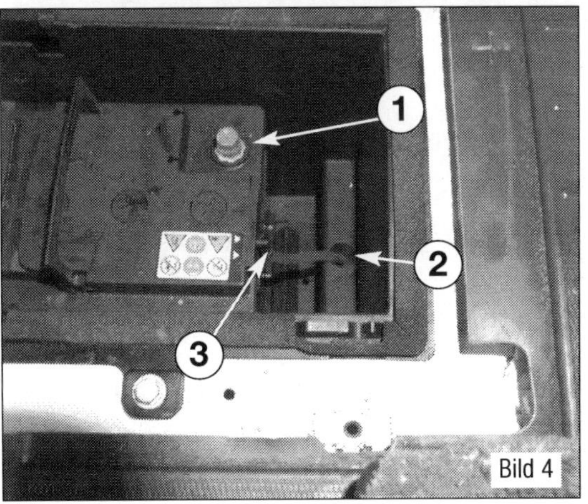

Bild 4
Die Batterieentlüftung muss aus dem Fahrzeug herausgeführt werden.
1 Batterie
2 Ablauf der Batterieentlüftung durch den Unterboden
3 Anschluss Batterieentlüftung

Bild 5
Batterieanschluss Plus.
1 Pluspol
2 Vorsicherung unter der Plastikabdeckung

Batterie anklemmen:

■ Die Schraubverbindungen mit den geforderten Anzugsdrehmomenten anziehen: Muttern an den Polklemmen 6 Nm, M6-Schraube am Klemmbügel 8 Nm.

■ Batterie nach dem Einbau auf festen Sitz prüfen.

⚠ Bei einer lose montierten Batterie bestehen folgende Gefahren: Verkürzte Lebensdauer durch Rüttelschäden (Explosionsgefahr!), Schädigung der Gitterplatten, Beschädigung des Batteriegehäuses durch den Befestigungsbügel (möglicher Säureaustritt, hohe Folgekosten) und mangelhafte Crash-Sicherheit.

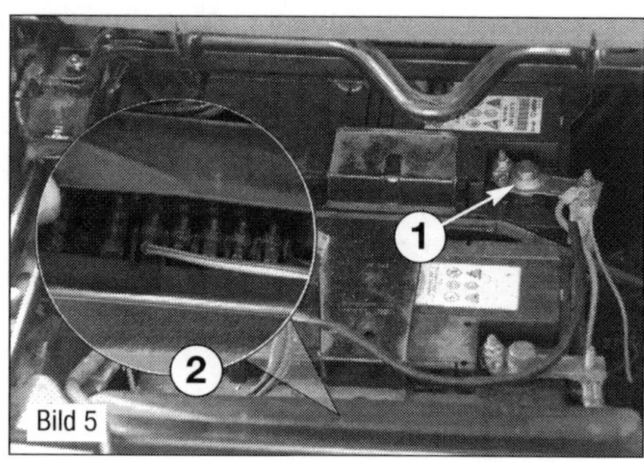

Bild 5

Bild 6
Starter (Anlasser)
2,2-l-Motor.
1 Klemme 30
2 Ausrückschalter
3 Schrauben
4 Starter
5 Feldanschluss Starter
6 Klemme 50

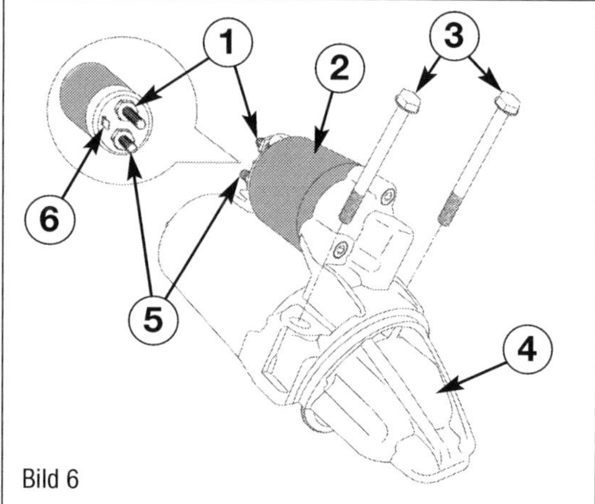

Bild 6

Anlasser (Starter) aus- und einbauen

⚠ Die Starterbatterie befindet sich im Innenraum des Fahrzeugs. Zum Aus- und Einbau des Anlassers muss die Starterbatterie abgeklemmt werden. Wird stattdessen versehentlich die optional vorhandene Zusatzbatterie im Motorraum abgeklemmt, ist am Anlasser immer noch die volle Spannung der Starterbatterie vorhanden!

De- und Montage

■ Batterie abklemmen.

■ Falls vorhanden, die Geräuschdämpfung über dem Motor ausbauen.

■ Lösen Sie die Kabelhalter zum Starter und clipsen Sie den Deckel zur Klemme 30 (1 im Bild 6) am Ausrückschalter (2) ab.

■ Klemmen Sie das Anschluss Kabel 30 (1) am Ausrückschalter (2) ab.

■ Klemmen Sie den Anschluss Klemme 50 (6) ab. Der Anschluss kann als Steckanschluss oder als Schraubanschluss ausgeführt sein.

■ Drehen Sie die beiden Befestigungsschrauben (3) heraus.

■ Nehmen Sie den Anlasser (Starter) (4) heraus.

Der Einbau erfolgt sinngemäß in umgekehrter Reihenfolge.

■ Befestigungsschrauben Anlasser an Getriebe mit 80 Nm festziehen.

■ Befestigungsmutter Plusleitung (Klemme 30) an Magnetschalter mit 15 Nm festziehen.

■ Kontrollieren Sie die Anschlüsse auf Korrosion.

Generator aus- und einbauen

Generator mit Multifunktionsregler

Der Aufbau der Generatoren unterscheidet sich kaum. Wer allerdings genauer hinschaut, wird schnell feststellen, dass die Anschlüsse des Generators nicht mehr D+ und B+ heißen, sondern sich neben B+ eine Klemme L und eine Klemme DFM befinden. Um die technischen Details genauer darzustellen, listen wir Ihnen die typischen Merkmale eines Drehstromgenerators mit Multifunktionsregler auf:

■ Monolitregler mit integriertem Steuergerät.

■ Der Generator ist diagnosefähig.

■ Unterstützen des Motormanagements.

■ Der Erregerstrom wird direkt von Anschluss B+ bezogen. Es sind keine Erregerdioden verbaut.

■ Die Ladespannung ist temperaturgesteuert.

■ Schutz vor Überlastung und Kurzschluss.

■ Auslastungsüberwachung und eine Batterieüberwachung sind möglich.

Beim Einbau bereits gelaufener Keilrippenriemen beachten Sie die beim Ausbau gekennzeichnete Laufrichtung! Achten Sie vor dem Einbau des Keilrippenriemens darauf, dass alle Aggregate (Generator, Klimakompressor) festmontiert sind. Beim Auflegen des Riemens auf korrekten Sitz des Keilrippenriemens in den Riemenscheiben achten!

Generator aus- und einbauen beim 2,2-l- und 2,4-l-Dieselmotor

Der Generator ist bei quer eingebauten Motoren im Motorraum vorne rechts und bei längs eingebauten Motoren entsprechend vorne links verbaut und von oben zugänglich.

- Zündung und alle elektrischen Verbraucher ausschalten und den Zündschlüssel abziehen.
- Batterie abklemmen.
- Demontieren Sie den Antriebsriemen, wie wir bereits im Kapitel 4 beschrieben haben.
- Demontieren Sie den Frischlufteinlass des Luftfilters.
- Bauen Sie das Haubenschloss und den Querträger aus.
- Demontieren Sie die Kühlerlüfter zusammen mit der Lüfterzarge. Auch diese Arbeitsschritte haben wir bereits im Kapitel 6 beschrieben.
- Elektrische Steckverbindung (1) des Generators entriegeln und trennen.
- Schutzkappe vom B+-Leitungsanschluss (2) abziehen und die Mutter darunter vom Generator abschrauben.
- Drehen Sie die Schrauben (4) heraus und nehmen Sie den Generator heraus.

Der Einbau erfolgt sinngemäß in umgekehrter Reihenfolge.

- Kontrollieren Sie den Zustand des Generators und der Riemenscheibe (Freilaufriemenscheibe).
- Schrauben des Generators mit 45 Nm anziehen.
- Befestigungsmutter Plusleitung (Klemme B+) mit 15 Nm festziehen.
- Batterie anklemmen.
- Motor starten und den Riemenlauf kontrollieren.
- Motor abstellen.
- Fehlerspeicher auslesen.

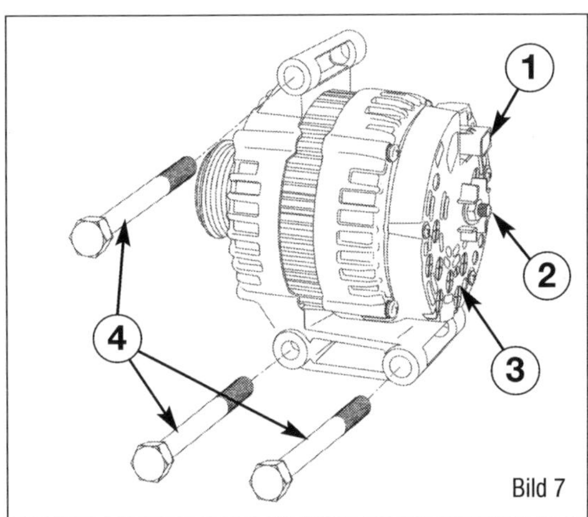

Bild 7
Generator 2,2-l-Motor: (Einbauort vorne rechts).
1 Anschlussstecker
2 B+-Anschluss
3 Generator
4 Schrauben

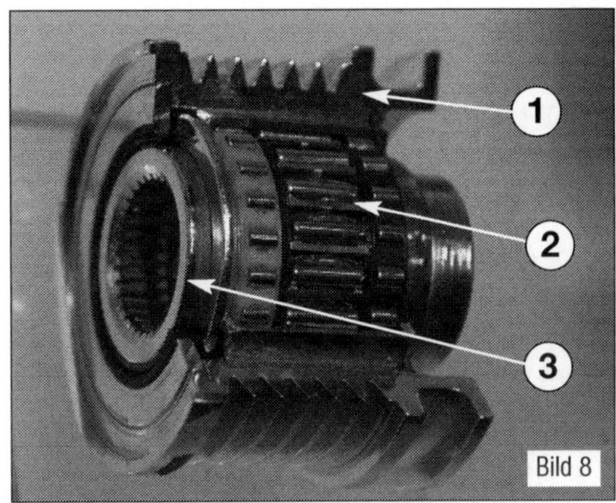

Bild 8
Generatorfreilauf im Schnitt.
1 Riemenscheibe
2 Sperrlager
3 Nabe zum Aufschrauben auf die Generatorwelle

Generatorfreilauf

Bei einigen Generatoren kommt eine besondere Riemenscheibe auf dem Generator zum Einsatz. Betrachtet man sich die Riemenscheibe des Generators genauer, sieht man zuerst einen Kunststoffdeckel an der Seite, wo die Verschraubung sein müsste. Zieht man diesen ab, findet man keine Mutter, sondern einen Vielzahneinsatz. Steckt man einen Inbus- oder Vielzahnschlüssel in die Aufnahme in der Generatorwelle, stellt man fest, dass der Generator in Drehrichtung frei drehbar ist. Gegen die Drehrichtung hingegen wird der Riementrieb mitbewegt. Die Antriebsscheibe beinhaltet einen Freilauf. Um den technischen Grund für diesen Aufwand zu verstehen, muss man sich die Funktion eines Verbrennungsmotors vorstellen. Gerade im Leerlauf läuft kein Motor richtig rund. Die Zündung verursacht bei jedem Arbeitstakt eine kurze aber kräftige Beschleunigung der Kurbelwelle und damit auch der durch sie angetriebenen Aggregate. Alle anderen Takte verzögern die Drehgeschwindigkeit des

Motors. Hieraus ergeben sich Schwingungen, die durch Flattern des Flachriemens quittiert werden. Um diesem Effekt entgegenzuwirken, wird der Generator als das Gerät mit der größten Masse entkoppelt. Das vermindert die Schwingungen des Flachriemens sehr deutlich. Ein beschädigter Freilauf ist zumeist sichtbar und hörbar. Der Antriebsriemen flattert und gelegentlich ist auch ein leichtes Schlagen hörbar.

Demontage des Generatorfreilaufs:

- Entspannen Sie den automatischen Flachriemenspanner.
- Ziehen Sie den Kunststoffdeckel von der Antriebsscheibe des Generators ab.
- Stecken Sie den Freilaufvielzahn in die Freilaufnabe (4 in Bild 10) ein.
- Führen Sie einen guten und genau gearbeiteten Inbus- oder Vielzahnschlüssel in die Generatorwelle (1) ein.

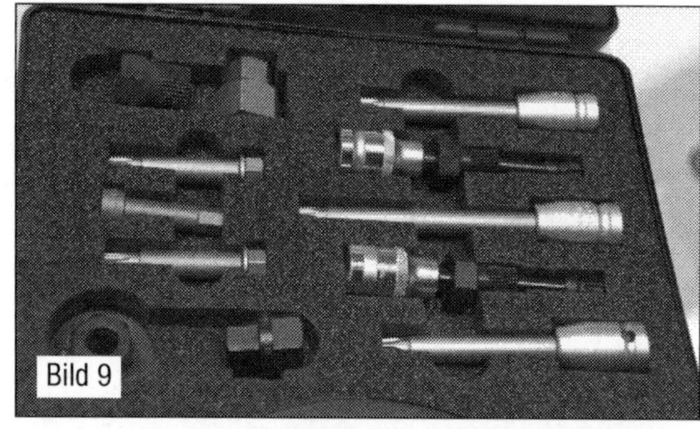

Bild 9
Demontageset für Generatorfreiläufe unterschiedlicher Hersteller: Unterschiedliche Einsätze für die Freilaufnabe und die Generatorwelle ermöglichen den Ausbau auch bei unterschiedlichen Generatorherstellern.

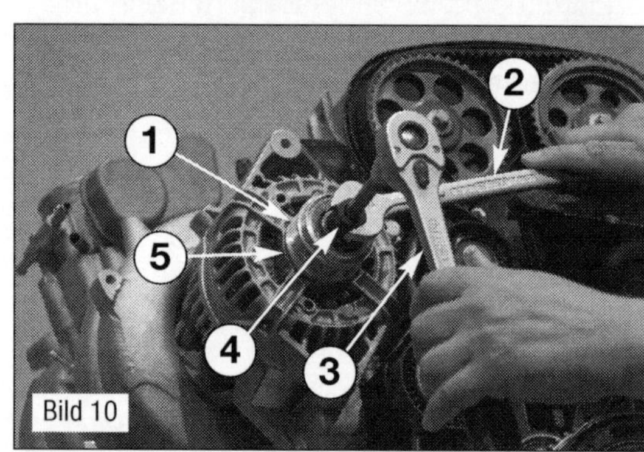

Bild 10
Ausbau des Generatorfreilaufs.
1 Riemenscheibe
2 Schlüssel
3 Ratsche mit passendem Aufsatz für die Generatorachse
4 Einsatz für die Freilaufnabe
5 Freilaufnabe

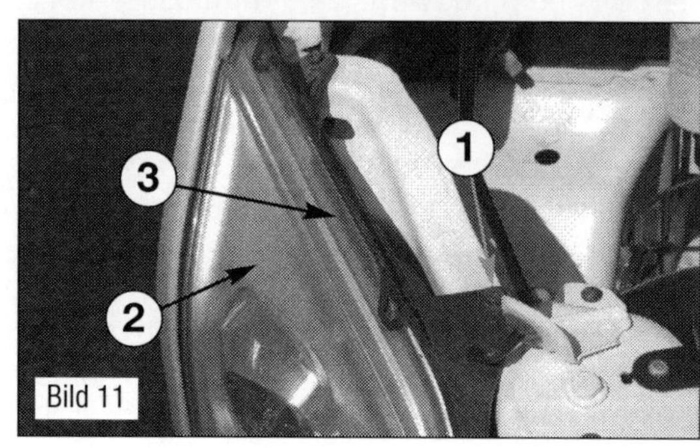

Bild 11
Scheinwerfer vorne ausbauen.
1 Schrauben
2 Scheinwerfer
3 Angaben zur Einstellung

- Lösen Sie die Verschraubung, indem Sie die Generatorwelle gegen die Drehrichtung des Generators drehen, und halten den Freilauf mit dem Freilaufvielzahn (2) fest.
- Schrauben Sie den Freilauf von der Generatorwelle ab.
- Montieren Sie den neuen Freilauf auf die Generatorwelle.
- Prüfen Sie den automatischen Riemenspanner.

⚠ Sollten Schäden an der Rolle oder an der Lagerung feststellen oder die Lagerung Geräusche von sich geben, tauschen Sie diese besser gleich mit aus.

Scheinwerfer vorne aus- und einbauen

- Zündung und alle elektrischen Verbraucher ausschalten und den Zündschlüssel abziehen.
- Motorhaube öffnen.
- Die Schraube (1 im Bild 11) herausdrehen.
- Den Scheinwerfer nach vorne herausziehen.
- Elektrische Steckverbindung auf der Rückseite des Scheinwerfers entriegeln und trennen.
- Scheinwerfer aus dem Karosserieausschnitt herausnehmen.

Der Einbau erfolgt sinngemäß in umgekehrter Reihenfolge.

- Einbaulage des Scheinwerfers auf gleichmäßige Spaltmaße kontrollieren.
- Funktionen des Scheinwerfers prüfen.

☞ Wird ein Scheinwerfer ausgebaut bzw. an die Karosserie angepasst, ist er nach dem Einbau bzw. nach dem Anpassen immer einzustellen.

Leuchtmittel wechseln Scheinwerfer vorne

☞ Beim Einbau der Abdeckkappe auf den richtigen Sitz achten. Durch Wassereintritt in den Scheinwerfer wird dieser zerstört. Beim Einbau einer Glühlampe nicht den Glaskolben berühren. Die Finger hinterlassen Fettspuren auf dem

Glaskolben, die beim Einschalten der Lampe verdampfen und den Glaskolben trüben.
■ Zündung und alle elektrischen Verbraucher ausschalten und den Zündschlüssel abziehen.

Lampe für Blinklicht wechseln
■ Zündung und alle elektrischen Verbraucher ausschalten und den Zündschlüssel abziehen.

 Wenn erforderlich, bauen Sie den Scheinwerfer wie beschrieben aus. Die Demontage ist sehr leicht möglich und erspart die Fummelei auf engen Raum beim Leuchtmittelwechsel.
■ Den Sicherungsbügel vorklappen und die Abdeckkappe (6 in Bild 13) abnehmen.
■ Die Lampenfassung (5 im Bild 13) mit der Lampe für Blinklicht (4) gegen den Uhrzeigersinn drehen und, soweit dies die Leitungslängen zulassen, aus dem Scheinwerfer herausnehmen.
■ Lampe für Blinklicht in die Fassung drücken und gegen den Uhrzeigersinn drehen.
■ Lampe für Blinklicht aus der Fassung herausziehen.

Der Einbau erfolgt sinngemäß in umgekehrter Reihenfolge.

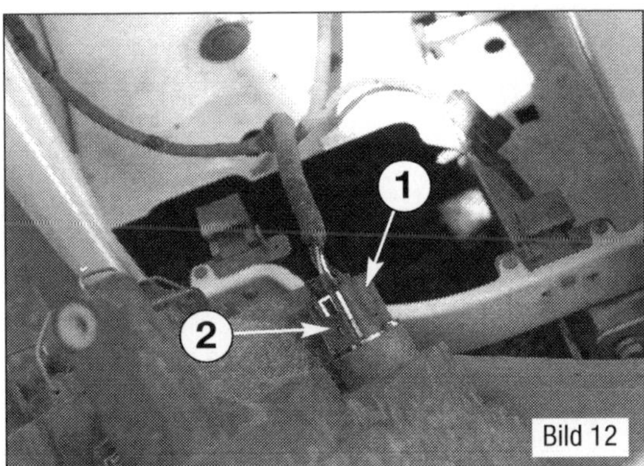

■ Lampe für Blinklicht vorn: 12 V, 21W (PY21W) (oranger Glaskolben).
■ Funktionen des Scheinwerfers prüfen.
■ Scheinwerfereinstellung prüfen und gegebenenfalls einstellen.

Lampe für Standlicht wechseln
■ Den Sicherungsbügel vorklappen und die Abdeckkappe (2 in Bild 13) abnehmen.
■ Lampenfassung (3) mit der Lampe für Standlicht aus dem Scheinwerfer herausziehen, soweit es die Leitungslängen zulassen.
■ Lampe für Standlicht aus der Lampenfassung (4) herausziehen.

Der Einbau erfolgt sinngemäß in umgekehrter Reihenfolge.
■ Lampe für Standlicht: 12 V, 5W (W5W) (sockelfreier Glaskolben).

Lampe für Abblendlicht und Fernlicht aus- und einbauen
■ Zündung und alle elektrischen Verbraucher ausschalten und den Zündschlüssel abziehen.
■ Untere Abdeckkappe in (6 im Bild 13) drehen und abnehmen.
■ Lampenfassung mit Lampe für Abblendlichtscheinwerfer (1 im Bild 13) drehen und, soweit dies die Leitungslängen zulassen, aus dem Scheinwerfer herausnehmen.
■ Lampe entsichern und aus der Fassung herausziehen.

Der Einbau erfolgt sinngemäß in umgekehrter Reihenfolge.
■ Die Lampe so in die Lampenfassung stecken, dass der Zapfen der Lampe an der Führung der Lampenfassung liegt.
■ Die Lampenfassung mit der Lampe in den Scheinwerfer einsetzen und um ca. 45° nach rechts festdrehen.
■ Abdeckkappe aufsetzen und festschrauben.
■ Lampe für Abblendlicht: H4, 12 V, 55/60W.

Stellmotor für Leuchtweitenregelung aus- und einbauen

Der Stellmotor für die Leuchtweitenregulierung ist mit einer Gelenkkugel in den Reflektor eingepresst.

Bild 12
Steckkontakt am Scheinwerfer abziehen.
1 Steckkontakt
2 Steckerraste

Bild 13
Scheinwerfer von hinten.
1 H4-Lampe für Fern- und Abblendlicht
2 Abdeckung Standlichtlampe
3 Standlichtlampe
4 Blinklampe
5 Abdeckung und Fassung der Blinkerlampe
6 Abdeckung Fern- und Abblendlicht sowie Leuchtweitenregulierung

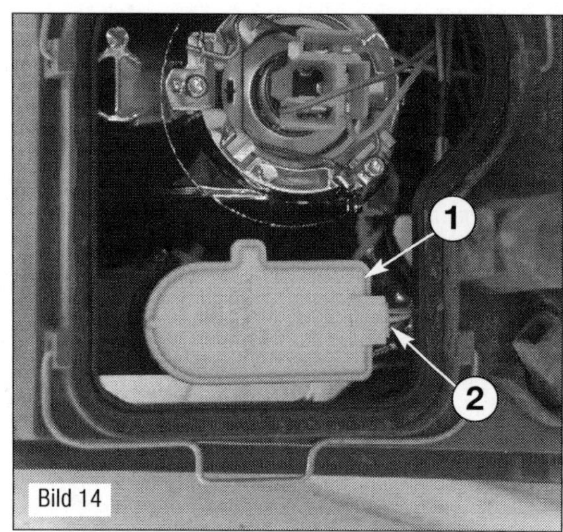

Bild 14
Stellmotor für Leuchtweitenregulierung.
1 Stellmotor
2 Steckkontakt

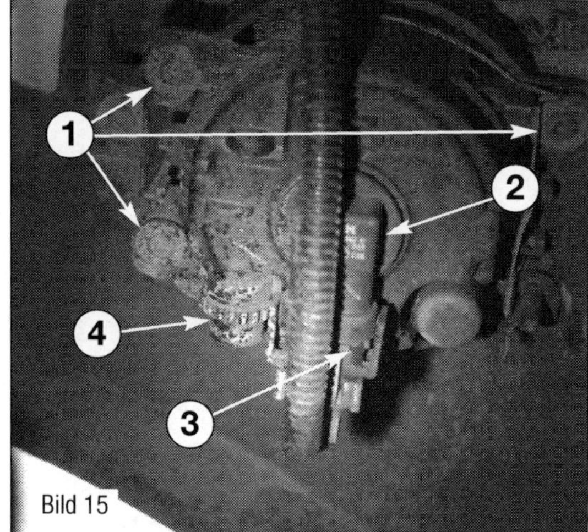

Bild 15
Nebelscheinwerfer von hinten.
1 Befestigungsschrauben
2 Fassung
3 Steckkontakt
4 Einstellschraube

■ Bauen Sie den Scheinwerfer wie bereits beschrieben aus.
■ Den Sicherungsbügel vorklappen und die Abdeckkappe (6 in Bild 13) abnehmen.
■ Schwenken Sie den Stellmotor (1 in Bild 14) zur Scheinwerfermitte. Beim linken Scheinwerfer im Uhrzeigersinn, bei rechten entsprechend gegen den Uhrzeigersinn.
■ Ziehen Sie den Steckkontakt ab.
■ Halten Sie mit den Fingern den Reflektor etwas gegen und ziehen Sie die Gelenkkugel aus dem Reflektor heraus.
■ Nehmen Sie den Stellmotor für die Leuchtweitenregulierung heraus.

Der Einbau erfolgt sinngemäß in umgekehrter Reihenfolge.
■ Tragen Sie etwas säurefreie Montagepaste oder Fett auf die Gelenkkugel auf.
■ Funktionen des Scheinwerfers prüfen.
■ Scheinwerfereinstellung prüfen und gegebenenfalls einstellen.

Lampe Nebelscheinwerfer

Nebelscheinwerfer aus- und einbauen

■ Zündung und alle elektrischen Verbraucher ausschalten und den Zündschlüssel abziehen.
■ Öffnen Sie die Motorhaube und bauen Sie den Unterfahrschutz Mitte, rechts und links aus.
■ Elektrische Steckverbindung in der Fassung entriegeln.
■ Ziehen Sie den elektrischen Anschlussstecker des entsprechenden Nebelscheinwerfers von Nebelscheinwerfer ab.
■ Drehen Sie die drei Befestigungsschrauben (1) heraus und nehmen Sie den Nebelscheinwerfer aus dem Rahmen heraus.

Der Einbau erfolgt sinngemäß in umgekehrter Reihenfolge.
■ Funktionen der Nebelscheinwerfer prüfen.
■ Nebelscheinwerfereinstellung prüfen und wenn erforderlich einstellen.

Lampe für Nebelscheinwerfer aus- und einbauen

■ Zündung und alle elektrischen Verbraucher ausschalten und den Zündschlüssel abziehen.
■ Öffnen Sie die Motorhaube und bauen Sie den Unterfahrschutz Mitte, rechts und links aus.
■ Fassung der Lampe des Nebelscheinwerfers (2 im Bild 15) gegen den Uhrzeigersinn drehen und, soweit es die Kabellänge zulässt, abnehmen.
■ Entsichern Sie den Steckkontakt und ziehen Sie ihn von der Glühlampe ab.
■ Entsichern Sie die Halteklammern und nehmen Sie die Glühlampe heraus.

Der Einbau erfolgt sinngemäß in umgekehrter Reihenfolge.
■ Lampe für Nebelscheinwerfer: 12 V, 55W (H1).
■ Funktionen der Nebelscheinwerfer prüfen.
■ Nebelscheinwerfereinstellung prüfen und wenn erforderlich einstellen.

Scheinwerfer einstellen

Der Reifendruck muss in Ordnung sein. Die Scheinwerferscheiben dürfen weder beschädigt noch verschmutzt sein. Reflektoren und Glühlampen sind intakt. Die Fahrzeugbelastung muss hergestellt sein. Das Fahrzeug muss einige Meter gerollt bzw. vorn und hinten mehrmals durchgefedert werden, damit sich die Federn setzen. Das Fahrzeug und Scheinwerfer-Einstellgerät müssen auf einer ebenen Fläche stehen, eingestellt und ausgerichtet sein.

Belastung
Mit einer Person oder 75 kg auf dem Fahrersitz bei sonst unbelastetem Fahrzeug (Leergewicht). Das Leergewicht ist das Gewicht des betriebsfertigen Fahrzeugs mit Mindestbefüllung des Kraftstoffbehälters (Reserve), einschließlich des Gewichts aller im Betrieb mitgeführten Ausrüstungsteile (z. B. Reserverad, Werkzeug, Wagenheber, Feuerlöscher usw.).

Einstellung Scheinwerfer vorne
Im Lampenglas oben am Scheinwerfers sind Neigungsmaßangaben in »%« eingeprägt. Nach diesen Angaben müssen die Scheinwerfer eingestellt werden. Die Prozentangabe ist auf 10 m Projektionsabstand bezogen. Bei einem Neigungsmaß von z. B. 2% sind das umgerechnet 20 cm.

Fahrzeuge mit manueller Leuchtweitenregelung
■ Stellen Sie die Leuchtweitenregelung gemäß Ihrer Fahrzeugbedienungsanleitung auf »Null« ein.

Weiter für alle Fahrzeuge:
■ Drehen Sie zuerst zur Höhenverstellung der Hell/Dunkel-Grenze die Einstellschraube (2 im Bild 17).
■ Danach müssen Sie die Seitenverstellung prüfen und gegebenenfalls mit der Einstellschraube (2) korrigieren.

Einstellung Nebelscheinwerfer
Das Neigungsmaß für Nebelscheinwerfer beträgt »2,0%«.
■ Drehen Sie zum Verstellen der Leuchtweite die Einstellschraube von unten (4 im Bild 15).

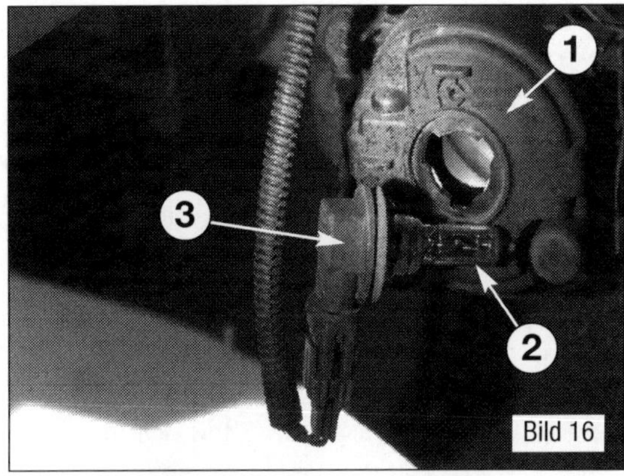

Bild 16
Lampe am Nebelscheinwerfer.
1 Scheinwerfer
2 Lampe
3 Lampenfassung

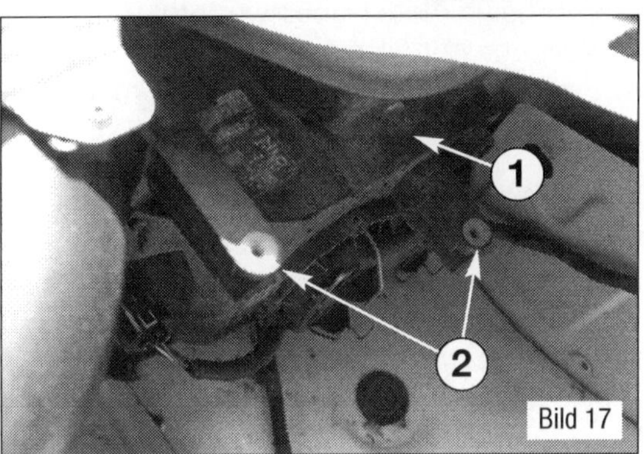

Bild 17
Einstellschrauben am Hauptscheinwerfer.
1 Scheinwerfer
2 Einstellschrauben

■ Eine Seitenverstellung ist nicht vorgesehen.

Andere Zusatzscheinwerfer
Nachträglich eingebaute Zusatzscheinwerfer anderer Systeme müssen nach den dafür gültigen Richtlinien geprüft bzw. eingestellt werden.

Seitenblinkleuchten

Seitenblinkleuchte im Spiegeldreieck
Seitenblinkleuchte aus- und einbauen:
■ Zündung und alle elektrischen Verbraucher ausschalten und den Zündschlüssel abziehen.
■ Seitenblinkleuchte mit einem Schraubendreher vorsichtig von oben heraushebeln.
■ Die Seitenblinkleuchte herausnehmen.
■ Elektrische Steckverbindung entriegeln und trennen.
■ Die Blinkleuchte abnehmen.

Der Einbau erfolgt sinngemäß in umgekehrter Reihenfolge.
■ Funktionen der Seitenblinkleuchte prüfen.

Sichtprüfung  Messen

Lampe für Seitenblinkleuchte im Spiegeldreieck aus- und einbauen.

■ Zündung und alle elektrischen Verbraucher ausschalten und die Seitenblinkleuchte wie beschrieben ausbauen.

■ Lampenfassung ca. 45° nach links drehen und aus dem Gehäuse herausziehen.

■ Die Lampe gerade aus der Fassung ziehen.

Der Einbau erfolgt sinngemäß in umgekehrter Reihenfolge.

■ Lampe für Nebelscheinwerfer: 12 V, 5W (WY5W oranger Glaskolben).

■ Funktionen der Seitenblinkleuchte im Spiegeldreieck prüfen.

Seitenblinkleuchte mit Sockel

Wie schon oft beim Transit finden Sie auch beim Seitenblinker sehr unterschiedliche Varianten, die an verschiedenen Modellvarianten verbaut sein können. Für die Serienblinkleuchten gibt es zwei mechanische Lösungen, die wir Ihnen im Folgenden vorstellen wollen.

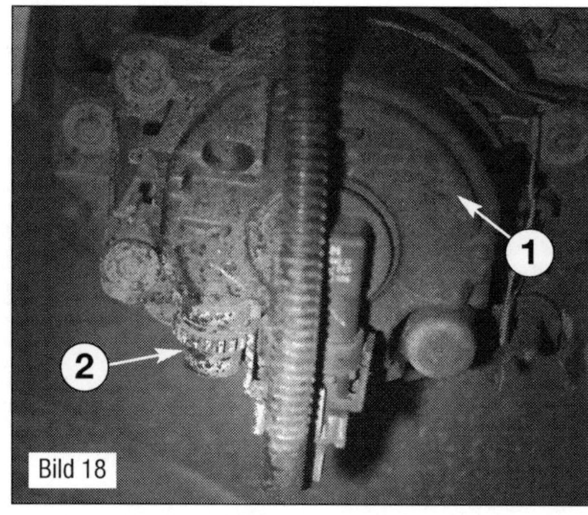

Bild 18
Einstellschrauben am Nebelscheinwerfer.
1 Nebelscheinwerfer
2 Einstellschraube

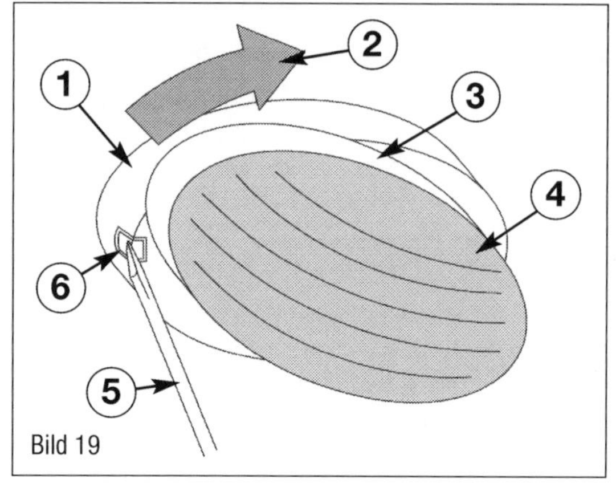

Bild 19
Seitenblinkleuchte mit Sockel.
1 Sockel
2 Drehrichtung zum Lösen vom Sockel
3 Sockel
4 Gehäuse
5 Schraubendreher
6 Raste

Ausführung mit flachem Sockel:
Die flache Variante wird, wie die schon beschriebe Seitenblinkleuchte, im Spiegeldreieck demontiert.

Ausführung mit hohem Sockel (Bild 19):

■ Zündung und alle elektrischen Verbraucher ausschalten und Zündschlüssel abziehen.

■ Kappe der Seitenblinkleuchte in (4 in Bild 19) mit einem Schraubendreher vorsichtig von der Seite entriegeln und im Uhrzeigersinn verdrehen.

■ Nehmen Sie die Kappe der Seitenblinkleuchte vom Sockel (3) ab.

■ Lampe für Blinklicht in die Fassung drücken und gegen den Uhrzeigersinn drehen.

■ Lampe für Blinklicht aus der Fassung herausziehen.

Der Einbau erfolgt sinngemäß in umgekehrter Reihenfolge.

■ Lampe für Blinklicht vorn: 12 V, 21W (P21W) oder 12 V, 21W (PY21W) (oranger Glaskolben bei weißer Blinkerkappe).

Lampe für hochgesetzte Seitenblinkleuchte aus- und einbauen

Da die hochgesetzten Seitenblinkleuchten oben hinten auf dem Dach angebaut sind, muss je nach Fahrzeugausführung eine Leiter benutzt werden, um die Leuchten zu erreichen.

Die Blinkleuchten können auch als LED-Varianten verbaut worden sein. In diesem Fall sind oft keine Leuchtmittel ersetzbar und die gesamte Lampe muss ersetzt werden.

■ Zündung und alle elektrischen Verbraucher ausschalten und den Zündschlüssel abziehen.

■ Befestigungsschrauben aus der Seitenblinkleuchte rausschrauben und Abdeckkappe abnehmen.

■ Lampe für hochgesetzte Seitenblinkleuchte aus der Fassung herausdrehen.

Der Einbau erfolgt sinngemäß in umgekehrter Reihenfolge.

■ Lampe für hochgesetzte Seitenblinkleuchte: 12 V, 21W.

■ Funktionen der hochgesetzten Blinkleuchte prüfen.

Rückleuchten

Schlussleuchte aus- und einbauen Kasten oder Kombifahrzeug

■ Zündung und alle elektrischen Verbraucher ausschalten und den Zündschlüssel abziehen.
■ Heckflügeltüren bis zum Anschlag öffnen.
■ Abdeckung über den Leuchteneinheiten (soweit vorhanden) von innen abbauen.
■ Befestigungsschrauben (2 im Bild 20) herausschrauben.
■ Schlussleuchte abnehmen.
■ Elektrische Steckverbindung (1 im Bild 21) entriegeln und trennen.

Der Einbau erfolgt sinngemäß in umgekehrter Reihenfolge.

Die elektrische Steckverbindung im Seitenteil muss beim Aufstecken »hörbar« einrasten.
■ Reinigen Sie die Anlagefläche der Dichtung zur Karosserie gründlich.
■ Schlussleuchte in den Karosserieausschnitt einführen.
■ Die beiden Befestigungsmuttern auf der Rückseite der Lampe anschrauben.

Schlussleuchte aus- und einbauen Pritsche

■ Zündung und alle elektrischen Verbraucher ausschalten und den Zündschlüssel abziehen.
■ Den Schraubverschluss der elektrischen Steckverbindung auf der Rückseite der Rückleuchte gegen den Uhrzeigersinn drehen, die elektrische Steckverbindung wird dabei getrennt.
■ Die beiden Befestigungsmuttern auf der Rückseite der Lampe abschrauben.
■ Schlussleuchte abnehmen.

Der Einbau erfolgt sinngemäß in umgekehrter Reihenfolge.

Lampen für Schlussleuchte aus- und einbauen

⚠ Beim Einbau einer Glühlampe nicht den Glaskolben berühren. Die Finger hinterlassen Fettspuren auf dem Glaskolben, die beim Einschalten der Lampe verdampfen und den Glaskolben trüben.

Bild 20
Verschraubungen an der Rückleuchte.
1 Rückleuchte
2 Kunststoffmuttern

Bild 21
Steckkontakt an der Rückleuchte.
1 Steckkontakt
2 Rückleuchte
3 Fassungsträger

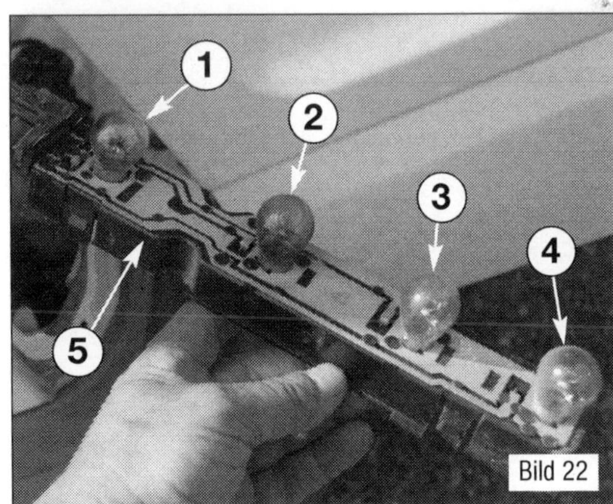

Bild 22
Fassungsträger in der Rückleuchte.
1 Brems- und Rücklicht
2 Blinkleuchte
3 Rückfahrleuchte
4 Nebelschlussleuchte
5 Lampenfassung

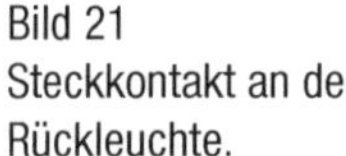

■ Zündung und alle elektrischen Verbraucher ausschalten und den Zündschlüssel abziehen.

Kasten und Kombi:
■ Schlussleuchten ausbauen.
■ Drehen Sie die Befestigungsschrauben des Lampenträgers heraus.
■ Nehmen Sie den Lampenträger (1 im Bild 23) aus der Lampe (6) heraus.
■ Betreffende Lampe im Lampenträger (1) ca. 45° nach links drehen und herausnehmen.

Der Einbau erfolgt sinngemäß in umgekehrter Reihenfolge.

Funktion	Bezeichnung
Rück-Bremsleuchte	P21/5W
Nebelschlussleuchte	P21W
Rückfahrleuchte	P21W
Blinklicht	PY21W

- Lampenträger in die Schlussleuchte einsetzen und verschrauben.
- Funktion der Schlussleuchten prüfen.

Lampen für Schlussleuchte aus- und einbauen, Fahrzeuge mit Aufbau Pritsche:
- Die vier Befestigungsschrauben (2 im Bild 24) herausschrauben beziehungsweise die Clips (5 im Bild 23) betätigen.
- Streuscheibe (3 im Bild 23, 1 im Bild 24) abnehmen.
- Betreffende Lampe im Lampenträger ca. 45° nach links drehen und herausnehmen.

Der Einbau erfolgt sinngemäß in umgekehrter Reihenfolge.
- Funktion der Schlussleuchten prüfen.

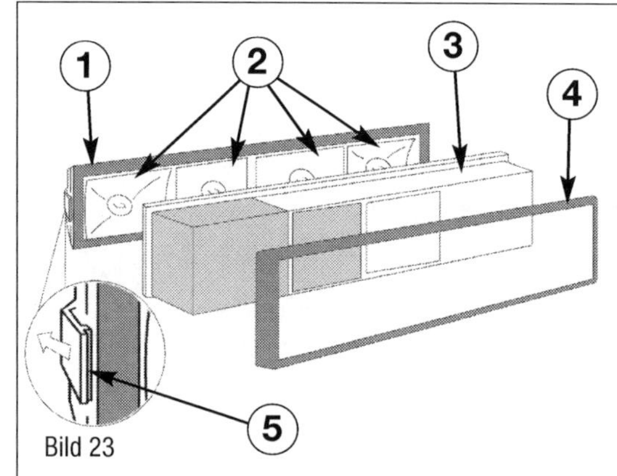

Bild 23
Schlussleuchte Pritsche mit geclipsten Lampengläsern.
1 Lampengehäuse
2 Glühlampen
3 Lampenglas
4 Rahmen
5 Halteclip seitlich

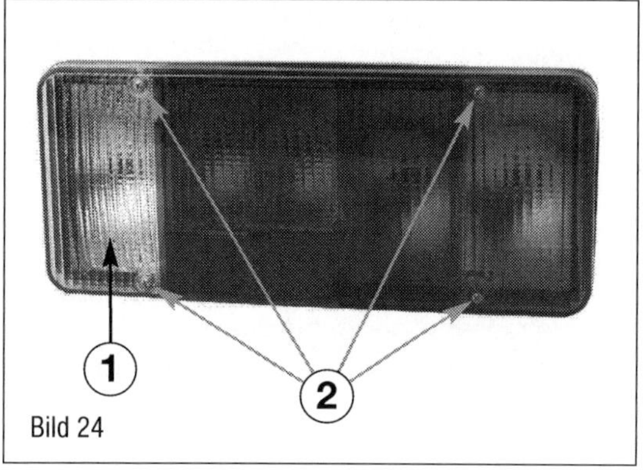

Bild 24
Schlussleuchte Pritsche mit geschraubten Lampengläsern.
1 Rücklichtglas
2 Schrauben

Hochgesetzte Bremsleuchte

⚠ Die hochgesetzte Bremsleuchtenleiste ist in der Hecktür eingebaut. Ersatzweise kann aus dem Zubehörbereich auch eine Bremsleuchte mit Kamera eingebaut werden. Diese eignet sich sowohl als Dashcam als auch über einen Bildschirm als Rückfahrkamera. Je nach Ausrüstung müssen die Anschlusskabel durch die Originalkabelführung für die Hecktür durchgeführt werden.

De- und Montage der hochgesetzten Bremsleuchte
- Zündung und alle elektrischen Verbraucher ausschalten und den Zündschlüssel abziehen.
- Die beiden Befestigungsschrauben herausschrauben.
- Hochgesetzte Bremsleuchte herausnehmen.
- Elektrische Steckverbindung entriegeln und trennen.

Der Einbau erfolgt sinngemäß in umgekehrter Reihenfolge.
- Funktionen der hochgesetzten Bremsleuchte prüfen.

Wechsel der Leuchtmittel
- Bauen Sie die hochgesetzte Bremsleuchte aus.
- Die Halteklammern entriegeln und den Lampenträger herausnehmen.
- Die Glühlampen (W5W) aus dem Sockel herausziehen.

Der Einbau erfolgt sinngemäß in umgekehrter Reihenfolge.
- Funktionen der hochgesetzten Bremsleuchte prüfen.

Kennzeichenleuchte aus- und einbauen

Auch in Sachen Kennzeichenleuchte finden sich im Transit schon im Serienzustand unterschiedliche Ausführungen. Wir stellen Ihnen die drei Varianten im Detail vor.

Leuchteneinheit aus- und einbauen
Kasten und Bus mit Flügeltüren (Bild 25):

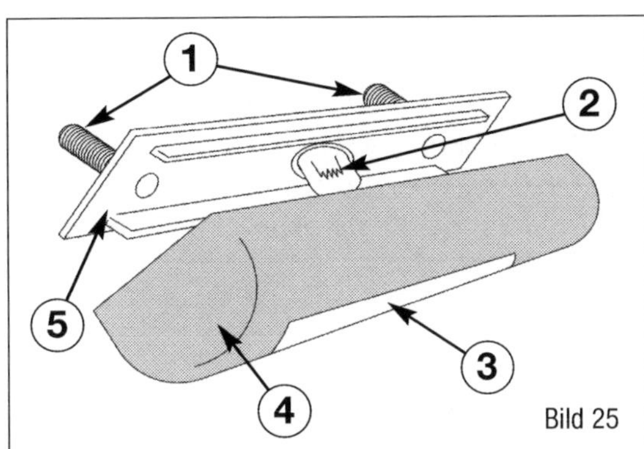

Bild 25
Kennzeichenleuchte an der Flügeltür.
1 Haltebolzen
2 Lampe
3 Lichtfenster
4 Lampengehäuse
5 Trägergehäuse Lampenfassung

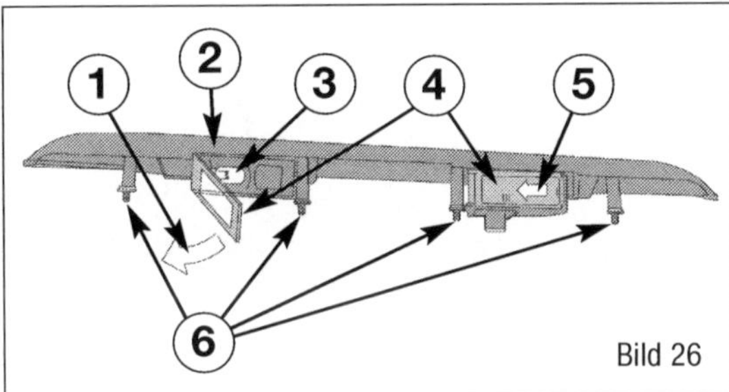

Bild 26
Kennzeichenleuchte Heckklappe.
1 Bewegungsrichtung zum Aufschwenken
2 Griffleiste mit Lampengehäusen
3 Lampe
4 Lichtfenster
5 Bewegungsrichtung zum Öffnen
6 Verschraubungen in der Heckklappe

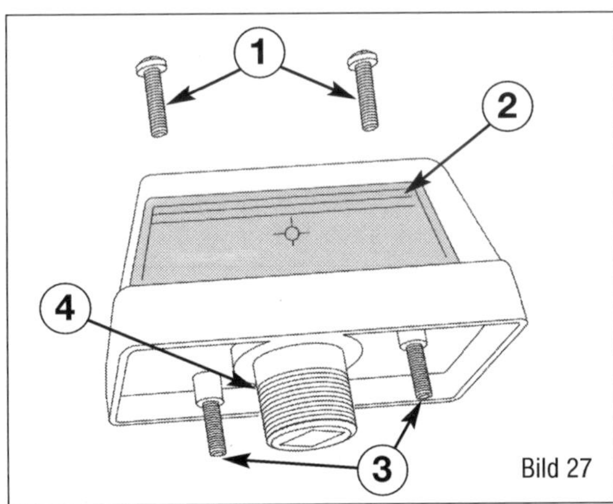

Bild 27
Kennzeichenleuchte Pritsche und Aufbau.
1 Befestigungsschrauben
2 Leuchtenhaube
3 Befestigungsschrauben
4 elektrischer Anschluss

Die Kennzeichenleuchten sind in der linken Hecktür verbaut worden.

- Zündung und alle elektrischen Verbraucher ausschalten und den Zündschlüssel abziehen.
- Türverkleidung demontieren.
- Elektrische Steckverbindung entriegeln und trennen.
- Lampengehäuse (4) ausclipsen und abnehmen.

Der Einbau erfolgt sinngemäß in umgekehrter Reihenfolge.

- Funktion der Kennzeichenleuchte prüfen.

Kasten und Bus mit Heckklappe (Bild 26):
Die Kennzeichenleuchte besteht bei diesen Kasten- und Busvarianten aus der Griffleiste und dem jeweiligen Abdeckglas mit Lichtfenster (4).

- Zündung und alle elektrischen Verbraucher ausschalten und den Zündschlüssel abziehen.
- Heckklappenverkleidung demontieren.
- Elektrische Steckverbindung entriegeln und trennen.
- Griffleiste in den Lampengehäusen (2) ausclipsen und abnehmen.

Der Einbau erfolgt sinngemäß in umgekehrter Reihenfolge.

- Funktion der Kennzeichenleuchte prüfen.

Pritsche und Aufbaufahrzeuge:

- Elektrische Steckverbindung (4 im Bild 27) entriegeln und trennen.
- Die beiden Muttern (3) lösen und die Kennzeichenleuchte abnehmen.

Der Einbau erfolgt sinngemäß in umgekehrter Reihenfolge.

- Funktion der Kennzeichenleuchte prüfen.

Lampe für Kennzeichenleuchte aus- und einbauen

Kasten und Bus mit Flügeltüren (Bild 25):

- Zündung und alle elektrischen Verbraucher ausschalten und den Zündschlüssel abziehen.
- Lampengehäuse ausclipsen und abnehmen.
- Glühlampe aus dem Trägergehäuse herausnehmen.

Der Einbau erfolgt sinngemäß in umgekehrter Reihenfolge.

- Funktion der Kennzeichenleuchte prüfen.
- Lampe für Kennzeichenleuchte: 12 V, R10W.

Kasten und Bus mit Heckklappe (Bild 26):

- Zündung und alle elektrischen Verbraucher ausschalten und den Zündschlüssel abziehen.
- Lichtfenster (4) in Pfeilrichtung schieben (5) und abnehmen.
- Glühlampe (3) aus dem Griffleiste mit Lampenträger (2) herausnehmen.

Der Einbau erfolgt sinngemäß in umgekehrter Reihenfolge.

- Funktion der Kennzeichenleuchte prüfen.
- Lampe für Kennzeichenleuchte: 12 V, W5W.

Pritsche und Aufbaufahrzeuge (Bild 27):
- Zündung und alle elektrischen Verbraucher ausschalten und den Zündschlüssel abziehen.
- Kennzeichenleuchtenhaube (2 im Bild 27) ausbauen.
- Glühlampe (Soffitte) herausnehmen.

Der Einbau erfolgt sinngemäß in umgekehrter Reihenfolge.
- Funktion der Kennzeichenleuchte prüfen.
- Lampe für Kennzeichenleuchte: 12 V, C5W.

Seitenmarkierungsleuchte

Seitenmarkierungsleuchte aus- und einbauen
- Zündung und alle elektrischen Verbraucher ausschalten und den Zündschlüssel abziehen.
- Die beiden Befestigungsschrauben (2 im Bild 28) herausschrauben.
- Die Lichtscheibe (1) der Seitenmarkierungsleuchte und die Dichtung (3) darunter abnehmen.
- Elektrische Steckverbindung (4) entriegeln und trennen.

Der Einbau erfolgt sinngemäß in umgekehrter Reihenfolge.
- Funktion der Seitenmarkierungsleuchte prüfen.

Lampe für die Seitenmarkierungsleuchte aus- und einbauen
- Zündung und alle elektrischen Verbraucher ausschalten und den Zündschlüssel abziehen.

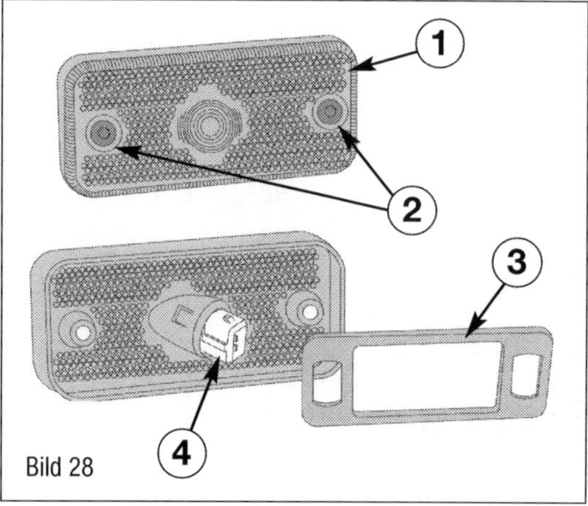

Bild 28
Seitenmarkierungsleuchte.
1 Lichtscheibe
2 Befestigungsschrauben
3 Dichtung
4 Fassung mit Lampe

- Die beiden Befestigungsschrauben (2 im Bild 28) herausschrauben.
- Die Lichtscheibe (1) der Seitenmarkierungsleuchte und die Dichtung (3) darunter abnehmen.
- Die Fassung (4) etwas verdrehen und herausziehen.
- Die Glühlampe aus der Fassung herausziehen.

Der Einbau erfolgt sinngemäß in umgekehrter Reihenfolge.
- Funktion der Seitenmarkierungsleuchte prüfen.
- Lampe für Seitenmarkierungsleuchte: 12 V, W5W.

Innenleuchte

Auch hier werden Sie sehr unterschiedliche Bauformen und Sonderausrüstungen in den unterschiedlichen Fahrzeugmodellen vorfinden. Wir stellen Ihnen hier die beiden Innenraumvarianten im Bereich des Rückspiegels vor, die recht häufig verbaut wurden. Die Vorgehensweisen für andere und ähnliche Bauweise können Sie hier ableiten.

Leuchteneinheit aus- und einbauen
- Zündung und alle elektrischen Verbraucher ausschalten und den Zündschlüssel abziehen.
- Clipsen Sie die Innenraumleuchte aus dem Montagerahmen im Dachhimmel aus.
- Die elektrische Steckverbindung entriegeln und trennen. Bei Leuchteneinheiten mit mehreren Anschlüssen müssen alle Anschlüsse entriegelt und abgezogen werden.
- Die Leuchteneinheit abnehmen.

Der Einbau erfolgt sinngemäß in umgekehrter Reihenfolge.
- Funktion der Innenraumleuchte prüfen.

Lampe für die Innenraumbeleuchtung aus- und einbauen
Die einfachen Ausführungen sind mit einer einzelnen Soffitte oder Glühlampe ausgerüstet. Komfortinnenleuchten werden zusätzlich mit getrennt schaltbaren Leseleuchten für Fahrer und Beifahrer ausgestattet.
- Zündung und alle elektrischen Verbraucher ausschalten und den Zündschlüssel abziehen.

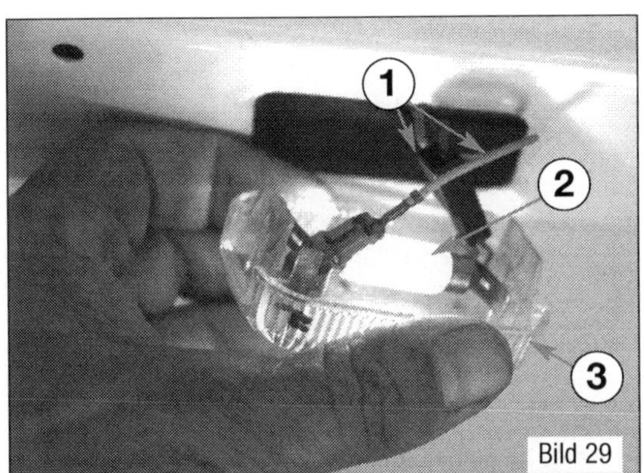

Bild 29
Innenraumleuchte
Laderaum.
1 Anschlusskabel
2 Soffitte
3 Lampengehäuseglas mit Rasten

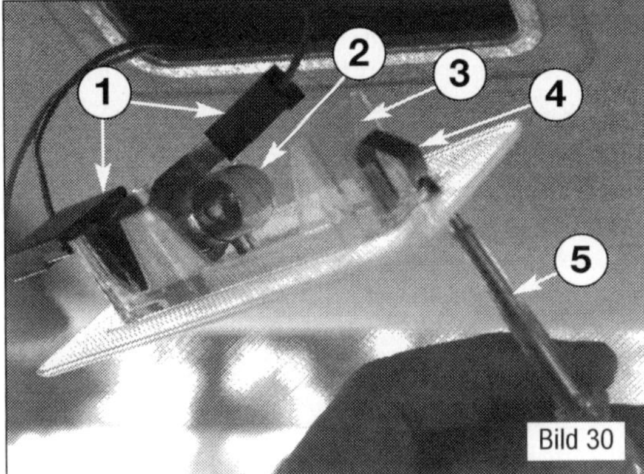

Bild 30
Innenraumleuchte
Fahrgastraum.
1 Anschlusskabel
2 Soffitte
3 Lampengehäuseglas mit Rasten
4 Rastenfeder
5 Schraubendreher

■ Clipsen Sie die Innenraumleuchte (3 im Bild 29) aus dem Montagerahmen im Dachhimmel aus.

Zentrale Lampe ersetzen:
■ Clipsen Sie die Abdeckung der Leuchte (1 im Bild 30) aus.
■ Die defekte Glühlampe (Soffitte) (2) herausnehmen.

Der Einbau erfolgt sinngemäß in umgekehrter Reihenfolge.
■ Funktion der Innenraumleuchte prüfen.
■ Lampe für die Innenraumleuchte: 12 V, C5W oder W5W.

Leseleuchten ersetzen:
Bauen Sie die Leuchteneinheit wie beschrieben aus.
Drehen Sie die Fassung der defekten Leuchte etwa 45° gegen den Uhrzeigersinn und nehmen Sie die Lampenfassung mit der Lampe heraus.
Ziehen Sie die Lampe aus der Fassung heraus.

Der Einbau erfolgt sinngemäß in umgekehrter Reihenfolge.

■ Funktion der Innenraumleuchte prüfen.
■ Lampe für die Innenraumleuchte: 12 V, W5W.

Scheibenwischer

Wischerblattwechsel
Wir stellen Ihnen die Montage an einem Wischerarm in klassischer Bauform vor. Sie sind in den meisten Fällen verbaut.
■ Scheibenwischer in die Endablage laufen lassen.
■ Zündung und alle elektrischen Verbraucher ausschalten und den Zündschlüssel abziehen.
■ Den Scheibenwischerarm von der Scheibe wegklappen.

Verbiegen von Scheibenwischerarm und Blatt vermeiden. Ein ungewolltes Zurückklappen des Scheibenwischerarms verhindern, damit die Glasscheibe nicht zerstört wird.

■ Drücken Sie die Rastnase (2 im Bild 31) ein und ziehen Sie den Clip am Wischer (3) aus der Halterung am Wischerarm heraus.
■ Das Scheibenwischerblatt abnehmen.
Der Einbau erfolgt sinngemäß in umgekehrter Reihenfolge.

Das längere Scheibenwischerblatt wird auf der Fahrerseite angebaut.

Den Clip am Wischer in die Halterung am Wischerarm drücken, bis es vollständig in der Führung sitzt.
■ Den Scheibenwischerarm an die Scheibe zurückklappen.
■ Scheibenwischerblätter-Endablage prüfen und ggf. neu ausrichten.

Scheibenwischerarm ausbauen

Bevor die Scheibenwischerarme ausgebaut werden, sicherstellen, dass sich der Scheibenwischermotor in Endstellung befindet. Nur so lässt sich beim Einbau die Endablage der Scheibenwischerarme korrekt einstellen.

Frontwischerarme de- und montieren:
■ Scheibenwischer in die Endlage laufen lassen.
■ Zündung und alle elektrischen Verbraucher ausschalten und den Zündschlüssel abziehen.
■ Falls vorhanden, Abdeckkappe mit einem Schraubendreher abhebeln.

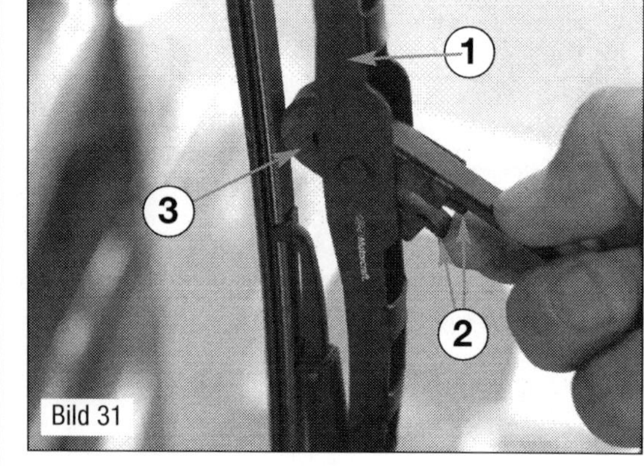

Bild 31
Wischerblattwechsel.
1 Wischerblatt
2 Rasten
3 Clip

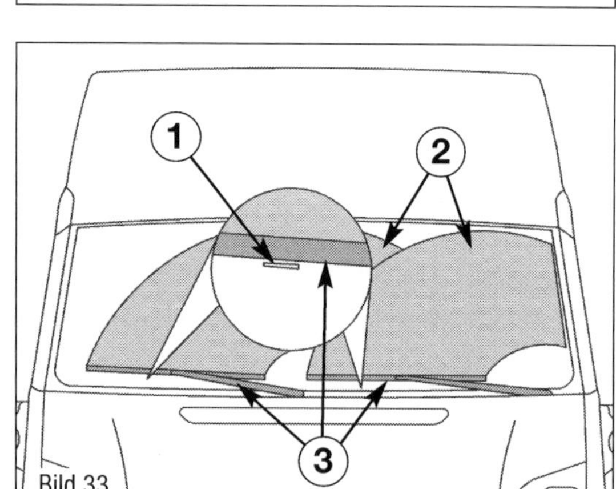

Bild 32
Befestigung Wischerarm.
1 Wischerarm oben
2 Wischerwelle
3 Lagerbolzen
4 Mutter

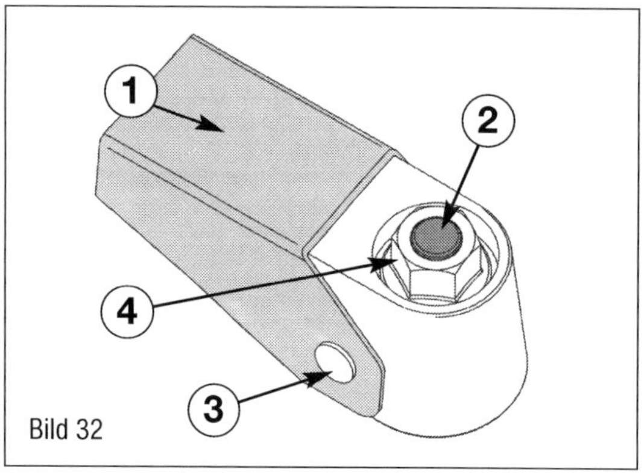

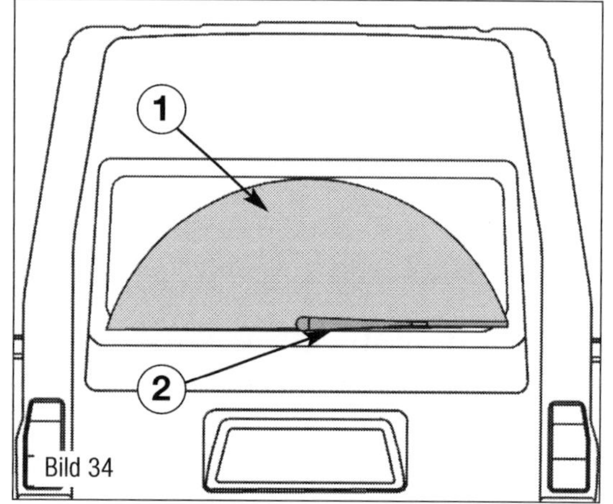

Bild 33
Wischfeld Frontscheibe.
1 Markierung zur Wischerlage
2 Wischfeld Frontscheibe
3 Scheibenwischer

Bild 34
Wischfeld Heckklappe.
1 Wischfeld Heckklappe
2 Scheibenwischer

Bild 35
Wischfeld Flügeltüren.
1 Wischfeld Flügeltüren
2 Scheibenwischer

- Sechskantmutter (2) lösen, ohne sie ganz abzuschrauben.
- Scheibenwischerarm hochklappen und durch kippelnde seitliche Bewegungen vom Konus lösen.
- Befestigungsmutter (2) ganz abschrauben und den Scheibenwischerarm herunternehmen.

Der Einbau erfolgt sinngemäß in umgekehrter Reihenfolge.

- Die Scheibenwischerarme der Fahrer- und Beifahrerseite in der ungefähren Endablage auf ihre Wellen aufstecken.
- Befestigungsmuttern locker auf die Scheibenwischerarmwellen aufschrauben.
- Scheibenwischerblätter-Endablage einstellen.
- Befestigungsmuttern festziehen.
- Funktion der Wischer prüfen.

Endlage der Scheibenwischer

Die Endlage der Wischer ist bei den meisten Scheibenherstellern mit Lagemarkierungen auf der Glasfläche (1 im Bild 33) dargestellt. Beim Ford Transit soll es diese Markierungen auch geben, allerdings haben wir keine einzige ablichten können.

- Das Scheibenwischergummi und Scheibenrahmenabdeckung sollten etwa parallel liegen. Der rechte Wischer ist leicht überhöht (etwa 1 - 2 cm).
- Gegebenenfalls Endablage durch Versetzen des Scheibenwischerarms einstellen.
- Befestigungsmuttern der Scheibenwischerarme mit 22 Nm (hinten 15 Nm) festziehen.
- Funktion der Wischer prüfen.

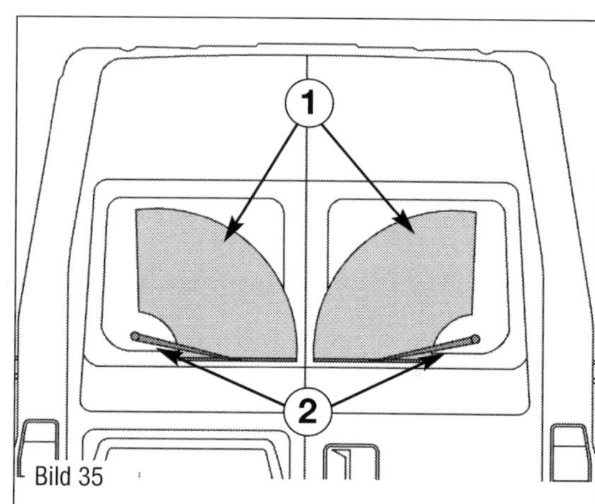

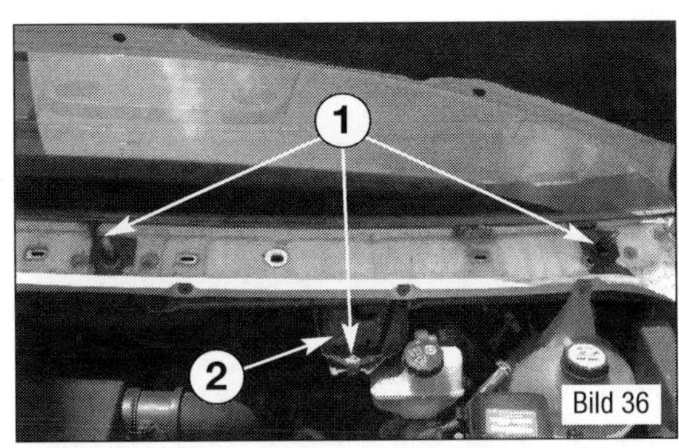

Bild 36

Bild 36
Montagepunkte des Wischermotors.
1 Befestigungsschrauben
2 Wischermotor mit Rahmen

Wischermotor ausbauen

Der Scheibenwischermotor vorne ist auch in Verbindung mit dem Wischerrahmen lieferbar. Im Schadensfall können sie zusammen ersetzt werden.

- Schalten Sie die Zündung aus und ziehen Sie den Zündschlüssel ab.
- Öffnen Sie die Motorhaube.
- Demontieren Sie die Wischerarme wie bereits beschrieben.
- Drehen Sie die Schrauben rechts und links sowie in der Mitte des Windleitbleches heraus.
- Bauen Sie das Windleitblech unter der Windschutzscheibe ab.
- Ziehen Sie die Anschlüsse und Schläuche der Waschdüsen ab.
- Ziehen Sie den Steckkontakt zum Wischermotor ab.
- Drehen Sie die Befestigungsschrauben am Wischerrahmen rechts und links sowie unter dem Motor heraus (Bild 36).
- Nehmen Sie den Wischerrahmen komplett mit dem Motor aus dem Fahrzeug heraus.

Der Einbau erfolgt sinngemäß in umgekehrter Reihenfolge.

- Montieren Sie zuerst alle Befestigungsschrauben vor, um dem Wischerrahmen spannungsfrei auszurichten.
- Stecken Sie das Anschlusskabel wieder auf den Wischermotor auf.
- Stecken Sie die Anschlüsse und Schläuche der Waschdüsen auf.
- Die Scheibenwischerarme der Fahrer- und Beifahrerseite in der ungefähren Endablage auf ihre Wellen aufstecken.
- Befestigungsmuttern locker auf die Scheibenwischerarmwellen aufschrauben.
- Scheibenwischerblätter-Endablage einstellen.
- Befestigungsmuttern festziehen.
- Funktion der Wischer und der Waschanlage prüfen.

Waschdüsen vorne

Auf die Darstellung der Scheinwerferreinigungsanlage haben wir bewusst verzichtet. Sie fand in dieser Modellreihe keine relevante Anwendung.

Waschdüsen vorne de- und montieren
Die Waschdüsen sind in die Motorhaube eingeclipst.

- Öffnen Sie die Motorhaube.
- Schlauch (2 im Bild 37) von unten von der Spritzdüse abziehen.
- Haltenasen (1) zusammendrücken und die Waschdüse nach oben aus der Motorhaube (1) drücken.
- Waschdüse abnehmen.

Bild 37

Bild 37
Waschdüse von unten.
1 Rastnasen
2 Waschschlauch

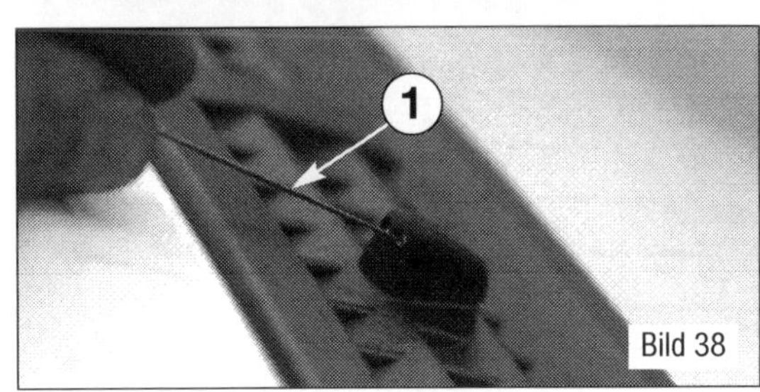

Bild 38

Bild 38
Waschdüse einstellen.
1 Nadel oder Spezialwerkzeug zur Düseneinstellung

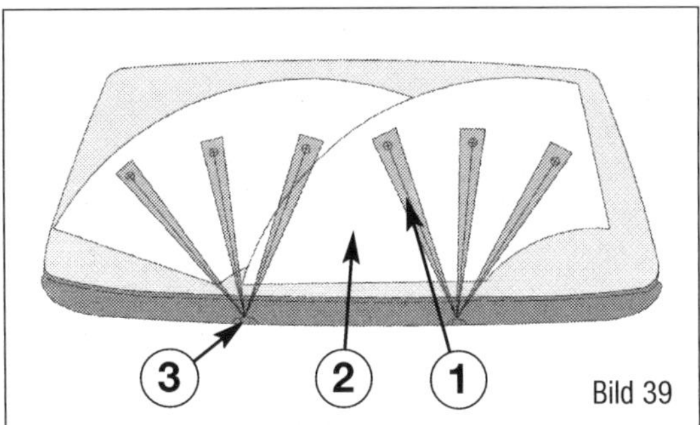

Bild 39

Bild 39
Auftreffpunkte auf der Windschutzscheibe bei einer 3-Loch-Düse (für die Zweilochdüse entfallen die beiden mittleren Auftreffpunkte).
1 Sprühstrahl mit Auftreffpunkt
2 Wischbereich Scheibenwischer
3 Scheibenwaschdüse

Sichtprüfung

Messen

Montage

■ Waschdüse nach unten in den Scheibenanschluss drücken.
■ Darauf achten, dass die Waschdüse sicher einrastet.
■ Spritzbild und Einstellung der Spritzdüsen prüfen und wenn erforderlich einstellen.

Waschdüsen vorne einstellen

☞ Im Falle eines ungleichmäßigen Spritzfelds durch Verunreinigungen in der Spritzdüse bauen sie die Spritzdüse aus und spülen Sie diese mit Wasser durch. Das anschließende Durchblasen der Spritzdüse mit Druckluft ist in beide Richtungen zulässig. Keine Gegenstände zum Reinigen der Spritzdüsen verwenden!

☞ Die Waschdüse vorne ist voreingestellt. Beachten Sie, dass der Fahrtwind die Auftreffpunkte deutlich beeinflusst.
■ Stellen Sie die Spritzdüsen so ein, dass der Wasserstrahl in etwa im oberen Drittel des Wischbereiches (Bild 39) auf die Scheibe auftrifft.
■ Stellen Sie die Waschdüse sehr vorsichtig am besten mit einer Nadel oder einem Einstellwerkzeug für Waschdüsen ein.
■ Kontrollieren Sie die Dichtigkeit der Anschlüsse.

Batteriewartung und Prüfungen

Die Batterie als Energiespeicher versorgt die elektrischen Verbraucher mit Spannung und ermöglicht das Starten des Motors. Wir möchten Ihnen an dieser Stelle die wichtigsten Prüfungen genauer vorstellen.

Prüfung des Säurestandes

Diese Prüfung ist natürlich nur bei Nassbatterien möglich, an denen Sie die Zellenverschlussdeckel noch öffnen können. Bei Batteriegehäuse ohne Verschlussdeckel ist die Prüfung nicht möglich.
■ Öffnen Sie die Zellenverschlussdeckel der Batterie.
■ Kontrollieren Sie, ob der Säurestand die Markierungsnase über den Platten erreicht.
■ Wenn erforderlich, füllen Sie den Säurestand mit destilliertem Wasser auf.

Prüfung der Säuredichte

■ Öffnen Sie die Zellenverschlussdeckel der Batterie.
■ Drücken Sie den Gummiball des Säurehebers zusammen und saugen Sie das Elektrolyt aus einer Batteriezelle an. Der Schwimmer mit Skala des Säurehebers muss aufschwimmen.
■ Lesen Sie die Dichte an der Flüssigkeitslinie am Schwimmer ab. Werten Sie die Säuredichte aus:

Dichte	Ladezustand (etwa)
1,28 g/cm³	Voll geladen
1,22 g/cm³	Normal geladen
1,18 g/cm³	Schwach geladen
1,12 g/cm³	Normal entladen
1,06 g/cm³	Tief entladen

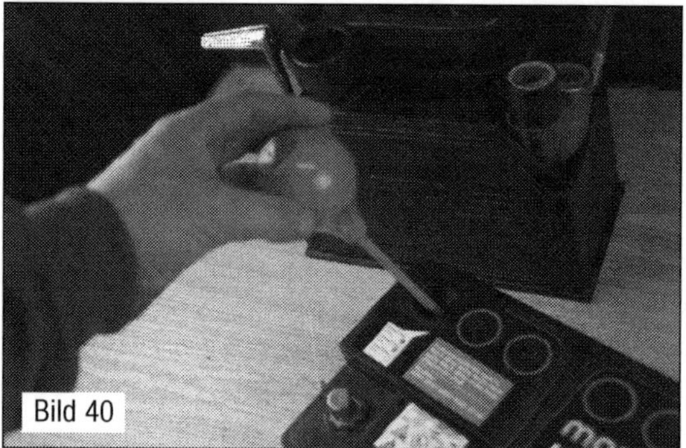
Bild 40

Bild 40
Prüfung und Korrektur des Säurestandes: Der Säurestand ist wichtig für die Funktion der Batterie.

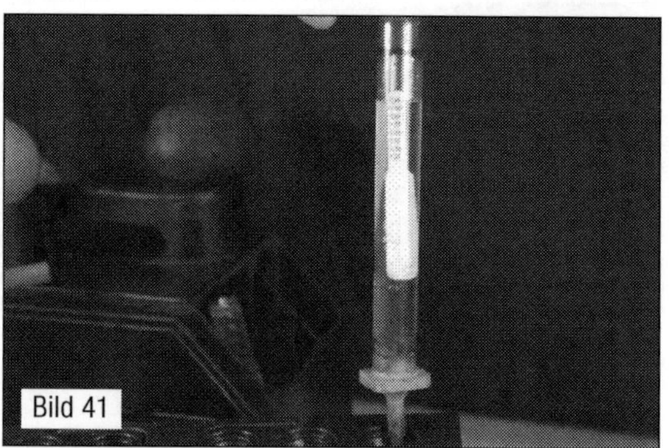
Bild 41

Bild 41
Prüfung der Säuredichte: Der Ladezustand jeder Zelle kann beurteilt werden.

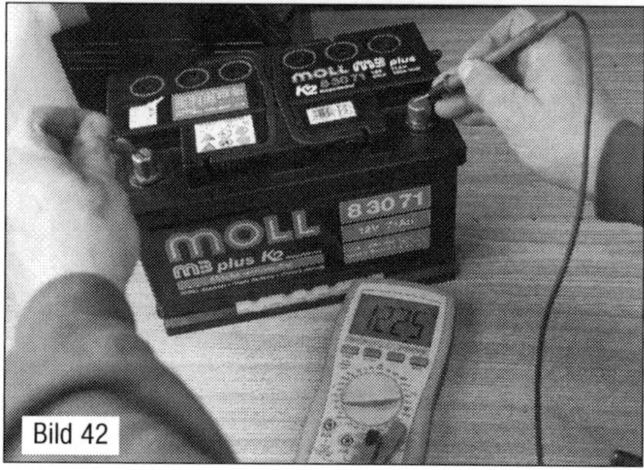

Bild 42

Bild 42
Spannungsmessung an den Batteriepolen: Es muss eine Ruhezeit eingehalten werden.

Prüfung der Batteriespannung

■ Laden Sie die Batterie auf und lassen Sie sie etwa 3 Stunden ruhen.

Ohne die Ruhezeit wird das Messergebnis verfälscht und es kann keine Aussage auf den Ladezustand getroffen werden.

■ Schließen Sie ein Multimeter an die Pole der Batterie an und lesen Sie die Spannung ab.

Spannung	Ladezustand (etwa)
> 12,8 V	Voll geladen
ca. 12,4 V	Normal geladen
ca. 12,2 V	Schwach geladen
ca. 11,9 V	Normal entladen
< 10,7 V	Tief entladen

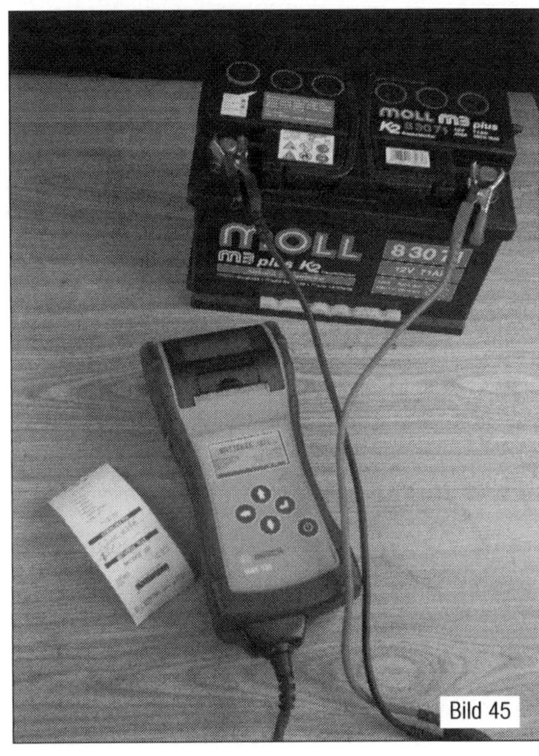

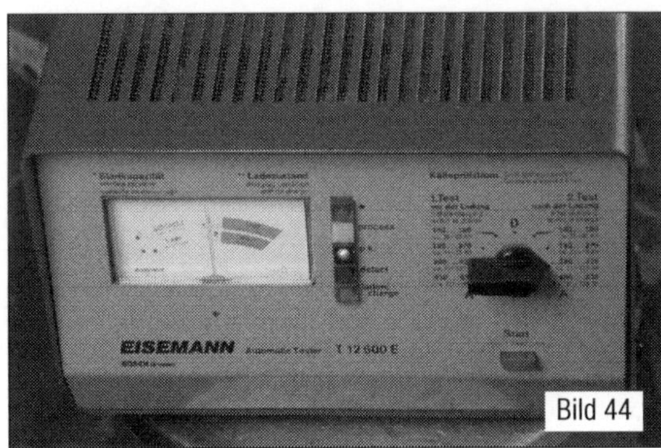

Bild 43
Pflegeset und Testgerät für die Batteriewartung

Bild 44
Batterietester im Einsatz

Bild 45 Programmgeführter Batterietester mit Drucker

15 Stromlaufpläne

Verwendung von Stromlaufplänen

Liegt ein elektrischer Fehler vor, wird das Geschrei nach Stromlaufplänen sehr oft laut. Es ist aber nicht so, dass der Stromlaufplan die Lösung für die elektrischen Fehler offenbart. Vielmehr stellt er die physikalische Verdrahtung der Systeme da. Das klassische Kabel durchmessen wird in der Praxis aber nur wenig Anwendung finden. Das Wissen über Funktionszusammenhänge im virtuellen Bordnetzsystem und die Spannungsversorgung sind die Schwerpunkte, die im modernen Bordnetzsystem, wie schon in vielen Teilen bei Ihrem Ford Transit, umgesetzt wurden.

Sicherungen und Sicherungshalter

Damit Sie die Elektrik Ihres Autos einfach, zuverlässig und sicher nutzen können, gibt es Schaltstellen, Leitungsstränge und Sicherheitsvorkehrungen. Prüfen Sie vor jeder Fehlersuche immer die verbauten Sicherungen (Bild 1). Überprüfen Sie auch, ob die Sicherungsbelegung bei Ihrem Fahrzeug identisch ist (siehe Fahrerhandbuch). Herstellerbedingt werden zwar bestimmte Belegungen ausgewählt, diese aber müssen nicht unbedingt Ihrer Variante entsprechen. Schließlich werden oft genug Ausstattungsvarianten ergänzt und erweitert. In den meisten Fällen erkennen Sie schon an der verbauten Sicherungsstärke, um welche Anschlussvariante es sich handelt. Vergessen Sie nicht, dass viele »Kleinsicherungen« durchaus im Sicherungskasten »A« zusätzlich abgesichert sein können! Solche Sicherungen werden auch »Vorsicherung« genannt. Die freien Sicherungsplätze und ihre Schaltfunktionen können sehr hilfreich bei der Erweiterung der Ausrüstung Ihres Ford Transit sein.

Bild 1
1 Sicherungsträger Fahrgastraum (unter dem Handschuhfach)
2 Relaisträger Fahrgastraum (unter dem Handschuhfach)
3 Vorsicherungen (im Sitzkasten)
4 Batterie (im Sitzkasten)
5 Zusatzabgänge 60 A (am Sitzkasten)
6 OBD-Stecker (unter der Lenkradverkleidung)
7 Anschlusskasten Motorraum
8 Sicherungsträger und Relaiskasten Motorraum

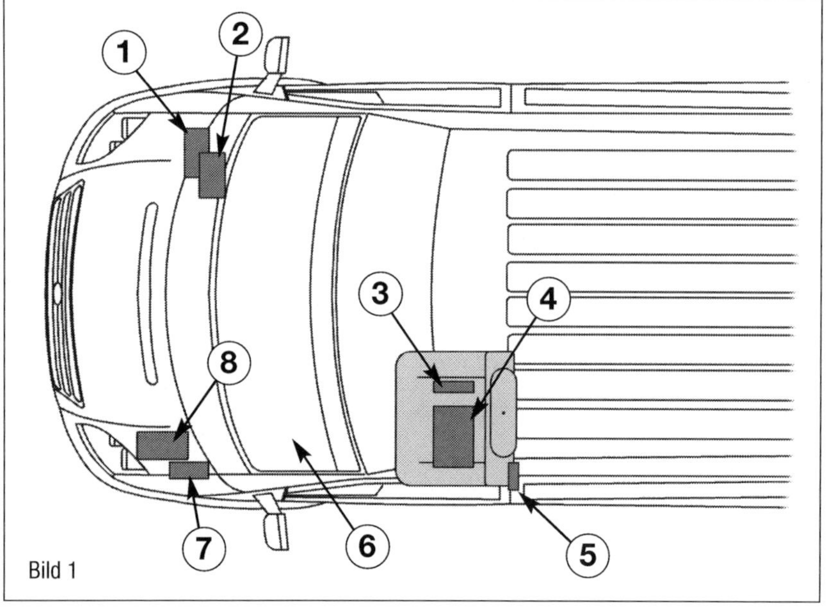

Bild 1

Relais und Sicherungsbelegungen

Die genaue Sicherungsbelegung ist von der Fahrzeugausstattung abhängig. Ein Schema ist als Aufkleber oder lose bei den Sicherungshaltern zu finden. Wir verweisen auf die aktuellen Belegungslisten in der Fahrzeugbedienungsanleitung. Sicherungen sind nach Steckplätzen nummeriert. Angegeben sind abgesicherter Verbraucher und der Stromstärke-Wert (in A), durch Farbe markiert. Die Bordelektrik untersteht wie die Schaltpläne auch im Laufe der Produktion einer stetigen Wandlung. Die Darstellung aller Varianten ist schon aus Aktualitätsgründen nicht möglich. Ford weist schon zu Redaktionsschluss dieses Buches mehrere Varianten aus, so dass eine übergreifende Darstellung nicht sinnvoll ist. Die Zuordnung ist nur über das herstellereigene Werkstattinformationssystem aktuell und sinnvoll möglich. Wer bei der Arbeit an einer Baugruppe die jeweiligen aktuellen Informationen zugrunde legen möchte, hat folgende Möglichkeiten:

- Die Informationen aus dem Fahrzeugbordbuch entnehmen.
- Den entsprechenden Plan beim freundlichen Ford-Partner ausdrucken lassen.

Die Sicherungen (1 im Bild 1) und der Relaisträger (2) im Fahrgastraum
Der Relaisträger und Sicherungsträger (Bild 2) ist rechts unter dem Handschuhfachkasten in der Armaturentafel verbaut. Er be-

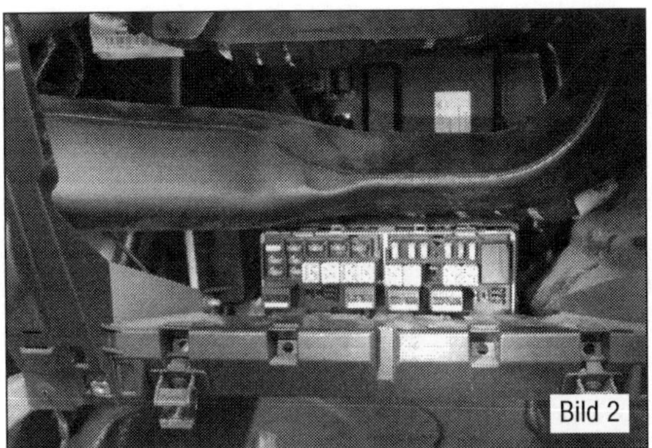

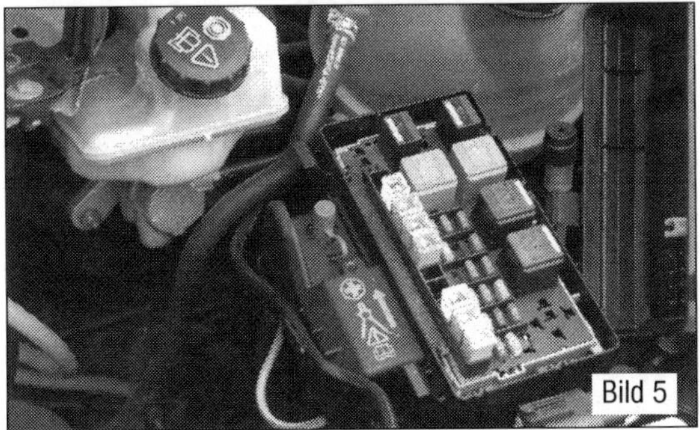

inhaltet kleinere Stecksicherungen und einige Relaissteckplätze sowie das Bordnetzsteuergerät. Der Zugang ist nur für Sicherungen recht einfach möglich. Die Stecksicherungen sind recht gut vom Innenraum und mit wenig Demontageaufwand zugänglich.

Vorsicherungen (3 im Bild 1), die Batterie (4) und Anschlussmöglichkeit für Zusatzverbraucher (5)
Unter dem Fahrersitz ist die Batterie; die Vorsicherungen für die Bordelektrik und drei zusätzliche Abgänge, die mit höchstens 60 A belastet werden können, sind im oder am Sitzkasten verbaut. Die Zusatzabgänge sind ideal, um die erweiterte Elektrik in Wohnmobilen oder auch Zusatzgeräten unter 12 V Betriebsspannung anzuschließen.

OBD-Anschluss (6 im Bild 1)
Die 16-polige-OBD-Anschlussdose (Bild 4) befindet sich unter einer Abdeckung unter dem Lenkrad. Sie stellt den Anschlusspunkt für den Diagnosetester dar.

Anschlusskasten (7 im Bild 1) und Sicherungsträger und Relaiskasten (8)
Der Anschlusskasten (Bild 5) befindet sich bei den linksgelenkten Fahrzeugen auf der linken Fahrzeugseite. Daneben ist der Sicherungskasten mit den Relaisträger positioniert. Seitlich am Sicherungsträger und Relaiskasten befindet sich die Abgriffsmöglichkeit für den Plusanschluss zur Starthilfe. Der Minusanschluss sollte dann über die Motorhebeöse erfolgen.

Kabelfarben und Kabelquerschnitt

Kabelfarbe
Im Schaltplan werden die Information über die Kabelfarbe angegeben. Die Farben werden als Kürzel dargestellt.

Kürzel	Farbe
Wh	Weiß
Bk	Schwarz
Rd	Rot
Bn	Braun
Gn	Grün
Bu	Blau
Gy	Grau
Pk	Rosa
Ye	Gelb
Og	Orange
Vt	Violett
Lg	Grün (Hell)
Sr	Silber
Na	Klar

Bild 2
Sicherungsträger und Relaisträger im Fahrgastraum unter dem Handschuhfachkasten.

Bild 3
Versteckt im Sitzkasten unter einer Kunststoffabdeckung unter dem Fahrersitz.

Bild 4
OBD-Anschlussdose als Schnittstelle zum Diagnosetester oder Anschluss für OBD-Messgeräte.

Bild 5-Anschlusskasten und Relaisträger im Motorraum.

Kabelquerschnitt

Auch der Kabel(Leitungs)-Querschnitt ist zumeist leider nicht im Schaltplan angegeben. Somit wird es schwieriger die mögliche Belastung der einzelnen Kabel zu bestimmen. Hierzu ist dann eine Strommessung erforderlich. Für die Nachrüstung sollten Sie dann möglichst alle Funktionen unter Last in neuen Kabeln neben dem originalen Kabelbaum umsetzen.

Nennquerschnitt	Dauerstrom	Sicherung
0,5 mm²	6 A	7,5 A
0,75 mm²	8 A	10 A
1 mm²	12 A	15 A
1,5 mm²	16 A	20 A
2,5 mm²	24 A	30 A
4 mm²	40 A	40 A
6 mm²	56 A	50 A
10 mm²	80 A	70 A
16 mm²	100 A	100 A
25 mm²	120 A	125 A

Massepunkte am Ford Transit

Die Einbaulage der Massepunkte ist in der Übersicht recht gut zu erkennen. Prüfen Sie die Anschlüsse auf Korrosion und festen Sitz der Anschlusskabel zur Karosserie. Hier entstehen leicht Fehler, die nicht über das Diagnosesystem direkt erfasst werden können.

Massepunkte im Motorraum

Die genaue Positionierung stellen wir Ihnen in der folgenden Tabelle für den Motorraum im Detail vor.

Massepunkt	Bemerkung
E2	Masseanschluss am Motorsicherungskasten
E3	Masseanschluss an der Lampe vorne rechts
E9	Masseanschluss an der Lampe vorne links
E10	Rückspiegel links
E11	Rückspiegel rechts

Massepunkte im Fahrerraum

Die genaue Positionierung stellen wir Ihnen in der folgenden Tabelle für den Fahrgastraum vorne im Detail vor.

Massepunkt	Bemerkung
E1	Batteriemasse
E4	Lichtschalter
E6	Lenkerschalter
E7	Sicherungskasten und Relaisträger Innenraum
E12	Radio

Massepunkte Karosserie außen

Die genaue Positionierung stellen wir Ihnen in der folgenden Tabelle für die weitere Karosserie im Detail vor.

Massepunkt	Bemerkung
E5	Masseanschluss in der Lampe hinten links
E8	Masseanschluss in der Lampe hinten rechts

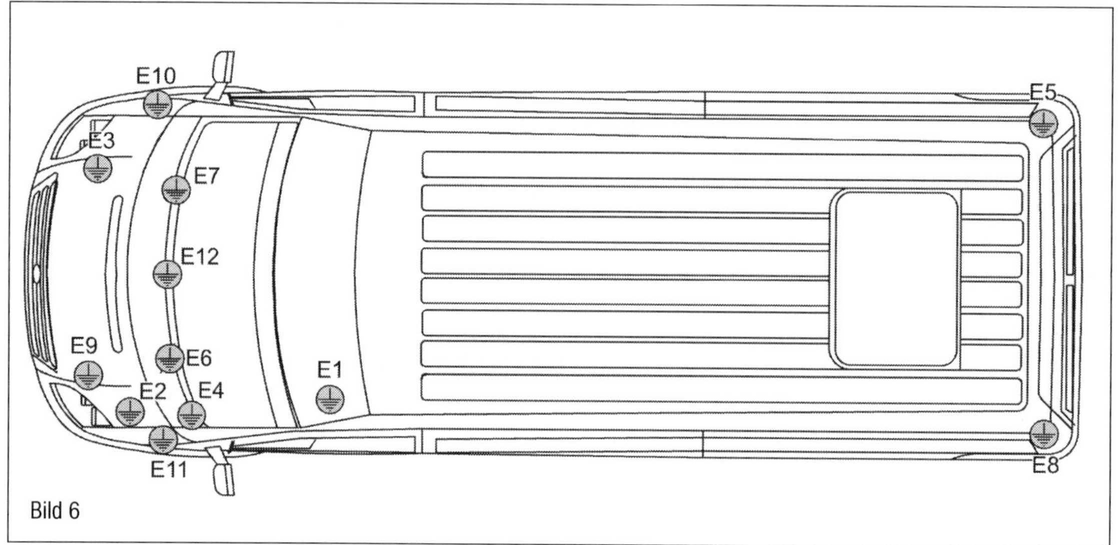

Bild 6
Massepunkte am Ford Transit.

E1	Batteriemasse
E2	Sicherungsträger und Relaiskasten Motorraum
E3	Scheinwerfer vorne rechts
E4	Lichtschalter
E5	Rücklicht rechts
E6	Lenkerschalter
E7	Sicherungskasten und Relaisträger Innenraum
E8	Rücklicht links
E9	Scheinwerfer vorne links
E10	Rückspiegel rechts
E11	Rückspiegel links
E12	Radio

Kabelinstandsetzungsarbeiten

Reparatur von Airbag- und Gurtstrafferleitungen
Das Airbag- und Gurtstraffersystem kann ausfallen. Fehlerhafte Reparaturen am Airbag- und Gurtstrafferleitungsstrang können zur Fehlfunktion des Insassenschutzes führen. Bei Reparaturen am Airbag- und Gurtstrafferleitungsstrang dürfen nur die dafür vorgesehenen Kontakte, Stecker und Leitungen verwendet werden. Leitungen des Airbag- und Gurtstrafferleitungsstrangs dürfen nur mit einem Leitungsstrang-Reparaturset repariert werden.

Bei Reparaturen an Leitungen des Airbag- und Gurtstraffersystems dürfen maximal zwei Reparaturstellen ausgeführt werden. Reparaturstellen erhöhen den elektrischen Widerstand in der Leitung und können Fehler in der Eigendiagnose des Systems auslösen. Bei Reparaturen am Airbag- oder Gurtstrafferleitungsstrang müssen die Quetschverbinder grundsätzlich geschrumpft werden, um Korrosion zu verhindern.

Wickeln Sie die Reparaturstelle nicht wieder in den fahrzeugeigenen Leitungsstrang ein und kennzeichnen Sie die Reparaturstelle gut sichtbar mit gelbem Isolierband.

Reparaturen im Bereich von Airbag oder Gurtstraffer sollten maximal 30 cm vom nächsten Kontaktgehäuse entfernt ausgeführt werden. Zusammen mit der Kennzeichnung durch das gelbe Isolierband ermöglicht diese Vorgehensweise einen schnellen Überblick über vorangegangene Reparaturen. Die Leitungen zu den Auslöseeinheiten (Airbags) haben in der Serie die Verdrillung mit der Schlaglänge von etwa 20 mm ± 5. Diese Schlaglänge ist für die Serienfertigung über Normteilnummern für die Leitungspaare sichergestellt und muss bei den Reparaturlängen der verdrillten Leitungen zwingend eingehalten werden. Bei Reparaturarbeiten müssen die Leitungen zu den Auslöseeinheiten (Airbags) die gleiche Länge aufweisen. Beim Verdrillen der Leitungen (1) und (2) muss die Schlaglänge von A = 20 mm ± 5 zwingend eingehalten werden. Es darf dabei kein Leitungsstück, zum Beispiel im Bereich von Quetschverbindern, größer als B = 100 mm ohne Verdrillung der Leitungen entstehen (Bild 8).

Reparaturmöglichkeiten CAN-Bus
Als CAN-Busleitung wird eine ungeschirmte Zweidrahtleitung (1) und (2) mit einem Querschnitt von 0,35 mm² oder 0,5 mm² verwendet. Die Farbcodierungen der CAN-Busleitungen entnehmen Sie der folgenden Tabelle:

CAN-High-Leitung, Antrieb	Blau-grau (Bu/Gy)
CAN-Low-Leitung, Antrieb	Violett-grau (Vt/Gy)
CAN-High-Leitung, Karosserie	Violett/Orange (Vt/Og)
CAN-Low-Leitung, Karosserie	Grau/Orange (Gy/Og)

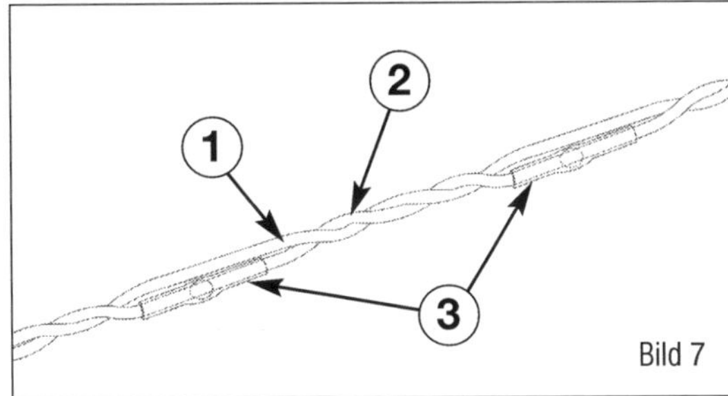

Bild 7
Reparaturstelle: Es dürfen maximal zwei Reparaturstellen ausgeführt werden.
1 CAN High
2 CAN Low
3 Reparaturstelle

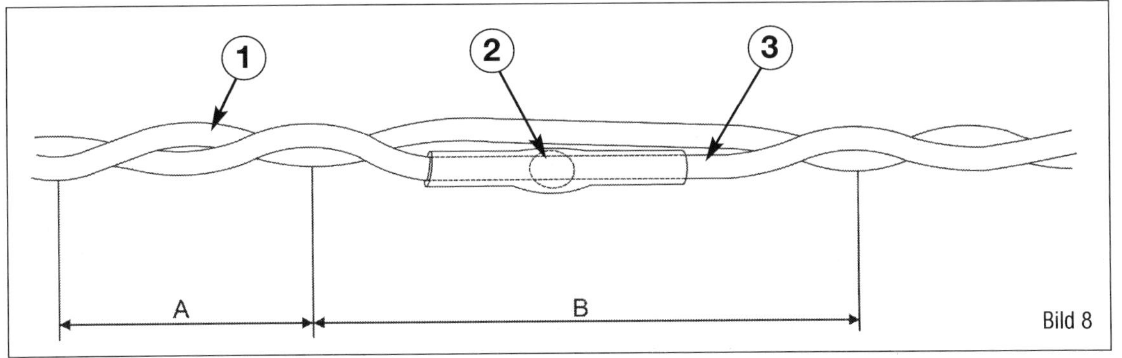

Bild 8
Reparatur CAN-Bus
1 und 3 Leitungen verdrillt
2 Quetschverbinder
A Verdrillungslänge 20 mm
B Maximale gerade 50 mm

Sichtprüfung  Messen

Die Reparatur von CAN-Busleitungen kann sowohl mit Reparaturleitung in passendem Querschnitt ausgeführt werden. Bei Reparaturarbeiten (wie im Bild 8) müssen beide Busleitungen die gleiche Länge aufweisen. Beim Verdrillen der Leitungen (1) und (3) muss die Schlaglänge von A = 20 mm eingehalten werden. Es darf dabei kein Leitungsstück, zum Beispiel im Bereich von Quetschverbindern (2), größer als B = 50 mm ohne Verdrillung der Leitungen entstehen. Versehen Sie die Reparaturstelle mit gelbem Klebeband, um eine vorangegangene Reparatur zu kennzeichnen.

Fehlersuche am CAN-Bus

Fehler im Datenbussystem treten recht selten auf. Sie werden im Regelfall im Fehlerspeicher des Bordnetzsteuergerätes (Relaisträger) abgelegt. Bei Totalausfall des Datenbussystems sollten Sie sich die Signalbilder auf einem Oszilloskop ansehen. Die Verbindungsstelle für das schnellere Antriebsbussystem und den langsameren Karosseriedatenbus ist das Bordnetzsteuergerät (Einheit mit dem Sicherungsträger in der Armaturentafel D).

- Fehlerspeicher aller Steuergeräte auslesen.
- Oszilloskop Kanal 1 auf CAN-High, Kanal 2 auf CAN-Low anschließen. Der Masseanschluss erfolgt auf Karosseriemasse.

Messgeräte und Diagnosetester

Geeignete Messmittel in der Elektrik

Verwenden Sie nur geeignete Messmittel wie Multimeter und Mess- und Prüfsysteme. Prüflampen mit Glühlampe können Schäden in der Elektronik verursachen und können zudem keine Messwerte ausgeben.

Vorgaben zur Diagnose am Fahrzeug

⚠ Vor unseren Hinweisen zum Umgang mit den Stromlauf- oder Schaltplänen möchten wir, weil dazu ein enger Zusammenhang besteht, nochmals kurz auf das Fahrzeugdiagnose-, Mess- und Informationssystem eingehen. Wird das Diagnose- und Informationssystem während einer Prüf- oder Messfahrt im Aktionsbereich eines Airbags deponiert, besteht im Falle einer Airbag-Auslösung das Risiko von schweren bis tödliche Verletzungen! Deshalb zu Prüf- oder Messfahrten stets einen Helfer mitnehmen, der auf einem Rücksitz das System bedient. Zum Anschließen des Diagnose- und Testsystems schreibt Ford folgendes Vorgehen vor:

- Die Handbremse anziehen.
- Fahrzeug mit einem Erhaltungsladegerät versehen (Batterie laden).
- Bei Fahrzeugen mit Automatikgetriebe den Wählhebel in die Stellung »P« oder »N« bringen.
- Bei Fahrzeugen mit Schaltgetriebe den Schalthebel in die Leerlaufstellung bringen.
- Den Fahrzeugdiagnosetester bei ausgeschalteter Zündung mit der Diagnoseleitung am Diagnoseanschluss des Fahrzeugs anschließen.
- Die Zündung einschalten.
- Alle elektrischen Verbraucher ausschalten.

Schaltpläne

Zum Gebrauch der Stromlaufpläne

Die Bordelektrik wird in Aufbau und Vernetzung durch Stromlaufpläne (auch Schaltpläne genannt) dargestellt, die für den Transit in gedruckter Form schon in der Grundausführung mehrere hundert Seiten umfassen, also einen Ordner von ganz beträchtlichem Umfang füllen. Das Schaltplanangebot enthält neben den einzelnen Stromlaufplänen für die Basisausstattung, die Elektrik für jeden der einzelnen Motoren bis hin zu Sonderausstattungen (z. B. für Klimaanlage, Einparkhilfe, Rückfahrkamera) auch zeitliche Überarbeitungen. Es macht sachlich wenig Sinn, und der begrenzte Umfang dieses Buches lässt das auch nicht zu, einzelne Stromlaufpläne aus der Fülle herauszugreifen und in diesem Ratgeber darzustellen. Hier macht es durchaus Sinn im Bedarfsfall den Ford-Händler Ihres Vertrauens mit einem Datenspeicher aufzusuchen und um ein PDF oder einen Ausdruck des passenden Schaltplanauszuges zu bitten.

Hinweise für Umbauer

Der Hersteller Ford stellt für den Transit in den so genannten »Aufbaurichtlinien« Vorschriften und Anschlussmöglichkeiten zum

Einpflegen von An- und Umbauten an die originale Fahrzeugelektrik zur Verfügung. Die Unterlagen können Sie in einschlägigen Foren, aber auch bei Ihrem Fordhändler als PDF erhalten. Es macht also durchaus Sinn, die Fahrzeugunterlagen um einen Datenstick in Chipkartenformat zu erweitern.

Anschlussmöglichkeiten an der Bordnetzelektrik

Beim Transit ist ein Zusatzsicherungskasten nachrüstbar (Fahrzeugsonderoption »SVO«), der dann hinter dem Handschuhfachkasten verbaut werden kann. Weiterhin finden Sie in der Sitzkonsole 3 Anschlusspunkte die mit 60-A-Vorsicherungen abgesichert sind. Die Batterie oder (wenn mehrere Batterien bereits werksmäßig vorhanden sind) die Batterien werden mit Steuergeräten zur Batterieüberwachung hinsichtlich der Ladung und Entladung überwacht. Der Zustand der Batterie ist ausschlaggebend für das mehrstufige Ladeprogramm des Generators in Verbindung mit dem Bordnetzsteuergerät. Also kann auch der Anschluss eines Verbrauchers direkt an die Batteriepole Einfluss auf die Bordelektrik haben. Der Anschluss an die vorgegebenen Anschlusspunkte oder die Erweiterung der Sicherungsträger mit der Anmeldung an das Bordnetzsteuergerät ist mehr als sinnvoll.

Lastfreie Schalter

Ein deutlicher Unterschied zu den herkömmlichen Schaltungen im Fahrzeug sind die heutigen lastfreien Schaltungen. Der Strom, der zum Betrieb der Funktion fließt, wird nicht durch den Schalter selbst geleitet. War es früher denkbar ein Relais oder einfach nur einen Kabelabgang zu legen, um eine Nebenfunktion wie zum Beispiel den Anschluss von Zusatzfernscheinwerfern zu realisieren, verursacht das Anschließen am Lichtschalter heute lediglich Fehlfunktionen und vielleicht sogar Schäden an Steuergeräten und Schaltern.

Beispiel Wischersteuerung im Lenkstockhebel:

Der Wischerschalter ist lediglich der Anwahlschalter und übernimmt die Steuerfunktion, also die Steuerbefehle für das Bordnetzsteuergerät in Sachen »Wischersteuerung«. Die Anschlusspins des Lenkstockschalters für den Wischer sind ausschließlich am Bordnetzsteuergerät (Sicherungskasten 1 im Bild 1) angeschlossen. Die Ansteuerung von Waschpumpe und Wischermotor erfolgt über das Steuergerät. Die Stromaufnahme der Komponenten wird überwacht und die Stromversorgung bei Überlastung sogar abgeschaltet.

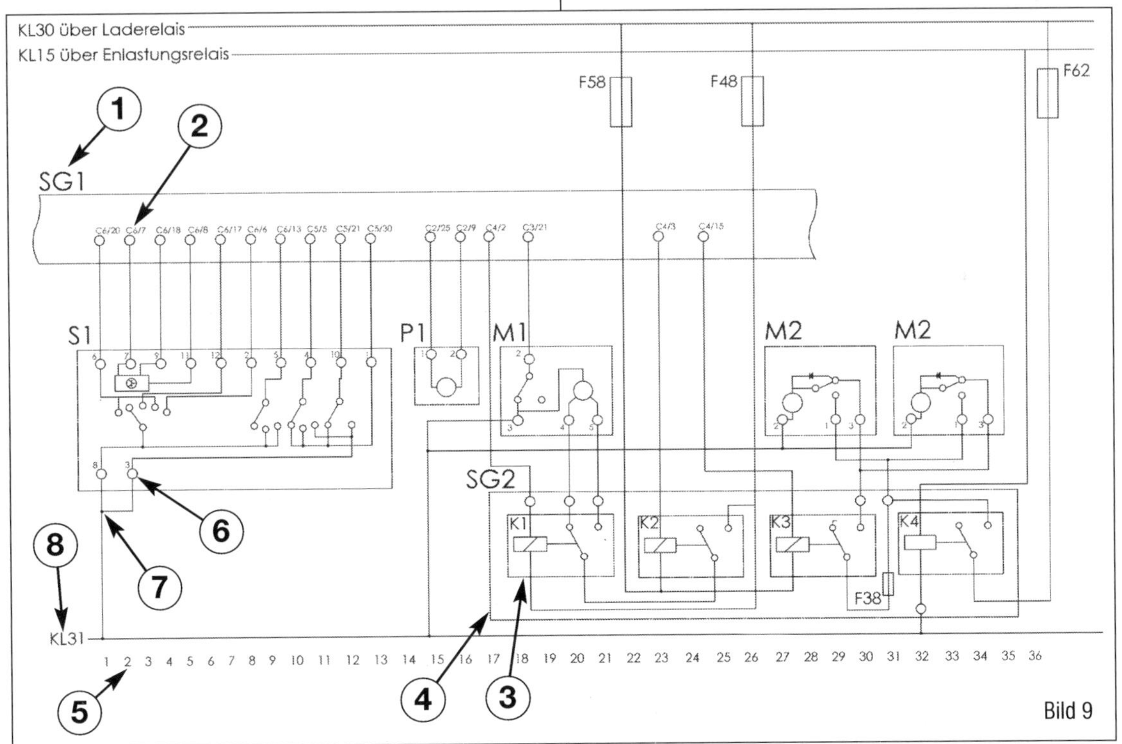

Bild 9
Auszug aus dem Schaltplan zur Wischersteuerung.

- F38 Sicherung 38
- F48 Sicherung 48
- F58 Sicherung 58
- F62 Sicherung 62
- S1 Lenkstockhebel Wischerschalter
- SG1 Relais und Sicherungsträger (1 im Bild 1)
- SG2 Relais und Sicherungsträger (2 im Bild 1)
- K1 Relais Wischergeschwindigkeit
- K2 Relais Wischer (ein)
- K3 Relais Heckwischer
- K4 Entlastungsrelais KL 15
- M1 Wischermotor vorne
- M2 Wischermotor hinten (1)
- M3 Wischermotor hinten (2)
- P1 Scheibenwaschpumpe
- KL31 Masse
- KL30 Dauerplus
- KL15 Geschaltetes Plus über Zündschloss
- 1 Strompfad
- 2 Pinbezeichnung
- 3 Geräteeinheit (Relais)
- 4 Geräteeinheit (Baugruppe)
- 5 Strompfadnummer
- 6 Pinkennung am Stecker
- 7 unlösbare Verbindung
- 8 Normklemmenbezeichnung

Besonderheiten:
Der Drehzahlunterschied des Wischermotors wird durch eine Ansteuerung von unterschiedlichen Schleifkohlen auf dem Kollektor (Kontakte auf dem Motoranker) erreicht.

Stufe 1 Frontwischer:
Der Lenkstockhebel (Wischerschalter) wird auf Stufe 1 gestellt. Über den Schaltkontakt am Pin 12 wird dem Steuergerät SG1 die Schalterstellung an den Pin C6/17 gemeldet.
Das Steuergerät SG1 steuert das Relais K2 über den Pin C4/3 an. Das Relais K2 schaltet die Spannung durch. Über das unbetätigte Relais K1 wird der Wischermotor mit Spannung auf dem Pin 4 versorgt. Der Motor läuft in der langsamen Stufe.

Stufe 2 Frontwischer:
Der Lenkstockhebel (Wischerschalter) wird auf Stufe 1 gestellt. Über den Schaltkontakt am Pin 12 wird dem Steuergerät SG1 die Schalterstellung an den Pin C6/20 gemeldet.
Das Steuergerät SG1 steuert das Relais K2 über den Pin C4/3 und das Relais K1 über den Pin C4/2 an. Das Relais K2 schaltet wie in der Stufe 1 die Spannung durch. Über das betätigte Relais K1 wird der Wischermotor mit Spannung auf dem Pin 5 versorgt. Der Motor läuft in der schnellen Stufe.

Beschriftungen im Schaltplan:
Die Ausführung des Schaltplans kann durchaus sehr unterschiedlich ausfallen. Üblich sind heute Schaltpläne in aufgelöster Darstellung (siehe Bild 9). Anhand der Schaltplanbezeichnungen (1-8 im Bild 9) und der Funktionen hinter den Normbezeichnungen lassen sich Anschluss und Funktion der elektrischen Anlage nachvollziehen. Anhand der Pfadnummern (5), die durch den ganzen Schaltplan fortlaufend nummeriert werden, lässt sich auch bei Anschlussverweisen über mehrere Seiten der Leitungsverlauf verfolgen.
Ein »Systemplan« vereinfacht den eigentlichen Schaltplan, soweit das für die für dieses System relevanten Bauteile dargestellt wird. Wir stellen Ihnen den Aufbau, im Rahmen der Fehlersuche mit dem Schaltplan, im folgenden Beispiel am Gebläsemotor der Heizung vor.

Fehlersuche am Heizungslüfter

Längst nicht alle Systeme im Transit sind über den Bordnetzrechner gesteuert, obwohl das bei den meisten Herstellern heute schon üblich ist. Ein Beispiel hierfür ist der Gebläsemotor der Heizungsanlage. Hier wird noch ganz ursprünglich die Motordrehzahl über eine Reihe von Heißwiderständen geregelt. Der Motor wird mit den Vorwiderständen in Reihen geschaltet. Je mehr Widerstände der Reihe zugeschaltet werden, umso geringer fällt die Versorgungsspannung für den Lüftermotor aus.

Fehlerquellen analysieren
Da die Ansteuerung nicht über ein Rechnersystem erfolgt, kann der Fehler nicht softwareseitig vorliegen. Allerdings besteht auch die Möglichkeit der Stellglied-Prüfung und die Ablage im Fehlerspeicher nicht.
Als mögliche Fehlerquellen kommen folgende Komponenten in Frage:

Die Spannungsversorgung:
Achten Sie auch auf korrodierte Anschlüsse an Steckverbindern und Masseanschlüssen.
- Vorsicherung auf dem Sicherungsträger (3 im Bild 1) unter dem Fahrersitz.
- Sicherung F55 (4 im Bild 10) mit im Sicherungsträger (1 im Bild 1).
- Das Entlastungsrelais K1 (1 im Bild 10) auf dem Relais und Sicherungsträger (2 im Bild 1) unter dem Handschuhkasten.
- Der Masseanschluss (8 im Bild 10) in der Mitte der Armaturentafel (E12 im Bild 6) und am Relaisträger (E7).

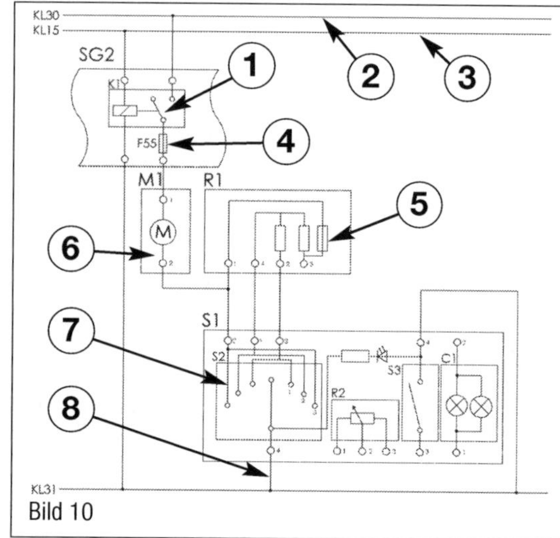

Bild 10

Bild 10
Fehlerquellen nach dem Systemplan für das Lüftergebläse.
1 Entlastungsrelais im Relaisträger (2 im Bild 1)
2 KL 30 Dauerplus (Vorsicherung defekt)
3 KL 15 geschaltetes Plus (Vorsicherung defekt)
4 Sicherung F55 defekt
5 Thermosicherung im Gehäuse der Vorwiderstände defekt
6 Gebläsemotor defekt
7 Gebläseschalter defekt
8 Masseanschluss defekt

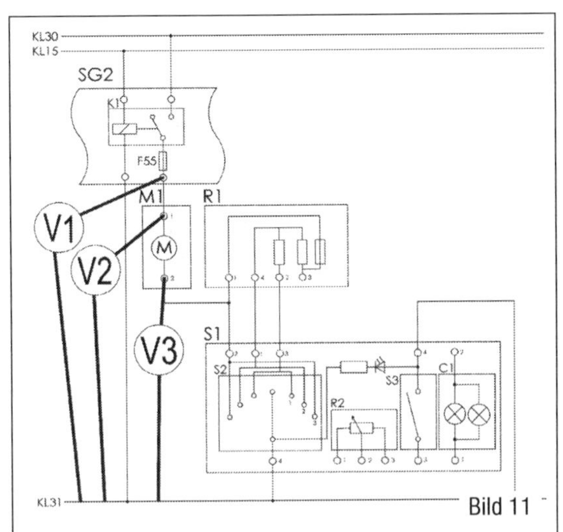

Bild 11

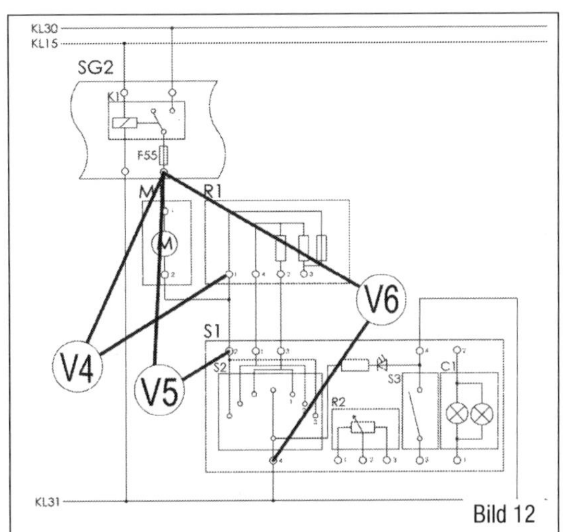

Bild 12

Bild 11
Messungen in dem Systemplan für das Lüftergebläse.
V1 Spannungsmessung an der Sicherung
V2 Spannungsmessung am Motoreingang
V3 Spannungsmessung am Motorausgang

Bild 12
Messungen in dem Systemplan für das Lüftergebläse.
V4 Spannungsmessung am Motoranschlusskabel zum Vorwiderstand S1
V5 Spannungsmessung am Schalterausgang S1
V6 Spannungsmessung am Schalterausgang S1

Die Ansteuerung:

- Der Vorwiderstand R1 (5 im Bild 10) für den Gebläsemotor. Er ist neben dem Gebläsemotor verbaut. Er ist über den Beifahrerfußraum zugänglich.
- Der Gebläseschalter (7 im Bild 10) im Armaturenbrett. Der Ausbau ist am aufwendigsten.

Der Gebläsemotor:

- Der Gebläsemotor im Gebläsekasten. Er ist über den Beifahrerfußraum zugänglich.

Vorbereitung am Fahrzeug

- Schließen Sie ein Dauerladegerät (Erhaltungsladegerät an die Batterie an.
- Schließen Sie einen Diagnosetester an und lesen Sie den Fehlerspeicher aller Systeme aus. Gerade Hinweise zur Unter- oder Überspannung können wichtig sein.
- Legen Sie den Lüftermotor und den Vorwiderstand auf der Beifahrerseite (Handschuhfachkasten) frei.
- Demontieren Sie die Abdeckung zum Sicherungsträger und des Relaisträgers unter dem Handschuhkasten (1 und 2 im Bild 1).

Versorgungsspannung plusseitig prüfen

Wir gehen davon aus, dass das Gebläse in keiner Gebläsestufe läuft. Die Gebläseregelung erfolgt in diesem Fall masseseitig.

- Prüfen Sie, ob die Sicherung F55 im Sicherungsträger unter dem Handschuhkasten (1 im Bild 1) in Ordnung ist.
- Stellen Sie das Multimeter auf einen Messbereich von 20V DC ein.

Messung 1 (V1 im Bild 11):

- Schließen Sie das rote Messkabel im Messanschluss des Multimeters an den Sicherungsausgang an.
- Schließen Sie das Messkabel im COM-Anschluss des Multimeters an der Fahrzeugmasse an.
- Schalten Sie das Gebläse auf die höchste Stufe.

Schalten Sie die Zündung ein.

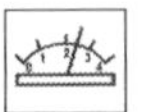

Hier sollten bei eingeschalteter Zündung 12 V anliegen (KL15).

Ist das nicht der Fall, prüfen Sie den Zustand der Sicherung und der Vorsicherung unter dem Fahrersitz.

Messung 2 (V2 im Bild 11):

- Schließen Sie das rote Messkabel im Messanschluss des Multimeters am Motoranschluss Pin 1 an. Belassen Sie den COM-Anschluss des Multimeters an der Fahrzeugmasse.
- Schalten Sie das Gebläse auf die höchste Stufe.
- Schalten Sie die Zündung ein.

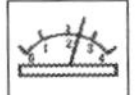

Hier sollten bei eingeschalteter Zündung 12 V anliegen (KL15).

Ist das nicht der Fall, prüfen Sie die Anschlusskabel des Lüftermotors.

Messung 3 (V3 im Bild 11):

- Schließen Sie das Messkabel im Messanschluss des Multimeters am Motoranschlusspin 2 an. Belassen Sie den COM-Anschluss des Multimeters an der Fahrzeugmasse.

Sichtprüfung  Messen

■ Schalten Sie das Gebläse auf die höchste Stufe.
■ Schalten Sie die Zündung ein.

Hier sollten bei eingeschalteter Zündung 0 V anliegen (KL15).

Liegen auch hier 12 V an, ist der Gebläsemotor intakt und die Masseseite muss wie in den nächsten Messungen geschildert geprüft werden. Können Sie 0 V messen, muss der Gebläsemotor genauer geprüft werden. Es kann schon sein, dass die Kontaktkohlen im Motor verschlissen sind. Diese können Sie anhand der Abmessungen in den bekannten Versteigerungsplattformen im Internet nachkaufen.

Versorgungsspannung masseseitig prüfen

Messung 4 (V4 im Bild 12):
■ Schließen Sie das rote Messkabel im Messanschluss des Multimeters an den Sicherungsausgang an.
■ Schließen Sie das Messkabel im COM-Anschluss des Multimeters am Pin 1 des Vorwiderstandes an.
■ Schalten Sie das Gebläse auf die höchste Stufe.
■ Schalten Sie die Zündung ein.

Hier sollten bei eingeschalteter Zündung 12 V anliegen.

Ist das nicht der Fall, prüfen Sie die Anschlusskabel die Verkabelung zwischen Vorwiderstand und Gebläsemotor.

Messung 5 (V5 im Bild 12):
■ Schließen Sie das rote Messkabel im Messanschluss des Multimeters an den Sicherungsausgang an.
■ Schließen Sie das Messkabel im COM-Anschluss des Multimeters am Pin 2 des Gebläsemotors an.
■ Schalten Sie das Gebläse auf die höchste Stufe.
■ Schalten Sie die Zündung ein.

Hier sollten bei eingeschalteter Zündung 12 V anliegen.

Ist das nicht der Fall, prüfen Sie die Anschlusskabel zwischen Vorwiderstand und Gebläsemotor.

Messung 6 (V6 im Bild 12):
■ Schließen Sie das rote Messkabel im Messanschluss des Multimeters an den Sicherungsausgang an.
■ Schließen Sie das Messkabel im COM-Anschluss des Multimeters am Pin 2 des Gebläsemotors an.
■ Schalten Sie das Gebläse auf die höchste Stufe.
■ Schalten Sie die Zündung ein.

Hier sollten bei eingeschalteter Zündung 12 V anliegen.

Ist das nicht der Fall, prüfen Sie den Gebläseschalter.

Spannungsverlustmessung in der Fehlersuche (Bild 13)

Mit der Spannungsverlustmessung lässt sich recht schnell der »Verbraucher« in einem Stromkreis orten. Wir beschreiben Ihnen im Folgenden die Vorgehensweise mit den Messpunkten im schon bekannten Systemplan für die Gebläsesteuerung.

Wir gehen zuerst davon aus, dass der Gebläsemotor in keiner Stellung läuft. Sie wollen nun klären ob der Fehler im Motor, in der masseseitigen Ansteuerung oder in der plusseitigen Spannungsversorgung zu finden ist.

Messung 7 (V7 im Bild 13):
■ Schließen Sie das rote Messkabel im Messanschluss des Multimeters an den Sicherungsausgang an.
■ Schließen Sie das Messkabel im COM-Anschluss des Multimeters am Pin 1 des Gebläsemotors an.
■ Schalten Sie das Gebläse auf die höchste Stufe.

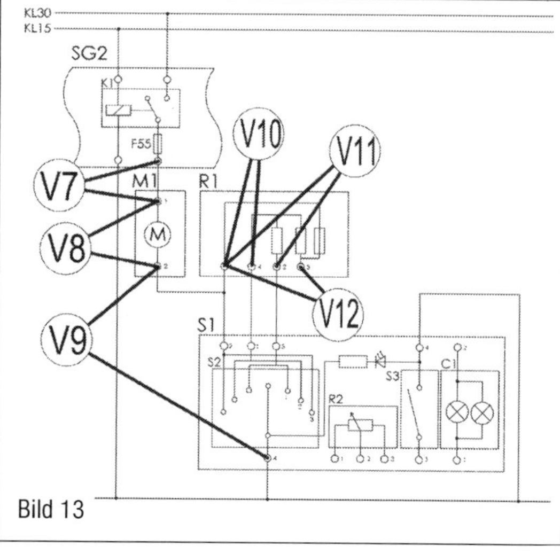

Bild 13

Bild 13
Messungen in dem Systemplan für das Lüftergebläse.
V7 Spannungsverlustmessung Plusleitung zum Motor
V8 Spannungsverlustmessung über dem Motor
V9 Spannungsverlustmessung über dem Schalter und der Masseleitung
V10 Spannungsverlustmessung Gebläsestufe 2
V11 Spannungsverlustmessung Gebläsestufe 1
V12 Spannungsverlustmessung Überlastungsschutz im Vorwiderstand

■ Schalten Sie die Zündung ein.

Hier sollten bei eingeschalteter Zündung 0 V anliegen.

Ist das nicht der Fall, prüfen Sie das Anschlusskabel zwischen Sicherungsausgang (F55) und Motoranschluss 1. Bei einem Messwert von 12 V liegt eine Unterbrechung vor, bei etwas kleineren Messwerten kann das auch ein Übergangswiderstand durch einen defekten Stecker sein.

Spannungsverlustmessung

Fehler durch Übergangswiderstände lassen sich nur unter Last feststellen. Die Übergangswiderstände fallen zumeist klein aus und werden durch die Erwärmung größer. Eine Messung des Widerstandes ist deshalb nicht sinnvoll.

Voraussetzungen für die Spannungsverlustmessung:

■ Alle Geräte und Bauteile, die im zu untersuchenden Stromkreis verwendet werden, müssen angeschlossen sein.

■ Die Zündung ist eingeschaltet.

■ Die Spannungsversorgung ist in Ordnung.

■ Die Messpunkte (Stecker an den Bauteilen) sind zugänglich.

■ Die Anschlussstecker sind nicht korrodiert und sitzen fest.

Messung 8 (V8 im Bild 13):

■ Schließen Sie das rote Messkabel im Messanschluss des Multimeters Pin 1 des Gebläsemotors an.

■ Schließen Sie das Messkabel im COM-Anschluss des Multimeters am Pin 2 des Gebläsemotors an.

■ Schalten Sie den Gebläseschalter auf die höchste Stufe.

■ Schalten Sie die Zündung ein.

Hier sollten bei eingeschalteter Zündung 12 V anliegen.

Ist das der Fall muss, der Gebläsemotor überprüft werden. Ist das nicht der Fall, und die Messung »V7« war in Ordnung, prüfen Sie die Masse über die Ansteuerung wie in der Messung »V9« beschrieben.

Messung 9 (V9 im Bild 13):

■ Schließen Sie das rote Messkabel im Messanschluss des Multimeters Pin 2 des Gebläsemotors an.

■ Schließen Sie das Messkabel im COM-Anschluss des Multimeters am Pin 4 des Gebläseschalters (KL31) an.

■ Schalten Sie den Gebläseschalter auf die höchste Stufe.

■ Schalten Sie die Zündung ein.

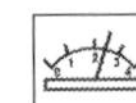

Hier sollten bei eingeschalteter Zündung 0 V anliegen.

Ist das nicht der Fall, prüfen Sie den Masseanschluss, die Verkabelung zum Gebläsemotor und den Gebläseschalter.

Messung 10 »Prüfung Stufe 2« (V10 im Bild 13):

Die folgenden Messungen betreffen die Vorwiderstände und die Thermosicherung. Der Lüftermotor muss laufen, wenn der Gebläseschalter in der höchsten Stufe steht.

■ Schließen Sie das rote Messkabel im Messanschluss des Multimeters Pin 1 des Vorwiderstands des Gebläsemotors an.

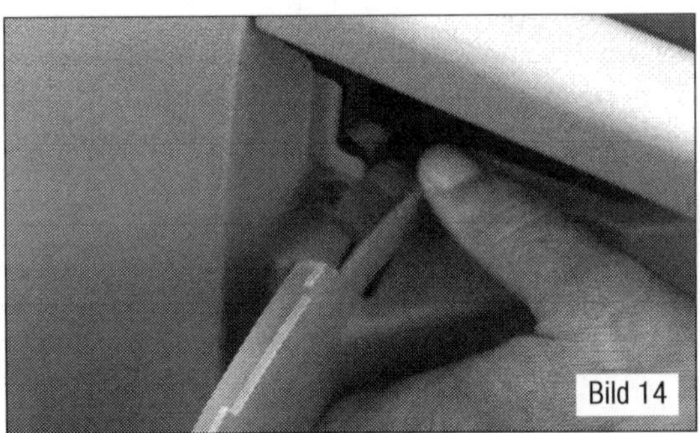

Bild 14
Demontage des Handschuhfachs: Anschläge rechts und links nach innen ziehen und Handschuhkasten nach unten klappen.

Bild 15
Demontage des Handschuhfachs: Lagerbolzen unten aus den Clips herausziehen.

Bild 16
Vorwiderstand ist schwer erreichbar: Am Lüfterkasten rechts verbaut. Über das ausgebaute Handschuhfach bedingt messtechnisch erreichbar und ausbaubar. Nach Hersteller muss der Gebläsekasten ausgebaut werden.

■ Schließen Sie das Messkabel im COM-Anschluss des Multimeters am Pin 3 des Vorwiderstands des Gebläsemotors an.

■ Schalten Sie den Gebläseschalter auf die 2. Stufe.

■ Schalten Sie die Zündung ein.

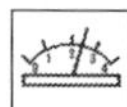 Hier sollten bei eingeschalteter Zündung 3 V bis 5 V anliegen.

 Ist das nicht der Fall, ist der Vorwiderstand oder die Thermosicherung im Vorwiderstand defekt. Eine Reparatur ist nicht vorgesehen. Der Vorwiderstand muss ersetzt werden. Das Ersatzteil ist auch im Zubehör erhältlich.

Messung 11 »Prüfung Stufe 1« (V11 im Bild 13):

Die folgenden Messungen betreffen die Vorwiderstände und die Thermosicherung. Der Lüftermotor muss für die Messungen in der höchsten Stufe laufen.

■ Schließen Sie das rote Messkabel im Messanschluss des Multimeters Pin 1 des Vorwiderstands des Gebläsemotors an.

■ Schließen Sie das Messkabel im COM-Anschluss des Multimeters am Pin 4 des Vorwiderstands des Gebläsemotors an.

■ Schalten Sie den Gebläseschalter auf die 1. Stufe.

■ Schalten Sie die Zündung ein.

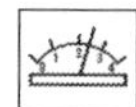 Hier sollten bei eingeschalteter Zündung 5 V bis 9 V anliegen.

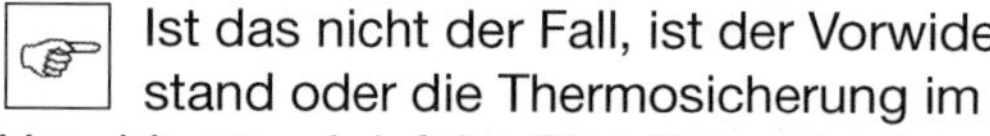 Ist das nicht der Fall, ist der Vorwiderstand oder die Thermosicherung im Vorwiderstand defekt. Eine Reparatur ist nicht vorgesehen. Der Vorwiderstand muss ersetzt werden. Das Ersatzteil ist auch im Zubehör erhältlich.

Messung 12 »Prüfung Stufe 1« (V12 im Bild 13):

Die folgende Messung betrifft die Thermosicherung. Der Lüftermotor muss für die Messungen in der höchsten Stufe laufen.

■ Schließen Sie das rote Messkabel im Messanschluss des Multimeters Pin 1 des Vorwiderstands des Gebläsemotors an.

■ Schließen Sie das Messkabel im COM-Anschluss des Multimeters am Pin 4 des Vorwiderstands des Gebläsemotors an.

■ Schalten Sie den Gebläseschalter auf die 1. Stufe.

■ Schalten Sie die Zündung ein.

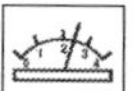 Hier sollten bei eingeschalteter Zündung 0 V anliegen.

 Ist das nicht der Fall, ist die Thermosicherung im Vorwiderstand defekt. Eine Reparatur ist auch hier nicht vorgesehen. Der Vorwiderstand muss ersetzt werden. Das Ersatzteil ist auch im Zubehör erhältlich.

Klemmenbezeichnungen nach Norm

Die nachstehende Liste fasst die häufig benutzten Klemmenbezeichnungen zusammen, wie wir sie im Kapitel »Elektrische Anlage« auch im Zusammenhang mit der Funktion von Sicherungen angegeben haben.

Klemmenbezeichnung	Funktion
15	Geschaltetes Plus hinter Batterie (Ausgangskontakt vom Zündanlassschalter)
30	Ausgang direkt von Batterie-Plus
31	Batterie-Minus oder Fahrzeugmasse
50	Ausgangskontakt vom Zündanlassschalter für Anlasser
54	Bremsleuchten
56	Ausgang von Lichtschalter für Abblendlicht und Fernlicht
56a	Fernlicht
56b	Abblendlicht
58	Stand- und Schlusslicht, Kennzeichenleuchte
58d	Beleuchtung von Schaltern und Schalttafeleinsatz (Beleuchtungsintensität einstellen)
58 L	Standlicht, Schlusslicht und Parklicht links
58R	Standlicht, Schlusslicht und Parklicht rechts
49 L	Blinker links
49R	Blinker rechts
49a	Blinkrelais Ausgang (nur konventionelle Blinkanlagen)
71	Eingang für Signalhorn
75	Ausgangskontakt vom Zündanlassschalter für Ausschalten von Verbrauchern zur Entlastung der Batterie beim Anlassen.

16 Technische Daten

Zur Übersicht haben wir Ihnen die wichtigsten Daten für den Ford Transit in der folgenden Tabelle zusammengetragen. Grundsätzlich sollten Sie diese Daten aber gerade bei Bestellung von Neuteilen über den Zulieferer oder über Ihren Fordhändler nachfragen und prüfen. Im Laufe der Zeit können sich durchaus veränderte Ausführungen, Abmessungen oder Füllmengen ergeben. Jedes Serienfahrzeug verändert sich eben auch in der laufenden Produktion in vielen Details.

Bezeichnung	2,2 l Diesel	2,4 l Diesel
Kraftstoff (Einspritzsystem)	Diesel (Common Rail)	
Hubraum	2198 cm³	2402 cm³
Verdichtung	17,5 : 1	
Einspritzsystem	Denso HP3	
Zylinderzahl	4	
Ventile pro Zylinder	4	
Bohrung Ø mm (Basis) Klasse A, Klasse B +0,010 mm, C +0,020 mm	86,000 +0,010 mm	89,900 +0,010 mm
Hub mm	94,6 mm	
Kolbendurchmesser (Basis) Klasse A, Klasse B +0,010 mm, C +0,020 mm	85,940 +0,010 mm	89,84 +0,010 mm
Kolbenüberstand/Kopfdichtung (1 Loch)	0,430 - 0,520 mm	0,310 - 0,400 mm
Kolbenüberstand/Kopfdichtung (2 Loch)	0,521 - 0,570 mm	0,401 - 0,450 mm
Kolbenüberstand/Kopfdichtung (3 Loch)	0,571- 0,620 mm	0,451 - 0,500 mm
Laufspiel	0,050 - 0,070 mm	
Stoßspiel 1. Ring	0,25 mm - 0,50 mm	0,25 mm - 0,40 mm
Stoßspiel 2. Ring	0,50 mm - 0,75 mm	0,50 mm - 0,75 mm
Stoßspiel Ölabstreifring	0,25 mm - 0,50 mm	0,25 mm - 0,50 mm
Höhenspiel 1. Ring	0,12 - 0,16 mm	
Höhenspiel 2. Ring	0,07 - 0,15 mm	
Höhenspiel Ölabstreifring	0,03 mm - 0,10 mm	
Aufladesystem	Abgasturbolader	
Nockenwellenantrieb	Steuerkette	
Ventilspiel	Hydraulisch	
Ölfilter	Filtereinsatz 0,3 l	
Ölmenge mit Filter Freigabe	5W-30 Synthetisch WSS-M2 C913-D	5W-30 Synthetisch WSS-M2 C913-D
Füllmenge mit Filter	6,1 l	6,4 l
Kühlmittelmenge	11,0 l	
Überdruckauslösung Kühlerdeckel	1,35 - 1,55 bar	
Getriebeöl am Transit	Füllmengen und Klassifikationen finden Sie im Kapitel 10 unter »Ölwechsel am Getriebe«	
Achsgetriebeöl am Allrad und Heckantrieb Freigabe Füllmenge	SAE 75W-140 WSL-M2C192-A 3,0 l	
Bremsflüssigkeit	DOT4 (ca. 0,80 l)	
Servoflüssigkeit Freigabe (rot bis September 2009)	WSS-M2C 938-A	
Servoflüssigkeit Freigabe (grün ab September 2009)	WSS-M2C 204-A2	
Klimaanlage Klimamittel	R134a 750±20 cm³	
Klimaöl in cm³ WSH-M1C 231-B	280 cm³	

17 Anzugsdrehmomente

In diesem Kapitel stellen wir Ihnen die Anzugsmomente für die wichtigsten Verschraubungen am Fahrzeug zur Verfügung. Diese sind zum einen alphabetisch und zum anderen nach den Motoren sortiert. Natürlich konnten wir nur diese Motoren darstellen, deren Daten bis zum Redaktionsschluss bekannt waren. Alle Daten sollten Sie im Zweifel bei der Teilebestellung hinterfragen und wenn erforderlich korrigieren. Selbiges gilt auch für neue Motortypen. Übernehmen Sie niemals einfach Abmessungen oder Drehmomente eines anderen Motors ohne diese zu überprüfen. Hier können leicht Schäden entstehen, die vermeidbar wären und oft recht teuer sind.

Motor

Motorvarianten	2,2-l-Dieselmotor	2,4-l-Dieselmotor
Abgaskrümmer Stehbolzen	25 Nm	25 Nm
Abgaskrümmer Muttern und Schrauben	40 Nm	40 Nm
AGR-Elektroventil am Wärmetauscher	20 Nm	20 Nm
AGR-Elektroventil Rohrleitung	10 Nm	10 Nm
AGR am Krümmer	20 Nm	20 Nm
AGR Kühler am Zylinderkopf M8	20 Nm	20 Nm
Anlasser am Getriebe M10	35 Nm	35 Nm
Ansaugkrümmer	25 Nm	25 Nm
Einspritzdüse Haltebügel Stufe 1	6 Nm	6 Nm
Einspritzdüse Haltebügel Stufe 2	180°	180°
Einspritzleitung Überwurfmutter Stufe 1	5 Nm	5 Nm
Einspritzleitung Überwurfmutter Stufe 2	35 Nm	35 Nm
Glühkerzen	13 Nm	13 Nm
Hauptlagerdeckel Stufe 1	15 Nm	15 Nm
Hauptlagerdeckel Stufe 2	20 Nm	20 Nm
Hauptlagerdeckel Stufe 3	35 Nm	35 Nm
Hauptlagerdeckel Stufe 4	80 Nm	80 Nm
Hauptlagerdeckel Stufe 5	90°	90°
Hochdruckpumpenrad	55 Nm	32 Nm
Hochdruckpumpe	23 Nm	23 Nm
Hitzeschutz Lenkung	15 Nm	15 Nm
Kurbelwinkelsensor	7 Nm	7 Nm
Kupplungsdruckplatte	29 Nm	29 Nm
Kraftstoffverteilerrohr	25 Nm	25 Nm
Lambdasonde	45 Nm	45 Nm
Nockenwellenrad Zentralschraube	33 Nm	33 Nm
Nockenwellengeber	10 Nm	10 Nm
Ölablassschraube	23 Nm	23 Nm
Ölfilter	23 Nm	23 Nm
Öldruckschalter	15 Nm	15 Nm
Ölpumpe	10 Nm	10 Nm
Ölwannenschrauben Stufe 1	7 Nm	7 Nm
Ölwannenschrauben Stufe 2	14 Nm	14 Nm
Pleuellager Stufe 1	25 Nm	25 Nm
Pleuellager Stufe 2	37 Nm	60 Nm
Pleuellager Stufe 3	90°	90°
Riemenscheibe Stufe 1*	45 Nm	45 Nm
Riemenscheibe Stufe 2*	120°	120°

Schwungrad Stufe 1	15 Nm	15 Nm
Schwungrad Stufe 2	30 Nm	30 Nm
Schwungrad Stufe 3	75 Nm	75 Nm
Schwungrad Stufe 4	45°	45°
Schwungrad Deckel Wellendichtring	10 Nm	10 Nm
Steuerkettenspanner	15 Nm	15 Nm
Thermostatgehäuse	20 Nm	20 Nm
Turbolader M8	25 Nm	25 Nm
Turbolader zum Abgasrohr	25 Nm	25 Nm
Turbolader Öldruckleitung M8 (M10)	20 Nm (35 Nm)	20 Nm (35 Nm)
Turbolader Ölrücklaufleitung M6	10 Nm	10 Nm
Ventildeckel	10 Nm	10 Nm
Wasserpumpe 8 mm (6 mm)	23 Nm (10 Nm)	23 Nm (10 Nm)
Zylinderkopf Stufe 1	M10: 10 Nm M8: 5 Nm	M10: 10 Nm M8: 5 Nm
Zylinderkopf Stufe 2	M10: 20 Nm M8: 10 Nm	M10: 20 Nm M8: 10 Nm
Zylinderkopf Stufe 3	M10 40 Nm M8: 20 Nm	M10 40 Nm M8: 20 Nm
Zylinderkopf Stufe 4	M10: 160° M8: 180°	M10: 180° M8: 180°
Zylinderkopf Kipphebelbock Stufe 1	10 Nm	10 Nm
Zylinderkopf Kipphebelbock Stufe 2	30°	30°

* Die Schrauben dürfen nur 3x verwendet werden. Bei jedem Anziehen die Schrauben mit einem Körnerschlag markieren.

Antrieb

Kardan und Antriebswellen

Verschraubung	Anzugsdrehmoment
Achswellen Zwischenlager Welle	10 Nm
Antriebswelle radseitig Stufe 1 (Anschließend das Rad 5 Umdrehungen drehen)	250 Nm
Antriebswelle radseitig Stufe 2 (Frontantrieb) (Anschließend das Rad 5 Umdrehungen drehen)	440 Nm (500 Nm)
Radlagergehäuse	53 Nm
Radnabe hinten (Links mit Linksgewinde!)	425 Nm
Kardan hinten Stufe 1	80 Nm
Kardan Sicherheitsbügel M10 (Wenn vorhanden)	45 Nm
Kardan Hardyscheibe 5-Gang	115 Nm
Kardan Hardyscheibe 6-Gang	175 Nm
Kardan Zwischenlager Verschraubungen	22 Nm

Federung und Dämpfung

Anschlagpuffer	30 Nm
Blattfeder am Aufbau (vorne)	225 Nm
Blattfeder an Lasche	115 Nm
Blattfederlasche am Aufbau	115 Nm
U-Schellen Blattfedern Stufe 1	25 Nm
U-Schellen Blattfedern Stufe 2	50 Nm
U-Schellen Blattfedern Stufe 3	75 Nm
U-Schellen Blattfedern Stufe 4	100 Nm

U-Schellen Blattfedern Stufe 5	125 Nm
U-Schellen Blattfedern Stufe 6	150 Nm
U-Schellen Blattfedern Stufe 7	175 Nm
Luftfeder Verschraubung (Sonderzubehör)	35 Nm
Stoßdämpfer hinten oben/unten	80 Nm / 150 Nm
Schraube Stoßdämpfer Achsschenkel Stufe 1	100 Nm
Schraube Stoßdämpfer Achsschenkel Stufe 2	180°
Stabilisatorstrebe Schellen vorne	40 Nm
Stabilisatorstrebe Schellen hinten	30 Nm
Koppelstange Stabilisatorstrebe vorne	55 Nm
Koppelstange Stabilisatorstrebe hinten	103 Nm
Stoßdämpfer Domlager	70 Nm
Stoßdämpfer Domlager an der Karosserie	30 Nm

Lenkung

Koppelstange Stabilisatorstrebe vorne	55 Nm
Koppelstange Stabilisatorstrebe hinten	103 Nm
Lenkgetriebe am Achsträger vorne	115 Nm
Lenkgetriebe Kreuzgelenk	28 Nm
Spurstange am Lenkgetriebe	40 Nm
Spurstangenkopf	80 Nm
Spurstangenkopf Kontermutter	80 Nm

Achsaufhängung und Radführung

Aggregateträger am Rahmen (Schrauben/Muttern)	300 Nm / 175 Nm
Getriebe am Motor Schaltgetriebe	40 Nm
Getriebe am Motor Bolzen am Frontantrieb	103 Nm
Getriebe hinten an Aggregateträger	55 Nm
Querlenker vorne am Achsträger (Aggregateträger)	200 Nm
Querlenker hinten am Achsträger (Aggregateträger)	300 Nm
Radlager hinten Frontantrieb Stufe 1	
44-mm.Mutter / 51-mm-Mutter	Handfest (anschließend das Rad 5 Umdrehungen drehen)
Radlager hinten Frontantrieb Stufe 2	
44-mm.Mutter / 51-mm.Mutter	200 Nm (anschließend das Rad 5 Umdrehungen drehen)
Radlager hinten Frontantrieb Stufe 3	
44-mm-Mutter / 51-mm-Mutter	300 Nm (anschließend das Rad 5 Umdrehungen drehen
Radschraube Stahlfelge	200 Nm
Radschraube Alufelge	Info über Felgenhersteller
Schraube Radlager Gehäuse	53 Nm
Stoßdämpfer Domlager	70 Nm
Stoßdämpfer Domlager an der Karosserie	30 Nm
Stoßdämpfer hinten oben/unten	80 Nm / 150 Nm
Traggelenkbolzen 24-mm-Mutter	150 Nm
Traggelenkbolzen 30-mm-Mutter	250 Nm

Bremsanlage

ABS-Radsensoren	8 Nm
Bremssattel hinten Schraube (460er-Serie)	115 Nm (186 Nm)
Bremssattel hinten Schraube M8	32 Nm
Bremsscheibe an Radnabe hinten	70 Nm
Bremssattel vorne Führungsbolzen	60 Nm
Bremssattel vorne	175 Nm

Bremsscheibe an Radnabe vorne	80 Nm
Pedalhalterung Bremskraftverstärker M8	23 Nm
Unterdruckpumpe 2,2-l-Diesel M8/M6	25 Nm / 10 Nm
Handbremshebel Halterung	23 Nm

Motor, Getriebe und Aggregateaufhängung (Heck- und Allradantrieb)

Motorstütze an Zylinderkurbelgehäuse	103 Nm
Getriebelagerung an Getriebe	23 Nm
Getriebehalter am Achsträger	23 Nm
Getriebelagerung am Motorträger 5-Gang / 6-Gang	40 Nm / 55 Nm
Masseband	15 Nm

Motor, Getriebe und Aggregateaufhängung (Frontantrieb)

Motorstütze an Zylinderkurbelgehäuse	115 Nm
Getriebelagerung an Getriebe	40 Nm
Motorlager rechts an Rahmen Stufe 1/2/3/4	30 Nm / 50 Nm / 120 Nm / 45°
Motorlager an Motorstütze	23 Nm
Motorlager Pendelstütze (Zentralschraube)	103 Nm
Motorlager Pendelstütze unten am Aggregateträger	23 Nm
Masseband	15 Nm

Karosserie

Verschraubung	Anzugsdrehmoment
Fensterheber Befestigungsschrauben	15 Nm
Hecktürscharnier	25 Nm
Hecktürenschloss	15 Nm
Hecktürenschloss Schließbügel	20 Nm
Kunststoffschrauben	5 Nm
Motorhaube Haubenscharnier	25 Nm
Motorhaube Haubenschloss	15 Nm
Spiegelbefestigungsschrauben	10 Nm
Türfangband	15 Nm
Türscharnier an der Karosserie	25 Nm
Türschloss Einbau in der Türe	10 Nm
Türschlossriegel (Bügel)	25 Nm
Wischerarme	15 Nm
Batteriekasten	15 Nm
Trennwand	20 Nm

Elektrische Anlage

Verschraubung	Anzugsdrehmoment
Masseanschluss an der Batterie M6	6 Nm
Masseband am Getriebe	20 Nm
Massepunkte an der Karosserie M6	8 Nm
Massepunkte an der Karosserie M8	15 Nm
Plusanschluss am Anlasser M8	15 Nm

Plusanschluss am Generator	15 Nm
Plusanschluss am Sicherungskasten M5	4 Nm
Plusanschluss am Sicherungskasten M6	6 Nm
Plusanschluss an der Batterie M6	6 Nm

Sonstige Verschraubungen

Schraubengröße	**M4**	**M5**	**M6**	**M8**	**M10**	**M12**	**M14**	**M16**
Anzugsdrehmoment	0,5 Nm	3 Nm	10 Nm	20 Nm	45 Nm	60 Nm	100 Nm	200 Nm